基本単位

長　　さ	メートル	m	熱力学温度	ケルビン	K
質　　量	キログラム	kg	物質量	モル	mol
時　　間	秒	s	光　　度	カンデラ	cd
電　　流	アンペア	A			

SI接頭語

10^{24}	ヨ　タ	Y	10^{3}	キ　ロ	k	10^{-9}	ナ　ノ	n
10^{21}	ゼ　タ	Z	10^{2}	ヘクト	h	10^{-12}	ピ　コ	p
10^{18}	エクサ	E	10^{1}	デ　カ	da	10^{-15}	フェムト	f
10^{15}	ペ　タ	P	10^{-1}	デ　シ	d	10^{-18}	ア　ト	a
10^{12}	テ　ラ	T	10^{-2}	センチ	c	10^{-21}	セプト	z
10^{9}	ギ　ガ	G	10^{-3}	ミ　リ	m	10^{-24}	ヨクト	y
10^{6}	メ　ガ	M	10^{-6}	マイクロ	μ			

ェネルギ	仕事率
J	W
erg	erg/s
kgf·m	kgf·m/s

奐算例：1 N＝1/9.806 65 kgf〕

	SI		SI 以外		
量	単位の名称	記号	単位の名称	記号	SI単位からの換算率
ェネルギ，熱量，仕事およびエンタルピ	ジュール （ニュートンメートル）	J (N·m)	エルグ カロリ(国際) 重量キログラムメートル キロワット時 仏馬力時 電子ボルト	erg cal_{IT} kgf·m kW·h PS·h eV	10^{7} 1/4.186 8 1/9.806 65 $1/(3.6\times10^{6})$ $\approx3.776\,72\times10^{-7}$ $\approx6.241\,46\times10^{18}$
力,仕事率,電力および放射束	ワット （ジュール毎秒）	W (J/s)	重量キログラムメートル毎秒 キロカロリ毎時 仏馬力	kgf·m/s kcal/h PS	1/9.806 65 1/1.163 ≈1/735.498 8
占度，粘性係数	パスカル秒	Pa·s	ポアズ 重量キログラム秒毎平方メートル	P $kgf·s/m^{2}$	10 1/9.806 65
力粘度，動粘生係数	平方メートル毎秒	m^{2}/s	ストークス	St	10^{4}
温度，温度差	ケルビン	K	セルシウス度，度	℃	〔注(1)参照〕
電流，起磁力	アンペア	A			
電荷，電気量	クーロン	C	（アンペア秒）	(A·s)	1
電圧，起電力	ボルト	V	（ワット毎アンペア）	(W/A)	1
電界の強さ	ボルト毎メートル	V/m			
静電容量	ファラド	F	（クーロン毎ボルト）	(C/V)	1
磁界の強さ	アンペア毎メートル	A/m	エルステッド	Oe	$4\pi/10^{3}$
磁束密度	テスラ	T	ガウス ガンマ	Gs γ	10^{4} 10^{9}
磁　束	ウェーバ	Wb	マクスウェル	Mx	10^{8}
電気抵抗	オーム	Ω	（ボルト毎アンペア）	(V/A)	1
コンダクタンス	ジーメンス	S	（アンペア毎ボルト）	(A/V)	1
インダクタンス	ヘンリー	H	ウェーバ毎アンペア	(Wb/A)	1
光　束	ルーメン	lm	（カンデラステラジアン）	(cd·sr)	1
輝　度	カンデラ毎平方メートル	cd/m^{2}	スチルブ	sb	10^{-4}
照　度	ルクス	lx	フォト	ph	10^{-4}
放射能	ベクレル	Bq	キュリー	Ci	$1/(3.7\times10^{10})$
照射線量	クーロン毎キログラム	C/kg	レントゲン	R	$1/(2.58\times10^{-4})$
吸収線量	グレイ	Gy	ラド	rd	10^{2}

注〕 (1)　T Kから θ℃への温度の換算は，$\theta=T-273.15$ とするが，温度差の場合には $\Delta T=\Delta\theta$ である．ただし，ΔT および $\Delta\theta$ はそれぞれケルビンおよびセルシウス度で測った温度差を表す．

(2)　丸括弧内に記した単位の名称および記号は，その上あるいは左に記した単位の定義を表す．

序

「JSME テキストシリーズ」は，大学学部学生のための機械工学への入門から必須科目の修得までに焦点を当て，機械工学の標準的内容をもち，かつ技術者認定制度に対応する教科書の発行を目的に企画されました．

日本機械学会が直接編集する直営出版の形での教科書の発行は，1988 年の出版事業部会の規程改正により出版が可能になってからも，機械工学の各分野を横断した体系的なものとしての出版には至りませんでした．これは多数の類書が存在することや，本会発行のものとしては機械工学便覧，機械実用便覧などが機械系学科において教科書・副読本として代用されていることが原因であったと思われます．しかし，社会のグローバル化にともなう技術者認証システムの重要性が指摘され，そのための国際標準への対応，あるいは大学学部生への専門教育への動機付けの必要性など，学部教育を取り巻く環境の急速な変化に対応して各大学における教育内容の改革が実施され，そのための教科書が求められるようになってきました．

そのような背景の下に，本シリーズは以下の事項を考慮して企画されました．

① 日本機械学会として大学における機械工学教育の標準を示すための教科書とする．

② 機械工学教育のための導入部から機械工学における必須科目まで連続的に学べるように配慮し，大学学部学生の基礎学力の向上に資する．

③ 国際標準の技術者教育認定制度〔日本技術者教育認定機構(JABEE)〕，技術者認証制度〔米国の工学基礎能力検定試験(FE)，技術士一次試験など〕への対応を考慮するとともに，技術英語を各テキストに導入する．

さらに，編集・執筆にあたっては，

① 比較的多くの執筆者の合議制による企画・執筆の採用，

② 各分野の総力を結集した，可能な限り良質で低価格の出版，

③ ページの片側への図・表の配置および 2 色刷りの採用による見やすさの向上，

④ アメリカの FE 試験（工学基礎能力検定試験(Fundamentals of Engineering Examination)）問題集を参考に英語による問題を採用，

⑤ 分野別のテキストとともに内容理解を深めるための演習書の出版，

により，上記事項を実現するようにしました．

本出版分科会として特に注意したことは，編集・校正には万全を尽くし，学会ならではの良質の出版物になるように心がけたことです．具体的には，各分野別出版分科会および執筆者グループを全て集団体制とし，複数人による合議・チェックを実施し，さらにその分野における経験豊富な総合校閲者による最終チェックを行っています．

本シリーズの発行は，関係者一同の献身的な努力によって実現されました．出版を検討いただいた出版

事業部会・編修理事の方々，出版分科会を構成されました委員の方々，分野別の出版の企画・進行および最終版下作成にあたられた分野別出版分科会委員の方々，とりわけ教科書としての性格上短時間で詳細な形式に合わせた原稿の作成までご協力をお願いいただきました執筆者の方々に改めて深甚なる謝意を表します．また，熱心に出版業務を担当された本会出版グループの関係者各位にお礼申し上げます．

本シリーズが機械系学生の基礎学力向上に役立ち，また多くの大学での講義に採用され技術者教育に貢献できれば，関係者一同の喜びとするところであります．

2002 年 6 月

日本機械学会
JSME テキストシリーズ出版分科会
主　査　宇　高　義　郎

「機械工学総論」刊行にあたって

本テキスト「機械工学総論」は，大学や高等専門学校において，これから機械工学を学ぶ学生や機械工学に興味を持つ学生を主な対象とした機械工学の導入教科書です．機械工学とは，機械や機械システム（広い意味での人工物）を創造していく上で必要な知識や技術を学問として体系化したものであり，現在身の回りにある機械はもちろんのこと，これから必要となる新たな人工物を創造する上でも，機械工学の知識や技術は必要不可欠となります．

本テキストでは，機械工学全般の理解を容易にするために，まず第 1 章で機械工学および関連分野について概観し，第 2 章で現代を代表する機械の構造や動作原理を示し，機械工学・技術の魅力について紹介しています．その上で，第 3 章では，今後学んでいく専門科目の修得が容易になるように，機械工学の学問体系を構成する基礎科目のエッセンスをわかりやすく解説しています．また，第 4 章では技術者と社会の関わりについて述べています．なるべく高校卒業程度（部分的には大学の初学者程度）の知識で理解できるように記述していますので，理工系の学科・専攻に所属する学生だけでなく，文化系を含む他分野の学生や高校生にも，機械工学を総合的に概観・把握するための参考書として使用いただけると思います．また、本書は導入教科書としてだけでなく，機械工学に関わる教員や企業の技術者，あるいは所定の学習課程を修め企業等への就職を控えた学生が，機械工学の体系を効率良く見渡し，理解を深めるための好適なテキストとして使用いただけます．

本テキストを見ていただけると分かりますように，機械工学は，力学を中心とする非常に多岐にわたる学問分野から構成されています．さらに，地球環境問題，マイクロ・ナノ工学，バイオ・医療・福祉といった分野でも機械工学の貢献が求められており，機械工学のカバーする領域は年々広がっています．この広範な領域を，解りやすく，かつ奥行きのある内容にまとめるために，機械工学の各分野で指導的な役割を果たしている総勢 30 名の方々に執筆を依頼しました．また，記述内容を吟味し，また全体の整合性を確保するために，何度も執筆者会議を開いて数多くの議論を重ねてきました．さらには，テキストの価格を抑えるため，図面も含めた完成原稿の作成を各執筆者に依頼しました．したがって，執筆者の方々には多忙なスケジュールを縫って膨大な労力と時間を費やしていただくことになりました．執筆開始から出版に至るまで 4 年半の年月を要しましたが，その間，献身的にご協力いただいた執筆者の皆様，ならびに関連してご協力・ご支援くださった多くの方々に心より感謝申し上げます．

なお，出版後に判明した誤植等は http:/www.jsme.or.jp/txt-errata.htm に掲載いたします．本テキストの内容でお気づきの点などございましたら textseries@jsme.or.jp までご一報ください．

2012 年 9 月

JSME テキストシリーズ出版分科会
機械工学総論テキスト編集委員
鈴木浩平
西尾茂文
宇高義郎
中村　元

―――――――――― 機械工学総論　執筆者・出版分科会委員 ――――――――――

執筆者	青山俊一	（元日産自動車）	2.1 節
執筆者	青村　茂	（首都大学東京）	3.5 節
執筆者	石井一洋	（横浜国立大学）	2.1 節
執筆者・委員	宇高義郎	（横浜国立大学）	1.1, 2.1 節、編集
執筆者	内山　勝	（東北大学）	2.3 節
執筆者	梅田　靖	（大阪大学）	1.3 節
執筆者	大林　茂	（東北大学）	3.6 節
執筆者	小西義昭	（日機装技術研究所）	4.1～4.3, 付録
執筆者	近藤孝広	（九州大学）	3.1 節
執筆者	近野　敦	（北海道大学）	2.3 節
執筆者	白石修士	（本田技術研究所）	2.2 節
執筆者	新野秀憲	（東京工業大学）	3.3 節
執筆者・委員	鈴木浩平	（日本クレーン協会）	1.1, 1.2, 1.4, 4.4 節、編集
執筆者	田崎　豊	（日産自動車）	2.1 節
執筆者	但野　茂	（北海道大学）	2.6 節
執筆者	鶴田隆治	（九州工業大学）	3.5 節
執筆者・委員	中村　元	（防衛大学校）	1.1, 2.1 節、編集
執筆者・委員	西尾茂文	（東京大学名誉教授）	3.2 節
執筆者	野口博司	（九州大学）	3.1 節
執筆者	檜佐彰一	（元東芝）	2.1 節
執筆者	福山佳孝	（宇宙航空研究開発機構）	2.1 節
執筆者	藤江裕道	（首都大学東京）	3.5 節
執筆者	松本洋一郎	（東京大学）	3.2 節
執筆者	村中重夫	（元日産自動車）	2.1 節
執筆者	諸貫信行	（首都大学東京）	2.5, 3.3 節
執筆者	柳本　潤	（東京大学）	3.3 節
執筆者	薮田哲郎	（横浜国立大学）	3.4 節
執筆者	山田一郎	（東京大学）	2.4 節
執筆者	吉岡勇人	（東京工業大学）	3.3 節
執筆者	吉村　忍	（東京大学）	3.6 節

目　次

第 1 章

機械と機械工学

Machine and Mechanical Engineering

機械工学は，自然界には存在しない人工物を創造するための学問体系である．本章では，機械工学のこれまでの歴史的・社会的な発展過程を概観しながら，機械工学のカバーする学術・技術領域について述べる．また，機械工学の体系とその構成について解説する．

1・1　機械工学とは (What is mechanical engineering?)

1·1·1　“機械”から受けるイメージ (impressions from “machine”)

機械工学(mechanical engineering)や機械工業技術に関連する日本最大規模の学会（会員数：2010 年現在約 4 万人）が日本機械学会(The Japan Society of Mechanical Engineers)である．1897 年に創設され 110 年以上の歴史を誇るこの学会が創立 100 年を迎えた折に「21 世紀における機械とは？」というテーマでアンケート調査をしたことがある．その中で，35 種類の製品，施設，品物をあげてそれが「機械」かどうか尋ねたところ，上位を占めたのは以下のものであった．

表 1.1　機械のイメージの強い品目

全体	1 位 ロボット，2 位 ミシン，3 位 ポンプ，4 位 電気ドリル，5 位 ジャンボジェット，6 位 戦車，7 位 乗用車，8 位 新幹線，9 位 スペースシャトル，10 位 エレベータ
A グループ	1 位 ポンプ，2 位 ミシン，3 位 戦車，4 位 乗用車，5 位 ダンプカー
B グループ	1 位 ロボット，2 位 戦車，3 位 乗用車，4 位 電気ドリル，5 位 ポンプ
C グループ	1 位 ロボット，2 位 コンピュータ，3 位 半導体製造装置，4 位 医用診断画像装置，5 位 レーザー発信機

回答者は 722 名であり，全体を 41 歳以上の男性（以下，A グループ；41 %），15 歳から 40 歳までの男性（以下，B グループ；40 %），女性（以下，C グル

図 1.1　弓射り童子（提供　久留米市教育委員会，東芝科学館）

矢を 1 本ずつ弓につがえて的に当てていく“からくり人形”．台に納められたぜんまい機構によって動作する．“江戸からくり”の真髄が，現代の“ものづくり”へと受け継がれている．

図 1.2　世界初の人間型自律 2 足歩行ロボット（1996 年）（提供　本田技研工業㈱）

図 1.3　世界初の量産ハイブリッド自動車（1997 年）（提供　トヨタ自動車㈱）

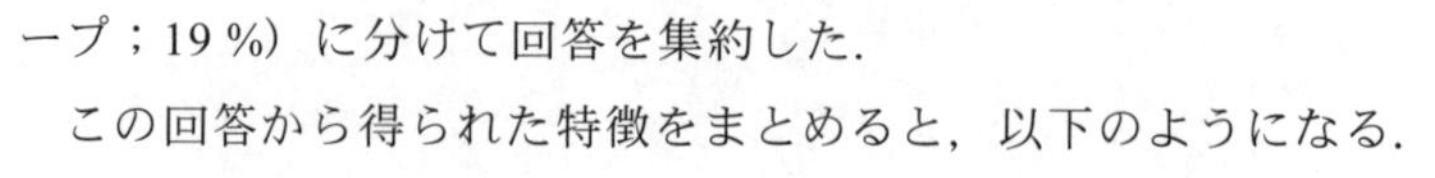

ープ；19 %）に分けて回答を集約した．

この回答から得られた特徴をまとめると，以下のようになる．

図 1.4　世界初の総 2 階建て超大型旅客機（2007 年就航，提供　エアバス）

○　全体的に，機械のイメージが強かったのは（80 % 以上）ロボットとミシンであった．

○　A グループ（男性 41 歳以上）と C グループ（女性）の判断には大きな差異がみられ，B グループ（男性 15～40 歳）はその中間的な回答が多かった．

○　男性はコンピュータゲーム，携帯電話，パチンコ，テレビなどを機械ではないと思っている人が多かったが，女性はそうでもなかった．

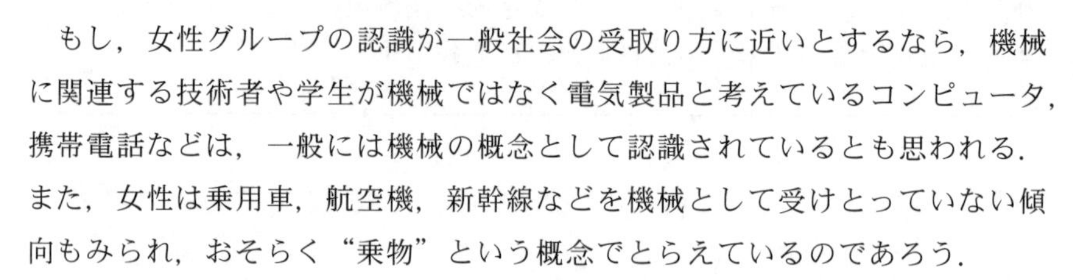

もし，女性グループの認識が一般社会の受取り方に近いとするなら，機械に関連する技術者や学生が機械ではなく電気製品と考えているコンピュータ，携帯電話などは，一般には機械の概念として認識されているとも思われる．また，女性は乗用車，航空機，新幹線などを機械として受けとっていない傾向もみられ，おそらく“乗物”という概念でとらえているのであろう．

また，「機械」から受けるイメージを調査したところ，これについては世代や性別による差は小さく，以下のような回答が多かった．

図 1.5　初期のラップトップパソコン（1985 年，提供　㈱東芝）

「人間の役に立つもの」
「種々の先端技術分野で活躍しているもの」
「どんどん発展していくもの」

いずれにせよ，機械は非常に幅広い領域を含む概念として社会一般や専門分野で認識されていることがうかがうことができる．つまり，機械はさまざまな形でわれわれの日常生活に広く，深く根ざしているのである．

1·1·2　機械とは何か (What are machines?)

機械(machine)とはなにか．それを適切に，しかも簡潔に表現することは難しい．1875 年にドイツの著名な物理学者が，フランス，ドイツ，イタリアの 15 名の優秀な研究者に機械の定義を依頼したら，ひとつとして同じ回答はなかったという逸話がある位である．

英語のマシーン(machine)という単語はギリシャ語のメカーネ(mechane)，ラテン語のマキナ(machine)に由来しているといわれるが，これらの 2 語は「精巧な装置」という意味で現在の機械の定義にはなじまない．日本語の機械は，紀元前 3 世紀～4 世紀の中国の古典である「荘子」，「韓非子」に由来しており，「機」は“仕掛け”，「械」は“刑罰の道具”という意味なので「仕掛けによって何かをさせるもの」という定義になり，これも現在の機械の意味とは異なっている．

図 1.6　ホンダ CVCC エンジン（提供　本田技研工業㈱）

1970 年代当時，世界で最も厳しく達成不可能とまで言われた米国マスキー法排ガス規制を世界で初めてクリアしたエンジン
（日本機械学会「機械遺産」第 6 号）

日本機械学会が発行している「機械工学便覧(JSME Mechanical Engineers' Handbook)」の「基礎編(Fundamentals)，機械工学総論(Mechanical Engineering: General Remarks)」によると，機械とは以下の 3 要件を備えているものとされ

ている.

(1) 人間がつくったもの（人工物）であり，それぞれが特定の機能をもつ構成要素（機械要素，熱・流体要素，電気・電子要素）からなる集合体である.
(2) 各構成要素は，人間生活に有用となる特定の目的にかなった機能を発揮できるように組み合わされている.
(3) この目的を実現するためには，エネルギーの発生や変換を含む機械的な力と機構的運動の両方，またはどちらか一方が重要な役割をはたす.

上に述べた用件を満たす機械にはどんなものがあり，どのように分類されるかは専門分野や使用する立場からもさまざまであるが，例えば次のような分類ができる.

(A) 動力機械(prime mover)または原動機(engine)：エネルギー変換機器など動力の発生を目的とする機械である．代表例としてガソリンエンジン(gasoline engine)，ジェットエンジン(jet engine)，蒸気タービン(steam turbine)，ポンプ(pump)などがある.
(B) 作業機械(working machine)：外部からエネルギーの供給を受けて，特定の対象物に変形や運動を与える機械である．代表例として，工作機械(machine tool)，自動車(automobile)，列車(train)，エア・コンディショナー(air conditioner)などがある.
(C) 計測機械(measuring machine, measuring instrument)：物理量や機械的諸量の測定を主眼とする機械である．代表例として，振動アナライザ(vibration analyzer)，流量計(flowmeter)，材料試験器(material testing machine)などがある.
(D) 情報・知能機械(information equipment and intelligent machine)：情報を扱い，その記憶，演算，判断などの機能を備えた装置である．代表例として，パーソナルコンピュータ(personal computer)，磁気ディスク(magnetic disk storage)，プリンタ(printer)，ロボット(robot)，オーディオ・ビデオ機器(audio-video equipment)などがある.
(E) 医療・福祉機器(medical and welfare devices)：疾病の診断・治療・予防や，高齢者・障害者の生活や介護の支援のための機器である．代表例として，内視鏡(endoscope)，人工心肺装置(artificial heart-lung system)，電動車いす(electric wheelchair)，義手・義足(prosthesis)などがある.
(F) その他：ルームランナー(treadmill)，ピッチングマシン(pitching machine)などのスポーツ機器や，ゲーム機(game machine)などのアミューズメント機器などがある.

1･1･3　機械工学とは (What is mechanical engineering?)

機械は，自然界には存在しない人工物(artifact)であり，生活を快適にするなど様々な価値観に基づいて，人間が自分たちのために必要に応じて作ってきたものである．また機械工学(mechanical engineering)とは，後にも述べるよ

図 1.7　東海道新幹線 0 系電動客車（提供　交通科学博物館）

1964 年の東海道新幹線開通に合わせて誕生した．最高速度は当時の粘着鉄道の限界とされた 210 km/h で，鉄道高速化のさきがけとなった.
（日本機械学会「機械遺産」第 11 号）

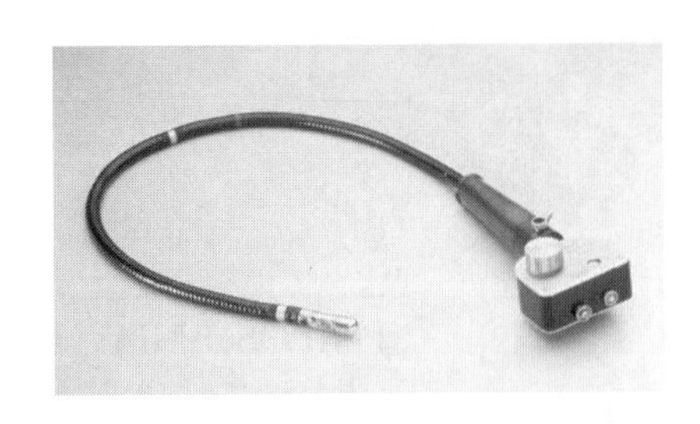

図 1.8　オリンパス ガストロカメラ GT-I（提供　オリンパス㈱）

「患者の胃の中を写すカメラをつくってほしい」という難題に対して，1950 年に胃カメラの試作機が生み出された．現在は内視鏡へと発展し，世界中の医療現場で活躍している.
（日本機械学会「機械遺産」第 19 号）

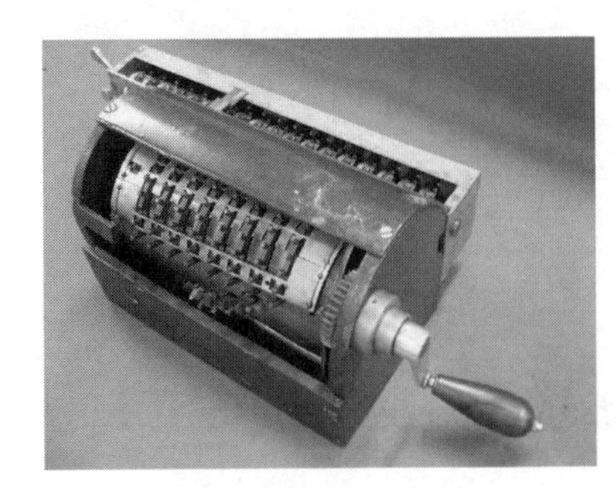

図 1.9　自働算盤（機械式卓上計算機）パテント・ヤズ・アリスモメトール（1903 年販売）（提供　北九州市立文学館）

現存最古の国産機械式計算機である．歯車式で，当時の海外の計算機よりも優れた性能を実現していた.
（日本機械学会「機械遺産」第 30 号）

うに，機械をつくるという人間活動によって蓄積された知識や技術を学問として体系化したものである．機械工学の目的は有用な新しい機械の創造にあり，そのために必要な手段の提供にある．

では始めに，機械をつくるにはどのようなプロセスが必要になるか考えてみよう．生活や仕事をする上で「こんなものがあったらいい」という発想やニーズが生じると，それがきっかけで“ものづくり”が始まる．実際にものを作ろうと思えば，まず「どうやって実現すればいいのか」を頭の中でいろいろと考えて構想を練る必要がある（図 1.10 の過程 1）．そして，設計図を描いて他人にわかる形に具体化し（過程 2），その後はじめて製作に移ることができる（過程 3）．ものができ上がった後には，当初考えていた性能を満たしているか評価することも大事である（過程 4）．さらに，実際に機械を使用する過程で，多くの場合改良の必要が生じる（過程 5）．こうした一連のプロセスがものづくりには必要である．この中でも，構想を練るプロセスと設計図を描くプロセス（図 1.10 の破線の中）がものを作る上での本質であり，ここで製品の良し悪しのほとんどが決まってしまう．この 2 つのプロセスを総称して“設計(design)”と呼ぶ．例えば，設計には「必要な要件を満たすにはどんな機能が必要か」，「動力には何を使いどんな機構を持たせるか」といった全体を見渡した構想（過程 1）が必要であると同時に，「必要な強度を持たせるには材料の厚さを何 mm にすれば良いか」といった細部にわたる構想（過程 2）も必要である．また，安全性や経済性，あるいは運用・保守性に関する構想も必要になる．設計が不十分であれば，せっかくものを作っても必要な要件が満たせなかったり，あるいはすぐに壊れて使い物にならなかったりすることになる．「機械の設計」については 1･3 節で詳しく紹介する．

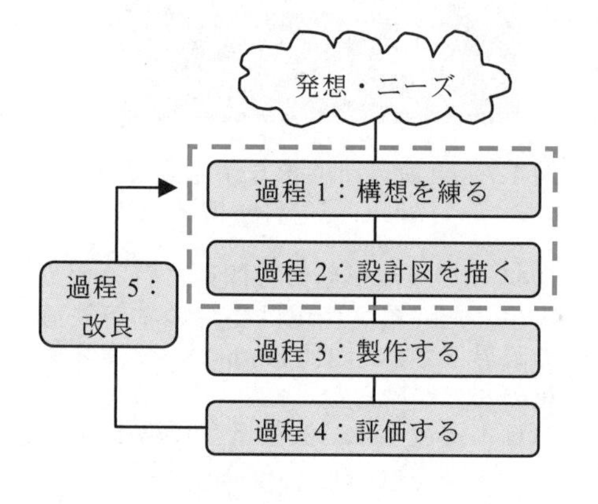

図 1.10　ものづくりの流れ

機械（あるいは機械を組み合わせた機械システム）は，このような複数のプロセスを経てはじめて実現するのであるが，各プロセスではそれぞれに特有な知識や経験に基づいた技術が必要になる．こうした知識や技術を学問として体系付けたものが機械工学であり，この体系を学ぶことで，不要な失敗を避け，効率良くものづくりができるようになる．

読者の多くは，高校までに物理(physics)，化学(chemistry)あるいは生物学(biology)などの自然科学(natural science)を学習してきたであろう．これらの科目は理学(science)に属しており，その主たる目的は，真理を探求して自然法則を明らかにすることにある．それに対し，機械工学をはじめとする工学(engineering)とは，人間あるいは人間社会に貢献する“もの”（ハードウエア(hardware)だけでなく，情報や知識などのソフトウエア(software)も含む）を創造するための学問体系である．その点，理学とは目的を異にしている．例えば，「持続可能な地球環境の構築」が近年特に重要な課題として取り上げられているが，こうした人間社会への貢献を目的とした課題の解決には，工学が大きな役割を果たすことが期待される．

(a) ニュートン

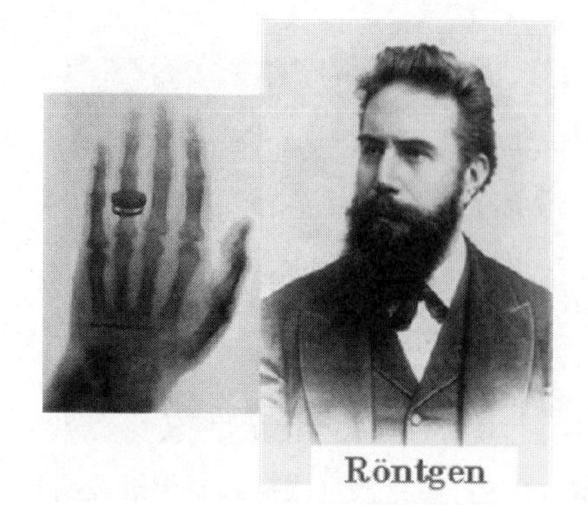

(b) レントゲン
（第 1 回ノーベル物理学賞受賞）

図 1.11　科学者による成果

ただし，工学と理学ではその目的に差異はあっても，工学の技術は理学の原理・法則を応用する側面が強く，共通して学ぶべき内容は多い．従来の技術と学問の発展過程を振り返ってもわかるように，工学と理学の境は必ずしも明確とはいえない．例えば 1･2 節で説明するように，産業革命の時代にニューコメン(Thomas Newcomen)およびワット(James Watt)が蒸気機関(steam engine)を考案したが，これを研究することによって熱力学(thermodynamics, 3･2 節参照)という学問が誕生した．一方，熱力学はその後の熱機関(heat engine)の性能向上に大きな役割を果たし，また近年注目されている燃料電池(fuel cell)においても，そのエネルギー変換(energy conversion)の基礎は熱力学によって与えられている．このように，新たな原理法則は新しい技術を生み出し，新技術は新たな原理法則の発見につながる可能性を持つというように，工学と理学はお互いを強化･補完する関係にある．

では，工学を修得するためには理学の原理法則さえ学べば十分かというと，それは否である．機械や機械システムを創造するには，あるいはその機能や性能を向上させるためには，理学では学ばない数多くの工学的な知識や技術が必要になる．例えば，自動車の性能を向上させようと思えば，強度(strength)や熱効率(thermal efficiency)などの計算には物理(physics)や数学(mathematics)の知識が不可欠となるが，それだけではなく，材料には何を使えばよいか，どのような機構を持たせるか，振動や騒音は問題にならないか，快適に運転できるか，安全性は大丈夫か，といったことを，多方面から成る工学的な知識や技術を駆使しながら設計していくことが必要になる．例えば，3･1 節で述べるように，安全性(safety)といったときには，材料の強度や加工精度のばらつき，あるいは使用環境や経年変化なども考慮して，できるだけ壊れないよう設計すると共に，仮に壊れたとしても大事故につながらないように配慮しながら設計することが不可欠となる．このように，機械技術の基礎となる機械工学には機械に関連するさまざまな学術的事項が関連しており，よりよい“もの”を創造するには，多くの関連科目を体系的に学んでよく理解するとともに，その知識を実際に応用できるように，優れた着想，的確な判断力を涵養することが必要になる．

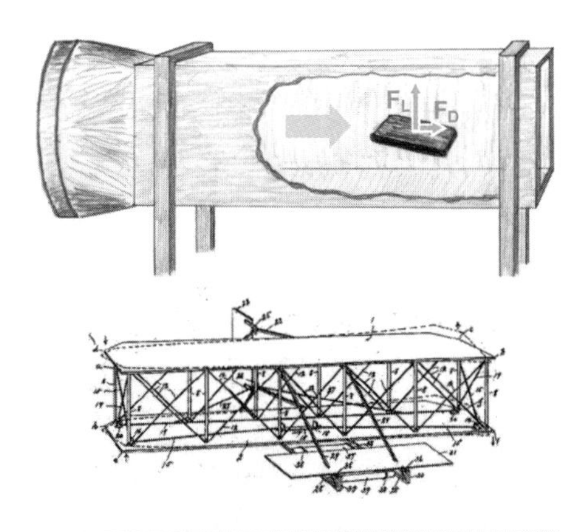

図 1.12　工学技術者による成果（ライト兄弟）

1･1･4　機械工学の基礎体系 (basic system of mechanical engineering)

機械工学の体系とその構成については，いくつかの視点からの解釈ができるが，ここでは図 1.13 に示すような構成で説明する．まず，機械工学の基礎を構成する基礎工学(foundation engineering)の分野がある．機械の構成要素に生じる応力や変形を取り扱う材料力学(mechanics of materials)，熱や流体の運動およびエネルギーの変換などを扱う熱力学(thermodynamics)および流体力学(fluid dynamics, fluid mechanics)，応力，疲労，摩耗，腐食などに対して機械に係わる材料の特徴や設計法などを扱う機械材料学(engineering materials)，力の作用や運動に伴って生ずる慣性力や振動を扱う機械力学(dynamics of machinery)，力の作用は考えずに機械の構成要素の相互運動を学ぶ機構学(kinematics of machinery)，機械や機械に関連するシステムの運動，力，エネルギーを制御する理論と方法を学ぶ制御工学(control engineering)などがその分野に含まれる．近年では，機械工学に必要な基礎的なコンピュータの使用法，計算手法などを学ぶ計算力学(computational mechanics)，計算工学(computational engineering)もこの基礎工学分野で扱われることが多い．

つぎに，上記の基礎工学で得られる理論や知識を基にして，それらを実際の機械系構造物やシステムの設計や操作，運転に応用する応用工学(applied

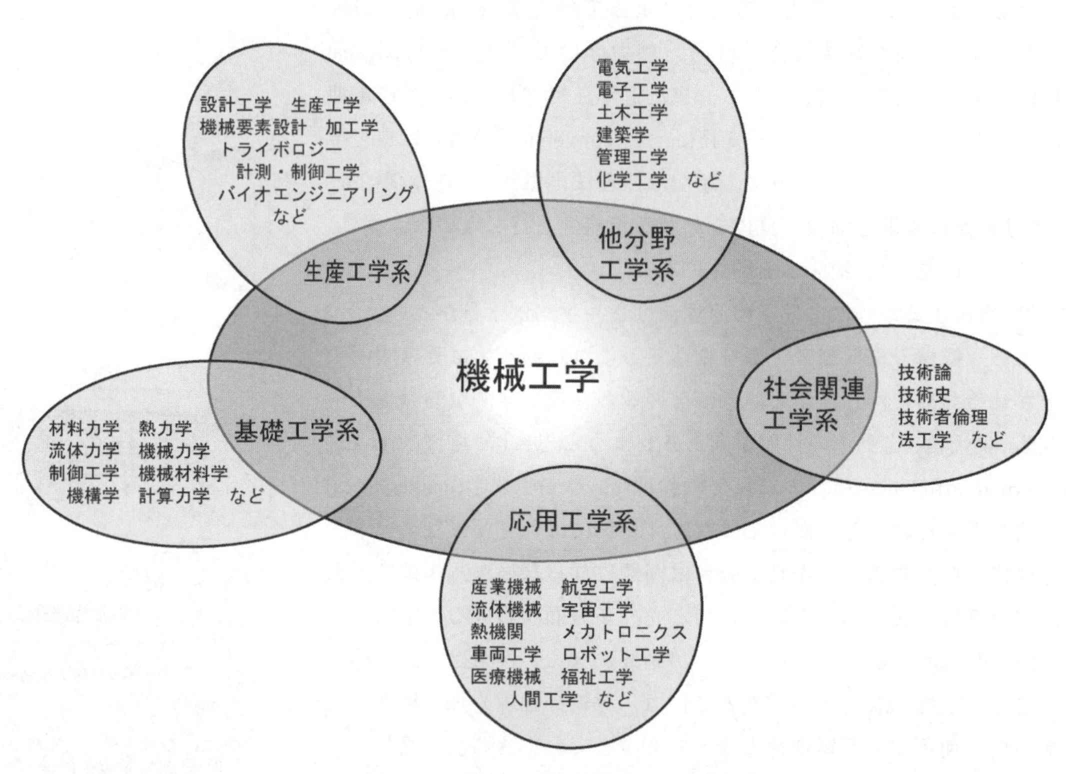

図 1.13　機械工学の体系とその構成

図 1.14　M-V ロケット 5 号機(2003 年)
（提供　宇宙航空研究開発機構）

本ロケットに搭載された小惑星探査機「はやぶさ」は，2005 年に小惑星「いとかわ」に着陸した後，2010 年に無事地球に帰還した．

engineering)の分野がある．設計，操作，運転の対象になる機械，システムの種類により，産業機械(industrial machinery)，流体機械(fluid machinery)，熱機関(heat engine)，車両工学(vehicle dynamics)，航空工学(aeronautical engineering)，宇宙工学(space engineering)，メカトロニクス(mechatronics)，ロボット工学(robotics)などがある．最近は，健康，医療，福祉など日常の人間生活に密着した領域への機械工学からの貢献が発展しており，医療機械(medical equipments)，福祉工学(welfare engineering)，人間工学(human engineering, ergonomics)などもこの分野に入れられる．それぞれの名称は確定したものではなく，例えば，熱機関の一部である内燃機関(internal combustion engine)を独立に扱う場合も多く，車両工学の中に含まれる自動車の分野を自動車工学(automotive engineering)として独立に扱うことも多い．技術の発展や社会の要請により，この応用工学の内容は将来大きく変動する可能性が高い．

機械の設計，製作，生産などの，いわゆる“ものづくり”に強く係わる機械工学の分野を設計工学(design engineering)，生産工学(production engineering)（あるいは，設計・生産工学: design and production engineering）という．これには材料力学などの基礎工学が深く関連していると共に，機械要素や各種機械の設計の理論や手法を学ぶ機械要素設計(machine element design)，機械設計(machine design)，切削，非切削の両方を含む加工学(manufacturing processes)がその中核にある．計測・制御工学(measurement and control engineering)もこの分野には欠かせない．最近では，生体工学(bioengineering)（バイオエンジニアリング）もこの分野の重要な学問となっている．以上の各分野は，それ自体でもひとつの学問体系となっている場合が多く，学会としても，例えば加工や計測・制御に関連して，精密工学会，塑性加工学会，計測・自動制御学会などが活発に活動している．

大きな学問体系としての機械工学そのものも，独立に存在しているわけではない．とくに，工学系のなかの主要な分野とはたえず協力，連携関係にある．電気，電子機械の面では電気工学(electrical engineering)，電子工学(electronic engineering)との連携があるし，土木工学(civil engineering)，建築学(architecture)など建設機械の設計，運転には機械工学の知見は欠かせない．石油・化学コンビナートにある多くの反応塔，貯蔵施設，パイプラインなども化学工学(chemical engineering)と機械工学との共同作業によって設計製作されている．機械や設備の運転を管理するには管理工学(administration engineering)の知識が必要である．地震工学(earthquake engineering)も機械工学系のかかわる分野である．

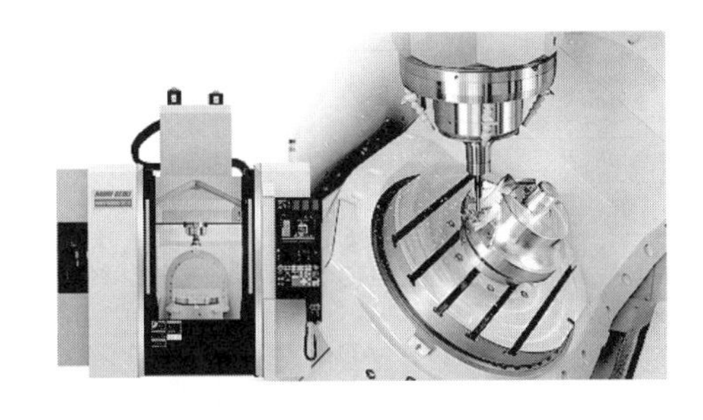

図 1.15　5軸制御高精度マシニングセンタ（提供　㈱森精機製作所）

工作機械は「機械を作る機械」であり，製造される機械の1ケタ上の精度が求められる．

近年，技術の発展が社会に深く係わってくるようになり，理工学系ばかりでなく社会学などに関連する分野の学習も機械工学として必要になってきている．技術論や機械にかかわる技術の発展を学ぶ技術史(history of technology)，技術を扱う上での社会的倫理や技術者，研究者としての倫理を学ぶ技術者倫理(engineering ethics)，新たな技術に対応する法的な規制，国際的，国内的標準のあり方などを学ぶ法工学(law and technology)などがある．

1・2　機械技術，機械工学の発展の歴史 (history of innovation in mechanical engineering)

機械や機械技術の歴史は，本来，技術史という学問体系の一分野として位置付けられるものであり，世界史的にも日本史的にも広範である．また，特定の機械には例えば，水車(waterwheel)の歴史，クレーン(crane)の歴史という出版物も多くある．ここでは，機械工学，機械技術の発展史を概括的にまとめる．特に，機械や機械システムの発明を主眼として機械技術の歴史をながめてみる．

表 1.2 は，日本機械学会発行の機械工学便覧「機械工学総論」の「1・2 機械工学史通論」，同じく日本機械学会発行の「機械工学 100 年のあゆみ」，ライフ社発行「人間と科学シリーズ」の「機械の社会」などを参考にして作成した機械工学，機械の発展プロセスである．左の欄は，紀元前からの機械工学，機械技術の代表的な科学者の出版物，論文，理論や応用技術の提案などをまとめており，右の欄には，代表的な機械，装置，システムなどの発明時期と発明者を整理している．表 1.3 には，これらの歴史を大まかに分割して，古代，中世，近代（前期，後期），現代（1 期～4 期）として，それぞれの特徴，出現した機械類，関連して発展した機械工学に関する専門分野をまとめている．

図 1.16　アルキメデスと「てこ」

「私に支点を与えよ．そうすれば地球をも動かしてみせよう」と言ったと伝えられる．

古代において，人間は生活を営むために必要な最低限の道具を使っていた．紀元前 3 世紀頃になると，中国で世界最古の技術文献といわれる「周礼考工記」のなかに，多くの器具の記述と共に軸や軸受(bearing)の製法が述べられたり，アルキメデス[Archimedes (of Syracuse)]が「てこの理論(leverage theory)」や重力(gravity)，浮力(buoyancy)の概念を発見しており，最も単純な

表 1.2　機械工学と機械技術の発展史年表

機械工学関連の研究・技術		機械・機器システムの発明	
		旧石器時代	てこ，くさび
		BC 30C 頃	車輪・車軸，帆
		BC 14C 頃	鉄治金
		BC 8C 頃	滑車
BC 3C 頃	最古の技術文献「周礼考工期」	BC 3C 頃	ポンプ
BC 3C 頃	アルキメデス，てこの理論	BC 2C 頃	旋盤
	重力，浮力の概念	BC 1C 頃	水車（水平型，垂直型）
AD 1C 頃	ヘロン「機械学」，「気体学」		
		AD 7C 頃	水平型水車
		AD 9C 頃	クランクと動輪
		1185	水平型風車
		1300 頃	大砲
		1335	機械式時計
		1448	活字印刷機（グーテンベルク）
1500	レオナルド・ダ・ヴィンチ「手稿」		
	機械構造，水力学		
1583	ガリレオ・ガリレイ		
	振り子の等時性発見		
1638	ガリレオ・ガリレイ「新科学対話」		
		1656	振り子時計（ホイヘンス）
1678	フック「ばねについて」		
	弾性の法則		
1687	ニュートン「プリンキピア」		
	力学の法則	1712	蒸気機関（ニューコメン）
1736	オイラー		
	「力学，解析による運動の科学」		
	力学の体系化		
1738	ベルヌーイ「流体力学」		
	ベルヌーイの定理		
1743	ダランベール「動力学概論」	1767	ジェニー紡績機（ハーグリーブス）
		1776	凝縮器付蒸気機関（ワット）
1788	ラグランジェ「解析力学」		
	ラグランジェ方程式	1790	蒸気船（フィッチ）
		1804	蒸気機関車（トレビシック）
1822	フーリエ「熱伝導論」	1822	モータ（ファラデー）
	フーリエ級数	1827	水力タービン（フールネロン）
		1831	発電機（ファラデー）
1841	標準化ねじの規格化	1837	電信機器（モールス）
	（ウィットワース社）	1840	自転車（マックミラン）
1843	ジュール，熱の仕事量の概念	1857	人間用エレベータ（オーチス）
1859	ランキン「蒸気機関と他の原動機」	1860	内燃機関（ルノアール）
		1876	電話機（ベル）
		1876	4ストローク機関（オットー）
1877	レイリー「音響の理論」	1877	蓄音機（エジソン）
	音響・振動学の初の出版	1884	蒸気タービン（パーソンズ）
1886	レイノルズ「流体潤滑理論」	1886	ガソリン自動車（カール・ベンツ）
		1891	映写機（エジソン）
		1892	ディーゼルエンジン（ディーゼル）
		1895	電気機関車（不明）
		1903	飛行機（ライト兄弟）
1904	プラントル，境界層理論		
1905	テイラー「金属の切削技術」	1907	電気洗濯機（フィッシャー）
1908	ティモシェンコ「材料力学」	1908	T型自動車（フォード）
1922	ストドラ	1923	タイガー計算機（大本寅次郎）
	「蒸気およびガスタービン」	1926	液体燃料ロケット（ゴダート）
1931	末広恭二，地震工学を提唱		
		1934	ジェットエンジン（ホィットル）
		1939	ヘリコプター（シコルスキー）
		1942	V2 ロケット（フォンブラウン）
		1943	人工腎臓（コルフ）

機械工学関連の研究・技術		機械・機器システムの発明	
		1946	真空管式電子計算機（エッカート）
1950	ノイマン，安定化制御理論	1952	NC 工作機械（スチューレン）
		1953	人工心肺（ギボン）
		1954	太陽電池（ピアソンほか）
1956	有限要素法の出現	1956	磁気ディスク（IBM）
1957	初の人工衛星スプートニク		
1957	FORTRAN 登場		
1964	東海道新幹線創業	1963	ガスタービン自動車（ヒューブナーほか）
1965	ファジー理論		
1969	アポロ 11 号月面着陸	1969	人工心臓実用化（クーリー）
1972	メカトロニクス商標化		
1972	C 言語登場	1973	2 足歩行ロボット（早稲田大）
1975	カオス，フラクタル理論		
1976	スーパーコンピュータ時代到来		
1980	ロバスト制御理論 ニューラル制御理論		
1982	ロボット普及元年	1985	ラップトップパソコン（東芝）
1990	インターネット時代の到来		
1990	CAE 時代幕開け CAD 用語，CAD 製図制定		
1991	ナノレベルの切削加工		
1995	デジタルカメラ，携帯電話の普及		
1995	WINDOWS 95	1996	ヒューマノイドロボット（ホンダ）
1997	京都議定書の採択	1997	ハイブリッド自動車（トヨタ）
2001	ブロードバンド回線の普及		

表 1.3　時代区分による機械，機械工学の特徴

時代と特徴		機械の例	関連する専門分野
古代 (9 世紀以前)	専制君主	起重機，水車	静力学
中世 (10～14 世紀)	宗教・教会	起重機，水車 機械式時計	静力学
ルネサンス (15～16 世紀)	新興都市 ・貴族社会	大砲，水力機械 工作機械	運動学 材料学
近代前期 (17～18 世紀)	重商主義	動力水車，ポンプ 工作機械，蒸気機関	水力学 動力学 図学
近代後期 (19 世紀)	産業化 資本主義	鉄道車両，船舶 エンジン，産業機械 タービン	材料力学 機構学 熱力学
現代 1 期 (20 世紀前期)	国家間戦争	自動車，戦車 航空機，重機械 ロケット	流体力学 機械力学 生産工学 精密工学
現代 2 期 (20 世紀中期)	冷戦構造 大衆消費	人工衛星，精密機械 FA 機器，OA 機器	計測工学 制御工学 システム工学
現代 3 期 (20 世紀後期)	高度情報化	情報関連機器 知能ロボット	メカトロニクス 計算力学 生体工学 環境工学
現代 4 期 (21 世紀)	健康，環境問題 グローバル化	医療機器，情報機器 マイクロ・ナノマシン 健康福祉機械 娯楽機械	健康福祉工学 スポーツ工学 安全工学 社会関連工学

図 1.17　ヘロンの「エオリアの球」
（蒸気タービンの元祖）
（出典　三輪修三，機械工学史，丸善出版㈱）

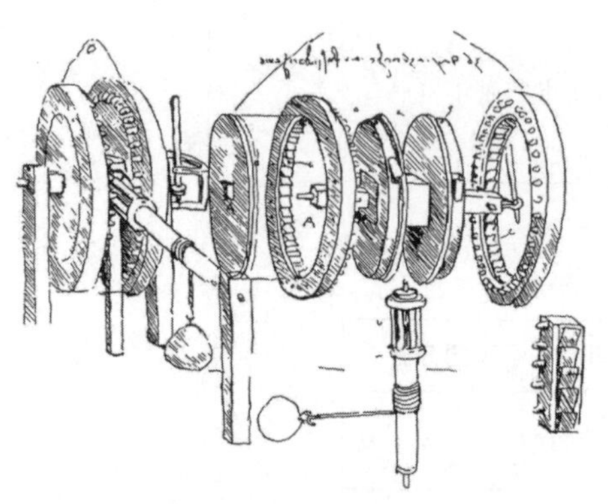

図 1.18　ダ・ヴィンチによる運動変換機構とその構造説明図
『アトランティコ手稿』（c.1500 年）より

図 1.19　ガリレイによる木材片持ばりの強度試験
『新科学対話』（1638 年）より

ポンプ(pump)が発明されている．また，紀元前 2 世紀から紀元前 1 世紀にかけては旋盤(lathe)や水車(waterwheel)が発明されており，ギリシャではヘロン [Heron (of Alexandria)] が「機械学」を著して斜面，歯車(gear)などの図を描いている．しかし，これらはいずれも単なるアイデアや簡単な記述として残っているだけであり，社会的にも技術が学問として要請される時代ではなかった．

科学技術の発展はそれ以降もヨーロッパを舞台として発展したが，9 世紀までの専制君主時代，10 世紀から 14 世紀までの宗教・教会時代には機械技術の発展に目覚しいものは少なく，起重機(derrick)，水車，機械式の時計が発明された程度である．学問的に大きな発見もなく，機械の設計も静力学(statics)的な考察のみでなされていた．科学と技術は全く別個のものとして捉えられていた時代でもあった．14 世紀に入ると，軍事上の必要から科学と技術が接近するようになってきた．14 世紀から 15 世紀に移る頃に軍事兵器を記した書物が多く出版された．15 世紀から 16 世紀のルネサンス(Renaissance)時代には軍事技術が大いに発展する．この時代は文芸復興といわれるが，反面，絶え間ない国家や都市間の戦争時代でもあった．軍事を基盤にして開発された技術はインゲニウム(ingenium)とよばれ，それに携わる人々をインゲニアトール(ingeniator)とよばれた．これが，現在のエンジニア(engineer)の語源である．

レオナルド・ダ・ヴィンチ(Leonardo da Vinci)は，実は当時の最大のインゲニアトールであり，戦争に強い都市設計のほかに，戦車や機関銃の開発も行った．ダ・ヴィンチを始めとするルネサンスの旗頭は，新興都市社会，貴族社会の要請により，兵器のほかにも水力機械(hydraulic machinery)，工作機械(machine tool)など実生活に有用な機械を発明したり製作したりした．学問的にも，運動学(kinematics)の概念や金属材料学(metallic materials)の考え方が応用された．ダ・ヴィンチはアイデアにとどまったとはいえ，飛行機(aeroplane)について詳細な設計概念を記した．グーテンベルク(Gutenberg, J.)が活字印刷機を発明したのもこの時代である．

17 世紀からの近代に入ると機械工学，機械技術は飛躍的に発展する．現在の機械工学の基礎を形成している力学(mechanics)，とくに動力学(dynamics)が誕生して機械技術と結びついたからである．その最大の貢献者が 16 世紀から台頭していたガレリオ・ガリレイ(Galileo Galilei)と 17 世紀末から活躍を始めたニュートン(Isaac Newton)であった．ガレリイは 16 世紀末にすでに「力のモーメント」の概念を提示しており，1638 年に出した有名な「新科学対話」で落体の運動や棒の強度についてまとめており，力学的相似則についての萌芽的な記述もしている．

17 世紀の末から 18 世紀にかけては，機械工学の基盤を構成する力学がすぐれた科学者の業績によって体系化されてくる．1678 年にフック(Robert Hooke)がばねについての“弾性の法則”を発表したのに続き，フックとは生涯の論争相手になったニュートンは，1687 年に有名な「プリンキピア」において力学の法則を発表した．あらゆる力学の教科書に出てくる“ニュートンの運動の法則(Newton’s law of motion)”である．1730 年代から 1740 年代にかけては，オイラー(Leonhard Euler)，ベルヌーイ(Daniel Bernoulli)，ダランベール(Jean Le Rond d'Alembert)が相次いで運動学(kinematics)，流体力学(fluid dynamics)，動力学(dynamics)の体系化をなしとげた．1788 年にはラグランジュ(Lagrange, J.L.)が解析力学で有名な"ラグランジュの運動方程式"を発表するにいたり，現在"ニュートン力学(Newtonian mechanics)"とも通称される古典力学(classical mechanics)がほぼ完成した．これに呼応するように機械技術の発明も活発になり，1656 年には振り子時計(pendulum clock)が発明された．特に，蒸気機関(steam engine)の発明は産業を抜本的に改革した．1712 年にはニューコメン(Thomas Newcomen)の蒸気機関，1766 年にはワット(James Watt)の蒸気機関が相次いで発明され，これが蒸気船(steamship)，蒸気機関車(steam locomotive)の発明へと繋がってゆくことになる．1767 年には，ジェニー紡績機(spinning jenny)が発明されている．

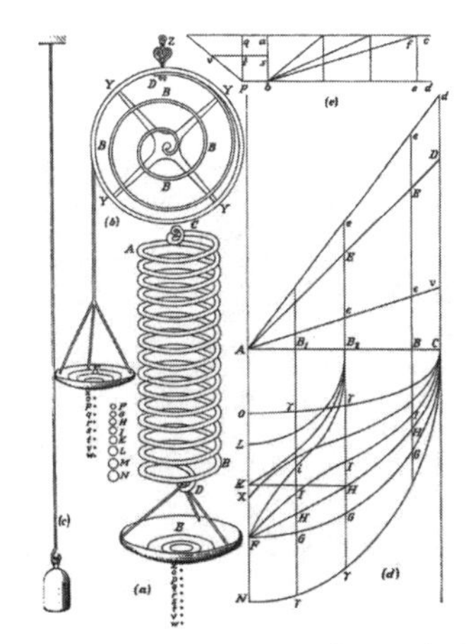

図 1.20　フックによるばねの実験
（出典　三輪修三，機械工学史，丸善出版㈱）

19 世紀の近代後期になると，産業化が著しく発展し，資本主義の時代に突入する．前世紀に確立された基礎力学を基盤として，材料力学(mechanics of materials)，熱力学(thermodynamics)，機構学(kinematics of machinery)といった機械技術に必要な諸工学の知識が活用されて，鉄道車両(railway vehicle)，各種船舶(ship)，エンジン(engine)，タービン(turbine)，産業機械(industrial machinery)が続々と世の中にあらわれてくる．学問的には，ジュール(James Prescott Joule)が 1843 年に熱の仕事当量(mechanical equivalent of heat)の概念を発表し，ランキン(William John Macquom Rankine)は 1859 年に「蒸気機関と他の原動機」という著書の中で，熱力学が蒸気機関などの熱機関(heat engine)の設計に果たす意味を明らかにした．有名な"ランキンサイクル(Rankine cycle)"の考えはこの本で示された．19 世紀末になると，蒸気機関に代わる熱機関として，蒸気タービン(steam turbine)，4 ストローク機関(four-stroke engine)，ディーゼル機関(diesel engine)などが発明され，あらたに熱力学，熱工学(thermal engineering)の発展が促されることになった．

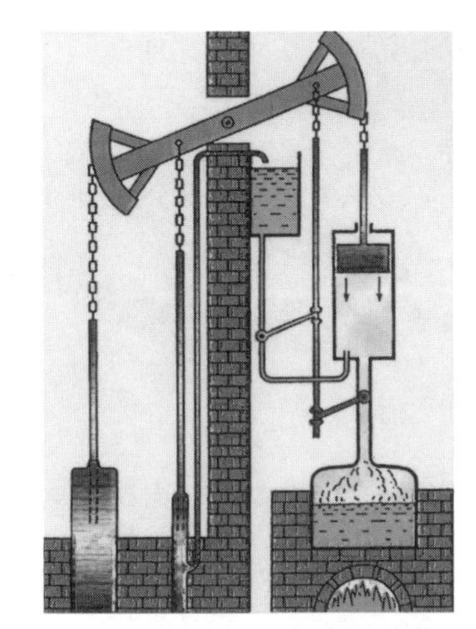

図 1.21　ニューコメンの蒸気機関
（出典　富塚清，動力物語，㈱岩波書店）

20 世紀の現代を 1 期（前期），2 期（中期），3 期（後期）に分けてみると，それぞれを，"国家間の戦争時代"，"冷戦構造・高度経済成長時代"，"高度情報化，ハイテク・ソフト化時代"とすることができるだろう．1 期における第一次世界大戦(1914～1918)，第二次世界大戦（1939～1945）の二つの戦争は，直接の参戦国はもちろん近隣諸国にも深刻な影響を及ぼした．攻める側にしても守る側にしても，強い経済力に裏打ちされた高度な技術を有しているか否かが最終的な勝敗の決め手になったことを後の歴史が証明した．戦車，戦闘機，ロケット(rocket)などの高速化，高性能化が，流体力学(fluid mechanics)，機械力学(dynamics of machinery)，生産工学(production engineering)などの急速な発展を促したのは事実である．日本が乏しい経済力のもとで旧式飛行機の改善に力を入れていたときに，アメリカでは 1926 年に液体燃料ロケット(liquid rocket)が，1934 年にはジェットエンジン(jet engine)が発明されていたのであった．

図 1.22　オットーの内燃機関
（35 馬力の 4 ストローク機関，1893 年）
（文献(7)から引用）

2 期とした 20 世紀中期の大戦後の世界は，アメリカ対ソビエト連邦の東西の冷戦対決を維持しながらも，先進諸国においては民生技術が発展して産業技術(industrial technology)が整備され，国際競争力を高めていく時代となった．特に日本では，1940 年代から 1950 年代にかけて，工業技術庁や科学技術庁が設置されて機械技術(machine technology)も飛躍的に発展した．鉄道車両を例にとると，1950 年に初めての長編成電車列車として湘南電車が運転され，1964 年の東京オリンピックを機に東海道新幹線が創業された．

米ソ 2 大国間の宇宙開発戦争が活発化したのもこの時期であり，1957 年にソビエトが初の人工衛生(satellite)スプートニクを打ち上げ，1969 年にはアメリカがアポロ 11 号を月面着陸させている．

図 1.23　スプートニク 1 号 (模型)

1970 年代から 80 年代以降の後期の現代 3 期は，高度情報化，ハイテク・ソフトの時代となる．ほとんどの機械技術もコンピュータ(computer)を援用して開発設計されるようになり，1972 年に C 言語が登場し，1976 年にスーパーコンピュータ(supercomputer)が出現した．1960 年代の後半に誕生したロボット工学(robotics)も 1970 年代からは実用化の時代に突入し，各種の工場や建設現場で産業用ロボット(industrial robot)が活躍することになった．工学の分野としては，2 期に発展して応用された計測・制御工学(measurement and control engineering)に加えて計算力学(computational mechanics)，メカトロニクス(mechatronics)，生体工学(bioengineering)，ロボット工学(robotics)などが，機械技術に不可欠な学問として大学などで研究，教育の対象となってきた．

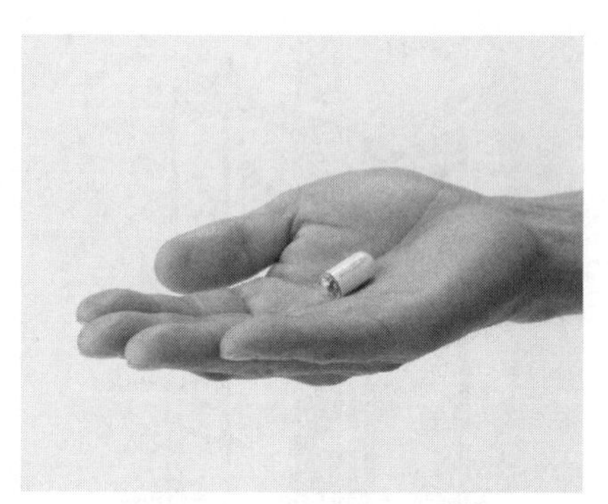

図 1.24　カプセル内視鏡
(提供　オリンパス㈱)

21 世紀に入ってからの現代の第 4 期は，グローバル化，健康・環境の時代といえるだろう．機械技術の応用分野も医療機器(medical device)，情報機器(information equipment)，マイクロマシン(micromachine)，ナノマシン(nanomachine)などに対象が移りつつあり，機械工学も周辺分野の工学，健康福祉工学(health and welfare engineering)，安全工学(safety engineering)，スポーツ工学(sports engineering)などと連携しながら進展している．

1・3　機械の設計 (designing machines)

1･3･1　設計とは (What is engineering design?)

1･1･3 項において機械をつくるプロセスについて簡単に触れたが，工学とはまさに，ものを創り出すための学問体系である．特に，あったら良いと思うこと，あると便利なもの（例えば，本をいつでもどこでも簡単に入手できて，読むことができること）を思い浮かべ，それを実現するハードウェアやソフトウェアなどの人工物(artifacts)を創り出す過程を設計(design)と呼ぶ．機械を創り出すための設計が本節の主対象であるが，小学校の夏休みの宿題で何かを工作することも，夕飯の献立を考えることも，作曲することも広い意味では設計であり，このように，設計は人間特有の創造性と深く結びついている．機械設計というと製図(drawing)の印象が強いが，製図はあくまで設計した結果を明確化し，他人に伝達するための手段であり，設計の本質は，その前段階で，必要な機械の働きを決めて，それを実現するための方法を考え，意図した働きを保証するための種々の工学計算を行うところにある．小説の創作で言えば，製図法は作文法や文法，原稿用紙の使い方に該当し，小説の主題，内容，展開に小説の本質があるのと同様である．

学問分野としての設計は，主として技術的，工学的視点から設計を考える工学設計(engineering design)と，美的なかたちや使いやすさなどを考える工業デザイン(industrial design)から構成される．機械設計は，機械を対象とした工学設計と位置づけられるが，工学設計とデザインの両方の視点を持って機械を設計することが必要になりつつある．

1･3･2　設計対象の表現と設計プロセス (design object representation and design process)

設計における基本的な課題は，設計を始める時点ではまだこの世に存在しない人工物をどのように表現するかという設計対象の表現と，人間はどのような過程で創造行為をおこなっているか，さらに，どのように設計を進めれば上手く設計ができるのかという設計プロセスの解明の二つである．

設計対象(design object)は，一般に，機能，挙動，構造，および属性によって表される．機能(function)は，使う人から見た機械の働きであり，例えば，洗濯機の機能は，「汚れた衣類を清潔にする」と表せる．設計の動機となる，あったら良いと思うことは，基本的に機能である．挙動(behavior)は，科学的な法則により説明できる物理的，化学的な機械の振る舞いである．洗濯機であれば，電気を流すとモータが回転し，モータから回転力が伝達されてドラムが回転する，といった具合である．構造(structure)は，機械を構成する部品の関係の表現であり，属性(attribute)は，機械全体や部品の性質のことであり，部品の形状，寸法，重量，材質などが挙げられる．一般に，構造と属性を必要十分なだけ記述すれば，作るべき機械が決まったと言える．

設計プロセス(design process)とは，要求する機能から，それを実現できる機械の構造と属性を決め，その機械を作るために必要十分な情報を決める一連の過程である．設計の特徴を表す考え方に，シンセシス(synthesis)とアナリシス(analysis)という分け方がある．アナリシスとは，機械の構造や属性からその挙動を導くことであり，物理法則に基づいて演繹的に求めることができる．これは古典的な意味で「科学的」であり，材料力学，流体力学，熱力学，機械力学などがこれに該当する．例えば，ボールの質量が与えられ，加わる外力が決まれば，ボールの運動を一意に決めることができる．一方で，シンセシスとは，設計に代表されるように，機能や挙動からそれを実現する機械を求めることであり，演繹的に導出できず，解が一意に定まらないという特徴がある（逆問題(inverse problem)とも言われる）．きれいな衣類を得る方法には，石けんと水を使って手で洗う，洗濯機で洗う，溶媒を使ってドライクリーニングするなど様々な方法が考えられるのがその例である．このように，設計は古典的な科学の体系の外にある学問であり，なおかつ，それがものを創り出すと言う意味で工学の本質と深く関わっているために，機械工学の中で特徴的な位置づけにあるのである．

図 1.10 の過程 1, 2 が設計の範囲であり，この部分を細かく書くと図 1.25 のようになる．この図に示すように，設計プロセスは，役割の明確化，概念設計，実体設計，詳細設計に分けられる．

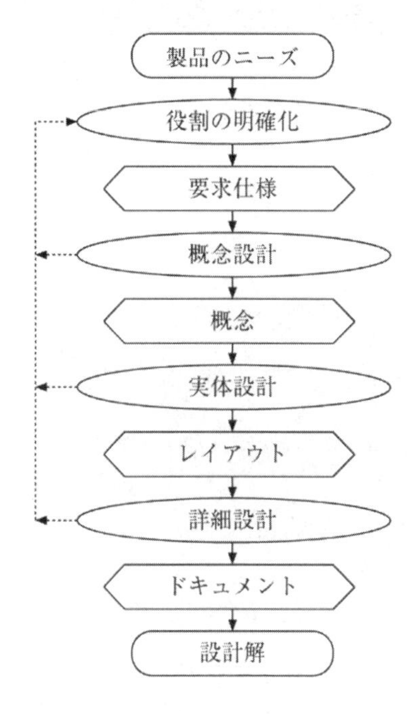

図 1.25　標準的な設計プロセス（文献(4)から引用）

役割の明確化：創り出す機械に求められる要件や制約条件を整理し，仕様書を作成する．

概念設計(conceptual design)：大まかな構造やメカニズムを創案する．その基本的な過程は以下の通り．

(1) 仕様書に書かれた実現すべき機能（要求機能）から，それを実現する部分機能を考え，これを繰り返すことにより機能の階層構造をつくる．
(2) 各部分機能に対して，それを実現するメカニズムのアイディアを創案し，これらを組み合わせて設計案を作成する．
(3) 複数の設計案を比較し，最適なものを選択する．

実体設計(embodiment design)：概念設計で検討したメカニズムのアイディアを機械のレイアウトと形態に具体化する．

詳細設計(detail design)：実体設計で選んだ部品の寸法，材質などの全属性を決定し，技術的，経済的実現可能性を確認して，図面やドキュメントにまとめあげる．

もちろん，このプロセスは役割の明確化から詳細設計まで一方向で流れるのではなく，各段階で複数の案を導出し，比較評価して，必要があれば前の段階に戻りながら徐々によりよい最終案に至ることが重要である．特にこの方法論では，各段階で狭くものを考え一つの案で突き進むのではなく，複数の案を考え出し，それらを比較評価してよりよい解を選択すること，その際に，できるだけ簡単で仕組みが明解なものを選択すること，そして，3･1 節など多くの箇所で説明されているように常に安全を意識することの重要性が指摘されている．

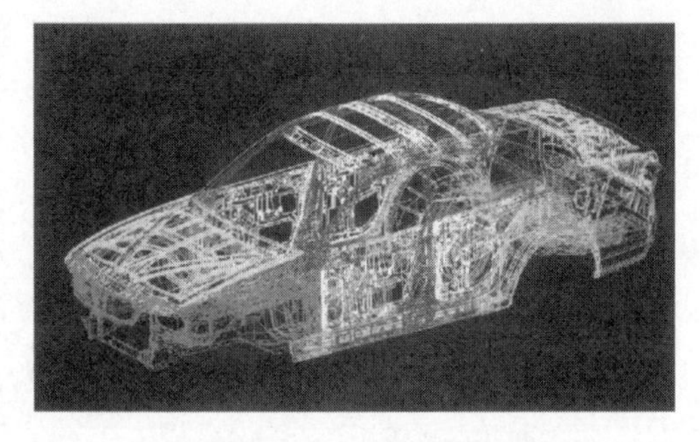

図 1.26　CAD による形状表現（文献(4)から引用）

1･3･3　ディジタルエンジニアリング (digital engineering)

先に述べたように，設計とは，要求機能を実現する機械を作るために必要十分な構造，属性に関する「情報」を創り出すことである．そのため，情報技術とも関係が深く，情報技術を応用した計算機援用手法(computer aided method)が種々研究，実用化されている．製図を計算機により支援する二次元 CAD (computer aided design)や，三次元の形状を扱う三次元 CAD（図 1.26 参照）は，今日では設計の現場で無くてはならないツールとなっている．これらは，図 1.25 の詳細設計段階を支援するものであるが，より上流の概念設計段階で設計者を支援しようとする知的 CAD (Intelligent CAD)の研究も行われている．また，重量やコストなどの最適化をおこなう最適設計(optimal design)の手法も研究，活用されている．

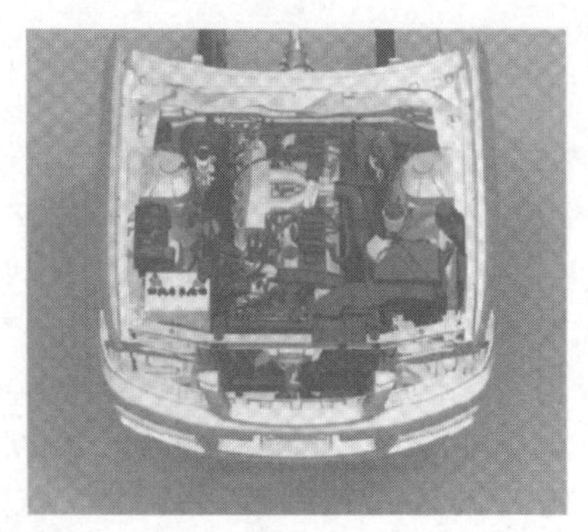

図 1.27　自動車エンジンルームのディジタルモックアップ（文献(4)から引用）

三次元 CAD (three-dimensional CAD)は，立体を直接扱える，自動車のボディのような複雑な曲面を表現できる，部品と部品の干渉をチェックできるなどの特徴を持っている．さらに，最近の設計支援の大きな特徴は，CAD で作成した形状モデルをさまざまに利用できるようになってきたことである．CAD モデルの主な応用先には，構造解析，熱解析，流体解析，機構解析などをおこなう CAE (computer aided engineering)，数時間～1 日程度で立体的な形状を造形するラピッドプロトタイピング(rapid prototyping)，計算機上で試作品を作成するディジタルモックアップ(digital mockup)（図 1.27 参照），自動車の組み立てや，自動車における運転席からの見え方，衝突時の人体の影響を評価するなど種々のシミュレーション（図 1.28 参照），設計終了後に工場で製造するためのデータを生成する CAM (computer aided manufacturing)がある．また，現実のモノを計測することで CAD データを作成する三次元計測

(three dimensional scanning)も広く普及してきた.

これまで現場では，設計して，実際に試作品をつくり，試作品を試験・評価して，問題があれば設計を修正して，試作・・・という作業を繰り返していたが，CADを中心にこれらの手法を統合化し，計算機上でほとんど全てやってしまうことが可能になってきた．設計から製造までを計算機上で行い，製品の開発期間の短縮や品質向上を図る手法はディジタルエンジニアリング(digital engineering)と呼ばれ，近年急速に盛んになりつつある.

図 1.28 自動車の組立シミュレーション（文献(4)から引用）

1・3・4 設計の展開 (deployment of engineering design)

近年の機械設計では，価値やサービスといった，これまで機械工学ではなかなか扱えなかった概念を設計の対象としたサービス工学(service engineering)が生まれつつある．また，ますます重要性が高まりつつある環境問題解決，持続可能社会(sustainable society)の実現に向けて，環境配慮設計(environmentally conscious design)，製品のライフサイクル（設計，製造，流通，使用，メンテナンス，回収，リユース(reuse)，リサイクル(recycle)，廃棄などの製品の一生）全体を設計対象として，環境負荷の最少化と価値の向上を目的とするライフサイクル設計(life cycle design)，製品のみならず，消費者行動，都市のインフラ，社会制度などを含めて設計を試みるエコデザイン(eco-design)などの実践や研究が盛んにおこなわれている．図 1.29 に，環境配慮設計の例として，自動車のリサイクル性を高める設計例を示す．この例では，部品の数を減らして単一素材でできた各部品を大型化することで，リサイクルを容易にしている.

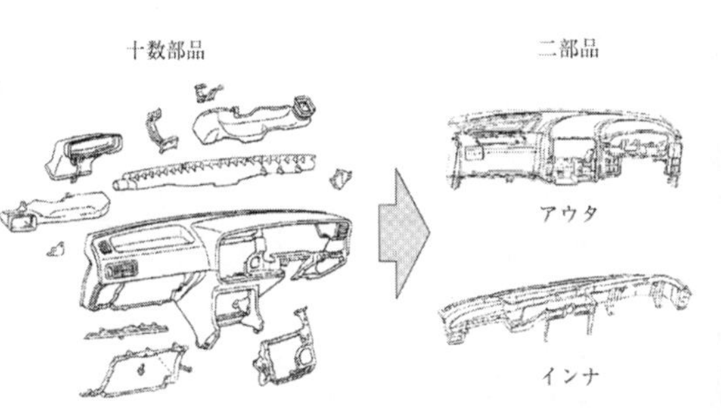

図 1.29 環境配慮設計の例（文献(4)から引用）

今後は，これまで推進されてきた大量生産・大量消費・大量廃棄型のものづくりが結果として地球環境問題を引き起こしたという事実を学び，我々は何を作るべきか，何を作るべきでないかを深く考えた新しい機械工学，新しい設計学を創成していく必要がある．この意味で，設計は，工学倫理(engineering ethics)を含む教育とも深く関わりを持っている.

1・4 機械工学の学び方 (how to learn mechanical engineering)

1・1 節において機械工学の体系とその構成について述べた．広範囲の工学領域と密接に関連する機械工学は，工学全体のなかでも中心的，総合的役割を期待されているといえよう．日本でも世界各国でも，工学系の大学，総合大学の工学系学部，工業専門学校などでは機械工学科，機械系の学科，専攻などを設置していないところは非常に少ない．最近は，機械工学という名称ではなく，機械科学，人間機械工学，機械システム工学など特徴のある名称になっているところも多いが，多くの大学などでは，機械工学系の学科や専攻は，それぞれの基幹分野として扱われている.

しかし，機械工学が各大学などでどのように教授されているかについては，学科目の種類，授業内容の濃淡，授業の方法などにかなりのばらつきがあるようである．各大学が公開している授業概要やシラバスをみても，相当の差異があることが理解される．また，書店に並んでいる例えば“○○力学”という同名のテキストを比べてみても，章立てや目次に違いがあることに気がつく．各大学や出版社がそれぞれの独自性を持たせようとする意図もあるが，1980年代以降の高度情報化，ハイテク・ソフト化の流れの中で，機械工学の扱い方にコンピュータ応用を前提とした教授法の導入が盛んになってきたことも，このような多様化に影響を与えていると考えられる．

しかし，すでに見てきた機械技術や機械工学の歴史の過程をみてもわかるように，機械工学を初めて学ぼうとするものが必ず習得すべき基幹学科目は厳然と存在する．これらの学科目を身につけてこそ，新しい時代の機械工学，機械技術に挑戦することが可能になるのである．

図 1.30　機械学会黎明期の学術図書
（機械学会誌創刊号 1897年，
機械工学術語集 1901～1924年，
機械工学便覧 1934年）
（日本機械学会「機械遺産」第24号）

①“縦糸系”の基幹科目

機械工学の発展の過程からも，また現在においてもその基盤になるのは力学(mechanics)である．特に，“4 力学”といわれる材料力学(mechanics of materials)，流体力学(fluid mechanics)，熱力学(thermodynamics)，機械力学(dynamics of machinery)は，時代によって脚光を浴びる機械技術や機械製品が変わっても，機械工学には不可欠な科目である．最近，一部においてこれらの科目の教育・学修が以前に比べて軽視されたり，内容が簡略化されつつある傾向が指摘されているが，決して好ましいことではない．これらの“縦糸系”の力学の修得にあたって大切なことは，それぞれの力学の基礎理論，重要な法則や公式などの学習だけでは不十分だということである．例えば，材料力学において，棒（はり）の曲げ，引張り，ねじりなどを求める公式を正確に覚えても（暗記しても），実際に棒の曲げなどの変形量を計算できなくては何の意味ももたない．仮に，計算できてもその値が誤りであったら工学的には不可となる．曲げ変形を 5 cm とすべきであるのに，一桁間違い 50 cm としたら，設計上大変なことになってしまう．多くの例題を正確に解いて応用力をつけることが重要である．

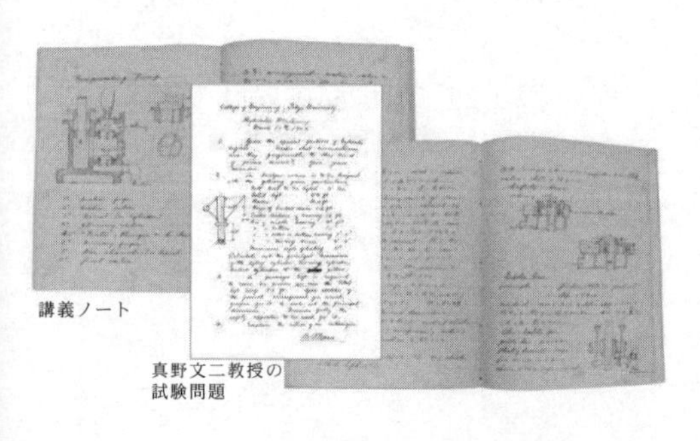

図 1.31　東京帝国大学 水力学および
水力機講義ノート（1905年）
（真野文二/井口在屋教授）
（日本機械学会「機械遺産」第25号）

4 力学以外にも，縦糸系に属する学科目として扱われるものに，材料力学と関連する機械材料学(engineering materials)，熱力学と関連が深い伝熱工学(heat transfer)，自動制御(automatic control)，機械要素設計(machine element design)，設計工学(design engineering)，加工学(manufacturing processes)，生産工学(production engineering)などがある．近年では，ロボット工学(robotics)，バイオエンジニアリング(bioengineering)，計算力学(computational mechanics)をこの縦糸系として教授しているところもある．

②“横糸系”の総合科目

よく言われることだが，上に述べた基幹科目を学んでいる学生が，例えば担当教授の講義法やテキストなどの影響で科目による理解度に大きな差が生じてしまい，いわば，得意科目，不得意科目ができてしまうことがある．例えば，材料力学の知識や応用力は十分だが他の力学は基礎力にも乏しいという場合である．このような学生が卒業して生産企業の設計現場に立たされたときには，この不得意科目が大きな弱点となる．自動車の設計に携わったとすれば，車体の構造強度の計算は主に材料力学の知識を駆使して可能であろうが，実際に走行する自動車に対しては振動や騒音への対策が重要となり，それには機械力学（振動学）の知識が必要となる．また，エンジンの設計には熱力学や流体力学の知見が不可欠となる．さらに，自動車の運転性能の設計には制御工学の知識を応用しなくては不可能である．

このように，縦糸系の基礎知識を横断的に，創造的に活用して学ぶことが機械工学では特に大切となる．システム設計，シミュレーション，情報通信，生産・加工，計測・制御，材料設計などの中で横糸系での学修が多くの大学などで実施されている．これらの科目の名称は，それぞれの大学などで独自性を持たせようとすることが多いので一律ではない．

表 1.4 には縦糸系の基幹科目とそれをつなぐ横糸系の技術の関連を示している．◎，○，△は縦糸系と横糸系の関連度の強さを相対的に示したものであり，問題によってはこの表示は変わりうる．あわせて，JSME テキストシリーズとの関連について参考に挙げておく．

図 1.32　外国人招聘教員による大学院生への英語授業風景
（提供　横浜国立大学）

③ 実験，実習の重要性　－“もの”や“動き”に興味を持とう－

工学は机上の学問ではない．特に機械工学は，機械という“動くもの”を対象とした学問である．1･1 節で示した機械から受取られるイメージのアンケート結果をみても，1位のロボットから10位のエレベータまですべてが“動くもの”であった．

“もの”やその“動き”を実感でとらえることは機械工学の学習にとって欠かせない．実物の機械をしっかりと観察して，できるならば実際に触れて操作してみることが勧められる．最近では，コンピュータグラフィクス技術の発展により，講義などでも，例えば自動車の運動などをアニメーションによって精細に観察できるようになってきた．このような動画を取り入れた講義は，従来のテキストや板書を主体とする講義では不可能であった機械の動的な運動を学べるという有利性があり，講義内容のより深い理解を助ける．しかし画像はあくまで画像であり，実体験にはならない．各大学等の機械工学系の学科では「機械設計製図」，「機械工学実習」，「機械工学実験」などとい

表 1.4　縦糸系の基幹科目と横糸系の総合科目の関連度

基幹科目（縦系）／総合科目（横系）	材料力学	流体力学	熱力学 伝熱工学	機械力学 自動制御	設計・ 生産工学	情報工学 メカトロニクス・ ロボティクス	バイオ エンジニアリング	計算力学
システム設計	○	△	△	○	◎	◎	○	◎
シミュレーション	◎	◎	◎	◎	○	◎	◎	◎
情報通信	△	△	△	◎	○	◎	◎	○
生産・加工	○	○	△	○	◎	○	△	△
計測・制御	○	◎	○	◎	◎	◎	◎	○
材料設計	◎	○	○	△	○	△	◎	○
主に関連する JSME テキストシリーズ	「数学演習」 「力学演習」 「材料力学演習」 「機械材料学」 「機械要素設計」	「数学演習」 「力学演習」 「流体力学演習」	「数学演習」 「力学演習」 「熱力学演習」 「伝熱工学演習」	「数学演習」 「力学演習」 「振動学演習」 「制御工学演習」	「材料力学演習」 「機構学」 「加工学 I，II」 「機械材料学」 「機械要素設計」	「数学演習」 「力学演習」 「振動学演習」 「機構学」 「制御工学演習」	「材料力学演習」 「力学演習」 「振動学演習」 「伝熱工学演習」 「制御工学演習」	「数学演習」 「材料力学演習」 「振動学演習」 「流体力学演習」

う名称の授業を設けて，実体験により学生に機械工学の理解を深めさせようとしている．設計製図(design and drawing)や実習(practice)では，機械要素の設計(design)，製図(drawing)，加工(working)，製作(production)，組み立て(assembly)などを身につけさせ，実験(experiment)では，材料力学などの 4 力学や制御工学などで得た基礎理論の応用として，実際に物体や流体の物理量を測定したり制御したりする力を体得させようとしている．

やや高学年になると，「システムデザイン」というような名称の授業を設けている場合もある．例えばロボットコンテストのように学生自身が設計・製作した機械を運転操作してその性能を競うような実習科目であり，力学などの基幹科目で得た知識を活用できる機会と捉えて積極的に取組んでほしい．様々な機会を利用して，機械や機械システムの特徴や動きに関心をもち続ける知的好奇心は，機械工学の理解にとって大変に重要である．

図 1.33　実験の授業風景
（提供　日本工学教育協会）

図 1.34　機械設計製図の授業風景

第 1 章の文献

(1) 日本機械学会編，機械工学 100 年のあゆみ，(1997)，日本機械学会．
(2) 日本機械学会編，機械工学最近 10 年のあゆみ，(2007)，日本機械学会．
(3) 日本機械学会編，機械工学便覧 基礎編 α1 機械工学総論，(2005)，日本機械学会．
(4) 日本機械学会編，機械工学便覧 デザイン編 β1 設計工学，(2007)，日本機械学会．
(5) 日本機械学会編，新・機械技術史，(2010)，日本機械学会．
(6) 三輪修三，機械工学基礎コース 機械工学史，(2000)，丸善．
(7) ロバート・オブライエン原著，吉田光邦 日本語版監修，人間と科学シリーズ 機械の社会，(1981)，タイム ライフ ブックス．
(8) ポール, G.・バイツ, W. 著，設計工学研究グループ訳，工学設計－体系的アプローチ，(1995)，培風館．

第 2 章

現代の機械および機械システム

Today's Machines and Mechanical Systems

本章では，機械工学全般の理解を容易にするため，機械工学を代表する機械および機械システムを取り上げる．各機械の構造や動作原理を解説すると共に，それらが歴史的にどのように発展してきたか，あるいは人間社会とどのように関わってきたかについても触れる．

ここで紹介する機械は非常に複雑な構造をしたものが多いが，本章ではその細部まで理解する必要はなく，構造や原理の概略が把握できれば良い．本章を通して，機械や機械システムがわれわれの生活と密接に関わっていることを理解してほしい．

2・1　エネルギー変換機器 (machinery for energy conversion)

2･1･1　エネルギー変換とは (What is energy conversion?)

高校までの物理で学習してきたように，エネルギー(energy)とは物理的な“仕事”を成し得る能力のことである．これには力学的エネルギー（位置エネルギーや運動エネルギー），電磁気エネルギー，熱エネルギー，光エネルギー，化学エネルギー，核エネルギーなど異なる形態が存在する．例えば，大気の流れは運動エネルギーを持つので，それによって風車を回転させることができる（力学的エネルギー間の変換）．また，風車が回転すると電磁誘導によって電気を起こすことができる（力学的エネルギーから電気エネルギーへの変換）．また，発生した電気を利用して各種機械を動かすことができる（電気エネルギーから力学的エネルギーへの変換）．このように，エネルギーの形態を変換することをエネルギー変換(energy conversion)という．

歴史を振り返ってみると，人類の文明はエネルギーの利用と共に歩んできたといえる．原始時代における火（熱エネルギー･光エネルギー）の利用が人類の経験した最初のエネルギー革命であろう．これによって暖をとる，調理する，照明するといった人類独自の文明が形成されていった．

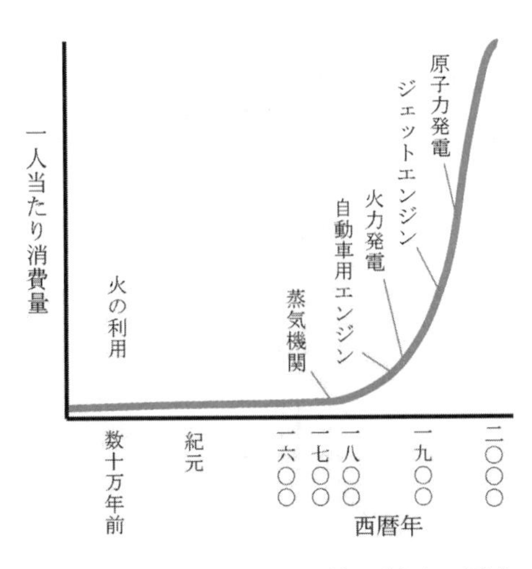

図 2.1　人類のエネルギー利用の歴史

18 世紀になると，第 1 章でも述べたように蒸気機関(steam engine)が発明され，19 世紀後半から各種熱機関（表 2.1 参照）が実用化され始めることにより，大きなエネルギー革命を引き起こすことになる（図 2.1）．熱機関(heat engine)とは，熱エネルギーを力学的エネルギー（仕事）に変換する装置のことであり，石炭や石油といった化石燃料(fossil fuel)の燃焼などで発生する莫大な熱エネルギーを人間の利用しやすい形態へと変換することができる．例えば，自動車用エンジンや航空機のジェットエンジン(jet engine)といった乗り物の動力源が開発されることによって，交通・輸送機関が発達してきた．また，蒸気タービン(steam turbine)が開発されることによって火力発電所や原子力発電所から電気が安定供給されるようになり，その結果，便利で使い勝手の良いさまざまな電気・電子機器が普及してきた．

こうしたエネルギーの大量消費社会を背景に，急激な経済成長および生活レベルの向上を成し遂げてきたわけであるが，その一方で，化石燃料の枯渇の問題や，あるいは窒素酸化物などによる大気汚染(air pollution)，温室効果ガス(greenhouse gases)となる二酸化炭素などの大量排出といった環境問題がクローズアップされるようになってきた．地球環境を将来にわたって維持しようと思えば，今後は自然環境と共存できるような人間社会の構築を目指していく必要がある．これは，人間の生活を維持・向上していく上で避けては通れない問題であり，工学における最重要課題であるといえる．

そのためには，まず，熱機関をはじめとする各種エネルギー変換機器の効率を向上させて資源の有効利用を図ると共に，自然環境に悪影響を及ぼす物質の排出を極力抑えることが重要である．その一環として，低環境負荷・高効率な燃料電池(fuel cell)の普及が進められている．さらに，今後は太陽光，水力，風力といった再生可能エネルギー（renewable energy，図 2.2）を有効利用できるような高効率でかつ安定したエネルギー供給が可能な機器やシステムを研究・開発していくことが必要不可欠となるであろう．

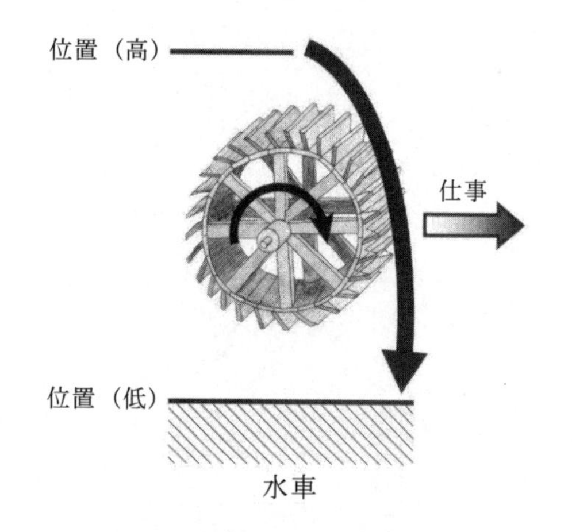

図 2.2　再生可能エネルギー（一例）
（提供　関西電力㈱）

2·1·2　エネルギー変換の原理と熱機関の分類 (principle of energy conversion and classification of heat engines)

エネルギー変換を支配する基本法則には，熱力学第 1 法則(the first law of thermodynamics)および熱力学第 2 法則(the second law of thermodynamics)が存在する（詳しくは 3·2 節，および本テキストシリーズ続編の「熱力学」を参照）．特に，第 2 法則はエネルギー変換の進む方向，すなわち，変換しやすさ・しにくさを述べたものであり，機器のエネルギー変換効率を議論する上で非常に重要な法則である．例えば，どんな形態のエネルギーであっても最終的にはすべて熱エネルギーになるが，熱エネルギーから他の形態への変換は容易ではなく，一般に効率も低い．そのため，熱機関(heat engine)のように熱エネルギーから人間の利用しやすい他の形態へとエネルギーを変換する機器を開発し，その変換効率を高めていくことは，エネルギーの有効利用という点から非常に大きな意味を持っている．

ここで，熱機関を水車と比較して考えてみる（図 2.3）．熱機関の温度は水車における水の高さに，熱量は水量に対応させることができる．水車の場合は，高低差によって水が流れ（水の位置エネルギーが運動エネルギーに変換され），それによって水車の羽根車が回転して（水の運動エネルギーの一部が羽根車の回転エネルギーに変換されて）外部に仕事を取り出すことができる．それと同様に，熱機関の場合は温度差によって熱が移動し（熱エネルギーが作動流体(working fluid)の圧力や運動エネルギーに変換され），その一部がピストン(piston)の往復運動や羽根車(impeller)の回転運動に変換されて外部に仕事が取り出される．

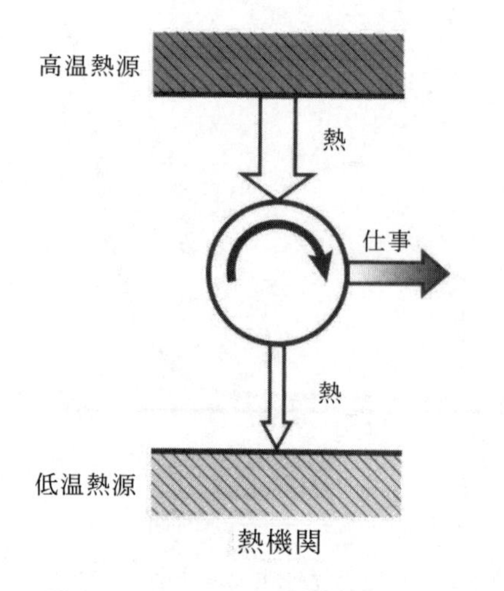

図 2.3　熱機関の水車とのアナロジー
（文献(3)から引用）

表 2.1　熱機関の分類と一般的な特徴

		一般的な特徴		主な熱機関	主な機器・システム
内燃機関	容積式	燃焼ガスそのものが作動流体となる 小型・軽量化しやすい 熱源の自由度が低い （特に容積式では，揮発性，流動性，着火性のある燃料に限定される）	燃焼が間欠的なので，構成材料の耐熱性への要求は比較的緩い	ガソリンエンジン	乗用車
			爆発燃焼であるため，振動・騒音が発生しやすい	ディーゼルエンジン	トラック，バス，船舶
	流動式		連続燃焼なので，小型・軽量化しても高出力を得やすい． 回転運動のため振動が少ない 連続燃焼なので，構成材料の耐熱性への要求がきつい 単体では熱効率を高めにくい	ガスタービン ジェットエンジン	火力発電所（コンバインドサイクル） 航空機
				ロケットエンジン	ロケット
外燃機関	容積式	外部に熱源があり，熱交換器を介して装置内の作動流体を加熱する 熱源に自由度がある （固体燃料，原子力，太陽熱，廃熱でも可） 大気汚染物質の排出を抑えやすい 熱交換器の存在により容積・重量が大きくなる．また，熱交換器の効率が性能に大きく影響する 水蒸気を用いる場合は，水を蒸発・凝縮させるためのボイラ・復水器が必要	内燃機関の容積式(爆発燃焼)と比べて作動音が静か	蒸気機関	蒸気機関車，蒸気船
				スターリングエンジン	実用化へ向けて研究・開発中
	流動式		回転運動のため振動が少ない 高効率化には大規模化が必要	蒸気タービン	火力発電所， 原子力発電所

これまでに数多くの熱機関が考案され，社会で広く利用されているが，これらを分類すると表 2.1 のようになる．また，各分類の作動原理を図 2.4 に模式的に示す．このうち，内燃機関(internal combustion engine)は燃焼ガスそのものが作動流体(working fluid)となるものであり，外燃機関(external combustion engine)は，外部の熱源から熱交換器(heat exchanger)を介して装置内の作動流体を加熱するものである．さらに，容器内で作動流体を加熱して圧力を高め，ピストンを動かす容積式と，作動流体を羽根車に吹き付けて連続的に回転仕事を取り出す流動式とに分類される．表 2.1 には，各分類における一般的な特徴を示したが，各熱機関では，それぞれの長所を生かしつつ短所を克服するための研究・開発が進められている．

また，近年では熱機関以外にも燃料電池(fuel cell)が新たなエネルギー変換機器として注目されており，熱電併給システム(cogeneration system)や自動車の動力源などへの応用が期待されている．熱機関による発電では，図 2.5 に示すように，化石燃料の燃焼などによる熱エネルギーを一旦力学的エネルギーに変換し，それをさらに電気エネルギーに変換するという複数のプロセスが必要になるのに加え，熱エネルギーから力学的エネルギーに変換する際に熱力学第 2 法則の制約を受けるため，総合的なエネルギー変換効率を高めることが難しい．それに対し，燃料電池では燃料の水素と酸素から直接電気エネルギーに変換できるため，エネルギー変換効率を高めることが可能である．さらに，生成物が水だけであり，環境汚染物質(environmental contaminant)をほとんど排出しないという利点を持っている．

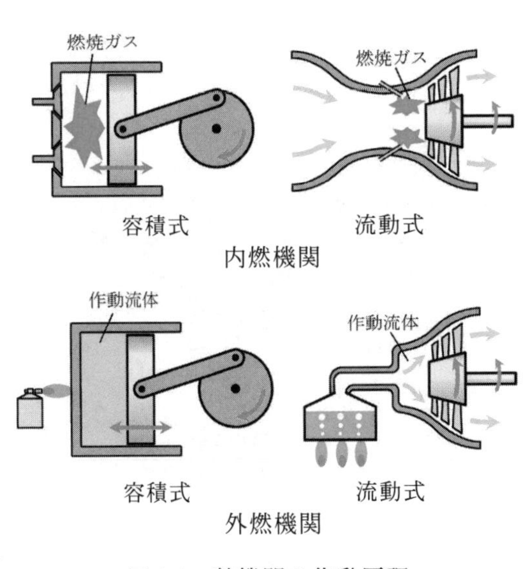

図 2.4　熱機関の作動原理

以降では，機械工学と密接に関わっているエネルギー変換機器の代表として，自動車用エンジン，タービンエンジン，ロケットエンジン，および，機械工学とも関わりの深い燃料電池について紹介する．

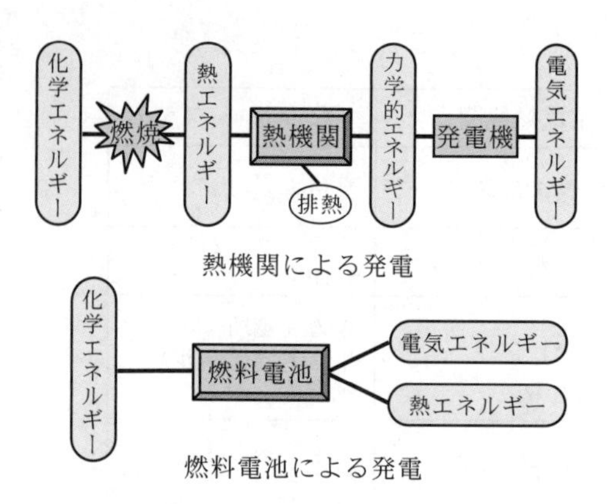

図 2.5　燃料電池のエネルギー変換プロセス

2･1･3　自動車用エンジン (automotive engine)

a. 自動車用エンジンのはじまり (origin of the automotive engine)

自動車用エンジンは，1860 年のルノアール(Lenoir)のエンジン（図 2.6）に端を発している．このエンジンの外観は，当時普及していた蒸気機関(steam engine)そのものであり，ピストン，クランク軸，吸気弁，排気弁などは蒸気機関から受け継いだものである．しかし，ルノアールは動力発生の基本原理を一変させた．すなわち，蒸気機関のように高圧の蒸気を用いるのではなく，燃料と空気の混合気を燃焼させて，その時に発生する圧力上昇でピストンを駆動させる仕組みを考案した．そのため，蒸気機関で必要であったボイラ(boiler)や復水器(condenser)といった大がかりな熱交換器の付帯設備が不要となり，小型･軽量化することが可能になった．これは，まさに表 2.1 で分類されている内燃機関(internal combustion engine)の原点であり，その後のオットーサイクル(Otto cycle)などの改良へとつながっていった．

ルノアール・エンジンは，圧縮行程の無い 2 ストローク機関(two stroke engine)であり，熱効率(thermal efficiency)（投入された熱エネルギーが仕事に変換される割合）が低かったが，実際に自動車に搭載され，1864 年にパリ郊外を走行した記録が残されている．

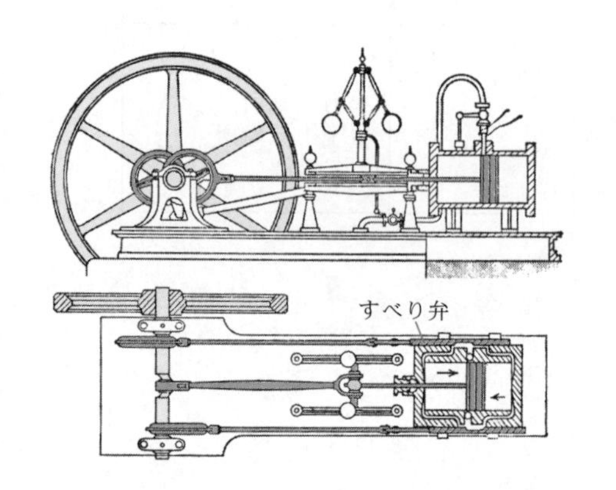

図 2.6　ルノアールのエンジン
（出典　富塚清，動力物語，㈱岩波書店）

b. ピストンエンジンの構造と動作
(structure and motion of a piston engine)

今日では，図 2.7 に示すピストン･クランク形式のエンジンが一般的となっており，ピストンエンジンと呼ばれる．燃焼室(combustion chamber)には吸気弁･排気弁が取り付けられ，ピストン(piston)の往復動とクランク軸(crank shaft)の回転によりシリンダ容積(cylinder volume)を変化させる仕組みとなっている．

このエンジンは，吸入・圧縮・膨張・排気の 4 つの行程で 1 サイクルを構成する 4 ストローク機関(four stroke engine)であり，オットー(Otto)によりその原型が造られた．吸入行程では吸気弁が開き，シリンダの容積拡大に伴っ

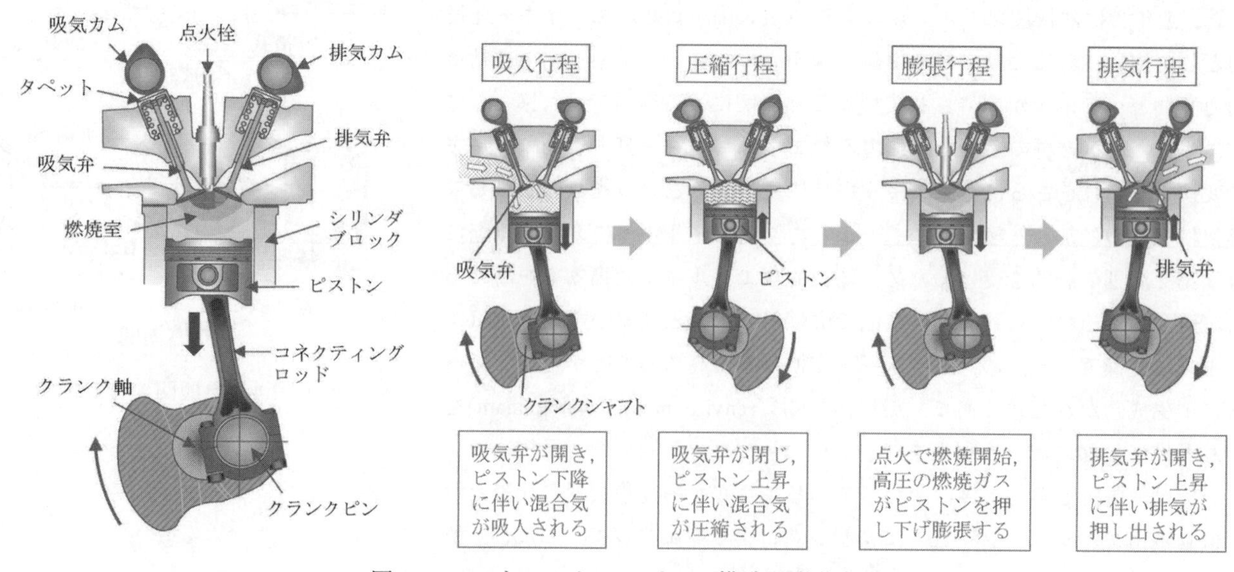

図 2.7　4 ストロークエンジンの構造と動作行程

て可燃性混合気がシリンダ内に吸入される．続く圧縮行程では吸気弁が閉じ，シリンダの容積減少に伴って混合気が圧縮されて高温になる．そして容積が最小になる点（上死点，top dead center）付近で点火されて燃焼(combustion)が始まる．すると，高温・高圧になった燃焼ガスがピストンを押し下げる．これが膨張行程である．最後の排気行程では排気弁が開き，ピストンの上昇に伴いシリンダ内の燃焼ガスが排出される．このサイクルでは，膨張行程でピストンを押し下げる仕事が他の行程で要する仕事よりも大きいため，クランク軸の回転を通して外部に仕事を取り出すことができる．

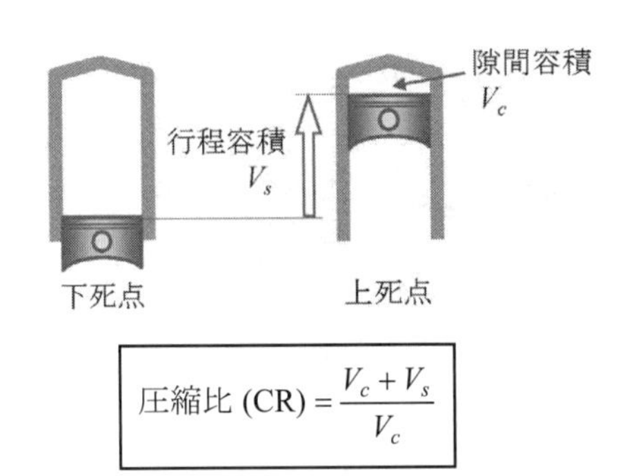

図 2.8　圧縮比の定義

c. 圧縮比 (compression ratio)

4 ストローク機関では，混合気を圧縮した後に燃焼が起こるため，無圧縮のルノアール機関と比べてピストンを押し下げる仕事量が大きくなる．つまり，圧縮比(compression ratio)（図 2.8）が増加するほど得られる出力が増大し，熱効率（燃費）も向上することになる．

ガソリンエンジン(gasoline engine)を例にとると，ダイムラー(Daimler)の当時は圧縮比が 2 前後であったが，今日では 10 を越えるレベルになっており（図 2.9），それと共にエンジン出力と燃費が向上してきた．ただし，ガソリンエンジンでは圧力が高くなると未燃ガスが自発火して急激な圧力上昇を招くノッキング(knocking)という現象が起こるため，自発火しにくい燃料の開発や，燃焼特性の改善なども同時に行われてきた．

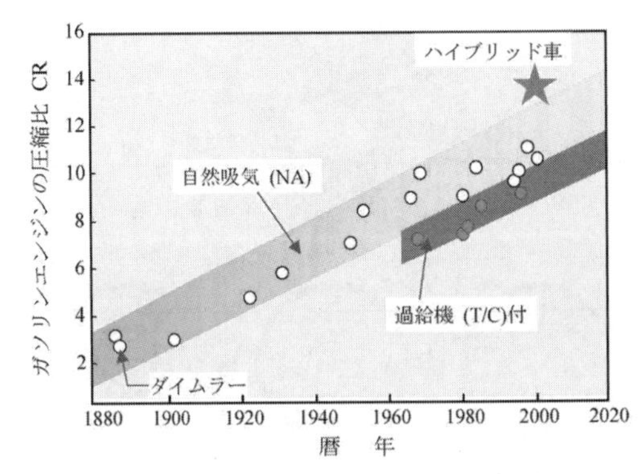

図 2.9　圧縮比向上の歴史

図 2.10 に，ガソリン及びディーゼルエンジンの比出力(specific power)（容積あたりの出力）向上の歴史を示す．圧縮比の向上，過給，及び後述の動弁機構の進化なども加わり，この 100 年で大幅な比出力向上が達成されてきた．

d. ガス交換のメカニズム (mechanism for gas exchange)

エンジンの基本性能は，ガス交換(gas exchange)を担う動弁機構（valve train, 図 2.7 の吸・排気弁の動作機構）にも大きく左右される．4 ストローク機関では，吸気カム・排気カムがクランク軸の 1/2 の速度で回転駆動され，カム形状(cam profile)で決まるタイミング（吸入行程・排気行程）でタペットを押し下げ，吸気弁・排気弁を開いて吸気がシリンダ内に導入（排気がシリンダ外に排出）される．この動弁機構はエンジンの性能に大きく影響するため，繰り返し改良され，現在も進化を続けている．

ガソリンエンジンの動弁機構には，最初は駆動機構がコンパクトな側弁式(SV: side valve, 吸・排気弁をピストンの横に配置する方式）が用いられたが，圧縮比が上げられない本質的な欠点があったため，吸・排気弁をピストンに向き合う側に配置した頭上弁式(OHV: over head valve)，頭上カム式(OHC: over head camshaft)が登場した．今日では，吸気側と排気側が別々のカム軸で駆動される吸排 2 カム式（DOHC: double over head camshaft)が一般的となっている．

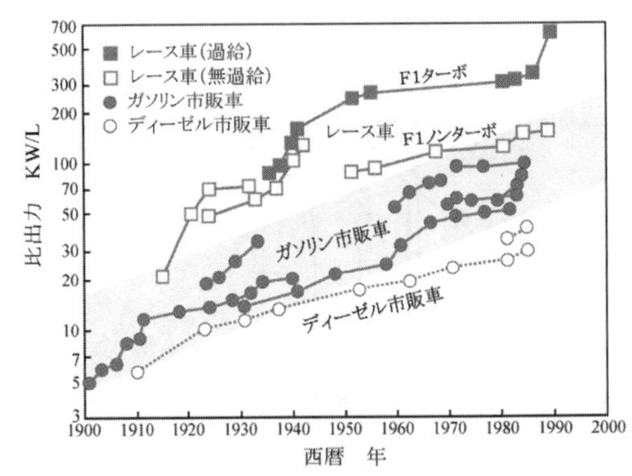

図 2.10　ガソリンエンジンの比出力向上の歴史
（出典　樋口，内燃機関，31 巻 6 号）

e. 代表的なエンジン (typical engines)

ガソリンエンジン

今日使用されているガソリンエンジン(gasoline engine)の一例を図 2.11 に

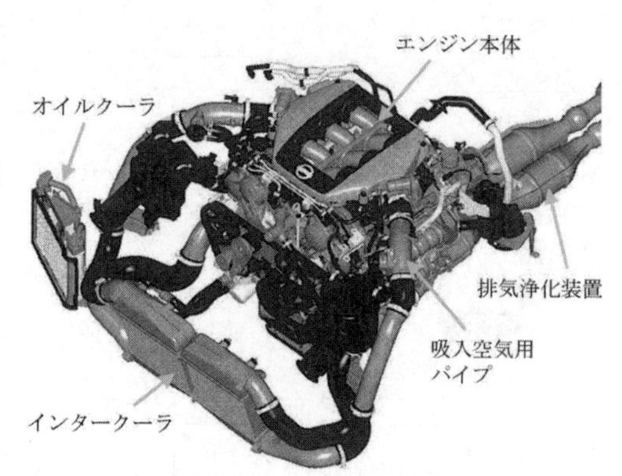

図 2.11　ガソリンエンジンの構造例
（日産 GTR 6 気筒 3.7L 過給機付き）

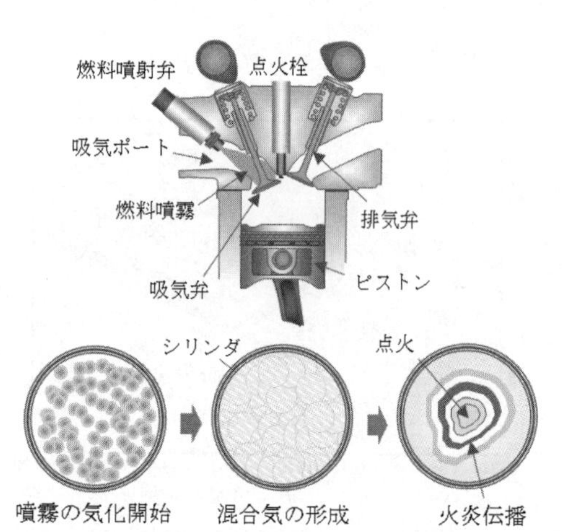

図 2.12　ガソリンエンジンの燃焼

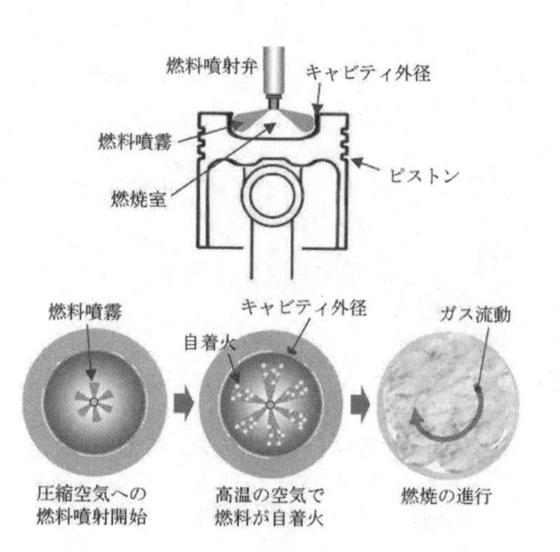

図 2.13　ディーゼルエンジンの燃焼

示す．これは，6 気筒 4 バルブ（6 本のシリンダそれぞれに吸気弁×2，排気弁×2 が備わった）DOHC エンジンである．過給機(super charger)で吸入空気を圧縮することで，市販車でありながらレース車用エンジン並みの高出力を実現できる．

図 2.12 に，ガソリンエンジンにおける燃料の燃焼形態を示す．燃料の供給には霧吹きの原理を応用した気化器が長く使われてきたが，今日では電子制御の燃料噴射システムが一般的となっている．吸気ポートに噴射された燃料液滴は，シリンダに吸入される過程で気化して均一な混合気となり，それが圧縮されて上死点付近で点火され，火炎伝播(flame propagation)により急速に燃焼が進行する．なお，排ガスには炭化水素，一酸化炭素，窒素酸化物といった有害成分が含まれるが，これらは排気管の途中に設けられた三元触媒装置(three-way catalyzer)によって浄化される．

近年では，ガス交換の高効率化のために，弁の開閉のタイミングや昇降範囲を可変にする可変動弁機構(variable valve control mechanism)が取り入れられており，運転条件に応じて軸出力(torque)を最適制御(optimum control)することが可能となっている．

ディーゼルエンジン

ガソリンエンジンでは，点火による火炎伝播で燃焼が進行するのに対し，ディーゼルエンジン(diesel engine)では，燃料の自着火（燃焼室に噴射された噴霧液滴が蒸発して混合気となり，それが高温の圧縮空気に触れて自然に着火する）によって燃焼が開始する（図 2.13）．燃焼はガソリンエンジンと比べて比較的緩慢であり，燃焼しながらピストンを押し下げる．

ディーゼルエンジンでは，燃料の自着火を利用しているため，燃焼時の圧力を高めてもノッキング(knocking)が起こらない．そのため，ターボチャージャー(turbo charger)で吸気空気圧力を高めて高出力化を図るのが一般的である．なお，ディーゼルエンジンでは三元触媒装置が使えないため，排気系にはディーゼル微粒子捕集フィルター（DPF: diesel particulate filter）を装着するなど，複雑な排気浄化システムが必要となる．

f. ハイブリッド車のエンジン (engine for a hybrid electric vehicle)

ハイブリッド車(hybrid electric vehicle: HEV)は，動力源としてエンジンと電力（モータ）の双方を備えたものである．図 2.14 に示すように，モータ(motor)はエンジンと比べて駆動力が小さいが，低速での駆動力が大きいため，運転条件に応じてエンジンとモータを使い分けることで燃費の向上を図ることができる．例えば，発進や低速走行時，あるいはアイドリング(idling)時などエンジンの燃費の悪い条件ではモータで走行し，要求出力が大きくなったらエンジンを起動する．また，減速時にはエンジンを停止すると共に，回生ブレーキ（regenerative brake，自動車の運動エネルギーを電気エネルギーに変換する装置）を用いて充電する．これにより，燃費を大幅に向上させることができる．

g. これからのエンジン (engines of the future)

ハイブリッド車の登場により，エンジン出力の低下をモータで補うことが可能になった．そのため，熱効率(thermal efficiency)を向上させる新たな発想が生まれつつある．例えば，ハイブリッド車の圧縮比(compression ratio)は群を抜いて高くなっている（図 2.9）が，これは，可変動弁機構を用いて圧縮行程での圧縮開始を大幅に遅らせているからである．こうすることで，高膨張比サイクルを形成し，燃焼時の圧力を高めることなく高圧縮比を実現することができる．この場合，運転条件によっては出力が低下するが，これをモータで補うことで熱効率の向上が可能となる．また，エンジンの熱効率をさらに高める技術として，可変圧縮比 VCR(variable compression ratio)の可能性が注目されている．これは，従来のピストン・クランク機構の代わりにリンク機構(linkage)の組み合わせでピストンを駆動するものであり，ピストン上死点の位置，すなわち圧縮比を可変制御することで圧縮比の増大を図る．この機構が実用化されれば，燃焼条件の制御自由度が大幅に拡大するため，多くの新たな燃焼コンセプトが生まれる可能性もある．

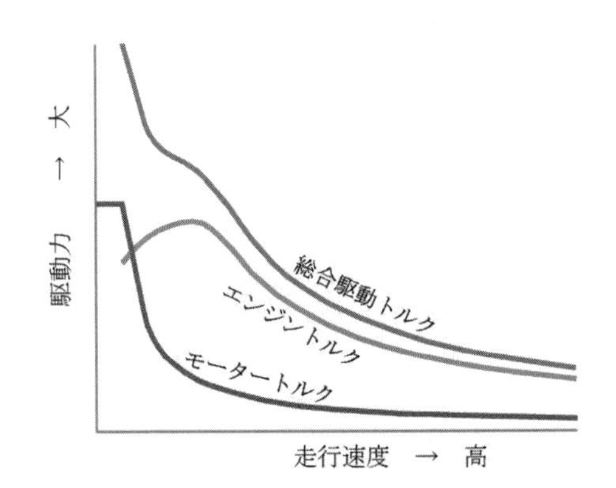

図 2.14　ハイブリッド車の駆動力

2・1・4　タービンエンジン (turbine engine)

a. タービンエンジンの構造と動作 (structure and motion of a turbine engine)

前項で述べたように，容積式の熱機関である自動車用エンジンでは，ピストンの往復運動によって吸入，圧縮，燃焼，膨張，排気の行程が繰り返される．それに対し，ここで紹介するタービンエンジン（蒸気タービン(steam turbine)やガスタービン(gas turbine)）は回転機械（ターボ機械: turbo machinery）であり，作動流体(working fluid)（水蒸気や燃焼ガスなど）の連続した流れによってこれらの行程が連続的に行われる．

タービンの構造の一例を図 2.15 に示す．タービンの内部には多数の静止翼列（ノズル(nozzle)，静翼(vane)）と回転翼列（動翼: rotor blade）が流れ方向に交互に配置されており，回転翼列はベアリング(bearing)で支持された軸や回転ディスクに結合されている．タービンに流入した高温・高圧の作動流体は，まずノズルで加速され，動翼へと導かれる．動翼では流れが衝突して方向を変えるため，流体の運動量変化により回転力（衝動力: impulsive force）が発生する．また，高速の流れが動翼後部より噴出する際にも回転力（反動力: reaction force）が発生する．この衝動力と反動力の双方を利用することで，タービンを効率良く回転させている．

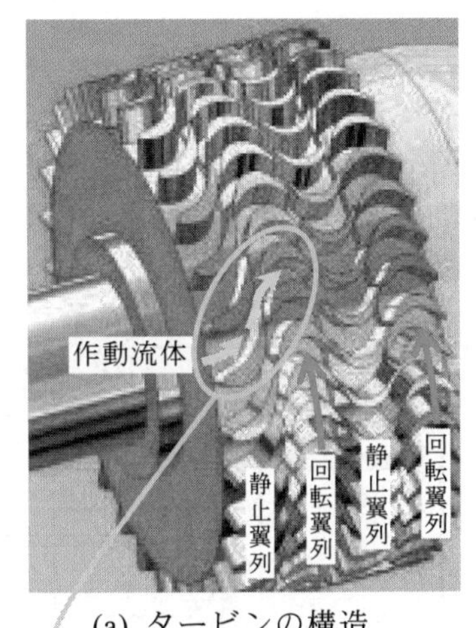

(a) タービンの構造
（提供　㈱ターボブレード）

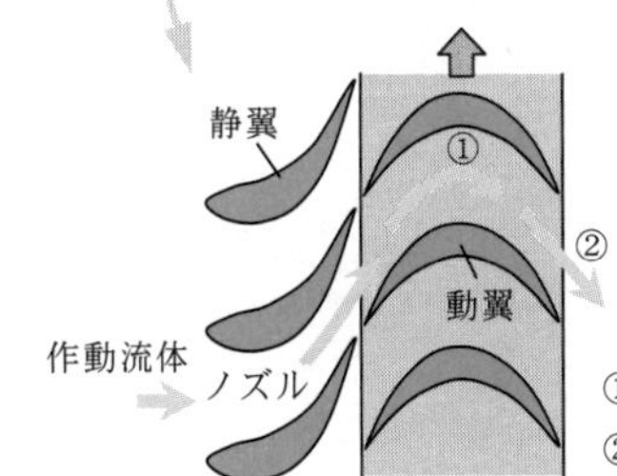

(b) ノズルと動翼での流れ

図 2.15　タービンの構造

ここで，動翼に働く衝動力について考えてみる．いま，図 2.16 のように流体が動翼の回転方向に流入し，衝突した後に回転と逆方向に流出する場合を例にとる（簡単のため，流体の圧力は一定とする）．流体の流入速度を v，動翼の回転速度を u とすれば，動翼から見た流入速度（相対速度）は $(v-u)$ となり，流出速度（相対速度）は $-(v-u)$ となる．単位時間当たりに流れる流体の質量を $\dot{m}$ [kg/s] とすると，動翼には以下の衝動力 F が働く（3・2 節の運動量方程式を参照）．

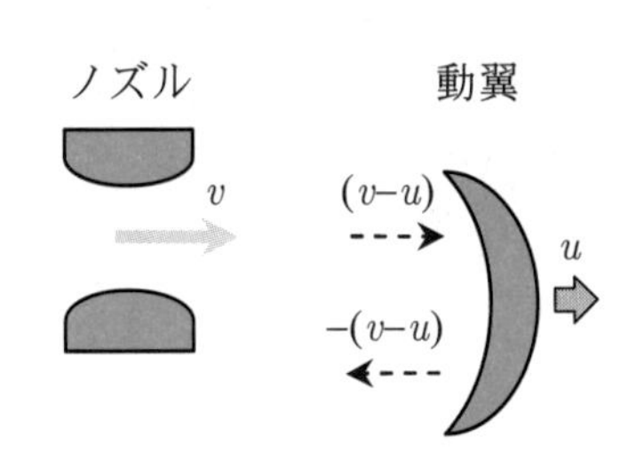

図 2.16　動翼に働く衝動力

$$F = \dot{m}\{(v-u)-(-(v-u))\} = 2\dot{m}(v-u) \tag{2.1}$$

なお，タービンでの流動はピストンエンジンの膨張行程に相当しており，作動流体はタービンを駆動することによって徐々に膨張してエネルギーを失い，温度･圧力が低下する．そのため，タービンの入口では高温･高圧の作動流体を流入させる必要がある．つまり，タービンを駆動させるエネルギー源は作動流体の持つ熱エネルギー(thermal energy)であり，作動流体が膨張して仕事をすることによって，熱エネルギーの一部がタービンの回転エネルギーへと変換される．

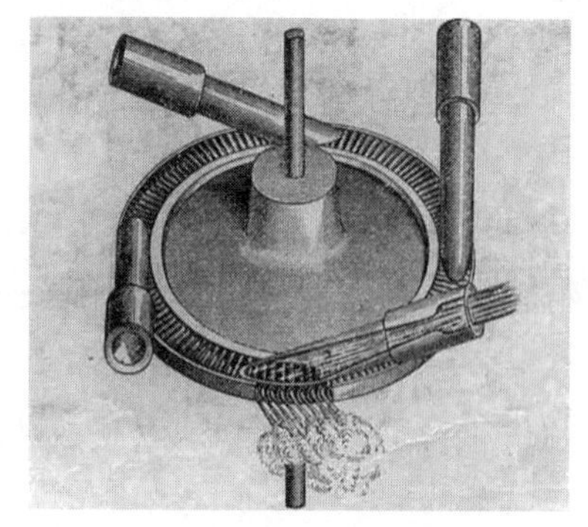

図 2.17　グスタフ・ド・ラヴァルの蒸気タービン（衝動式）
（Steam and Gas Turbines, Vol. 1 (1927), McGraw Hill から引用）

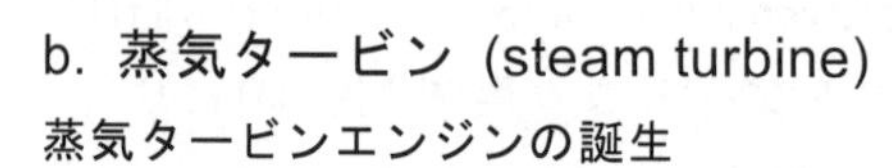

b. 蒸気タービン (steam turbine)

蒸気タービンエンジンの誕生

蒸気タービン(steam turbine)が熱機関として実用化されたのは 19 世紀末のことである．1883 年にスウェーデンの技術者グスタフ･ド･ラヴァル(Karl Gustaf Patrik de Laval)が衝動式蒸気タービン（impulse steam turbine, 図 2.17, 作動流体を翼に吹き付けるタイプ）を製作し，翌 1884 年にはイギリスのチャールズ･パーソンズ(Charles Algernon Parsons)が反動式蒸気タービン（reaction steam turbine, 作動流体を吹き出す際の反動力を利用するタイプ）を製作した．これらはヨーロッパで実際に使用され，その後，船舶の推進用原動機やポンプなど，各種機械の駆動用として使われてきた．

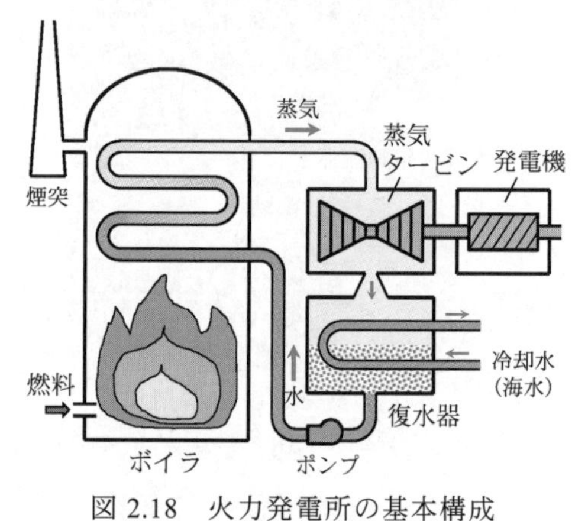

図 2.18　火力発電所の基本構成

蒸気タービンによる発電

現在，蒸気タービンは発電所(electric power station)の主力熱機関として，社会に電気を供給する重要な役目を担っている．蒸気タービンはボイラ（蒸気発生器）や復水器の熱交換器(heat exchanger)を持つ外燃機関（external combustion engine, 表 2.1）であるため，熱源の自由度が大きく，多種の燃料を用いることが可能である．蒸気タービンによる発電には，石炭，石油，天然ガスといった化石燃料(fossil fuel)を用いた火力発電(thermal power generation)や，原子力を利用した原子力発電(nuclear power generation)，地熱蒸気による地熱発電(geothermal power generation)などが存在する．

火力発電

図 2.18 に，火力発電所(thermal power station)の基本構成を示す．燃料の燃焼によって発生した高温の燃焼ガスはボイラ（boiler, 蒸気発生器）で水を加熱し，高温･高圧の蒸気（約 600℃, 25 MP）を発生させる．高温･高圧の蒸気は蒸気タービンに送られ，ここで回転エネルギーに変換される．蒸気タービンで低温･低圧になった蒸気は復水器(condenser)で水に凝縮(condensation)され，給水加熱器などで昇温されながらポンプで再びボイラに供給される．蒸気タービンの回転エネルギーは，同じ回転軸でつながっている発電機(generator)に伝えられ，ここで電気エネルギーに変換される．

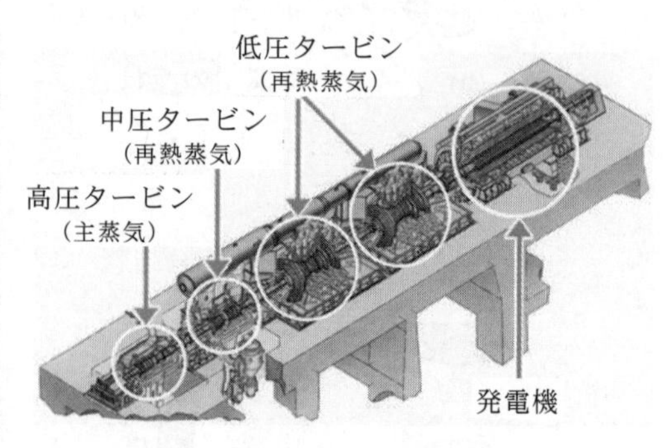

図 2.19　再熱蒸気タービンの構成例
（提供　㈱東芝）

一般的な蒸気タービンでは，熱効率を高めるために再熱方式(reheat system)が採用されている（図 2.19）．これは，ボイラからの高温･高圧蒸気（主蒸気）で一度高圧タービン(high pressure turbine)を回転させ，その後に再びボイラで加熱した再熱蒸気(reheat steam)で，中圧(middle pressure turbine)および低圧のタービン(low pressure turbine, 図 2.20) を回転させるものである.

図 2.20　低圧タービンの回転ロータ（動翼列が装着されたもの，提供　㈱東芝）

原子力発電

図 2.21 に，原子力発電所(nuclear power plant)の構成の一例を示す．基本的には火力発電のボイラを原子炉(nuclear reactor)で置き換えたものである．原子炉内においてウランやプルトニウムといった核燃料(nuclear fuel)を核分裂させ，この時に発生する熱エネルギーを利用して高温・高圧の蒸気を発生させる．発電所の形態としては，原子炉で発生した蒸気をそのままタービンに導く沸騰水型（BWR 型: boiling water reactor type）や，原子炉内で加熱された加圧水を熱交換器（蒸気発生器）で熱交換し，そこで発生した蒸気をタービンに導く加圧水型（PWR 型: pressure water reactor type）などが存在する．

原子力発電(nuclear power generation)では，核燃料の被覆材料の制約により蒸気の温度・圧力が制限されるため（約 280℃, 6～7 MPa），火力発電よりも熱効率が低くなる．ただし，化石燃料を燃焼する火力発電とは異なり，核分裂反応自体からは二酸化炭素などの温室効果ガス(greenhouse gases)が発生しない．一方，放射性物質(radioactive material)の異常放出を防止するための安全対策や，運転に伴って発生する放射性廃棄物(radioactive waste)の処理・処分を適切に行うことが重要になる．

これからの蒸気タービン

発電システムの効率を向上させるために，これまで蒸気タービンの蒸気条件（蒸気の圧力と温度）の上昇，高性能翼列の開発，および大型タービンの製造などが行われてきた．蒸気タービンの出力および効率の向上は，低圧タービンの最後の回転翼（動翼）の長大化に負うところが大きく，その開発は世界のタービンメーカーの技術レベルを表わすと言われ，常に主要な開発課題となっている．今後は，経済性，エネルギー確保，地球環境保護の観点から一層の高効率化が望まれ，さらなる高温化（蒸気温度≧700℃）技術の実用化が期待されている．

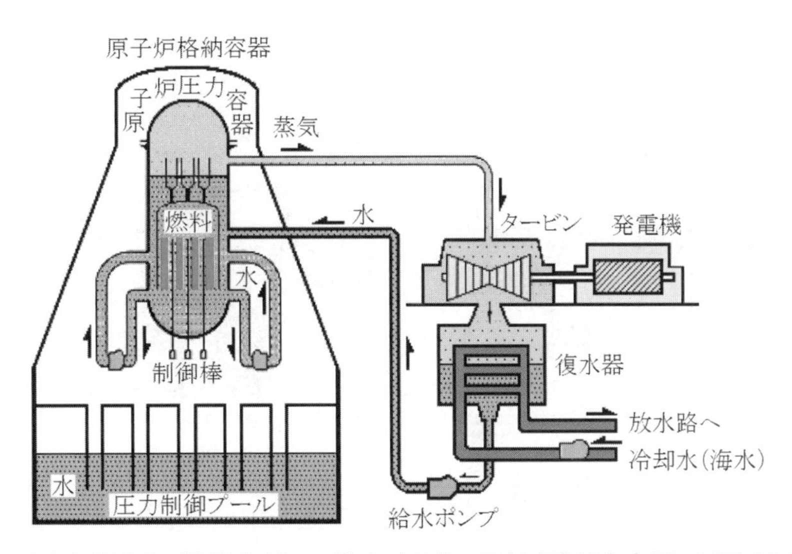

図 2.21　原子力発電所（沸騰水型）の構成（出典　電気事業連合会編，原子力図面集）

c. ガスタービン (gas turbine)

発電に用いられるガスタービン(gas turbine)の構造を図 2.22 に示す．蒸気タービンではボイラを用いて高温･高圧の作動流体を得るが，ガスタービンは圧縮機(compressor)および燃焼器(combustor)で高温･高圧の作動流体を得る流動式の内燃機関（internal combustion engine, 表 2.1）である．圧縮機はタービンと同一軸に結合されており，タービンが回転することによって圧縮機を駆動するシステムとなっている．圧縮機で圧縮された空気は燃焼器に導かれ，ここで燃料が吹き込まれて燃焼が起こり，高温･高圧の作動気体（燃焼ガス: burnt gas）を生成する．ガスタービンの熱効率(thermal efficiency)は，圧縮機の圧力比（圧縮機出口と入口圧力の比）と共に向上し，比出力(specific power)（質量流量あたりの出力）は燃焼温度比（タービン入口温度: turbine inlet temperature）と共に向上する．

ガスタービンによる発電が商用化されたのは 1939 年のことであり，蒸気タービンよりも半世紀遅れた．これは，高性能な回転圧縮機の実現が困難であったからである．当初の発電出力は 4 MW，熱効率は 17.4%と低かったため，先に膨張比（タービン圧力比）が大きく熱効率の高い多段蒸気タービンによる発電が発展した．その後，熱効率向上の強い要求から，ガスタービンと蒸気タービンを組み合わせたコンバインドサイクル発電が普及してきた．

(a) ガスタービンの構成概念

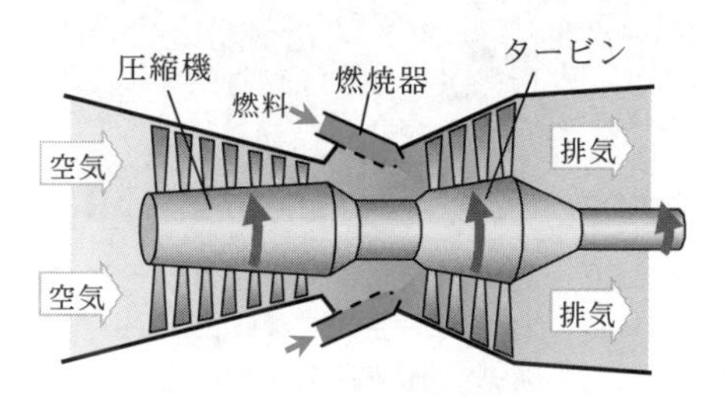

(b) 構造と作動流体の流れ

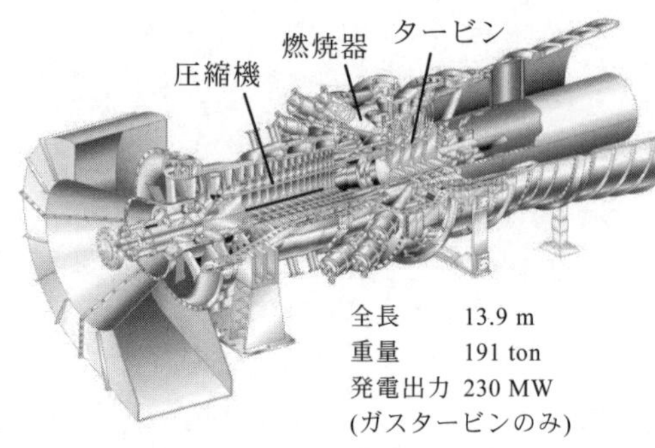

(c) 1500℃級発電用ガスタービン
（提供　三菱重工業㈱）

図 2.22　発電用ガスタービンの構造

コンバインドサイクル

コンバインドサイクル(combined cycle)は，高温域で作動するガスタービンと低温域で作動する蒸気タービンの 2 つのサイクル(cycle)を組み合わせたものである．その機器構成を図 2.23 に示した．ガスタービンの入口温度は 1100℃～1600℃，排ガス温度は 500℃～600℃であるため，ガスタービンの排熱(exhaust heat)を利用して 500℃前後の蒸気を発生させることができる．これを蒸気タービンで利用して発電することによって，熱エネルギーを高温域から低温域まで無駄なく利用でき，高い熱効率を実現できる．

コンバインドサイクルの熱効率は，1980 年頃に入口温度 1100℃級のガスタービンが実用化したことによって，蒸気タービン火力発電の熱効率（43%程度）を上回った（図 2.24）．その後，1300℃級，1500℃級へとガスタービン

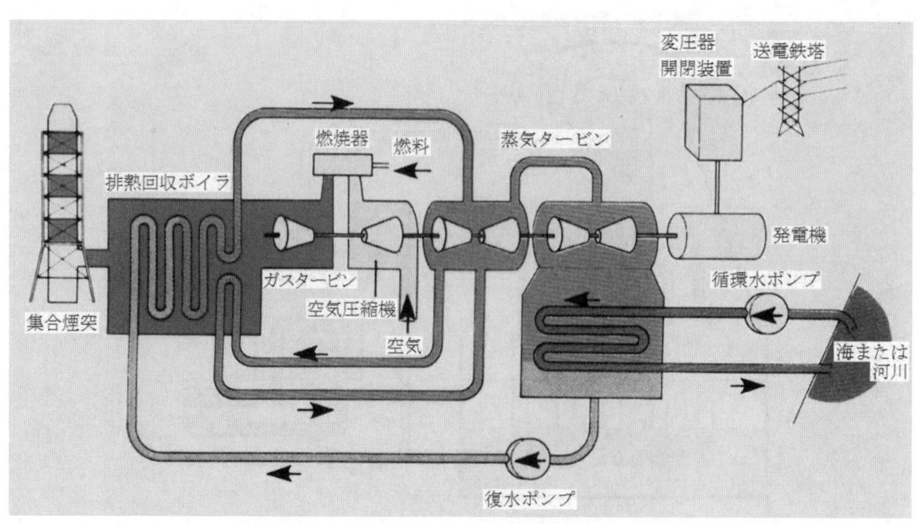

図 2.23　コンバインドサイクル発電の構成概念（提供　㈱東芝）

の高温化が進むにつれてコンバインドサイクル熱効率は上昇を続け，現在では最大で 53%（高位発熱量基準）を実現している．

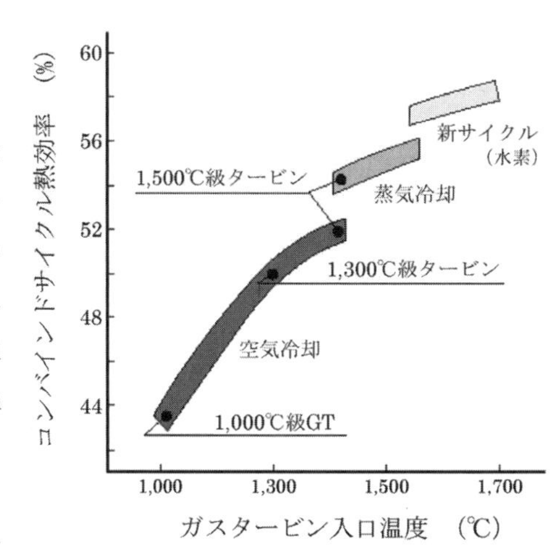

図 2.24 タービン入口温度と熱効率（提供 ㈱東芝）

これからの発電用ガスタービン

現在，国内の発電用ガスタービンの主要燃料は液化天然ガス(LNG: liquefied natural gas)であり，排気がクリーンな高効率発電システムが活躍している．しかし，LNG の資源残量は限られているため，残存埋蔵量が多い石炭(coal)を利用しつつ環境負荷を低減する発電システムの研究が進められている．その一つが石炭ガス化コンバインドサイクル(IGCC: integrated coal gasification combined cycle)であり，二酸化炭素回収貯蔵技術(CCS: carbon capture and storage)を組み合わせたシステムが研究されている．

また，1700℃級ガスタービンの開発研究が進められており，完成時にはコンバインドサイクル熱効率を 57～60%（高位発熱量基準）に向上できると言われている．

d. 航空用ガスタービン (jet engines)

図 2.25(a)に，ターボジェットエンジン(turbo jet engine)の構成を示す．これは，図 2.22 のガスタービンの構成と同様であり，燃焼ガス(burnt gas)の持つ熱エネルギーでタービンを回転させる．発電用と異なるのは，回転エネルギーを取り出すのではなく，タービン出口で燃焼ガスを噴出させることによって推力(thrust)を得る点である．ターボジェットエンジンは構造がシンプルであり，大きな推力と高い飛行速度が得られるが，燃料消費量(fuel consumption)が多く，騒音(engine noise)が激しいという欠点がある．

そのため，図 2.25(b), (c)に示すターボファンエンジン(turbo fan engine)が開発された．これは，高圧圧縮機－燃焼器－高圧タービンで構成されたガス発生器(高圧軸)に加え，ファン－低圧圧縮機－低圧タービン(低圧軸)を備えたものであり，高圧軸と低圧軸は同心二重円筒状に構成される．低圧軸系には燃焼器が無いが，ガス発生器が燃焼器の代わりに高温ガスを供給する．この

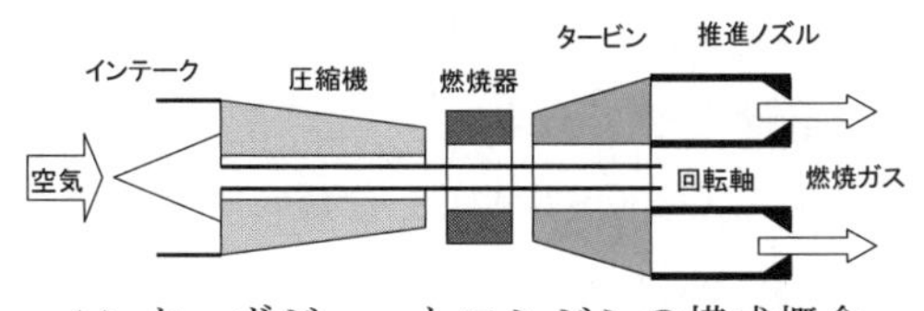

(a) ターボジェットエンジンの構成概念

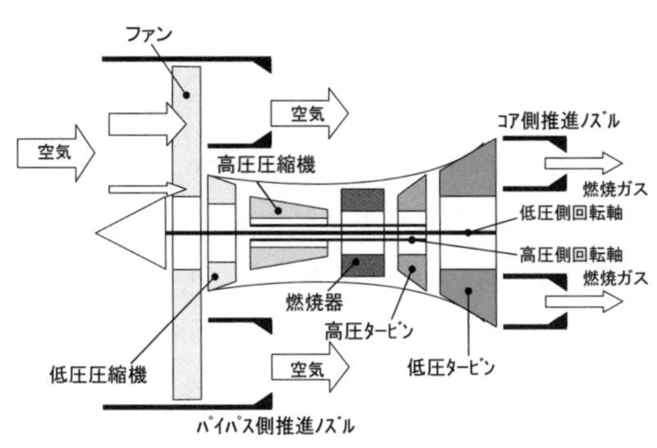

(b) ターボファンエンジンの構成概念

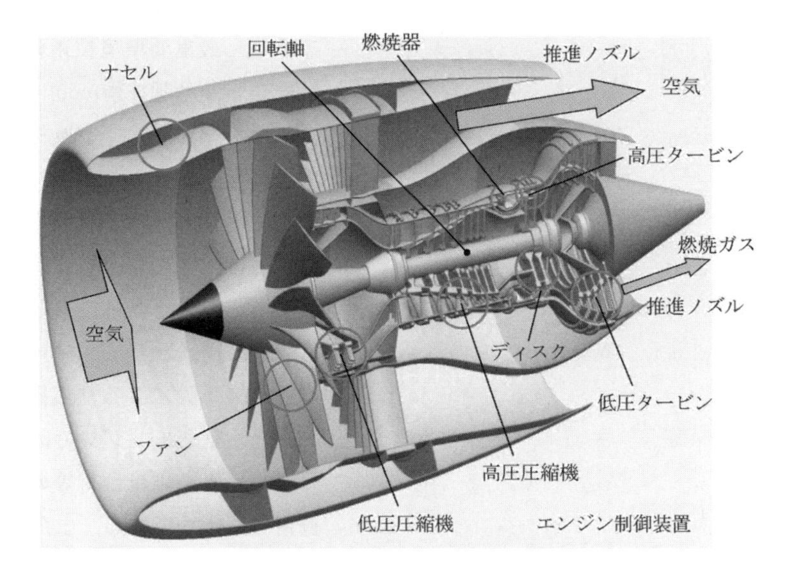

(c) ターボファンエンジンの構成要素

図 2.25 航空用ガスタービン（ジェットエンジン）の構造

場合，排出される気体（燃焼ガスおよびファンの下流で分岐された空気）は比較的低速になるため，ターボジェットエンジンと比べて排出する気体の運動エネルギーが小さくなり，燃費が向上する．さらに，排出気体の速度が低下するため，騒音も非常に小さくなる．

これからの航空用ガスタービン

航空燃料には，発熱量が大きく物質的にも安定な液体炭化水素（ジェット燃料，灯油とほとんど同じ）が極めて使いやすいが，全世界で約3%と言われている航空輸送の二酸化炭素発生量を抑えるため，非食料系植物油脂等から合成したカーボンニュートラル(carbon neutral)な航空燃料が条件付で導入された．また，効率を向上させるために，増速ギアを介して小型のタービンで大型ファンを駆動するギア付ターボファンエンジン(geared turbo fan engine)の実用化と大型化が進められている．また，高効率のプロペラ推進を志向するオープンローターエンジン(open rotor engine)（アンダクテッドファン(unducted fan)とも呼ぶ）も注目されている．

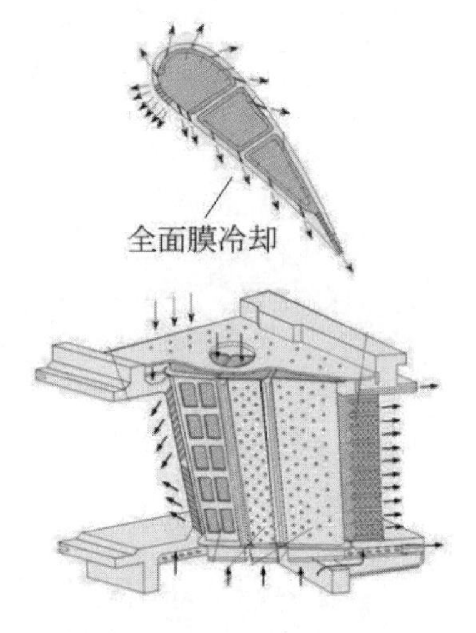

図 2.26　1500℃級ガスタービン翼冷却の一例
（提供　日本ガスタービン学会）

全面に熱遮蔽コーティングが施工されている

e. タービンエンジンと機械工学の技術
(turbine engine closely related to the technology of mechanical engineering)

タービンエンジンには，機械工学の広範かつ高度な最新技術が適用されている．ここではターボファンエンジン（図 2.25 (c)）を例に取り，エンジンの部位とそこに存在する技術課題を示す．

圧縮機(compressor)やタービンでは，流体の持つエネルギーを効率良く回転エネルギーに変換するために流体力学的な検討が重要となる．特に，流れを減速する圧縮機では流れの損失（流れのはく離(separation)や，それに伴う旋回失速(rotating stall)など）が発生しやすいため，これを回避する技術が重要になる．

燃焼器(combustor)では，燃料を完全に燃やし，かつ有害成分（窒素酸化物(nitrogen oxides)，未燃燃料成分や煤等）を極力発生させない燃焼技術が必須であり，最重要環境技術の一つである．また，高温･高圧の燃焼ガスから燃焼器を守る冷却技術(cooling technology)も重要である．

高圧タービンは，金属材料の溶融温度（1300～1400℃）を超える燃焼ガス中で高速回転するため，冷却と材料技術(material technology)の双方が重要である．例えば，冷却技術としては，低温の空気を翼内部に流す対流冷却や，翼外面に空気を噴出して遮熱する膜冷却技術（図 2.26）がこれまでに実現されてきた．また材料技術としては，耐熱超合金材料の開発とその強度を高める製造技術，さらに，材料表面の酸化を防止する耐酸化コーティングやセラミックス薄膜による熱遮蔽コーティング等の技術が高温化を実現してきた．

また，航空エンジンでは重量が燃料消費量に直接影響するため，各種軽量合金や炭素繊維複合材等の軽量新材料の実用化が重要であり，一部の部品に適用され始めている．また，エンジン性能やその変化を監視するモニタリング技術や，エンジンシミュレータ機能を内蔵して最適な運用を目指す制御技術･装置の開発も進められている．

2·1·5　ロケットエンジン (rocket engine)

近代のロケット(rocket)は，第二次世界大戦中（1942 年）にドイツで開発された V2 ロケットに端を発している．ロケットはその原理上，真空中でも推力(thrust)を得ることができるため，現在では宇宙飛行士，人工衛星，補給物資などを宇宙空間へ運ぶことのできる唯一の輸送手段となっている．

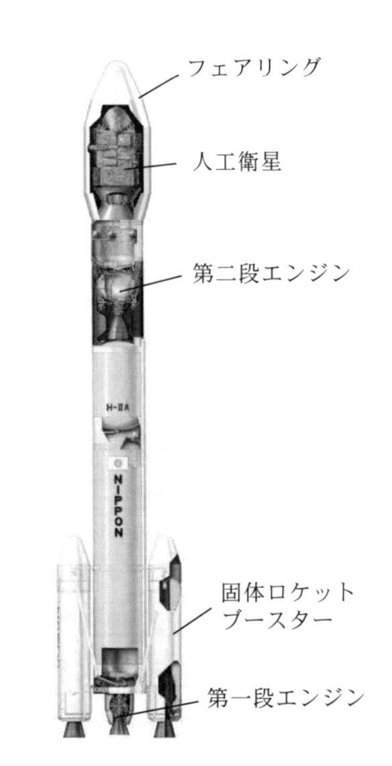

図 2.27　H-IIA ロケット
（提供　宇宙航空研究開発機構）

a. ロケットの打ち上げ (launch a rocket)

ロケットが人工衛星(satellite)を運ぶ手順について，図 2.27 に示す H-IIA ロケットを例に取り上げてみる．このロケットは二段構成となっていて，地上ではまず第一段エンジンに点火する．なお，H-IIA ロケットでは固体ロケットブースター(solid rocket booster)を左右に 1 基ずつ装着しており，打ち上げ時からほぼ真空となる高度までの加速を補助している．固体ロケットブースターが推進剤(propellant)を使い果たすとこれを切り離し，第一段エンジンのみで加速する．この時点におけるロケットの高度では空気抵抗(air resistance)がほとんど無いため，重量を減らすためにロケット頂部で人工衛星を覆っていたフェアリング(fairing)を分離する．続いて第一段エンジンが推進剤を使い終わるとこれを切り離し，第二段エンジンに点火してさらに加速する．所定の速度に到達して目的の軌道に人工衛星を投入すると，ロケットの役目が終了する．なお，人工衛星の姿勢制御や軌道修正にも小推力のエンジンが使用されている．

ロケットは，最終的には目的に応じた速度まで加速しなくてはならないが，不要となった推進剤タンクやエンジン部分を切り離すことでロケット本体の質量を軽減し，効率的に加速することができる．これはニュートンの運動方程式(Newton's equation of motion) $F = ma$ で，同じ推力 F に対して質量 m を小さくすると，加速度 a がその分大きくなることで理解できる．これが多段式ロケットの利点であり，現在の人工衛星打ち上げに使用されるロケットはほとんどが 2～3 段式となっている．

b. ロケット推進の原理 (principle of a rocket propulsion)

口でゴム風船をふくらまして手を離して，ゴム風船をロケットのように勢いよく飛ばした経験があるだろうか．また，ロケット花火なるものも市販されている．ロケット推進の原理はこのゴム風船や花火と同じで，推進剤をノズル(nozzle)より噴出する反動で推力を得るものである．

いま，単位時間当たりの推進剤の噴出質量を $\dot{m}$ [kg/s]，噴出速度を v，ノズル出口断面積を A，ノズル出口圧力を p，雰囲気圧力を p_e とすると，推力(thrust) F は次式で表される．

$$F = \dot{m}v + (p - p_e)A \tag{2.2}$$

ここで右辺第一項は運動量推力，第二項は圧力推力という．ロケットは，地球の重力(gravity)に打ち勝って宇宙空間に飛び立つ速度まで加速する必要があり，打ち上げ時には大推力の発生が要求される．H-IIA ロケットでは第一段エンジンで約 1100 kN，固体ロケットブースター2 基で約 5000 kN と，打ち上げ時には合わせて約 6100 kN の推力を発生している．これはジャンボジ

図 2.28　スペースシャトル（NASA）

ェット機（ボーイング 747-400）に搭載されているジェットエンジン（P&W 社 PW4062 型×4 基）の 5.4 倍の推力に相当する．また，大型ロケットエンジンを新規に開発するためには莫大な費用と時間が必要となるため，高い信頼性が確立されている小型ロケットエンジンを複数束ねる（クラスター化）することで大推力を得る方法がある．図 2.28 に示すスペースシャトル(space shuttle)のオービター(orbiter)には 3 基のエンジンが搭載されている．

ロケットエンジン(rocket engine)の性能を表す重要な指標として比推力(specific impulse) I_{sp} があり，重力加速度を g として次式で定義される．

$$I_{sp} = \frac{F}{\dot{m}g} \tag{2.3}$$

比推力は時間の単位を持ち，「単位重量の推進剤が単位推力を発生できる時間」を意味する．簡単に言えば比推力は自動車でいう燃費に相当し，推進剤の種類やロケットエンジンの方式によって異なり，比推力が高いほどロケットエンジンの性能は優れる．後述する液体ロケットで比推力は 300~460 秒，固体ロケットで 200~300 秒，電気ロケットで 500~3000 秒程度の値である．

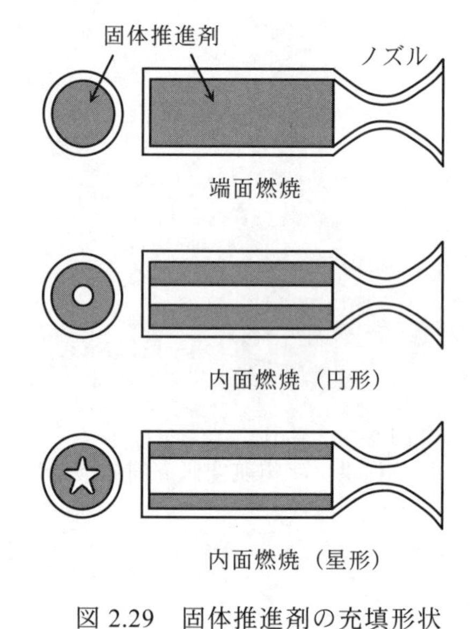

図 2.29　固体推進剤の充填形状

c. ロケットエンジンの種類 (type of rocket engines)

ロケットエンジンは，推力の発生法により化学ロケット，電気ロケットに大別できる．化学ロケットは燃焼により発生した高温･高圧の燃焼ガス(burnt gas)をノズル(nozzle)で加速させ，高い噴出速度を得るものである．化学ロケットでは推進剤を燃焼室内で連続的に燃焼させているので，表 2.1 において内燃機関･流動式に分類される．また，化学ロケットは，推進剤の搭載状態によって以下のように固体ロケット，液体ロケットに分けられる．

固体ロケット

固体ロケット(solid rocket)では燃料(fuel)と酸化剤(oxidizer)を含む推進剤(propellant)が予め練られ，整形されて燃焼室(combustion chamber)に充填されている．推進剤の供給システムが不要なため，部品点数が少なく構造が簡単で信頼性が高い，開発･製作コストが低い，大推力を容易に得られる，推進剤を充填したままでの長期保存が可能，といった特徴がある．一方，ロケットの大部分を占める燃焼室が耐圧を受け持つ構造であるため燃焼室圧力に上限があり，軽量化も難しい．また，いったん固体推進剤に点火すると燃焼を止めたり再点火することが困難で，燃焼制御に難点がある．なお，式(2.2)からわかるように，運動量推力は推進剤の質量流量と噴出速度の積で与えられる．また，推進剤の質量流量はその表面積と燃焼速度の積に比例する．したがって，推進剤の表面積は固体ロケットの性能を支配する重要なパラメータであり，推進剤の充填形状に依存する．図 2.29 に代表的な固体推進剤の充填形状を示す．固体ロケットは，上に述べた特徴から小型ロケットや大型ロケットの補助ブースターとして利用されることが多い．

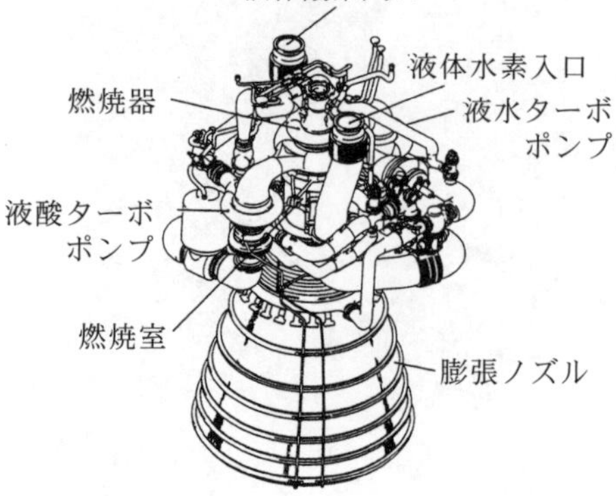

液体酸素入口
液体水素入口
燃焼器
液水ターボポンプ
液酸ターボポンプ
燃焼室
膨張ノズル

図 2.30　液体ロケットエンジン

液体ロケット

ロケット搭載状態で液体の推進剤を使用するロケットを液体ロケット(liquid rocket)という．推進剤を気体ではなく液体状態で搭載するのは，推進剤タンク内の充填密度を増すことで長い燃焼時間を確保するためである．液体ロケットは，推力を調節可能，再点火可能，正確な誘導制御が可能といった長所がある反面，部品点数が多く構造が複雑であり，開発・製作に時間がかかる，高コスト，といった短所がある．図 2.30 に液体ロケットエンジンの概観を示す．円錐型のノズル上部には燃焼室(combustion chamber)が接続されているが，その周囲には様々な配管が巡っていて，艤装の複雑さが理解できるであろう．

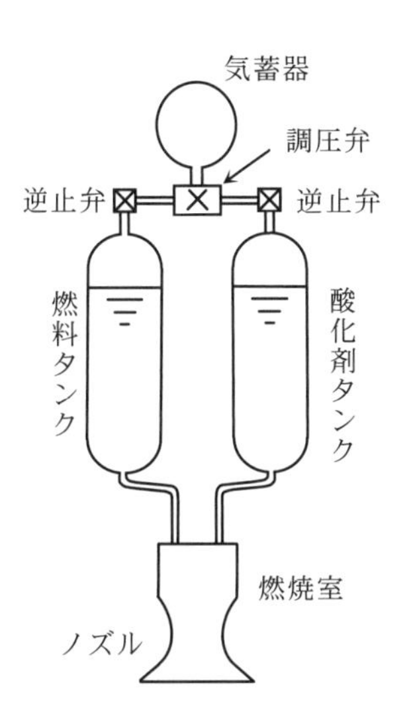

図 2.31　タンク加圧方式

液体ロケットでは，何らかの方法で推進剤を高圧の燃焼室に送り込む必要があり，これにはタンク加圧方式とポンプ方式との 2 種類がある．図 2.31 に示すタンク加圧方式では，気蓄器の高圧ガスにより推進剤を燃焼室に圧送して燃焼させる．この方式は構造が簡単であるものの，推力を増すためにはタンク内のガス圧を高める必要があり，タンクの耐圧向上はエンジン全体の重量増加につながる．したがって，タンク加圧方式は多段ロケットの上段や人工衛星の姿勢制御などの小型・小推力のエンジンなどに利用される．一方のポンプ方式では，推進剤はターボポンプ(turbopump)によって加圧された後に燃焼室に送り込まれて燃焼する．図 2.32 にはターボポンプ駆動用にガス発生器を用いたポンプ方式の例を示している．ターボポンプから吐出された燃料と酸化剤の一部はガス発生器に送られ，800～1100K 程度の比較的低温で燃焼してから燃料ターボポンプ内のタービンに送られて，これを駆動する．このガスは，次に酸化剤ターボポンプ内のタービンを駆動した後にノズルスカートに導かれ，燃焼室からの燃焼ガスと混合し，ノズル出口から噴出される．また，ロケットで使用される液体燃料は低温であることが多い．そのためターボポンプから吐出された燃料は，まずノズルや燃焼室の冷却に使われ，次に燃焼室で酸化剤と混合される．このような推進剤を用いた冷却方式を再生冷却(regenerative cooling)といい，ノズルや燃料室から失われる熱を推進剤で回収できるため，エンジン全体での熱損失(heat loss)を減らすことができる．

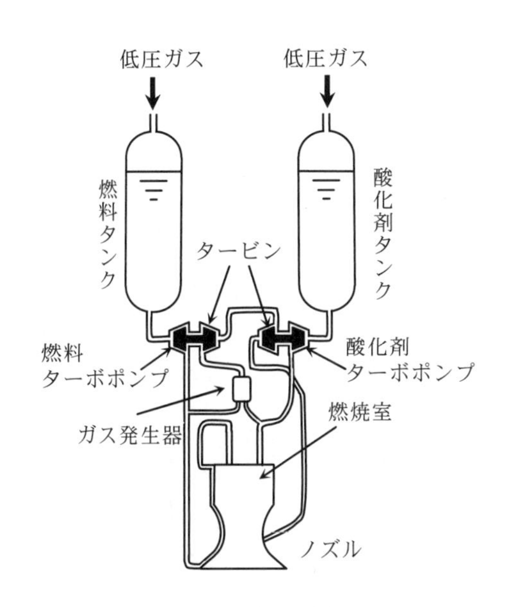

図 2.32　ポンプ方式

電気ロケット

電気ロケット(electric rocket)は推進剤の加熱・加速に電気を用いるもので，化学ロケットと比べて比推力が高い（燃費が良い）という特徴がある．加熱・加速方法の違いにより，電気ロケットは以下の 3 種類に大別される．

- 電熱加速型：　電気ヒーターやアーク放電によって推進剤を加熱して，ノズルにより加速させる．レジストジェット，アークジェットなど．
- 静電加速型：　推進剤を電離させて生じたイオンを静電的に加速させ，下流で電子を混合して電気的に中性なプラズマジェットとして噴出する．イオンエンジンなど．
- 電磁加速型：　プラズマ化した推進剤に電磁場を加え，ローレンツ力によって加速させる．MPD (magneto plasma dynamic)スラスター，ホールスラスターなど．

電気ロケットは推力がきわめて小さいため重力場での利用には向かず，微小重力(microgravity)環境である宇宙空間で利用されている．

図 2.33　マイクロ波放電型イオンエンジン
（提供　宇宙航空研究開発機構）

d. これからのロケット (rockets in the future)

H-IIA ロケットなどで使用されている液体水素(liquid hydrogen)は，推進剤としての性能は優れているものの，(1) 密度が小さいため体積がかさばり，燃料タンクが大きくなる，(2) 沸点がマイナス 250℃と極低温で取り扱いが難しい，(3) 燃料漏れが起こりやすい，(4) 蒸発しやすいため軌道上での長期保存が困難である，といった欠点がある．一方，液化天然ガス(LNG: liquid natural gas)を使用する場合は，液体水素と比べて性能面では劣るものの，(1) 密度が高いため燃料タンクを小型化できる，(2) 爆発(explosion)の危険性が低い，(3) 宇宙空間で蒸発しにくく長期間での宇宙の運用に適する，(4) 安価であるため打ち上げコストが削減できる，といった利点がある．このため，液化天然ガスを推進剤とする LNG エンジンの研究開発が行われており，再使用型輸送システムの第一段エンジンや，月・惑星探査での軌道間輸送機などへの適用が考えられている．

電気ロケットの分野では，小惑星探査機「はやぶさ」に搭載されたマイクロ波放電型イオンエンジンシリーズとして，惑星探査用の比推力 10,000 秒のイオンエンジン(ion engine)や，人工衛星の精密姿勢制御用途として図 2.33 に示すような超小型・超低消費電力のイオンエンジンの開発が行われている．また小型衛星の軌道・姿勢制御用として，固体推進剤近傍でパルス放電を行うことで推進剤をガス化・電磁加速するパルスプラズマスラスター(PPT)の研究開発が行われている．

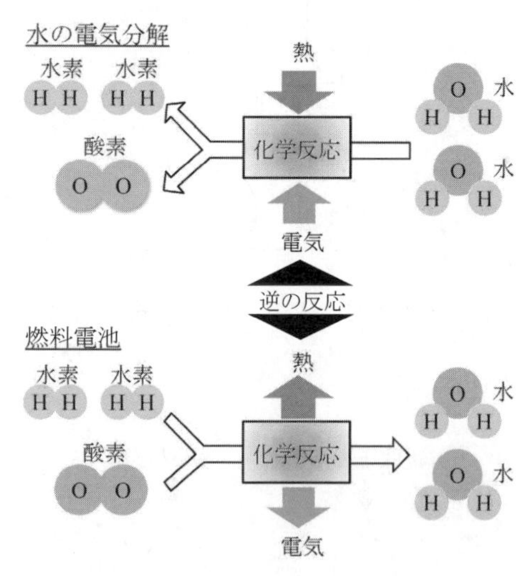

図 2.34　燃料電池の基本的な原理

2･1･6　燃料電池 (fuel cell)

a. 燃料電池とは (What is fuel cell?)

2･1･1 項でも言及したように，環境への負荷が小さくかつ効率の高いエネルギー変換機器として，燃料電池(fuel cell)の普及が進められている．

燃料電池の原理は 1801 年デービー卿(Sir Humphry Davy)により発見され，1839 年には，グローブ卿(Sir William Robert Grove)が白金電極に水素(hydrogen)と酸素(oxygen)を供給して電力を得る実験に成功した．実用化されたのは 1 世紀以上経過してからであり，1965 年にアメリカの人工衛星ジェミニ 5 号の電源として搭載されて話題になった．

燃料電池の基本的な原理を図 2.34 に示す．水の電気分解(electrolysis of water)の反応を逆にしたものであり，水素と酸素を化学反応(chemical reaction)させて水を生成させることで電気を得ることができる．また，その際に熱が発生する．

燃料電池は，家庭用熱電併給システム(cogeneration system)として既に実用化されている．その構成を図 2.35(a) に示す．都市ガスを改質器(reformer)に供給して燃料の水素を取り出し，これを燃料電池で空気中の酸素と化学反応させて発電する．排熱(exhaust heat)は暖房・給湯に活用できるため，電気に排熱を加えた総合エネルギー効率は 80％程度にも達する．

燃料電池を搭載した燃料電池車(fuel cell vehicle)も，実用化に向けて開発が進められている（図 2.35(b)）．水素ステーションから供給された燃料の水素が水素タンクに貯蔵され，これを燃料電池で空気中の酸素と化学反応させて

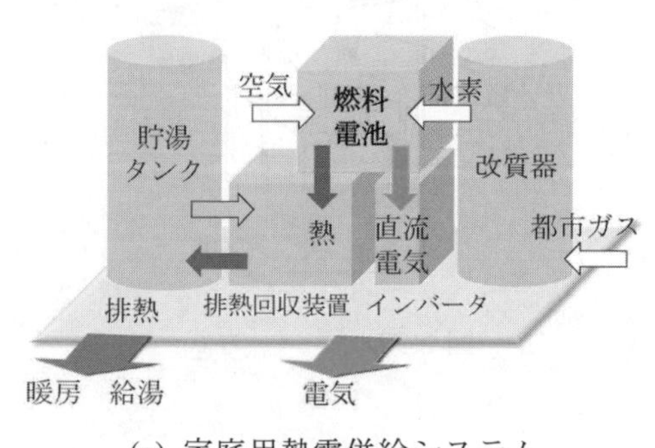

(a) 家庭用熱電併給システム

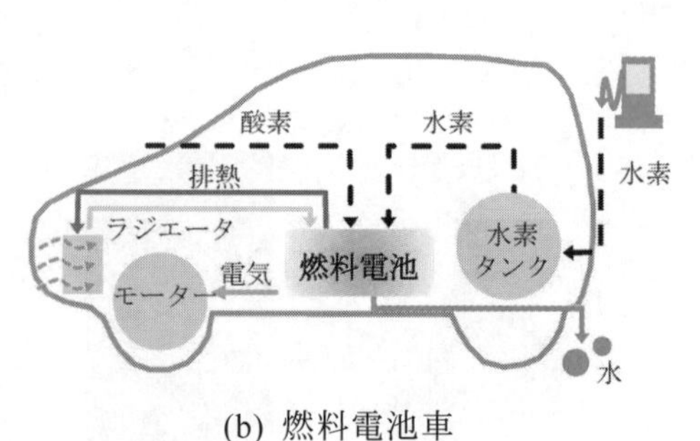

(b) 燃料電池車

図 2.35　燃料電池の応用例

発電する．発電した電気はモータ(motor)に供給されて車両を駆動する．また，排熱はラジエータ(radiator)を介して外気へ放出される．燃料電池車では排熱を利用していないためエネルギー効率は50〜60％程度にとどまるが，自動車用のガソリンエンジンの熱効率（30〜40%程度）と比べると，十分に高いエネルギー変換効率が実現できる．

なお，身近な化学電池として乾電池（一次電池；primary cell）や充電池（二次電池；secondary cell）があるが，燃料電池の機能はこれらとは本質的に異なる（図 2.36）．乾電池は，放電に伴い電池内の反応物(reactant)が生成物(product)に変化するものであり，充電池は，充電することによって放電後の生成物を反応物に変換できるものである．それに対し，燃料電池では外部より絶えず反応物である水素と酸素が供給されるので，電池自身は変化せず，継続して発電することができる．

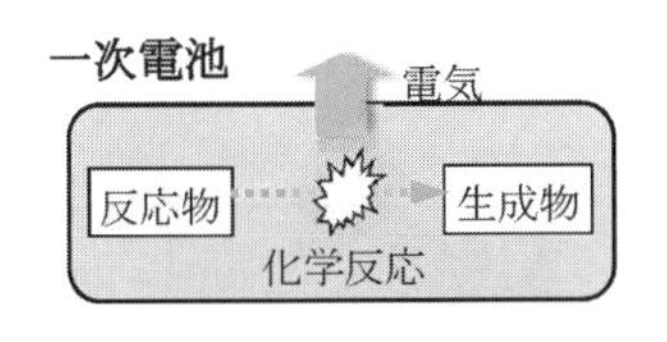

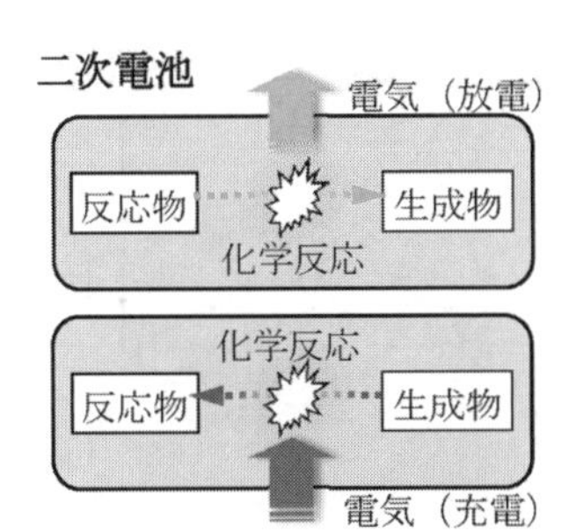

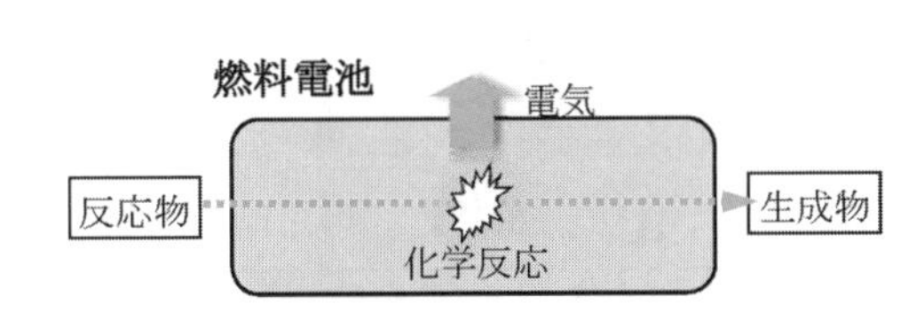

図2.36　一次電池・二次電池と燃料電池

b. 燃料電池の構造と原理
(structure of a fuel cell and its operating principles)

燃料電池の基本構造を図 2.37 に示す．燃料電池の基本的な最小単位はセル(cell)と呼ばれ，電解質(electrolyte)とそれを挟む一対の電極(electrode)，そして燃料（水素等）や空気（酸素）を供給する流路から構成される．燃料が供給される電極が燃料極（負極(陰極): anode）となり，空気が供給される電極が空気極（正極(陽極): cathode）となる．それぞれの電極は触媒層(catalyst layer)とガス拡散層(gas diffusion layer)により構成されている（図 2.37(b)）．なお，セルあたりの起電力は 1 V 以下と低いため，通常は多くのセルを直列に積み重ねて使用される．

固体高分子形燃料電池やリン酸形燃料電池（表 2.2 参照）を例にとると，セル内部では次のような反応が起こる．燃料極に供給された水素は，ガス拡散層の微細空孔を通過して触媒表面に到達し，そこで水素イオンと電子(electron)に分離される．電解質はイオン(ion)のみを通す性質を持つので，水素イオンは電解質を通って空気極の触媒表面に移動するが，電子は外部に接続された回路を通って空気極に移動することになる．この時，回路に電流が流れて発電する．一方，空気極では，供給された空気中の酸素がガス拡散層を通過して触媒表面に到達し，燃料極から移動した電子および水素イオンと結合して水が生成される．発電に伴う化学反応は次式で表される．

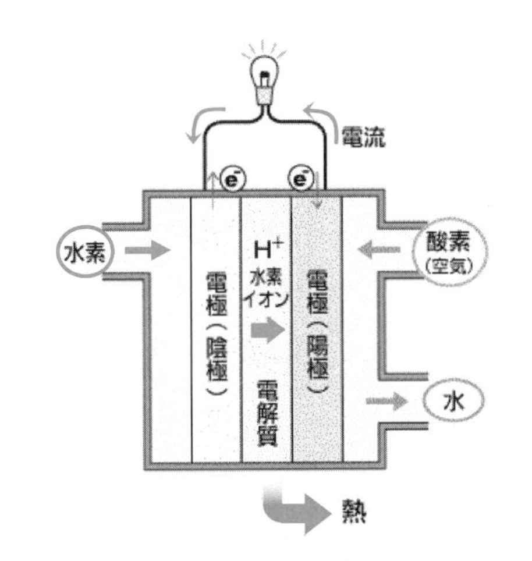

(a) 燃料電池の構成概念

$$H_2 + \frac{1}{2}O_2 \rightarrow H_2O \qquad (2.4)$$

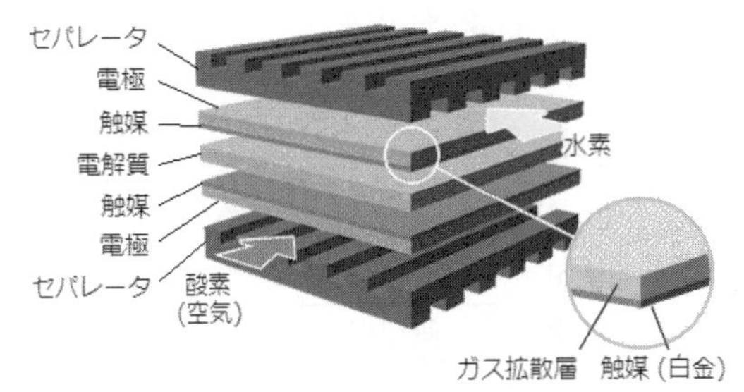

(b) 燃料電池のセルの基本構造

図2.37　燃料電池の基本構造
（提供　NEDO）

c. 燃料電池の変換効率
(energy conversion efficiency of a fuel cell)

燃料電池における式(2.4)の反応では，反応後（右辺）のエネルギーレベルが反応前（左辺）よりも低くなるため，この差（エンタルピー(enthalpy)差 ΔH）が電気として取り出される．しかし，全てが電気エネルギーとして取り出せるわけではなく，熱として出てしまう最小量（束縛エネルギー(bound energy) $T\Delta S$）が存在し，これを差し引いた値（ギブス自由エネルギー(Gibbs free energy)の差 $\Delta G = \Delta H - T\Delta S$）が取り出し得る最大値となる（図 2.38）．ここで，T および S はそれぞれ絶対温度とエントロピー(entropy)を表す（詳細は本テキストシリーズ「熱力学」を参照のこと）．すなわち，燃料電池の最大理論効率は ΔG を ΔH で除した値となり，水が液相の場合は標準状態（1 気圧，25℃）で 82.9%となる．

このように，燃料電池のエネルギー変換効率は理論的には非常に高いが，電流を取り出す際に (1) 構成要素の電気抵抗（抵抗分極），(2) 電流を流し始めるのに要する抵抗（活性化分極），(3) 反応物質の移動（拡散）に伴う抵抗（拡散分極），の 3 つの損失を伴う（図 2.38）．これらの損失は熱として排出されるため，発電効率を高めるにはこれらの損失を低減することが重要になる．したがって，燃料電池の効率を向上させるには，電気化学，触媒化学，高分子化学に加え，熱･物質移動(heat and mass transfer)といった機械工学などの広範な基礎学問分野を良く理解しておくことが必要になる．

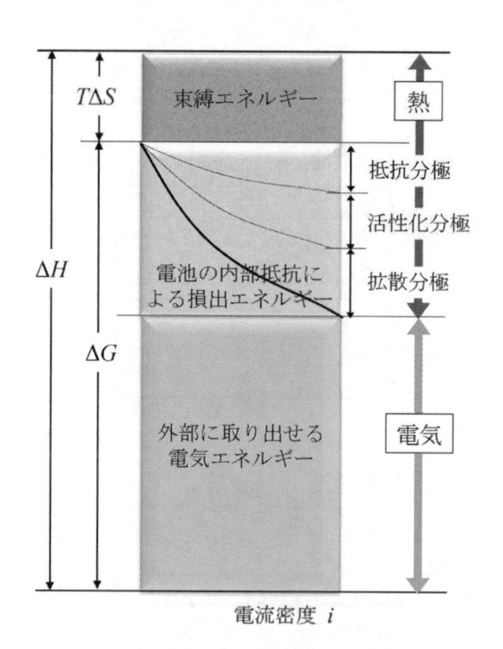

図2.38　燃料電池の発電特性

d. 燃料電池の種類 (type of fuel cells)

燃料電池は，表 2.2 に示すように，電解質の種類によって作動温度や使用燃料などが異なる．固体高分子形燃料電池(PEFC: polymer electrolyte fuel cell)とリン酸形燃料電池(PAFC: phosphoric acid fuel cell)は作動温度が低く，束縛エネルギー $T\Delta S$ が小さいため理論熱効率が高いが，電極表面で充分な反応速度を得るために白金など高価な触媒(catalyst)が必要となる．一方，溶融炭酸塩形燃料電池(MCFC: molten carbonate fuel cell)と固体酸化物形燃料電池(SOFC: solid oxide fuel cell)は作動温度が高いため，白金など高価な触媒は不要である．ただし，材料の安定性，特に熱衝撃に対する耐久性が課題となる．

この中で，現在最も実用化が進んでいるのは PEFC である．作動温度が低いため起動時間が短く，材料の選択肢も広い．また，小型軽量化が可能であり，携帯機器や燃料電池車などへの応用が期待されている．

また，SOFC は電池内部において水素へのガス改質(reforming)（水素濃度を高める処理）ができるため，改質器が不要となる．また，水素だけでなく一酸化炭素も燃料として使用できるため，天然ガスなどを直接電池本体に供給して発電することが可能となる．さらに，排熱が高温であることから，ガスタービンや蒸気タービン発電などを併用してコージェネレーションシステムを構築することが可能である．そのため，高い総合発電効率が期待でき，将来の電気事業用発電方式の有力な候補として期待されている．

表 2.2　燃料電池の種類

		固体高分子形 (PEFC)	リン酸形 (PAFC)	溶融炭酸塩形 (MCFC)	固体酸化物形 (SOFC)
電解質	電解質物質	イオン交換膜	リン酸	炭酸塩	安定化ジルコニア
	使用形態	膜	マトリックスに含浸	マトリックスに含浸	固体
	イオン導電種	H^+	H^+	CO_3^{2-}	O^{2-}
	作動温度	80～100℃	170～200℃	600～700℃	～1000℃
電極	触媒	Pt	Pt	−	−
	燃料極での反応	$H_2 \rightarrow H^+ + 2e^-$	$H_2 \rightarrow H^+ + 2e^-$	$H_2 + CO_3^{2-} \rightarrow H_2O + CO_2 + 2e^-$	$H_2 + O^{2-} \rightarrow H_2O + 2e^-$ $CO + O^{2-} \rightarrow CO_2 + 2e^-$
	酸素極での反応	$1/2O_2 + 2H^+ + 2e^- \rightarrow H_2O$	$1/2O_2 + 2H^+ + 2e^- \rightarrow H_2O$	$1/2O_2 + CO_2 + 2e^- \rightarrow CO_3^{2-}$	$1/2O_2 + 2e^- \rightarrow O^{2-}$

2・2　自動車 (automobile)

乗り物としての車の歴史は紀元前に遡るが，自動車(automobile)の歴史は，搭載可能な原動機(engine)の登場によって幕が開いた．120 年ほど前に小型で扱いやすいガソリンエンジン（gasoline engine，2･1･3 項参照）が発明されると，まもなく今日の自動車の原型が誕生する．そして自動車レースとともに瞬く間に走行速度が高まり，二度の大戦によって科学技術や航空機技術が発達すると，自動車の性能も大きく進歩した．戦後の爆発的なモータリゼーション(motorization)の進展によって自動車が大衆の交通手段となるや，交通事故や交通渋滞が増大し，エンジンの排気ガスによって大気汚染(air pollution)などの社会問題も発生したが，それらも次々と克服されつつある．しかし石油エネルギーに大きく依存する我々の文明が地球を温暖化させつつあると言われ，特に温室効果ガス(greenhouse gases)である CO_2 の排出削減が自動車にも求められ，現在では燃料電池を搭載した電気自動車も登場している．

本節では，一世紀以上に亘る社会情勢の変化の中で，自動車が生まれ，形態が定まっていった技術史も辿りながら，それぞれの技術課題と，それらを乗り越えて現在に至った自動車技術について紹介する．

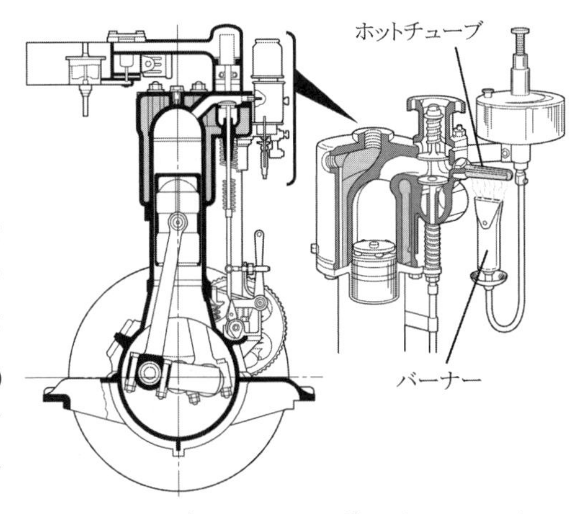

図 2.39　ダイムラーのガソリンエンジン（1883 年）

2･2･1　自動車の全体構造配置 (general arrangement of the automobile)

ニコラウス・オットー(Nikolaus August Otto)から独立したゴットリープ・ダイムラー（Gottlieb Wilhelm Daimler，1834-1900 年）は，1883 年，マイバッハ(Mayback)と共にホットチューブ点火方式のガソリンエンジンを発明した（図 2.39）．そのエンジンは小さく，しかも回転速度がオットー・ルノアール・エンジンの 200r.p.m.（毎分の回転数）と比べて 900r.p.m.と圧倒的に高速であった．

図 2.40　ダイムラーの自動二輪（1885 年）

そのころのヨーロッパの陸上交通は，馬車や，全盛期を迎えていた鉄道（蒸気機関車であり，日本でも，明治 5 年（1872 年）には新橋-横浜間に汽車が走り始め，自転車も流行り出していた．そして，1885 年には現在と同様の自転車（前輪と後輪が同じ径のチェーン駆動自転車）が工業製品として誕生した．

そこでダイムラー等は，このエンジンをまず独自の補助輪つき木製自転車に搭載してエンジンの小型・軽量さを実証したが，この 2 輪車（図 2.40）のその後の発展はなかった．一方，鉄道機関士を父に持ち，乗り物に縁のあったカール・ベンツ（Karl Friedrich Benz，1844-1929 年）は，ダイムラー・エンジンよりは重く，400r.p.m.と低速ではあったが，独自の水冷・電気点火方式 3/4 馬力（1 馬力 = 750W）のガソリンエンジンを作り上げた．そして，ボイラ用のパイプでエンジンを搭載するフレームを作り，自転車のタイヤを使って，実際に走り乗ることのできる簡便で実用的な三輪車を完成させて販売した．ガソリン自動車の誕生である（図 2.41）．

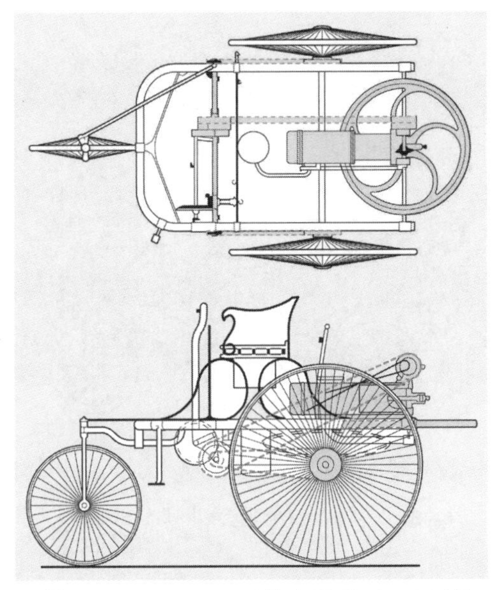
図 2.41　ベンツの三輪自動車（1886 年）

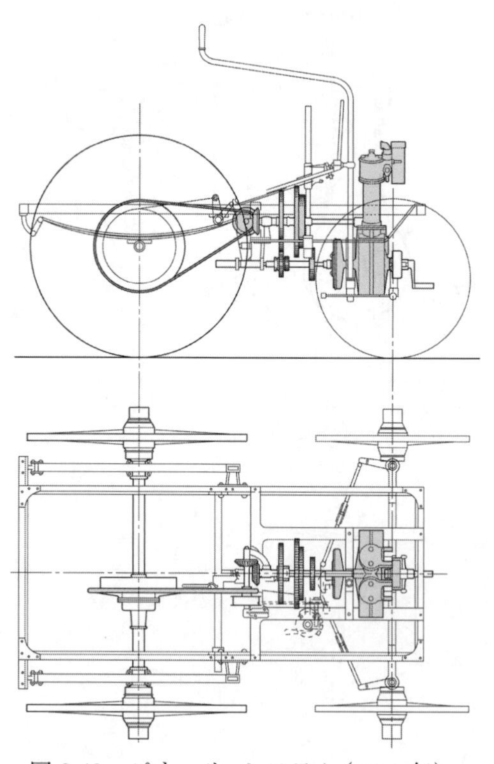

図 2.42　パナール・システム（1891 年）

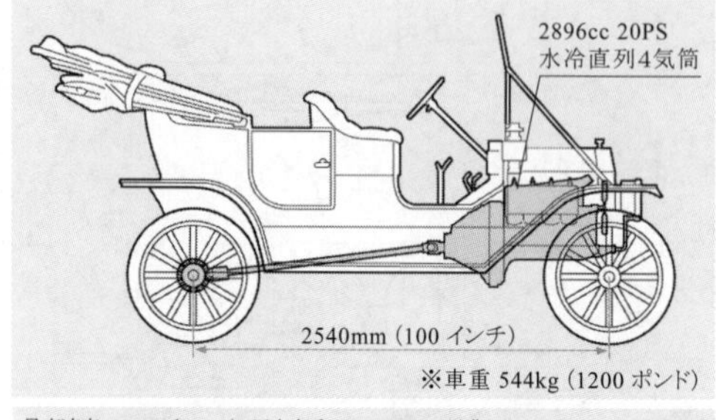

図 2.43　フォード・モデル T（1908 年）

a. FR 車の誕生とパナール (the first Front-engine Rear-drive car and Panhard)

パリ近郊のパナール・ルヴァッソール社(Panhard et Levassor)の共同経営者であった技師エミール・ルヴァッソール（Emile Levassor, 1834-1897 年）は，ダイムラーの高速軽量エンジンをフランスで製造する権利を得て，アルマン・プジョー（Armand Peugeot, 1849-1915 年）にその製造を勧めると共に，自らもガソリン自動車の製作に取りかかった．

そのころ‘馬なし馬車’と呼ばれていた自動車は，工業としてはフランスが先進国であった．当時は蒸気自動車が大勢を占めており，電気自動車も既にあった．しかし，これらの自動車は馬車の構造を手本としていたため，車軸の位置が高く，車輪も大きかった．また，馬車と同様に運転手の着座位置が高く，原動機の上にまたがるキャブ・オーバー(cab over the engine)の形式が多かった．そのため，自動車の背や重心(center of gravity)も車幅に比べて高く，静的（転覆）安定性が低かった．しかも，運転手の頭の位置が地面から高いので，大きく振られて，乗り心地も決して良いとは言えなかった．

ルヴァッソールは，初期の設計ではベンツのガソリン自動車に似たエンジン搭載方法を採用したが，やがて“パナール・システム(Panhard system)”（図 2.42）と呼ばれる車両駆動系の基本構造を 1891 年には考案し，実現した．それは，自動車の高速化に必要な走行安定性(running stability)の土台となり，史上初の自動車レース（1895 年：パリ）では，パナール車がトップ（優勝はプジョー）となった．

パナール・システムとは，エンジンを自動車の前部に，運転席の前に縦方向（クランクシャフト(crankshaft)の向きを進行方向）に搭載し，エンジンから順にクラッチ(clutch)，ギヤボックス(gearbox)，ファイナルドライブ(final drive)までを車体中心線上に一列に配置して後輪（車軸）を駆動するシステムである．従って，車両の重心が低くなると共にホイールベース（wheelbase, 前輪－後輪間の距離）が長くなり，また前輪荷重も大きくなるので，操縦安定性(stability and controllability)（2･2･4 項参照）が向上した．1900 年，ダイムラー社のレーシングカー(racing car)である初代“メルセデス 35ph”もパナール・システムを採用した．

パナール・システムでは，車軸がサスペンション(suspension)に吊られて車体に対して揺動するので，それを許容するため，最終駆動にはスプロケット(sprocket)とチェーン(chain)が用いられた．しかし，チェーンは切れ易く，摩擦ロスも大きいので，それに代わるものとして，ルイ・ルノー（Louis Renault, 1877-1944 年）はシャフトとジョイントで駆動トルク(driving torque)を伝達する“シャフトドライブ(shaft drive)”を発明した．そして，1899 年にその特許を取得すると共に，ルノー兄弟社を設立した．こうして，自動車の主要な駆動形式である FR (front-engine rear-drive)レイアウト（前部エンジン・後輪駆動）が完成した．

ルノーは第一回 GP（グランプリ）レース（1906 年，ルマン）で優勝する．

b. 大衆車と RR 車の誕生
(people's car and the first Rear-engine Rear-drive car)

ヨーロッパで生まれた自動車が，富裕層の乗り物から大衆のための安価で丈夫な実用品となったのは，広大で石油資源の豊かなアメリカにおいてであった．デトロイト・エジソン電灯会社の主任技師であったヘンリー・フォード（Henry Ford, 1863-1947 年）は，エジソン(Thomas Alva Edison)に励まされて独立し，バナジウム鋼(vanadium steel)という強度と切削速度に優れた新材料を用いて，軽量・高性能で低価格，変速操作も簡単な FR 大衆車，モデル T を開発した（図 2.43）．彼は，1908 年の発売から約 20 年間，生産の合理化に集中した．そして，信頼性やメンテナンス性を更に高め，ほとんどモデルチェンジなしで生涯 1500 万台を生産した．価格も発売当初の 1/3 へと徐々に下げ，利益を社会に還元することにも力を注いだ．フォードは"単一車種の大量生産で廉価な実用車を普及させる"という手法で成功を収めたが，その後，それに対立する考え方として"あらゆる車種を高品質かつ適正価格で提供する" GM（General Motors, 1908 年創業）が成長しただけでなく，フォードの事業は，技術内容以上に，ヨーロッパの企業家・技術者に影響を与えた．

第一次世界大戦（1914-1918 年）が終わると，砲弾や山歯歯車(double helical gear)の製造で蓄財したアンドレ・シトロエン（André-Gustave Citroën, 1878-1935 年）は，フォードを目指してセーヌ河畔に企業した（1919 年）．また，英国では，モデル T を更に小型にした本格的な大衆車オースチン・7 が誕生し（1922 年），簡便なサイクルカー(cyclecar)を駆逐してしまった．

一方，巨額の戦争賠償金を義務付けられた敗戦国ドイツでは，体質強化の企業合併によりダイムラー・ベンツ社が誕生し（1926 年），BMW がオースチン・7 のライセンス生産(license production)で四輪事業に乗り出した（1929 年）．世界恐慌（1929 年）でオペルが GM に買収されたものの，4 社連合アウトウニオンも誕生した．また，1928 年にはダイムラー社でメルセデス車を手がけたフェルディナント・ポルシェ（Ferdinand Porsche, 1875-1951 年）が独立し，各社から小型車設計を依頼され，フォードを仰いで大衆車の設計を進めることになった．後のフォルクスワーゲン(Volkswagen)である．

第一次大戦で発達した航空機技術により，エンジンの高出力・小型化が可能になった．また，飛行船技術の進展により，高速時に空気抵抗(air resistance)の少ない流線形ボディ（2・2・2 項参照）の採用が促進された．それまでの FR レイアウトからエンジンを車体後部に押し込めば，駆動系(drive system)は後部に，操舵系は前部にまとまってコンパクトになり，流線形ボディ形状や高速走行型シャーシフレーム(chassis frame)の設計自由度が増す．こうして，RR (rear-engine rear-drive)車の開発が各社で進められた．1936 年にはチェコのタトラ T87（図 2.44），その翌年には VW (Volkswagen)ビートルのプロトタイプ(prototype) VW30（図 2.45）が生まれた．

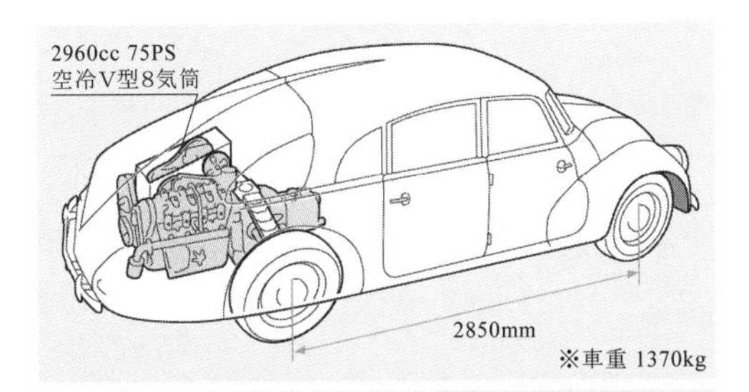

図 2.44 タトラ T87 の流線形ボディ（1936 年）

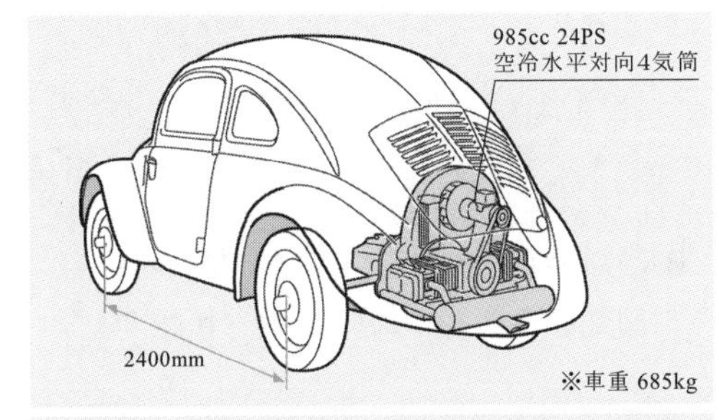

図 2.45 ダイムラー・ベンツ製 VW30（1937 年）

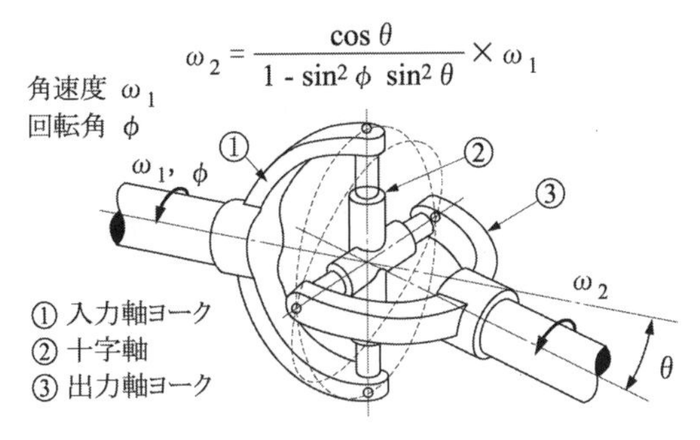

図 2.46 カルダン（フック）式回転軸継手

c. 等速継手と FF 方式
(constant-velocity joint and Front-engine Front-drive system)

前述の RR 車とは反対に，駆動輪を含めた駆動系全体を全て前部に押し込めば，操舵系やエンジンルームは窮屈になるが，客室は広くなる．しかしこの場合，前輪が路面の凹凸で上下に変位するだけでなく，操舵に伴い前後・左右にも大きく変位，回転する．したがって，駆動力を伝える揺動車軸(axle)には，車輪側（アウター側）と終減速装置(final reduction gear)側（インナー側と言う）にそれぞれ回転軸継手を設ける必要がある．前者には大きな継手角度，後者には車軸長の調整機能も求められる．

回転軸継手としては，カルダン式継手(Cardan joint)（フランスでの呼び方；英国ではフック式：図 2.46）がよく知られているが，この継手では，十字軸の回転角度（図中の θ）に応じて，入力軸と出力軸で回転速度差が生じてしまう．そのため，このままでは駆動力を円滑に伝えることが難しい．そこで，この継手を 2 つ，位相を反転させて連結し，回転変動を互いにほぼキャンセルさせたものがダブルカルダン等速継手(constant velocity joint)であり，その構造を短縮させたものがグレゴワール特許のトラクタジョイント(tracta universal joint)である．

こうした等速ジョイント(constant velocity universal joint)を車輪側に設置し，インナー側には普通のカルダンジョイントとスプライン継手を採用したのがシトロエン 7CV，トラクシオン・アヴァン（前輪駆動の意：図 2.47）である．この車は，FF (front-engine front-drive)黎明期の本格的な量産車となった．流線形(streamlined shape)の一体構造ボディと秀逸な操縦安定性を備えたこのシリーズは，フォード・モデル T のように，23 年もの長期間に亘って 75 万台以上が生産された．

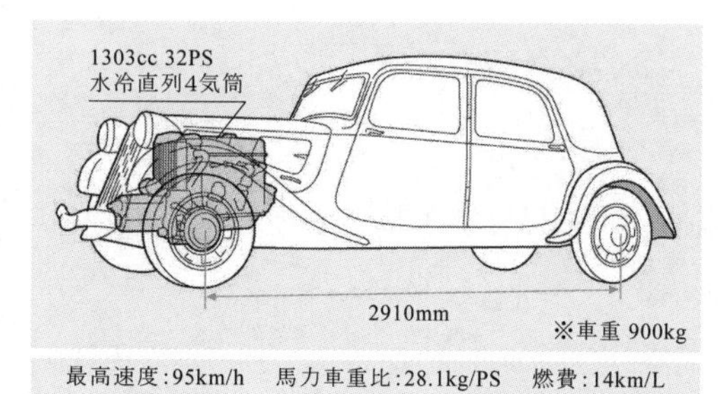

図 2.47　シトロエン 7CV（1934 年）

なお，VW ビートルのように，第二次大戦前に開発されて戦後誕生した小型車にシトロエン 2CV（図 2.48）がある．この車は，375cc 水平 2 気筒 8hp（約 6kW）の非力な FF 車であり，ドライブシャフト(drive shaft)は両側とも通常のカルダンジョイントであった．しかし，メカニカルな前後関連懸架などにより直進時の乗り心地が良く，実用性が高かった．そのため，ユニークな外観から“こうもり傘に 4 つの車輪”と慕われ，40 年以上に亘って 380 万台が生産された．

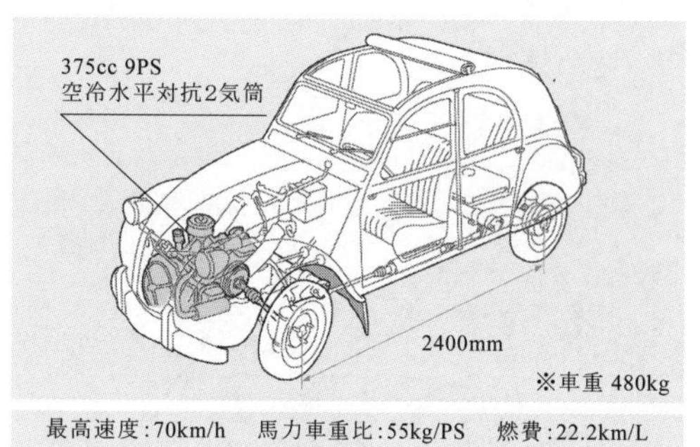

図 2.48　シトロエン 2CV（1948 年）

第二次大戦後のフランスでは，公団化されたルノーから，フランス占領軍によってパリで拘束されていたポルシェ博士(Ferdinand Porsche)の助言も受けて，1947 年に RR 車，ルノー4CV が誕生する．その生涯生産は 110 万台を超え，日本でも日野がノックダウン生産(knockdown production)して，タクシーとして広く利用された．

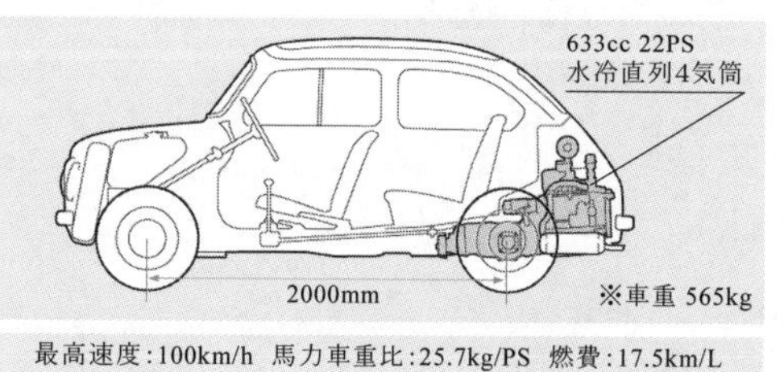

図 2.49　フィアット 600（1955 年）

イタリアでも，フィアット社の技師ダンテ・ジアコーサ（Dante Giacosa, 1905-1996 年）が，ホイールベース(wheelbase) 2m の大衆 RR 車，セイチェント（600）を 1955 年に発表し（図 2.49），それを更に小型化した RR 車，ヌオーヴァ・チンクェチェント（新 500）と合わせて 600 万台以上を生産した．

一方英国では，戦後の輸出振興や外貨獲得のため，1952 年，高い生産性を目指してオースチンとモーリスが合併した．欧州最大の乗用車メーカーBMC (British Motor Corporation)の誕生である．その後，1956 年のスエズ動乱（第二次中東戦争）によって英国は他の欧州諸国よりもはるかに深刻なガソリン危機に陥ったため，国民は昔時の小型大衆車，オースチン･7 の再来を切望するようになった．

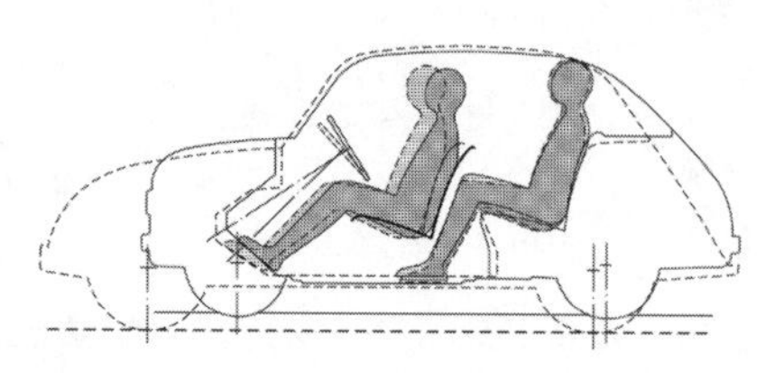

図 2.50　シトロエン 2CV vs. フィアット 600
（出典　Dante Giacosa, Forty Years of Design with Fiat, Automobilia）

1957 年の英国機械学会で，ダンテ・ジアコーザ博士は小型車に関する研究発表を行った．それは，全長 3.8m の FF 車であるシトロエン 2CV 等と比較して，全長 3.3m の RR 車であるフィアット 600 のような 650cc，水冷 4 気筒の RR 車が最良の妥協なのだという主張であった（図 2.50）．当時は，英国や米国ではパナール方式の FR 車が主流であった．また，2CV など，当時の量産 FF 車は駆動系レイアウトがほとんど縦方向（クランクシャフト(crankshaft)の向きが進行方向，図 2.51）であり，単に RR 車の駆動系を前方移動したもの，あるいは FR 車の駆動系の後部を短縮したものであったため，大衆車の構造としては最適化の余地が残されていた．

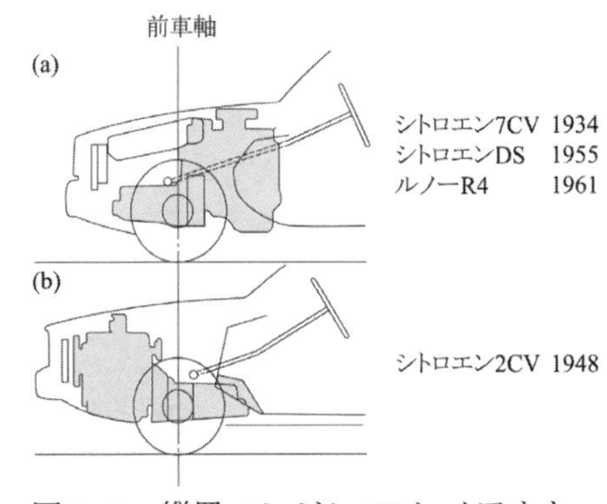

図 2.51　縦置エンジン FF レイアウト

当時のヨーロッパ 3 大ベストセラー車は，VW1200，ルノー・ドーフィン（北米向けの 4CV 拡大版），フィアット 600 であり，すべて RR 車であった．しかし，BMC の社長サー・レオナード・ロードから小型経済車の開発依頼を受けた技師アレック・イシゴニス（Sir Alexander Arnold Constantine Issigonis, 1906-1988 年）は，躊躇することなく FF 方式を選んだ．それは尊敬するシトロエンに倣ったからだけでなく，ノーズヘビーによる走行安定性(running stability)の獲得と，小型車では駆動輪に重量物を載せて牽引力を得る必要があると思ったからである．さらに，卓抜な横置エンジンレイアウトを実用化した．これは，その後の大衆車の定石となった（図 2.52）．

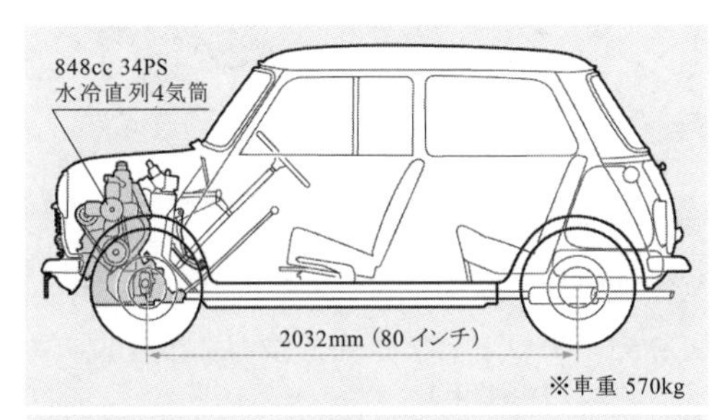

図 2.52　BMC ミニ（1959 年）
（オースチン・セブン＆モーリス・ミニマイナー）
（出典　ポメロイ，ミニ・ストーリー，㈱二玄社）

イシゴニスは既に，モーリス社時代にマイナーを設計し，その販売台数は 160 万台を超えて英国初のミリオンセラーとなっていた．そして，その後継には，横置エンジン方式の FF 車を検討していた．彼に与えられた条件は，BMC の既製エンジンを使うことと，大きさを全長 3m，全高，全幅を 1.2m に収めることであった．これらを実現するため，2 輪車のように，エンジンの下に変速機(transmission)を一体化して共通のオイルに浸すことにした．また，新しく開発された省スペース型の等速ジョイント（constant velocity universal joint，図 2.53）を，バーフィールド社が量産することとなった．軸継手(shaft coupling)の等速条件とは，“2 軸間の動力伝達面が軸交差角を 2 等分する位置に常に保持されること”であるが，バーフィールド型継手では，図に示したトルク伝達ボールが常に 2 等分面上にくるため，回転速度の変動が無い．

イシゴニス設計の BMC ミニが 1959 年に発表され，モータスポーツでも大活躍するようになると，ジアコーザは考えを転回させた．彼は自著の中で，1947 年にティーポ 100（フィアット 600 の開発コード）として検討して特許も取得した横置エンジン FF レイアウトの研究を打ち切ったことを後悔している．それはミニと同様，同一ケース内部にクランクシャフト(crankshaft)と平行に変速機のギヤシャフト(gear shaft)を配置したものであった．ミニのようにシンプルではなかったが，このレイアウトでは大規模生産と検査の観点から受け入れ難いと判断したのであった．それでも，その魅力的で小さな英国車がジアコーザに深い印象を与えたのは，それが，最小の自動車であり，コンパクトで，スポーティで，機能的なかたちをしていて，見た目も麗しいからであったと述べている．

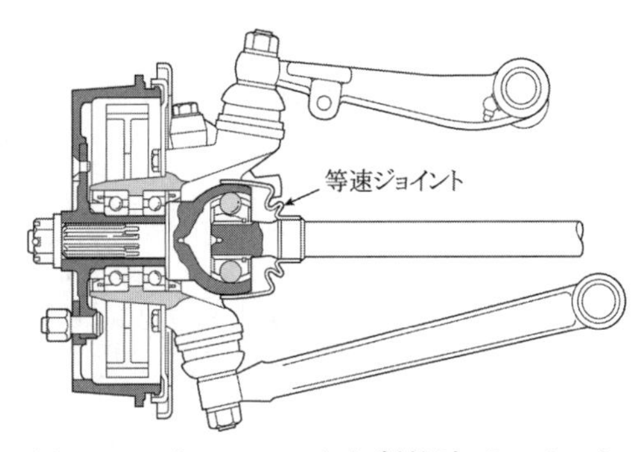

図 2.53　バーフィールド製等速ジョイント
（出典　ポメロイ，ミニ・ストーリー，㈱二玄社）

その後，ジアコーザ達は FF 横置エンジン 1200cc 車のアイデアを集め始めた．工場には，子会社のアウトビアンキ（1899 年創立のビアンキ社にフィアットとピレリが支援した会社）が選ばれた．そして 1961 年に研究が開始され，

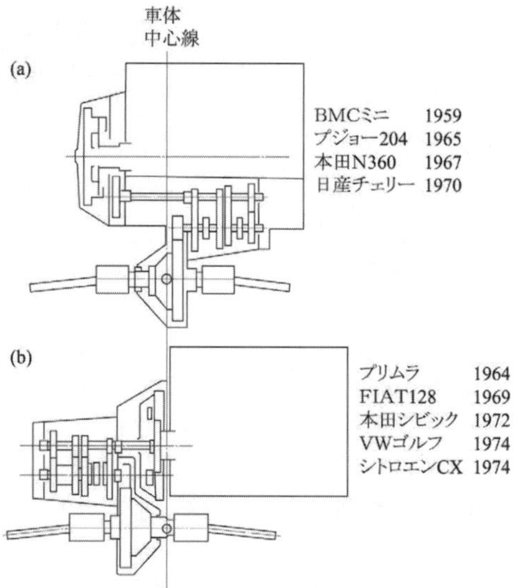

車体
中心線
(a)
BMCミニ　1959
プジョー204　1965
本田N360　1967
日産チェリー　1970
(b)
プリムラ　1964
FIAT128　1969
本田シビック　1972
VWゴルフ　1974
シトロエンCX　1974

図 2.54　横置エンジン FF レイアウト

1962 年にコード 103 エンジンを横置きに改修した 103G1 が開発された．車両デザインにはコード「109」が与えられた．ここで開発チームは，エンジンをギヤボックス(gear box)ごと横置きする左右非対称レイアウトを試みている（図 2.54(b)）．これならエンジンはほぼそのまま使え，上下，前後方向はミニに勝る．左右方向はギヤボックスの最適化とトレッド（左右輪間距離）拡大で処理すれば良い．このアウトビアンキ「109」は，プリムラとして 1964 年に発表され（図 2.55），その後，生産，販売，サービスの経験を経た 1969 年，フィアット 128 （開発コード「X1/1」） がデビューする．

ジアコーザ方式の FF レイアウトは，車軸が左右非対称，つまり不等長ゆえの課題が多少あったが，設計技術で緩和され，元来優れた FF の空間利用効率を更に高めたため，今日の FF 車レイアウトの主流となった．

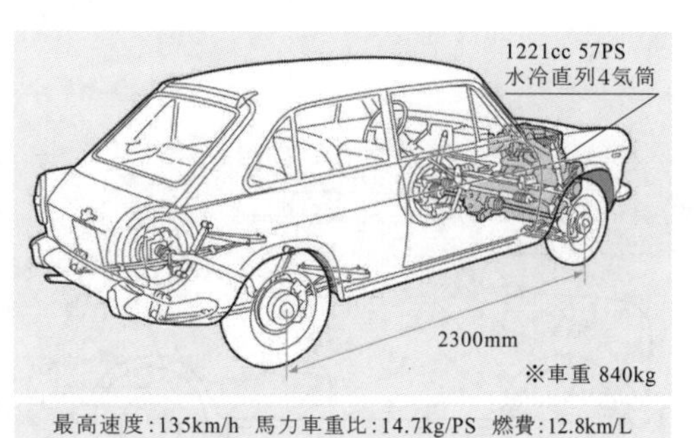

図 2.55　アウトビアンキ・プリムラ 109 (1964 年)

多くの人々に楽しみや利便性をもたらした自動車が，1970 年代になると負の側面の代償を米国社会から求められることになった．それは，交通安全(road safety)と大気汚染防止(air pollution control)，および燃費改善(improvement of fuel efficiency)であり，具体的には，後述する連邦自動車安全基準(FMVSS: Federal Motor-Vehicle Safety Standard)とマスキー法(Muskie Act)であり，企業平均燃費(CAFE: Corporate Average Fuel Economy)基準や高燃費車税(Gas Guzzler Tax)による法的規制であった．

ジアコーザ式 FF 車は，大衆車でありながらその高い空間利用効率が衝撃吸収構造を可能にした．また，そのデッドウェイトや作動部品の少なさが排出ガス(exhaust gas)や燃料消費(fuel consumption)を有利にした．このため，大きさを誇った米国車も次々と小型化と FF 化が図られ，今日では高級車やスポーツカーを除けば，世界中のほとんどのクルマがジアコーザ方式の FF 車となった．そして日本では，マスキー法を初めてクリアーする FF 大衆車が生まれた（図 1.6）．ドイツでは，69 年もの間 2100 万台以上生産された RR 車 VW ビートルの後継として FF 車が誕生した．それは，VW 傘下のアウトウニオン（後のアウディ）のエンジンと，その後の FF 大衆車が倣う簡潔で半独立なリヤサスペンション(rear suspension)を備えたものであった(図 2.56)．さらに米国では，低床な FF 車の居住機能を一層高めて時代のニーズを掴んだ FF 車が生まれ，その後のミニバン分野の範となっていった（図 2.57）．

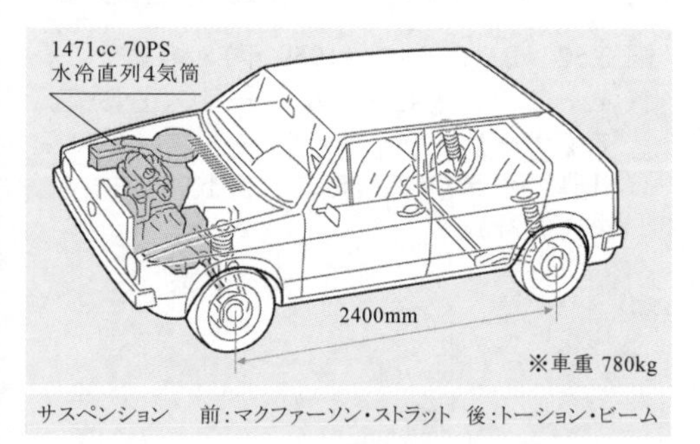

図 2.56　ビートルの後継車 VW ゴルフ (1974 年)

2·2·2　自動車の形状 (vehicle shape)

自動車が我々の生活になくてはならない道具となるにつれ，その形状も機能的に洗練されてきた．自動車の本来の機能である高速移動の能力が流体力学的に検討され，さらに人間にとっての操作しやすさが人間工学的に合理的に追求されると，自ら，その形状に機能美も備わってきた．

a. 外形と空力特性 (external shape with aerodynamic characteristics)

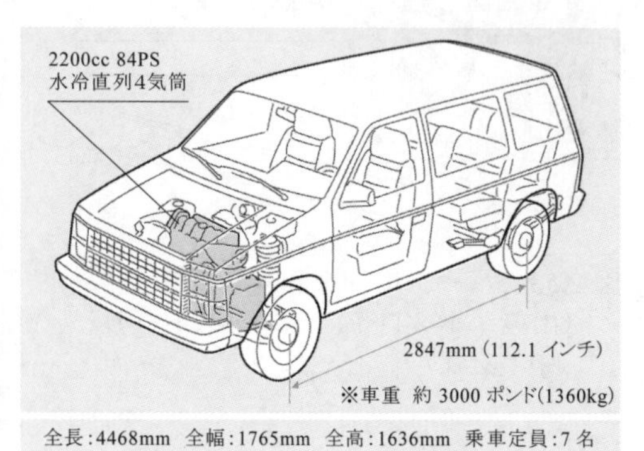

図 2.57　クライスラー・ミニバン（1983 年）(プリマス・ボイジャー&ダッジ・キャラバン)

自動車に原動機(engine)が要るのは，加速のためと走行抵抗に対抗するためである．走行抵抗には 2 種類ある．ひとつは車両の重量に依存した，タイヤ-路面間などに働く摩擦抵抗(frictional resistance)と坂道での登坂抵抗(grade resistance)である．もうひとつは車両の外形に依存した空気抵抗(air resistance)であり，走行速度の 2 乗に比例する．後者が前者を超えるのは，平坦路では 100km/h 付近からであり，最高速度では 5 倍以上になる場合もある．自動車のスピードが高まり，20 世紀初頭に飛行船や航空機の時代が訪れると，空気抵抗を減らす形状，すなわち流線形(streamlined shape)が探求され，同時に流体力学(fluid dynamics)理論が進展してきた．その結果，気流が車体表面に沿うように注意深く造形されるようになった．

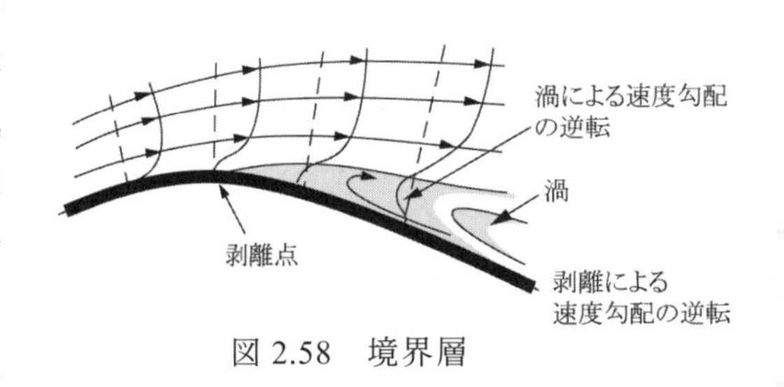

図 2.58　境界層

空気が自動車に及ぼす主な力は，抗力(drag force)，揚力(lift force)，横風による横力(lateral force)である．

① **抗力** (drag force)：**形状抵抗と誘導抵抗**

走行中の車体前方では気流がせき止められて圧力(pressure)が高くなる．一方，後方では車体の形状に依存した渦(vortex)が発生して圧力が低くなる．この圧力差(pressure difference)によって生じる抵抗を形状抵抗(form drag)と呼ぶ．ここで車体表面の間近の流れを考えると，空気には粘性(viscosity)があるため，表面では空気が付着して自動車と同じ速度で移動する．また，表面から離れた空気は静止，つまり走行中の車体から見れば走行速度で後ろに流れている．この車体と共に移動する流体の薄い層を境界層（boundary layer, 図 2.58）と呼ぶ．境界層は車体の前端から始まり，徐々に厚くなるが，通常は車体後端までは付着できずに剥離(separation)して下流に渦を放出する．境界層が剥離すると圧力が低くなるため，形状抵抗を減らすには剥離を遅らせる造形が大切となる．

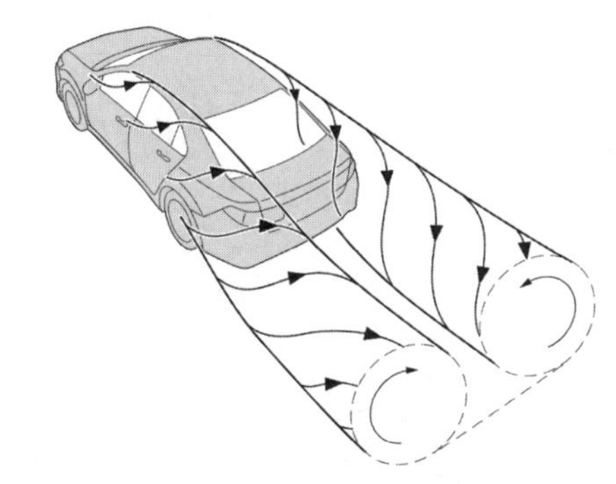
図 2.59　自動車の後流

また形状抵抗に加えて，次の誘導抵抗(induced drag)も抗力として働く．図 2.59 のように，車体下面の高圧部の空気は車体側面の後方から上面の低圧部に流れ込んで渦（後流: wake）を形成する．この時，空気の流れは下向きに偏向するため揚力が後傾し，結果として抗力が生じる．揚力が減れば誘導抵抗も減る．

② **揚力** (lift force)

自動車の全体を側面から眺めると，上に凸の翼(airfoil)形状とみなすことができ，揚力が発生する．揚力はタイヤの接地荷重を減らすため，コーナリングパワー（CP: cornering power, 2・2・4 項参照）が小さくなって操縦安定性(stability and controllability)が低下する．従って揚力を低く抑えることが大切である．揚力は翼の形状，すなわち，図 2.60 に示すキャンバ(camber)と迎え角(angle of attack)から概算することができる．車体後縁を高くすると，迎え角が小さくなるため揚力が低下する．また，前輪側の揚力はエアダムスカート(air dam skirt)，後輪側はスポイラ(spoiler)処理で減らすことができる．しかし，形状抵抗（抗力）が増加するため，揚力の低下による抗力（誘導抵抗）の減少を勘案しながら空力設計(aerodynamic design)を進める必要がある．

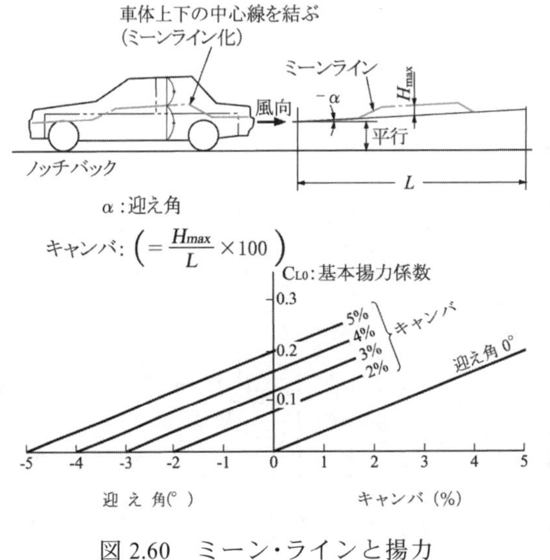

図 2.60　ミーン・ラインと揚力

③ **横力** (lateral force)

車両は，横風による横力で横移動する．しかし，横風の作用点(point of action)が車両重心の後方にあれば，車両が一旦横移動しても，旋回モーメント(yaw moment)が車体の方向を元の進路に向けるように働くため，車両の位置は元に戻ろうとする（図 2.61）．

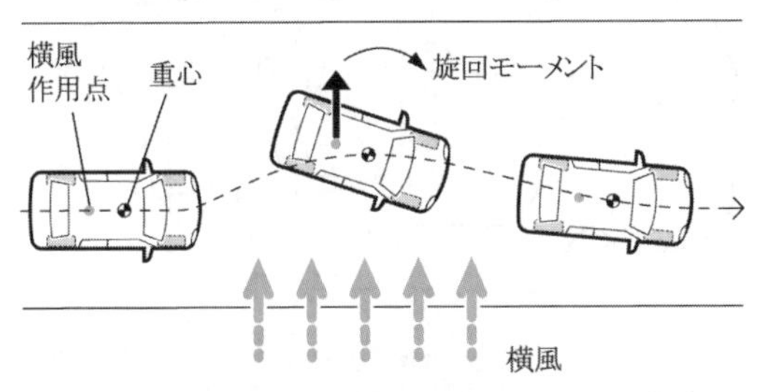

図 2.61　横風安定性

	10%タイル		50%タイル		95%タイル	
	in	mm	in	mm	in	mm
大腿部(A)	15.4	391	16.4	417	18.1	460
下腿部(B)	16.0	406	17.0	432	17.9	455

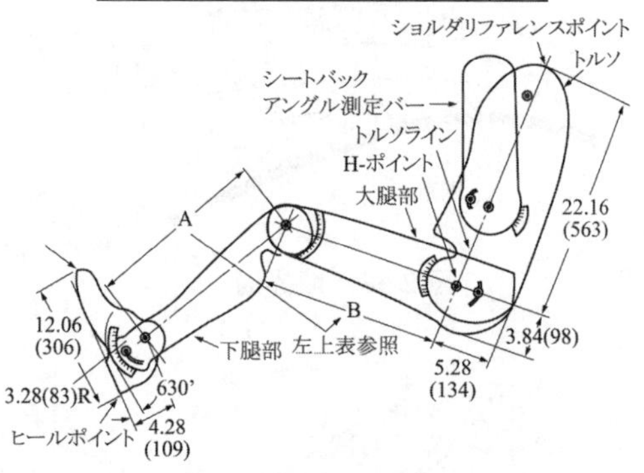

図 2.62　2次元の設計用人体模型

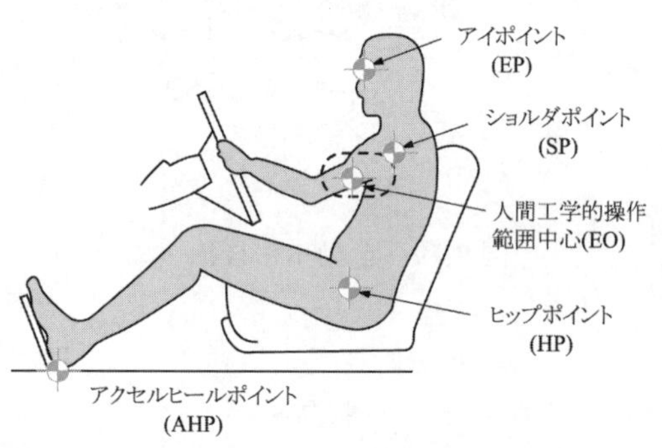

図 2.63　人体基準点

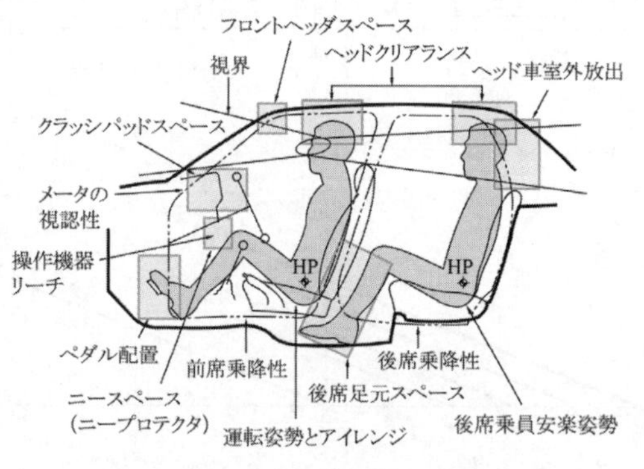

図 2.64　空間配置のポイント

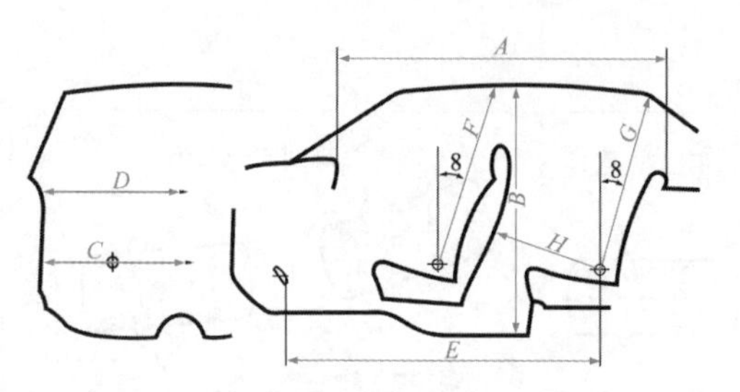

A：室内長　*E*：クラッチペダル〜リヤHP(ヒップポイント)
B：室内高　*F*：フロントヘッドルームスペース(8の方向)
C：室内幅　*G*：リヤヘッドルームスペース(8の方向)
D：ショルダールーム幅　*H*：リヤニールームスペース

図 2.65　室内基本寸法

b. 室内空間と人間工学 (cabin space by ergonomics)

後席をカットした前席だけの客室車体をクーペ（仏語でカットの意）と言うが，これは馬車時代の名残である．馬車では御者は客室外の視界の良い座席で運転していたが，自動車では運転手が室内に入るようになったため，運転のしやすさも主要な機能となった．当初は，人間が訓練を受けて自動車に合わせたが，第二次大戦後は，人・車・環境をシステムとして考える人間工学(ergonomics, human engineering)の研究が進み，人間特性に合わせて自動車が改良されるようになった．つまり，運転者を基準に室内空間が計画されるようになった．

① 人体の寸法 (dimensions of a human body)

人体の寸法は，当初は各社まちまちであったが，1960 年代の前半，SAE（Society of Automotive Engineers；1905 年に米国で設立された自動車技術者協会．車の工業規格化を推進し，米国規格協会 ANSI の創設にも貢献）が人体模型として統一した．日本でも，1960 年代後半には JSAE（1947 年に設立された日本の自動車技術会）によって規格化された（図 2.62）．模型は 2 次元（2DM）と 3 次元（3DM）の 2 種類があり，2DM は設計段階，3DM は実車での寸法計測に使用される．

② 車室内人体基準点 (reference points of a human body in the cockpit)

人体における基準点は，車室内ではヒップポイント（HP: hip point, 図 2.63）である．運転中の動作中心だからであるが，運転前にシートを前後に調整すると HP は移動する．そこで，HP を決める設計上の基準点としてアクセルヒールポイント（AHP: accelerator heel point）が用いられる．図 2.63 に示す各種基準点を用いて，手足の操作範囲を検討することになる．

③ 運転者の目の範囲（アイレンジ） (eye range of the driver)

人間は，運転に必要な情報をほとんど視覚に頼っているから，運転者の目の位置が視界機能を検討するための原点となる．目の位置は，HP からの相対距離を用いて楕円形状の範囲で表される．これをアイリップス(Eye と ellipse の造語)と呼び，SAE によって規格化され，日本でも採用されている．

④ 室内空間のレイアウト過程 (layout process of the cabin space)

人間工学や予防安全の立場に基づき，疲労軽減，快適環境，誤操作防止，視界・視認性の観点から，各ポイント（図 2.64）を検討することになる．

室内の基本寸法（図 2.65）は，企画時の車両諸元と造形，および人体寸法から決定する．引き続いて以下の項目を定めることになる．

1) 運転姿勢：　AHP を基準とした HP の高さを主要素とし，人体の関節特性からハンドル位置，クラッチストロークを考慮して決定する．
2) ペダル配置：アクセルペダルを基準とし，ブレーキとクラッチの段差，フロアからの高さを決定する．横位置は，車体中心とシート中心に対して決定する．
3) 操作配置：　移動するショルダポイント（SP: shoulder point, 図 2.63）の幾何中心点を人間工学的操作範囲中心（ergo-sphere origin 略して EO）と呼び，EO を中心とした球面で検討する．
4) 後席乗員姿勢：図 2.64 の他，脚－胴体間の姿勢角や足配置から決定する

5) 後席乗降性：ドア開口部と HP との関係から検討する
6) 視界：運転姿勢からアイレンジを求め，人の視野とウインドシールド開口部から検討する
7) 計器視認性：ステアリング・ホイール(steering wheel)（ハンドル）による盲角を考慮する

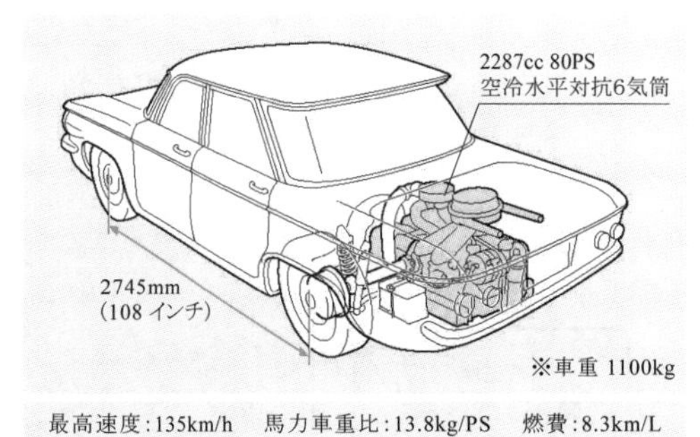

図 2.66　シボレー・コルベア（1959 年）

2・2・3　自動車の安全 (motor vehicle safety)

GM が 1959 年に発表した小型車コルベアは，米国市場を席巻していた VW ビートルを念頭に置いたものであり，2300cc 空冷水平対抗 6 気筒のアルミエンジンを搭載した四輪独立懸架(four wheel independent suspension)の RR 車という意欲作であった（図 2.66）．更に，対抗上製造コストを抑えて，米国ユーザーには乗り心地も満足させる必要があった．しかし，リヤサスペンション(rear suspension)に VW ビートル同様スイングアクスル(swing axle)方式を採用し，高出力エンジンを組み合わせたため，運転次第では操縦安定性上の弱点を晒すこととなり，法廷での係争として社会問題化した．

これが 1965 年，弁護士のラルフ・ネイダー氏に“どんなスピードでも自動車は危険だ”という本を出版させることになる．交通事故(traffic accident)による累計死者数は，ベトナム戦争が本格化したこの年までに 150 万人にも上り，建国以来の戦死者数を上回ったのである．これを契機に，米国では消費者保護運動が高まった．

1966 年，ジョンソン大統領は“国家交通および自動車安全法”を制定した．そして，行政機関として運輸省(DOT: Department of Transportation)内に NHSB（後の国家高速道路交通安全局 NHTSA: National Highway Traffic Safety Administration）を設け，NHTSA が定める“連邦自動車安全基準(FMVSS: Federal Motor Vehicle Safety Standards)”に基づいて規制を行うこととした．同時に FMVSS による規制を合理的に設定，追加改定するために，ESV（Experimental Safety Vehicle：実験安全車）の研究が検討された．そして，アポロ計画のゴールとなる月面着陸の翌年，1970 年に ESV 計画が DOT のボルピ長官から発表され，欧州各国や日本政府にも参加が正式に要請された．

米国法規 FMVSS は，項目番号の百桁台で 3 領域に区分されている（表 2.3）．

表 2.3　FMVSS の 3 つの領域

FMVSS（米国の自動車安全基準）
100 番台：事故防止
200 番台：衝突時の乗員保護
300 番台：衝突後の安全

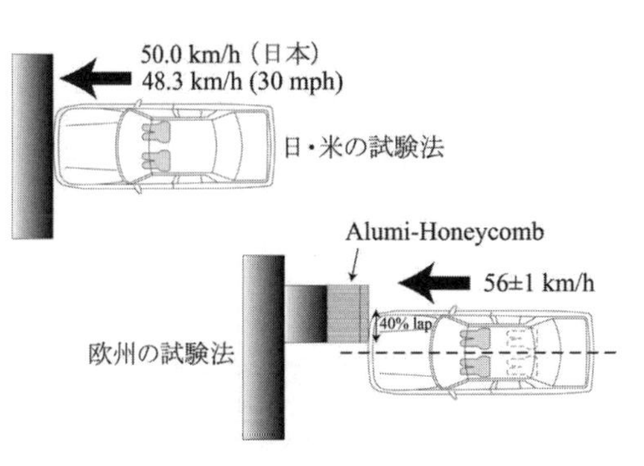

図 2.67　前面衝突試験法
（出典　自動車工学-基礎，自動車技術会）

a. 衝突安全：乗員保護性能 (crash safety: passenger protection)

衝突安全(crash safety)とは，衝突時に乗員を保護する能力を言い，衝突条件，車体構造，乗員拘束装置（シートベルトやエアバッグなど）の 3 つの要件で決まる．

① 衝突条件 (collision condition)

衝突条件とは，事故調査に基づいて選定された優先度の高い衝突形態のことであり，代表的な衝突試験法が法規で規定されている．

フルラップの前面衝突試験（図 2.67 上）は，米国では 1971 年から実施されており，日本では 1993 年から義務付けされている．欧州では，実際の路上事故に近い形態，すなわち，相手車両の前面剛性を模擬したバリアに衝突させる 40%ラップのオフセット衝突試験（図 2.67 下）が 1997 年から義務化されている．

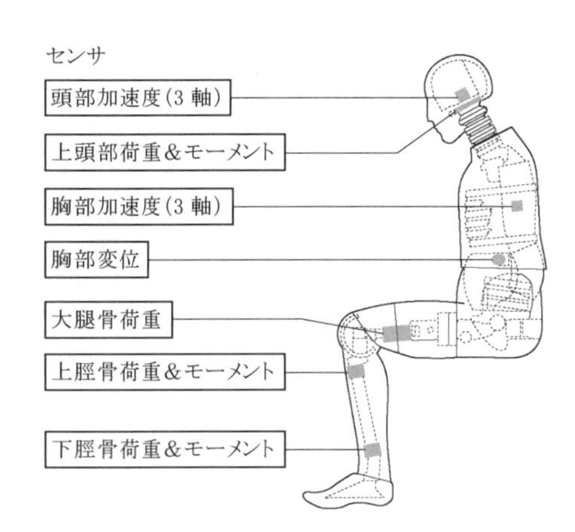

図 2.68　衝突試験で使用される人体模型
（出典　自動車工学-基礎，自動車技術会）

衝突試験では，乗員の傷害の程度を測定するために各種の人体模型（ダミー）が使われる．前面衝突では，図 2.68 に示すダミー（Hybrid Ⅲ AM50，米国男性 50％タイル）が用いられ，各身体部位において加速度(acceleration)や荷重(load)が測定される．そして，これらの物理量から，例えば頭部では HIC（Head Injury Criterion: 頭部傷害基準）と呼ばれる評価パラメーターの値が計算され，それが基準値（日欧は 1000，米国は 700）以下であることが求められる．また，専用ダミーが乗って止まっている試験車両に，衝突車を模擬した台車を側面から衝突させる試験も実施されている．

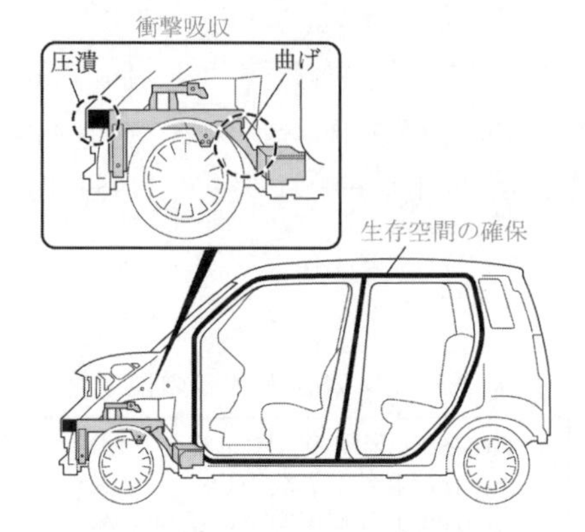

図 2.69　衝突を配慮した車体構造

② **車体構造** (vehicle body construction)

走行中の乗員は大きな運動エネルギー(kinetic energy)を持っているので，車が衝突した時にはこれを吸収する必要がある．そのため，拘束装置だけでなく，衝突初期から車体前部を圧潰・曲げ変形させること（ライドダウン効果）が大切である（図 2.69）．また現在では，コンパチビリティと呼ばれる小さい車への加害性の低減技術や，歩行者保護のための改良フード（ボンネット）も導入されている．

③ **乗員拘束装置** (passenger restriction device)

米国安全法規 FMVSS 208 項は，衝突安全性の向上に大きな影響を与えた．これは，1968 年にシートベルトの装備をメーカーに義務付けることで始まった．しかし，罰則規定が無かったため，ユーザーの着用率が上がらなかった．そこで NHTSA は，乗員が着用操作しなくても済む拘束装置（パッシブ・レストレイント(passive restraint)：受動拘束）であるエアバッグ（図 2.70）や自動着用シートベルトの装備をメーカーに義務付けようとしたが，困難であるとクライスラーに提訴された．

GM のエアバッグ（1974 年）や，VW ラビット（図 2.56 VW ゴルフの米国での呼び名）によるパッシブベルトが一時的には採用されたものの，1973, 74 年の第一次石油ショック（第四次中東戦争）による景気後退もあり失敗した．その後 1977 年に，カーター大統領の下でラルフ・ネーダー・グループのクレイブルック女史が NHTSA 長官になり，受動拘束装置(passive restraint system)の装備義務化が推進された．そして紆余曲折の末，1984 年に「'90 モデルまでに義務化」することが決定された．'93 モデル以降は，エアバッグによってパッシブ要件を満たす基準（シートベルトの有無に関わらず同条件の安全性能を要求）に改訂されて，今日のエアバッグの普及を迎えた．しかし，強いパワーのエアバッグの導入を推進することになったため，この副作用として想定外の着座姿勢やシートベルト非着用のときの死亡事故が顕在化した．このため法規は抜本改訂され，ベルト着用時は速度 35 mph (mile per hour)，非着用時は 20-25 mph の衝突で傷害基準を満たすことが条件となった．そこで，乗員の体重，位置，姿勢などを検出して出力を切り替える先進エアバッグも開発されている．日欧では，シートベルトの着用を前提とした法規が適用されている．

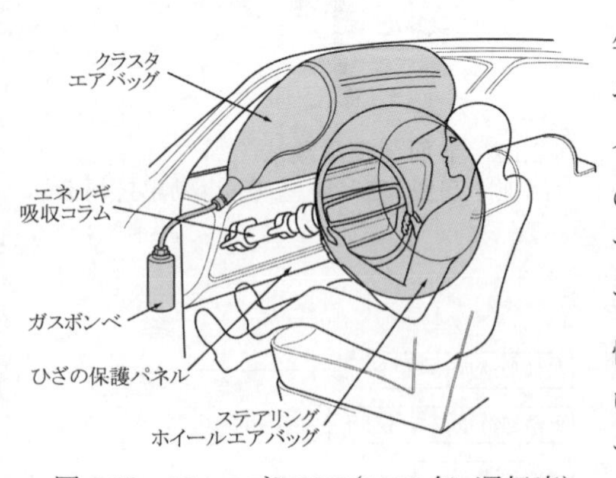

図 2.70　フォード ESV（1972 年，運転席）

b. 予防安全：事故回避性能 (crash avoidance)

事故回避性能(crash avoidance)，すなわち緊急時の制動性，操縦安定性，耐転覆性，視認性の検討は，ESV 計画以前からの自動車工学(automotive engineering)の基本テーマであった．米国でも，ドライバーを介在させない車両単独の運動特性，すなわちオープンループ(open loop)特性の解析法が，GM援助の下，コーネル大学航空研究所で検討され，1955年には数学モデルとして定式化されていた．しかしながら，1950年代後半の米国では，欧州からの小型車攻勢に対抗するため，ビッグスリー各社はコンパクトカーの開発を急いだ．GMのコルベアはRR車であり，後輪の荷重が大きく駆動力もかかる．そのため，車両の方向安定性(directional stability)を保つには，後輪の能力（コーナリングパワー(CP: cornering power)，2・2・4項参照）を下げずに前輪側を下げる必要があった．しかも，リヤサスペンション(rear suspension)は旋回中の遠心力(centrifugal force)とともに左右の間隔が狭まるため（図2.71），重心(center of gravity)が上がって転覆安定性が下がる可能性があった．熟成するには時間を要した．

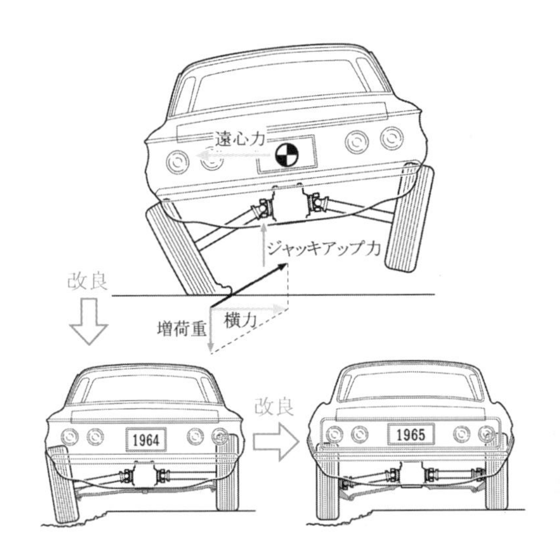

図2.71　旋回中のコルベアとその改良

①　実験安全車(ESV)計画 (the ESV program)

ESV計画とは，米国運輸省(DOT)が民間各社に有償でESVスペックを満足する車を開発競争させるものであった．ESVスペックとは，50 mph (80 km/h)でのフルラップ前面衝突試験や，70mph (110km/h)でのJターン走行試験（直進走行中にハンドルを180度以上，120度/秒以上の速度で転舵する耐転覆性試験）を含む，非常に高度な安全性能要件であった．このESVスペックを準備するために，DOTは国家自動車安全法が制定された1966年から既に調査を進めており，同時に第一次FMVSS案も発表していた．敗戦から再生し青年期に向かう日本では，それらの基準に適合すべく準備を進め，ESVの経験も次々と生産車両に適用して，国際競争力を高めていった．

日本の自動車生産台数が世界一となったのは1980年のことである．

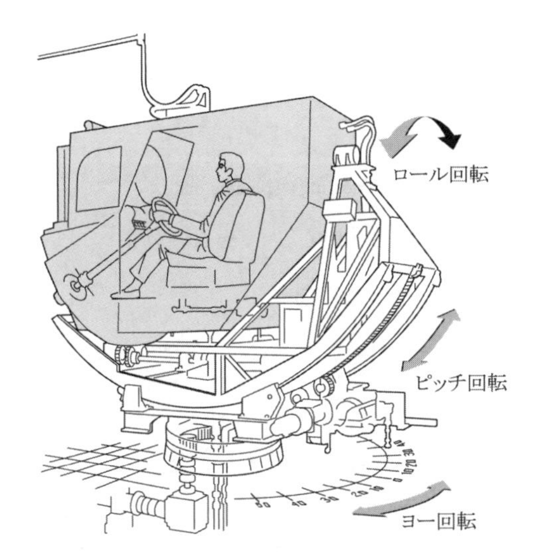

図2.72　VWの運転シミュレーター（1972年）

②　人間－自動車系の研究 (study of driver-vehicle system)

1960年代はケネディの掲げたアポロ計画(the Apollo Program)の開発時代であり，サイバネティクス(cybernetics)などの自動制御(automatic control)技術が発達した時代でもあった．航空機(aircraft)の操縦性(maneuverability)評価に科学的手法が取り入れられてくると，その成果は人間－自動車系の研究（クローズドループ(closed loop)特性）にも応用されるようになった．その結果，ドライバーの操縦し易さなどの観点から，操舵に対する望ましい車両応答特性が様々な走行環境の中で解析されるようになった．

こうした研究を体系的に進めるために，風洞(wind tunnel)や，横風送風装置も備えた広大な走行試験場だけでなく，運転シミュレーター(driving simulator)という，運転者と車と道路環境の関係を人工的に作り出し，その相互作用を調査する装置も開発された（図2.72）．そして，そこで得られた成果は，車両運動性能の新しい評価ファクターや運転支援技術の研究に利用された．図2.73には，VWの横風安定化装置Co-Pilotシステムを示すが，これは，横風などで進路が乱された時に，車両先端の加速度計がそれを感知し，さらにハンドル角で判定された進むべき方向を基にサーボ機構(servomechanism)で操舵角を修正するという，現代の運転支援装置の先駆けのようなシステムであった．

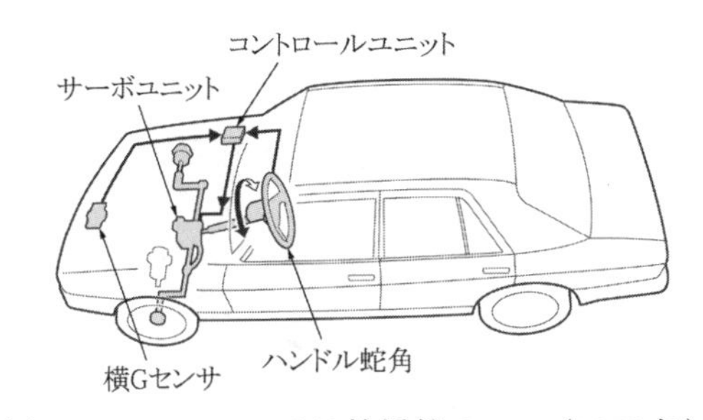

図2.73　VWフィアラ教授等のESV（1972年）Co-Pilotシステム（横風安定化装置）

③　電子制御による積極安全 (active safety by electric control)

ドライバーでは制御不能な現象には，自動制御(automatic control)技術が直

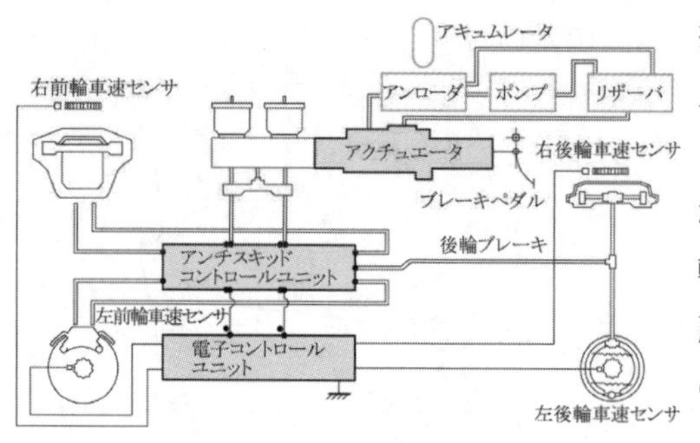

図 2.74　ホンダ ESV の ABS（1974 年）
（アンチロック・ブレーキ・システム）

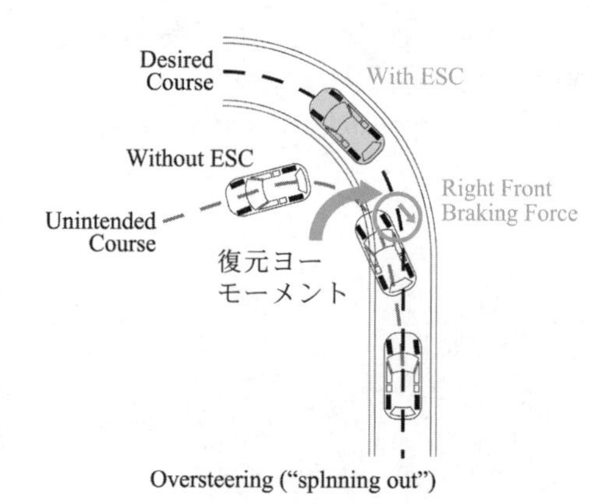

図 2.75　ESC システムの効果

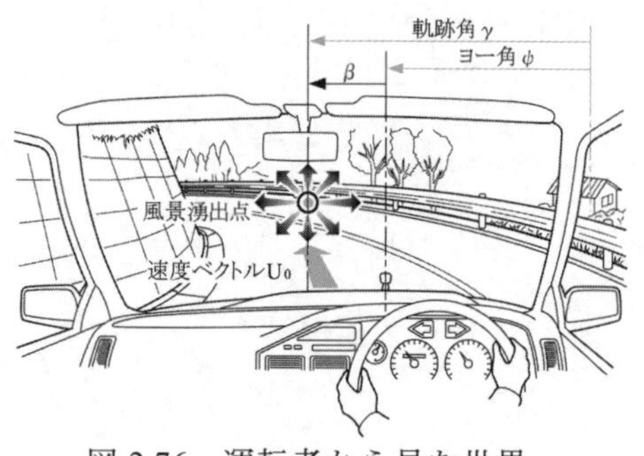

図 2.76　運転者から見た世界

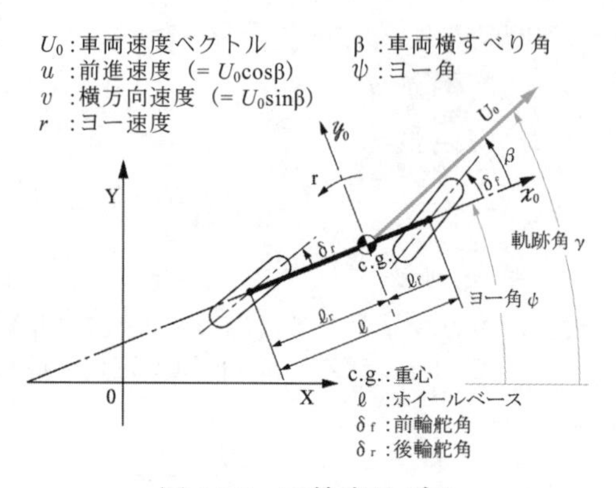

図 2.77　二輪車モデル

接応用された．滑り易い路面で急ブレーキを踏むと車輪がロック（回転が停止）することがあるが，このときタイヤの横力（横方向に踏ん張る力）が無くなるので，車両の方向安定性(directional stability)や操縦性(maneuverability)が失われることになる．ABS（Antilock Brake System，図 2.74）は，車輪の回転速度を監視して，ドライバーの与えた余分なブレーキ圧力を抜き取ったり戻したりして車輪のロックを防止するシステムである．これにより，制動時の横滑りやスピンを間接的に抑制することができる．

近年では，車両方向安定化システム（ESC, Electronic Stability Control：電子安定化制御）も登場した．これは，ドライバーのハンドル操作や車両の運動状態を直接監視し，ブレーキを踏んでいなくとも，4 輪のブレーキ力を積極的に使って車両に復元ヨーモーメント（図 2.75）を発生させ，車両の横滑りを直接的に抑制するものである．この装置の開発は欧州と日本で進められたが，装備の法制化は米国が早かった．このシステムは，前述した FMVSS の 126 項として，2011 年から装備が義務化されている．

2･2･4　走る喜び−操縦安定性 (fun to drive - vehicle handling)

ガソリン自動車が乗用車として誕生したころは，そのスピードは自転車よりも遅かった．しかし，この乗り物は，蒸気自動車に比べ小型・軽量で路面を傷めず，馬車に比べ世話も要らず扱い易かった．そして，技術の進歩でスピードが高まると，ガソリン自動車は，道があれば何処にでもすぐに行ける，個人にとって自由で楽しい‘新世紀の乗り物’として普及することになった．

① 運転者が捉える車輛運動 (motion analysis from the driver perception)

着座し，アクセルを踏みスピードを上げると，風景が進行方向の彼方から湧き出して流れ去る（図 2.76）．ハンドルに添えた手に力を込めれば前輪の舵が切れ，それに応えて車は旋回を始め，後輪も地面をグリップすると運動は安定していく．ドライバーは，車の速度や方向を，移り行く風景と車との相対的な位置関係や変化として視覚で捉える．また，車に働く力や加速度は，ハンドルやシートなどから伝わる身体各部の皮膚感覚や内耳の三半規管で捉える．

② 運動力学で捉える車両運動 (motion analysis using the vehicle dynamics)

鳥瞰すれば，自動車の主要な運動は地上の平面運動であるため，運動解析(kinematic analysis)には二輪車モデルが用いられるようになった（図 2.77）．これは，小さな左右揺動（ロール運動: rolling）は影響小として無視し，左右のタイヤを一体にして，自転車のように前後のタイヤが作用力を及ぼすとするモデルである．タイヤに発生する力は，車両との相対位置（角度）および相対運動に依存する．そこで車両運動は，車両重心を原点とした動座標系で表現する．さて，前進速度 u を一定とすると，運動状態は横方向速度 v と回頭速度 r（ヨー速度）の 2 自由度(two degrees of freedom)で表現できる．さらに横方向速度 v は前進速度 u のタンジェントで表されるため，この角度を車両横すべり角 β と名付けると，β やヨー角(yaw angle) ψ はドライバーにより認識される（図 2.76 の β や ψ）．この簡潔な 2 自由度表現によって，人間-自動車系での操縦安定性(stability and controllability)の解析が進んだ．

③ 旋回制動と懸架機構の発達
(braking in a turn and developing on a suspension)

戦後のアメリカで，立体交差で流れの自由な高速道路フリーウェイが広がると，一般道路へ連絡する旋回路の出口等でブレーキ事故が顕在化するようになった．そこで，1977 年に RR 車のポルシェ 911 の後継として登場した FR 車の 928 には，リヤサスペンション(rear suspension)にバイザッハ・アクスル（Weissach axle, 図 2.78）と呼ばれる新機構が採用された．この機構では，ブレーキ時にタイヤの向きがトー・イン（つま先が内股の意）となるため，旋回中に荷重の増える外側後輪で，旋回を抑制する向きに舵が切られることになり，車両は安定するとした．外力の作用で後輪の舵が切れる本機構をきっかけとして，1983 年にはベンツ 190E でマルチ・リンク機構が，続いて日本では四輪操舵機構(four wheel steering system)が現れた．

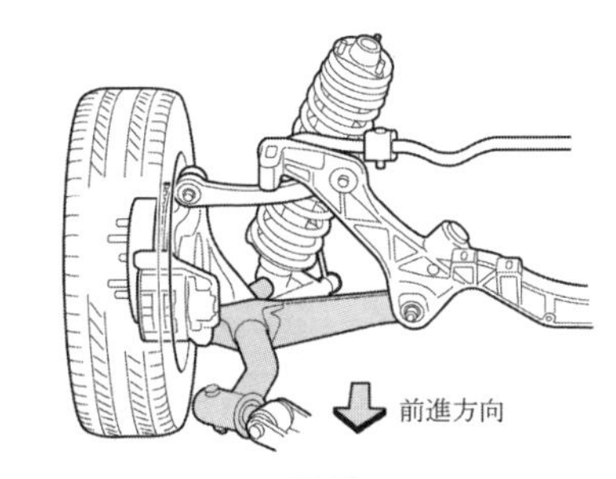

(a) 構造

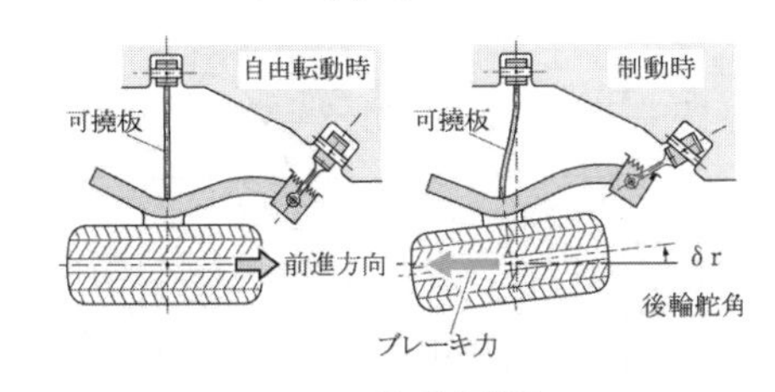

(b) 作動原理

図 2.78　バイザッハ・アクスル

④ 前後荷重配分と方向安定性 (front/rear load distribution and yaw stability)

旋回中の車両には，向心力としてタイヤに横力が発生している．操舵量を増やすとタイヤの横滑り角が増加し，横力は大きくなる．ここで，横滑り角ゼロ付近での横力増加率を慣習的にコーナリングパワー（CP: cornering power）と呼んでいる．今，車両が外乱を受けて急に単位角度だけ横滑りし，斜め走りしたとする（図 2.79(b)）．このとき，前後のタイヤには CP 分の横力が同一方向に生じる．前部重量が大きい場合には，前輪から重心(center of gravity)までの距離は重量に反比例して小さくなるが，CP は荷重に正比例して大きくはならない（図 2.79(a)）．そのため，重心点周りの全ヨーモーメントは後輪側の復元モーメントが勝り，車両は方向を元に戻す（方向安定性: directional stability）．なお，剛体振子と同様，重心に質量が集中するほど復元速度は速くなる．ただし，制動時には後輪荷重が減少するため，復元性は低下する．

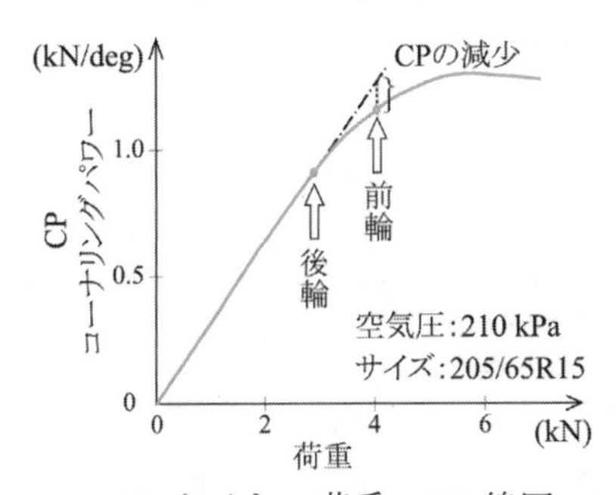

(a) タイヤ：荷重－CP 線図

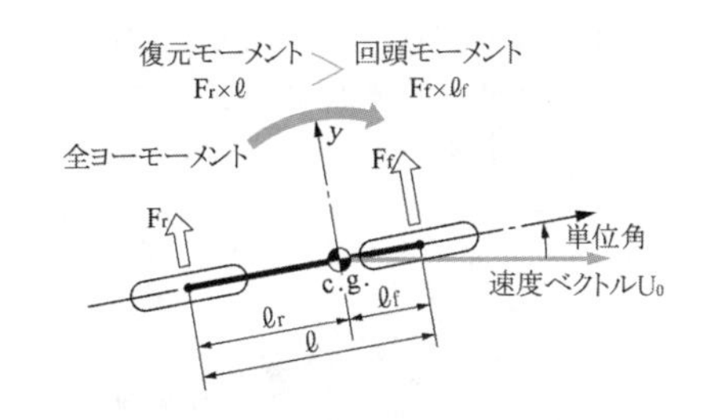

(b) 車両の復元モーメント

図 2.79　車両の方向安定性

2･2･5　環境対応とこれからの自動車
(new vehicles for a Green Economy)

ガソリン自動車は，石油供給の不安定さが引き起こす燃費問題と，大気汚染(air pollution)を引き起こす排出ガス問題を常に抱えている．これまで，石油供給地域の政治情勢の変化によって原油価格が大きく変動してきた．また，ロサンゼルスのスモッグが契機となって大気汚染の問題が顕在化したため，1970 年にはマスキー法(Muskie Act)が，1990 年には究極を目指した ZEV (zero emission vehicle)法が制定された．この ZEV 法により，電動車両の開発が促進されることになった．また，電気自動車の短所をエンジンで繕った低燃費のハイブリッド車が登場した．

電気モータ(electric motor)を駆動系(drive system)に利用した車は，現在 3 種類ある（図 2.80）．

① 電気自動車

1990 年の ZEV 法の成立を受け，1996 年に GM，トヨタ，ホンダ，日産などが電気自動車（electric vehicle: EV，図 2.80 (a)）を製造，販売した．しかし，電池の容量不足による航続距離の短さや，充電時間の長さ，さらに高価格のために成功しなかった．なお，電池は嵩張って重く，破損時の対

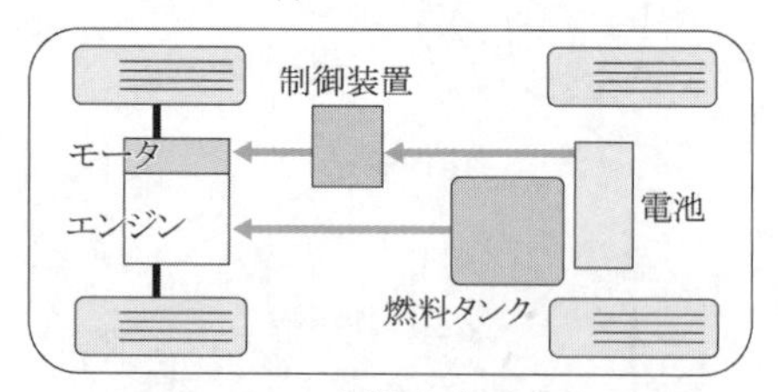

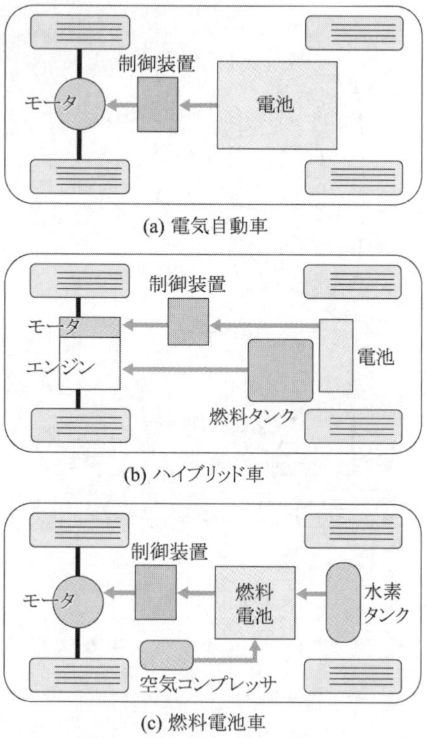

(a) 電気自動車

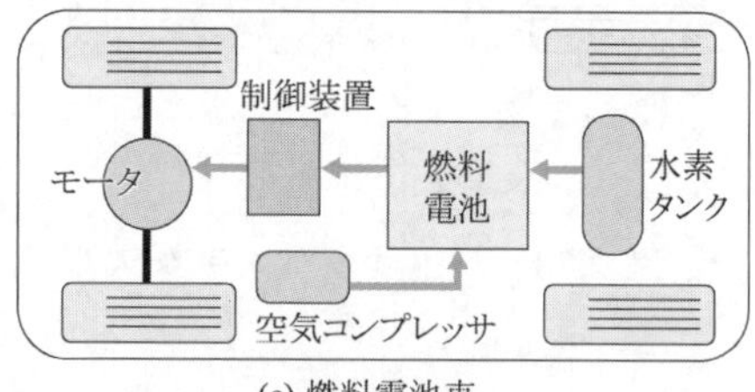

(b) ハイブリッド車

(c) 燃料電池車

図 2.80　電動車両の例
（出典　自動車技術ハンドブック 2,
自動車技術会）

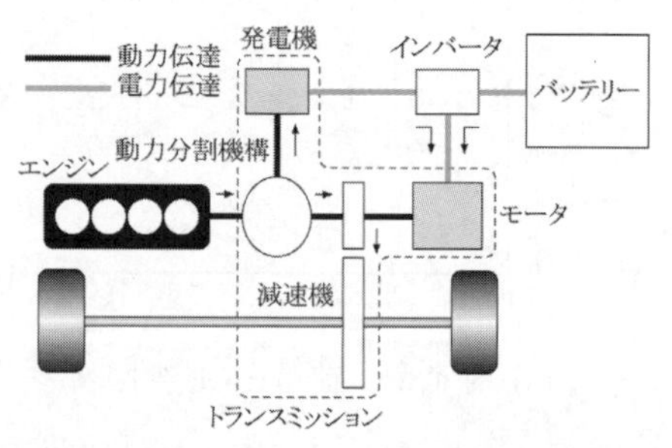

図 2.81　ハイブリッド車:動力分割機構
（出典　自動車技術ハンドブック 2,
自動車技術会）

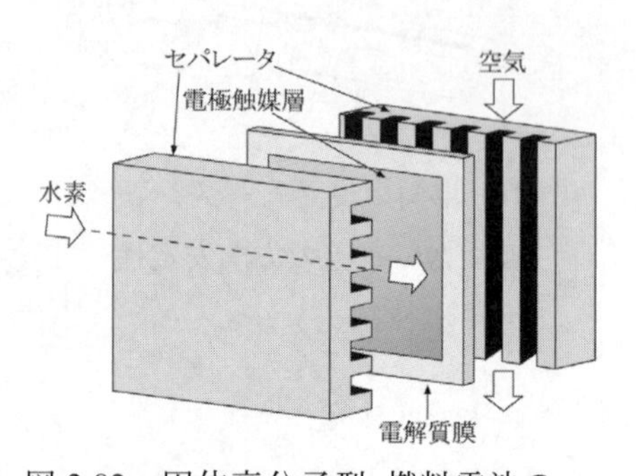

図 2.82　固体高分子型-燃料電池の
セル構造
（出典　自動車技術ハンドブック 2,
自動車技術会）

策が要るだけでなく，発熱するため，モータ(motor)・インバーター(inverter)と共に冷却装置が必要になる．一方，駆動系はガソリン車に比べて比較的コンパクトである．また，モータは減速時に発電機(generator)として利用できる，すなわち，運動エネルギー(kinematic energy)を電気エネルギー(electrical energy)に変換して充電することができる（回生ブレーキ）．

② ハイブリッド車

電気自動車の長所を残し，短所であった走行距離と充電時間の課題を解決すべくハイブリッド車（hybrid electric vehicle: HEV，図 2.80 (b)，2・1・3 項参照）が登場した．その最大の特徴は，ガソリン車に比べて低燃費なことである．駆動には，エンジン(engine)とモータ(motor)の両方を使用し，高負荷条件ではエンジンを，低負荷ではモータを利用して総合的な燃費(fuel consumption)を向上させている．さらに，回生ブレーキ(regenerative brake)や，アイドリング時におけるエンジンの自動停止も取り入れている．また，動力分割機構（図 2.81）によって，エンジンの出力が発電機(generator)の駆動と車輪の駆動に分配され，必要に応じて発電機の出力でモータを回して車輪を駆動する．ただし，機構(mechanism)が複雑なため，コストを下げるにはガソリン車以上に量産化する必要がある．

③ 燃料電池車

電気自動車の電池部分が燃料電池システムに置換されたものが燃料電池車（fuel cell vehicle: FCV，図 2.80 (c)，2・1・6 項参照）である．燃料電池(fuel cell)の内部には数百ものセル（図 2.82）が積層されており，高圧水素タンクに貯蔵された水素(hydrogen)が加湿器を経由して燃料電池へ送られ，空気がコンプレッサーにより加湿器を通って燃料電池へ送られる．セル内の電解質膜の両面には電極(electrode)が形成されている．負極(anode)（水素極）では，水素分子の一部が水素イオンと電子に分離され，水素イオンは膜を通過し正極(cathode)（酸素極）へ移動するが，電子は外部回路を経由（すなわち発電）して正極に達する．正極では，水素イオンと酸素が結合して水が生成される．これが燃料電池の原理である．発電時には発熱するため，冷却システムが必要となる．

2・2・6　来たるべき時代へ (to the coming times)

産業革命の原動力は蒸気機関(steam engine)と石炭(coal)であった．やがて内燃機関(internal combustion engine)と石油(oil)に転換する．その引き金は，三輪自転車に既存のエンジンを載せたガソリン自動車の登場であった．“いいかね，元来，あらゆる物事はいつでも存在しているということなのだよ．ただ我々はそれをどうやって探すか，それが問題なのだ！”；ポルシェ博士の口癖である．低炭素社会(low-carbon society)に向けて自動車の大転換が始まった．

2・3 ロボット (robot)

2・3・1 ロボットとは何か？ (What are robots?)

ロボット(robot)と言うと，皆さんは図 2.83 のようなヒューマノイドロボットを思い浮かべるかもしれない．図 2.83 のロボットは川田工業(株)，(独)産業技術総合研究所，他が開発したヒューマノイドロボット HRP-2 である．1996 年にホンダ技研工業(株)が P2（図 1.2）を発表して以来，多くのヒューマノイドロボットが開発され，ロボットは身近な存在になってきた．

工場などでロボットアームが高速に部品を組み立てたり溶接したりするのをテレビなどで見ているために，ロボットという言葉から，図 2.84 のような産業用ロボットアームを連想する人も多いだろう．

図 2.85 の無人航空機(unmanned aerial vehicle: UAV)については意見が分かれるかもしれない．「なーんだ，ラジコン飛行機じゃないか」と思う人が多いと思うが，これも自分が飛んでいる位置を計測し，どのように飛べば良いかをコンピュータで考える立派なロボットである．無人航空機は他国では軍事目的で研究開発が行われている例が多いが，地震などの災害が発生した際に地上からは近づけない被災地の様子を上空から情報収集する有効な手段として大いに期待されており，日本でも盛んに研究されている．

それでは，ただのラジコン飛行機とロボットとは何が違うのであろうか．日本ロボット学会のホームページで公開されているロボット学術用語集によれば，ロボットとは「自動制御(automatic control)によるマニピュレーション機能又は移動機能をもち，各種の作業をプログラムにより実行できる機械」である．「自動制御によるマニピュレーション機能又は移動機能」を持つためには，自身の状態や外部環境の状態を感知するセンサ(sensor)，実世界に物理的な力を作用させることができるアクチュエータ(actuator)と機構(mechanism)，アクチュエータに運動を指令する知能(intelligence)が必要である．図 2.85 の無人航空機はこの三つの要素を備え，自動制御による移動機能を持ち，プログラムにより経路追従飛行ができるので，ロボットであると言える．ただのラジコン飛行機はアクチュエータと機構を備えているが，センサと知能を持たないため，自動制御による移動機能を持たないし，プログラムにより作業を行うことができない．

以上のことから，ロボットというものをもっとわかりやすく表現すると，

図 2.83 棒術の演武をする ヒューマノイドロボット HRP-2

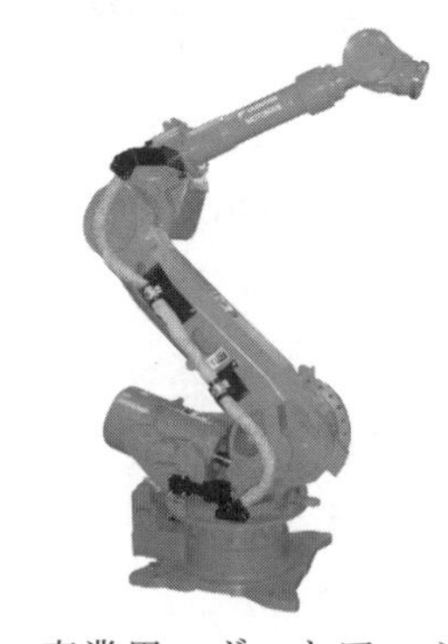

図 2.84 産業用ロボットアーム MOTOMAN-ES165D（提供 ㈱安川電機）

図 2.85 無人航空機

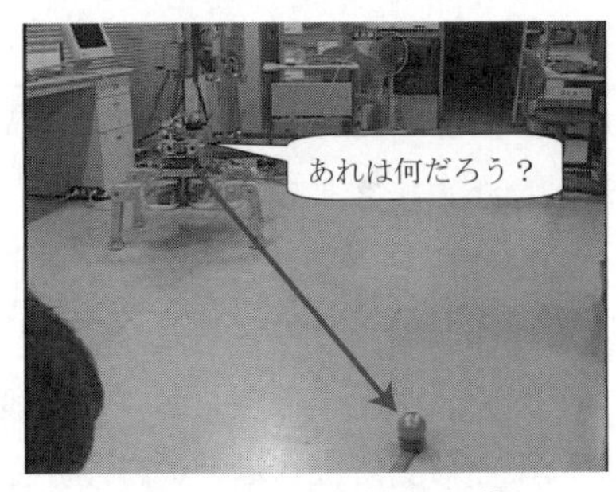

(a) センサで情報収集

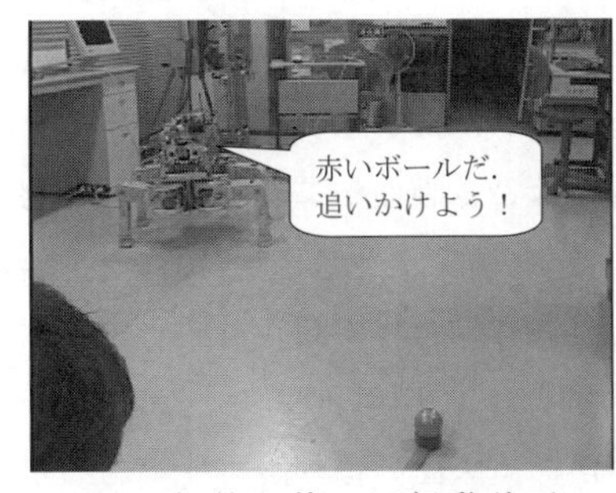

(b) 知能を使って行動計画

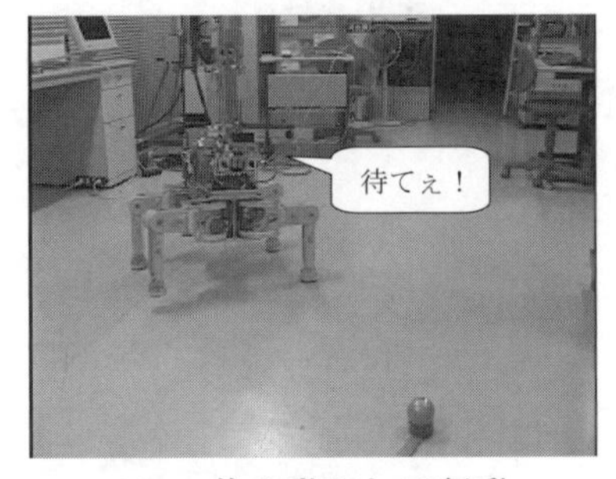

(c) 体を動かして行動

図 2.86 ロボットはセンサで情報を収集し，知能を使って次の行動を計画し，体を動かして行動する

センサ，アクチュエータと機構，そして知能の三つの要素を備え，センサで情報を収集し，知能を使って次の行動を計画し，体（アクチュエータと機構）を動かして行動する機械であると言えそうである（図 2.86）.

2·3·2　将来のロボット応用分野 (robot application in future)

1990 年以降の国内のロボット産業規模は，4,000～6,500 億円程度で推移している．2002 年時点での内訳は，輸出が 48%，自動車産業用が 17%，電子電気機械産業用が 14%となっており，産業用向けが圧倒的に多い．しかし，(独)新エネルギー・産業技術総合開発機構(NEDO)が 2010 年に公表したロボットの将来市場予測（図 2.87）では，2035 年のロボット産業市場規模は，製造業分野 2.7 兆円，ロボテク（RT: Robot Technology）製品 1.5 兆円，農林水産分野 0.4 兆円，サービス分野 4.9 兆円，と予測している．将来はサービス分野の市場規模が製造業分野を上回り，ロボテク（RT）製品も製造業分野の半分の規模にまで成長するものと予測されているのである．RT は，(社)日本機械工業連合会と(社)日本ロボット工業会がまとめた技術戦略調査報告書で，“「ロボット技術を活用した、実世界に働きかける機能を持つ知能化システム」を広い意味でのロボットとしてとらえ、その技術の総称を「RT－Robot Technology」と呼ぶ”と定義されている．この定義から，ロボテク製品だけでなく，図 2.87 に示したロボットの応用分野は全て RT 産業であると言うことができる．

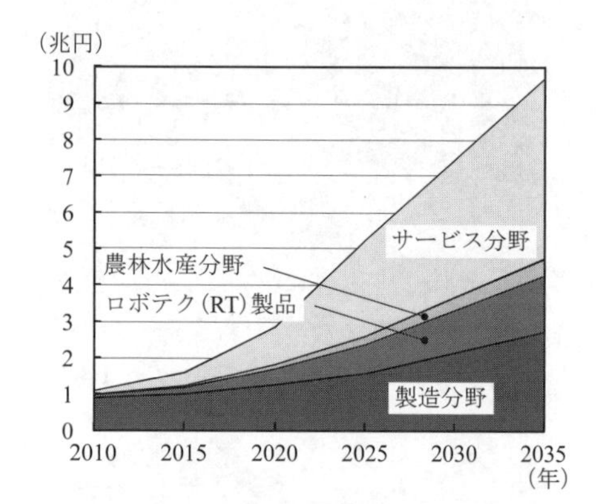

図 2.87　将来のロボット応用分野（予測）（提供　NEDO）

図 2.87 で最も大きな発展が期待されているサービス分野で応用されるロボット技術とはどのようなものだろうか．

2·3·3　サービスロボット (service robot)

工場内で組立(assembly)や溶接(welding)などに用いられているロボットは，一般に産業用ロボット(industrial robot)と呼ばれている．これに対し，案内，清掃，警備，医療，福祉などのサービス業の目的で使われるロボットをサービスロボット(service robot)と呼ぶ．サービスロボットとはどのようなロボットなのか．現在までに開発されているサービスロボットを簡単に紹介したい．

図 2.88　家庭用清掃ロボット アイロボット ルンバ

図 2.88 は家庭用清掃ロボットの例である．米国 iRobot 社が 2002 年 9 月に初の家庭用掃除ロボット「ルンバ(roomba)」を発売した．2009 年現在，世界 40 カ国以上，300 万を超える家庭で愛用されているそうである．現在では国内外の多数のメーカーが家庭用清掃ロボットを開発し，2～8 万円程度で販売している．このような家庭用清掃ロボットの動作原理については，2·3·6 項「完全自律ロボット」でも触れる．

図 2.89, 2.90 は接客ロボットの一例である．図 2.89 の An9-PR は全周電光掲示板と 3 画面モニタで様々な情報を提示しながら接客することができる．図 2.90 のアクトロイドは，2005 年の愛・地球博において長久手会場ゲートに配置され，日本語，英語，中国語，韓国語の 4 ヶ国語で接客した．

図 2.91, 2.92 は汎用サービスロボットの例である．2 足歩行型ロボットは段差がある床面の移動が可能であるが，平坦な床面移動では車輪型のほうが，圧倒的にエネルギー効率が良い．また 2 足歩行型のロボットは常に転倒の危険性があり，人間が周囲に存在する環境で作業をさせる場合は，現在の 2 足

図 2.89　広告宣伝ロボット An9-PR
（提供　ALSOK）

図 2.90　接客ロボット アクトロイド-EXPO
（提供　㈱ココロ，㈱アドバンスト・メディア）

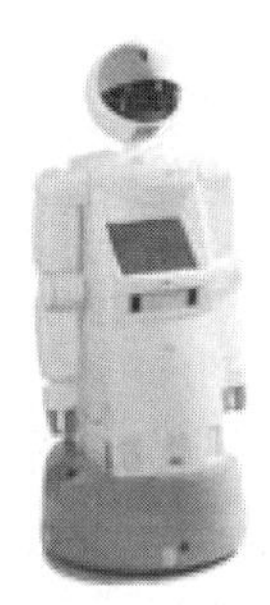

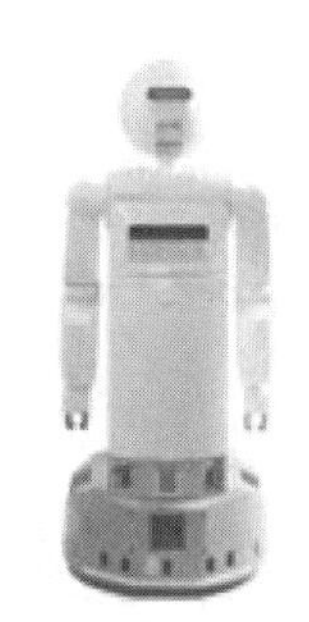

図 2.91　富士通サービスロボット enon
（提供　富士通フロンテック㈱）

図 2.92　サービスロボット
SmartPal V
（提供　㈱安川電機）

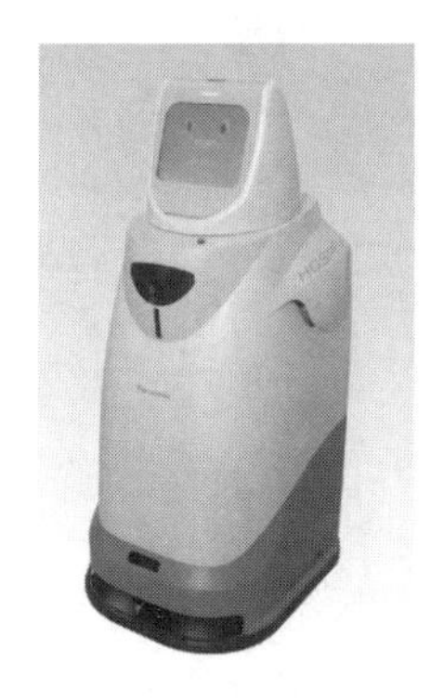

図 2.93　自律搬送ロボット「HOSPI」
（提供　パナソニック ヘルスケア㈱）

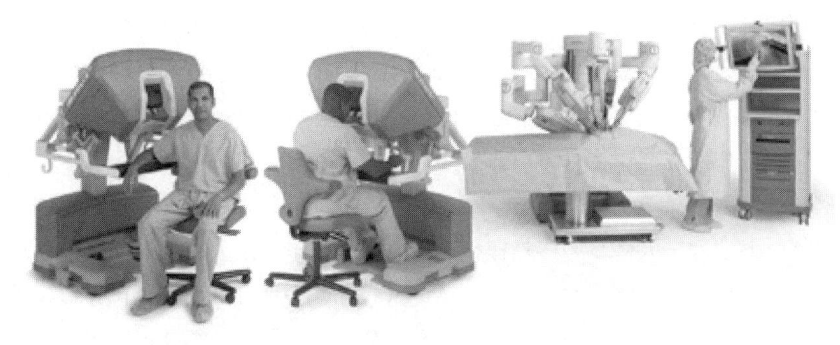

図 2.94　手術支援ロボットシステム
The da Vinci Surgical System（提供　Intuitive Surgical, Inc.）

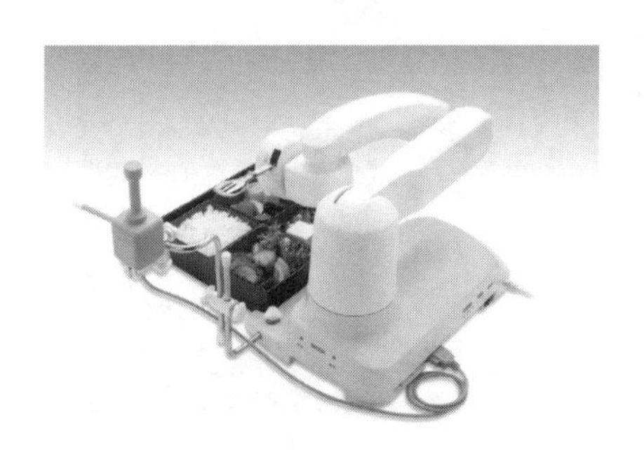

図 2.95　食事支援ロボット
マイスプーン（提供　セコム㈱）

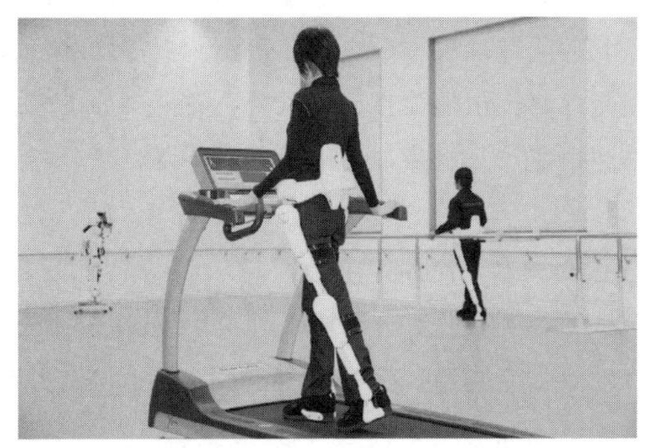

図 2.96　ロボットスーツ HAL
（提供　CYBERDYNE㈱／筑波大学山海研究室）

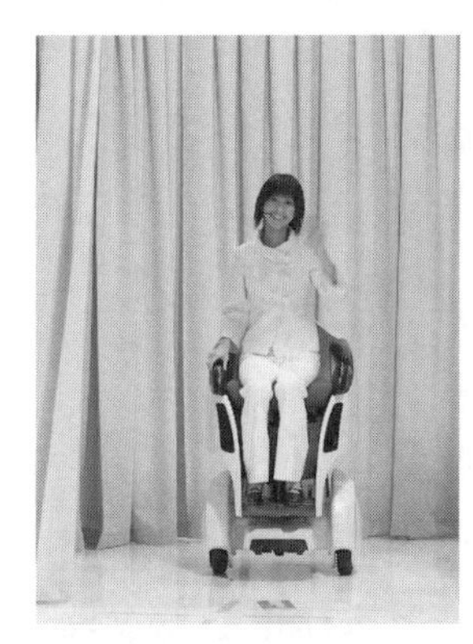

図 2.97　パーソナルモビリティロボットモビロ
（提供　トヨタ自動車㈱）

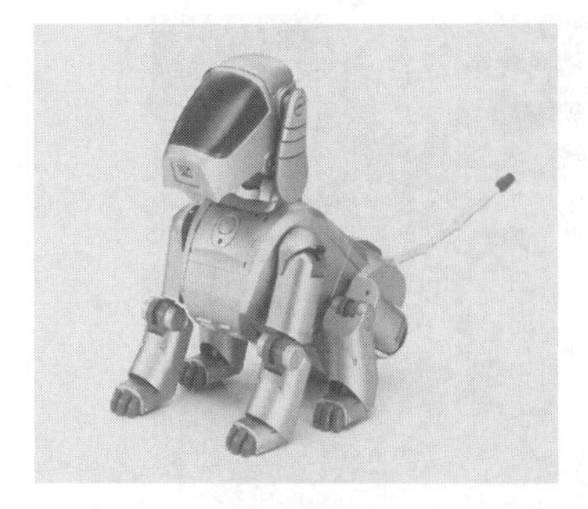

図 2.98　AIBO（提供　ソニー㈱）

図 2.99　KHR-2HV（提供　近藤科学㈱）

図 2.100　メンタルコミットロボット パロ（提供　(独)産業技術総合研究所）

図 2.101　ぬいぐるみロボット Keepon（提供　宮城大学）

歩行の技術水準では安全面での不安が残る．したがって，これまでに開発されたサービスロボットの形態は，車輪型の移動台車の上に，ヒューマノイドロボット型の上半身が搭載されたものが多い．

図 2.93，2.94 は，医療分野でのロボットの活躍例である．図 2.93 は病院内業務を支援するための自律搬送ロボットシステムである．図 2.94 は米国 Intuitive Surgical 社が開発した手術支援ロボットシステム「ダヴィンチ(The da Vinci Surgical System)」である．このような手術システムでは，患者の体内に挿入した内視鏡(endoscope)と手術機器を取り付けたロボットアームを医師が操作する．医師の手の動きをスケーリングしてロボットアームを動かしたり，医師の手の震えを補償したりすることで，人間の手では作業できなかった細かい縫合作業も可能となった．また，医師は内視鏡とロボットアームを操作すればよいので，必ずしも患者の近傍にいる必要は無く，遠隔地からの手術も可能となった．Intuitive Surgical 社の資料によると，2011 年末の時点で世界の 1,718 の病院に 2,132 台のダヴィンチシステムが導入されているそうである．また，がん情報サポートセンターによると，米国では 2007 年末の時点で前立腺全摘術の 7 割が手術用ロボットを使ったロボット手術になったそうである．残念ながら 2008 年時点で日本では未認可で，そのため国内では 4 台しか稼動していない（他に 1 台，展示用のものがある）．

図 2.95, 2.96 は，身体が不自由な人の生活を支援するためのロボットシステムである．図 2.95 のロボットシステムは，手の不自由な人が自分で食事をするのを支援する．図 2.96 は，歩行が困難な人の歩行支援をするための装着型ロボットであり，身体機能を補助・増幅・拡張することができる．装着する人の運動意思を反映した生体電位信号を読み取り，筋肉の動きと一体的に関節を動かし，動作支援をする．このような医療・福祉を目的とした装着型ロボットは日本が世界をリードして開発をしてきており，既に実用化され，病院・福祉施設で活用されている．

図 2.97 はパーソナルモビリティロボットの例である．パーソナルモビリティロボットとは一人乗りの移動機械を指す．2001 年に米国で一人乗りの立ち乗り移動機械「セグウェイ(segway)」(Segway Inc.)が開発されて以降，このような個人用の移動機械が注目されるようになった．従来の電動車いすとは異なり，移動機構を 2 輪とすることでその場での回転を可能にし，移動能力を高めている．

図 2.98～2.101 はエンターテイメント用ロボットの例である．小型のヒューマノイドロボットの開発は日本が先行したが，近年になり韓国やフランスなどで相次いで開発され，市場に投入されている．このようなロボットの精神的な癒し効果も注目され，医療への応用も期待されている．

2･3･4　ロボットアーム (robot arm)

2･3･3 項で見てきたように，サービスロボット(service robot)は多彩な形状をしている．これに対し産業用ロボット(industrial robot)は人間の腕の部分のみをロボット化したような形状をしていることが多い．

ロボットアームは，人間の腕のように関節(joint)とリンク(link)を直列に結合していくシリアル型と，静止リンクと出力リンクの間を複数のリンク機構

(link mechanism, linkage)により並列に結合し閉ループが形成されるパラレル型とに大別される．

シリアル型ロボットアームは，図 2.102 に示すように，(a) 直交座標型(Cartesian coordinates)，(b) 円筒座標型(cylindrical coordinates)，(c) 極座標型(polar coordinates)，(d) 回転関節型(revolute)，(e) スカラ(SCARA)型，に分類できる．ロボット産業の初期に商業的に成功を収めた Unimate（1961 年）は極座標型，Versatran（versatile transfer machine, 1963 年）は円筒座標型，PUMA（programmable universal manipulator for assembly，1980 年）は回転関節型である．スカラ(SCARA: selective compliance assembly robot arm)は直訳すると選択的コンプライアンス組立ロボットアームとなるが，これは水平面において柔らかく垂直方向に硬いという特徴を示している．水平多関節ロボットと呼ばれることもある．

図 2.103 (a) は，1956 年に Gough により提案され，1965 年に Stewart により関連した論文が発表されたスチュワートプラットフォーム(Stewart platform)と一般に呼ばれる 6 自由度のパラレルロボットである．剛性(stiffness)を高くできるという特徴を活かして，フライトシミュレータや NC 工作機械(NC machine tool)などに使われている．図 2.103 (b)は 1980 年代にスイスの Clavel によって発明された，デルタと呼ばれる 3 自由度のパラレルロボットである．このロボットでは，固定部に設置された三つのアクチュエータを駆動することにより，先端部が姿勢を変化させることなく空間的に運動することができる．デルタは 3 自由度であるが，これを 6 自由度に拡張したのが，図 2.103 (c)に示すヘキサである．

シリアル型ロボットではアクチュエータが各関節部にローカルに配置されるのが一般的で，根元側のアクチュエータが先端側にあるアクチュエータとリンクの重量を支える必要があり，エネルギー効率はパラレル型ロボットに比べると悪い．またリンクと関節が直列に接続されるため，位置誤差が累積し，先端での位置決め精度(positioning accuracy)や剛性が問題となる．パラレル型ロボットはエネルギー効率や手先剛性の面で優れるが，一方で，手先の可動範囲がリンクを接続する受動球面関節（ボールジョイント）の可動範囲により制限される．特に 6 自由度フルパラレル機構の場合，シリアル型ロボットに比べて手先の姿勢角範囲が大幅に小さいのが問題となる．

ロボットを構成する要素部品も，軽量化，高トルク化等の技術開発が進んでいる．米国 GM 社と住友特殊金属(株)（現(株)NEOMAX）は，1983 年のほぼ同時期に別々の方法でネオジウム磁石（Nd-Fe-B 磁石）を開発した．このネオジウム磁石を永久磁石として採用することにより，電気モータの性能が飛躍的に向上した．また，減速機(reduction device)として用いられる波動歯車装置（図 2.104，ハーモニックドライブ®）は，軽量コンパクトで 1/100 もの大減速比(reduction gear ratio)をバックラッシ(backlash)無しで実現しており，ロボットの軽量化，高精度化に大きく貢献している．ロボットの構造部材も，従来のアルミニウム合金(aluminum alloy)に加え，マグネシウム合金(magnesium alloy)，炭素繊維強化プラスチック（CFRP: Carbon Fiber Reinforced Plastics）などの高強度軽量部材が使われるようになってきている．

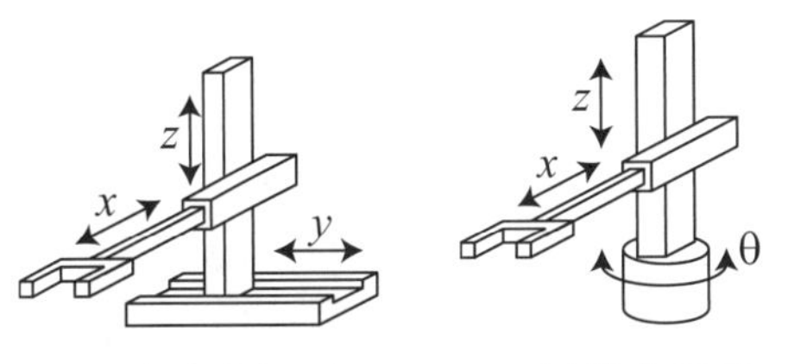

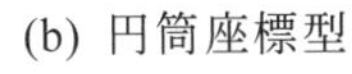

(a) 直交座標型　(b) 円筒座標型

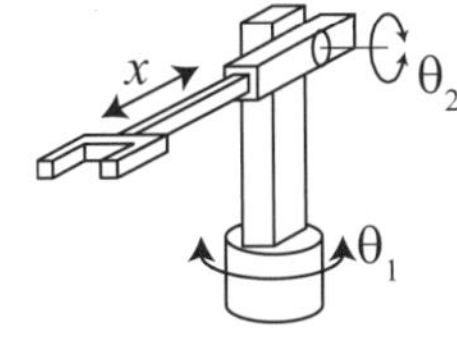

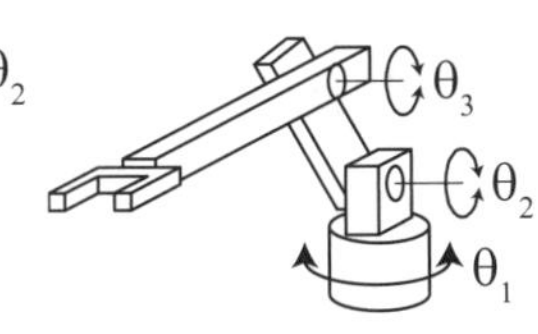

(c) 極座標型　(d) 回転関節型

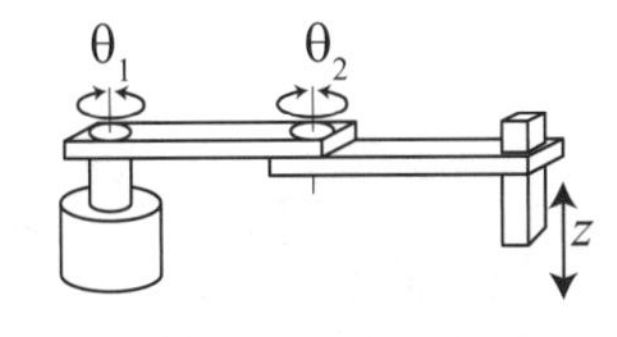

(e) スカラ型

図 2.102　シリアル型ロボットアームの分類

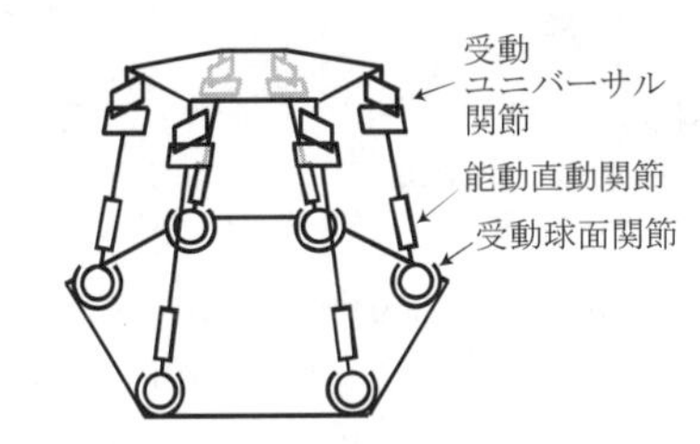

(a) スチュワートプラットフォーム（Stewart platform）

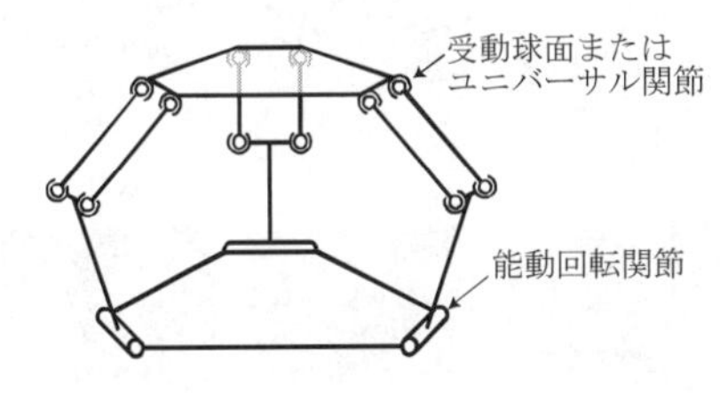

(b) デルタ(Delta)（スイス EPFL）

(c) ヘキサ（HEXA）（モンペリエ II 大学，東北大学，豊田工機（現 ジェイテクト））

図 2.103　代表的なパラレルロボット

図 2.104　波動歯車装置
（提供　㈱ハーモニック・ドライブ・システムズ）

手先カメラ映像　　肩カメラ映像

つくば宇宙センター　　仮想環境

図 2.105　技術試験衛星 VII 型機搭載ロボットアームのつくば宇宙センターからの遠隔操作実験（提供　東北大学）

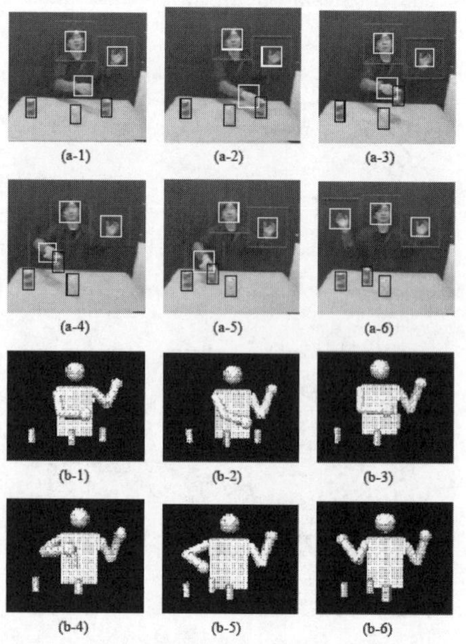

図 2.106　実演による動作教示例
（提供　東京大学）
左手にある缶を右側に移動するという作業を人間が教示し(a-1)～(a-6)，ロボットの動作(b-1)～(b-6)を生成

2·3·5　ロボットの動作生成 (robot motion generation)

2·3·1 項で，ロボットとは，センサで情報を収集し，知能を使って次の行動を計画し，体（アクチュエータと機構）を動かして行動する機械であると述べた．通常は，ロボットには，手先や胴体の目標軌道，あるいはジョイント角度目標軌道などが与えられ，手先や胴体，ジョイント角度が目標軌道に追従するよう，ロボットに指令される．これを先の表現で表すならば，ロボットが現在の手先位置，胴体の位置，ジョイント角度の情報を収集し，与えられた目標値(desired value)と現在値の差からどのように動けばよいかを計画しロボットへの動作指令をつくり，指令を受け取ったアクチュエータと機構がその指令どおりに行動する，となる．

では，ロボットの動作（目標軌道）をどのように生成すればよいだろうか．良く用いられるロボットの動作生成法としては，(1) ティーチングプレイバック(teaching-playback)，(2) 遠隔操作(remote control)，(3) 自律動作計画(autonomous motion planning)，がある．

(1)のティーチングプレイバックは工場などでロボットの動作を生成するのに用いられる．ロボットの動作を，人間がティーチングペンダントと呼ばれる動作教示装置や，GUI (graphical user interface)，プログラムなどで計画し，ロボットがこの計画された動作を再生する．工場など，作業対象物が必ず決められた位置と姿勢で存在するような環境では有効であるが，作業対象物の位置や姿勢が不定の場合，あるいは予め予測することが困難な場合は，この手法では作業に失敗する可能性がある．

(2)の遠隔操作(remote control)は，人間がマスタアームなどでロボットを直接操作する方法である．人間という究極の知能をループ内に含めることで，ロボット単体では遂行が困難な複雑な作業を行うことができる．宇宙空間でロボットによる作業を行う際には，遠隔操作を行う場合が多い．図 2.105 は宇宙開発事業団（NASDA: National Space Development Agency of Japan，現 宇宙航空研究開発機構(JAXA)）が 1997 年に打ち上げた技術試験衛星 VII 型機(ETS-VII: Engineering Test Satellite VII)に搭載されたロボットアームを，NASDA つくば宇宙センターから遠隔操作している様子である．高度な知能が必要な状況判断を人間が行うことで複雑な作業が可能となる反面，人間が介在するために，工場内での作業など，同じ動作を何回も繰り返すような作業には向かない．

(3)の自律動作計画は，例えば火星探査ローバーの動作生成などで用いられている．火星は 780 日ごとに地球に接近し，そのときの距離は約 7800 万キロメートルであるが，その場合でも，電波が往復するのに 8.6 分かかる．通信時間遅れがこれだけ大きいと，もはや遠隔操作は現実性の低いものになる．そのため，人間は大まかな目標位置だけを指令し，ローバーが周りの環境を認識しながら目標位置にたどり着くまでの動作を自律的に生成する，という手法が用いられている．現在のロボット技術では完全自律は実現性が低く，ある程度人間が介在するのが現実的である．

その他，実演による動作教示(teaching by showing / learning by watching)の研究が盛んに行われているが（図 2.106），これは(1)と(3)を組み合わせたもの，と考えることができる．

2･3･6 自律ロボット (autonomous robot)

重要な局面では人間の判断を仰ぎつつ，大部分を自分で判断し行動する機能を部分自律(partial autonomy)という．様々なトラブルに見舞われながら2010年6月13日に無事に地球に帰還して話題となった小惑星探査機はやぶさ（図2.107）も，部分自律機能を備えていた．はやぶさのミッションは，地球の軌道近くを回っている小惑星イトカワ(1998SF36)を観測し，その岩石のサンプルを採取して地球に持ち帰ること（サンプルリターン）である．サンプルの採取は，直径10mm，重さ5gの金属球（プロジェクタイル）を約300m/sの速度でイトカワ表面に打ち込み，飛び散った岩石のかけらをサンプラーホーンと呼ばれる筒内に導き，収集箱に回収するという方法が用いられた．この時点で，イトカワと地球は電波が往復するのに30分程度かかる距離にあり，地上からの直接遠隔操作は困難であった．そこで，サンプル採取では地上からの指令は「降下開始」，「離脱」など基本的なものに限定され，ほとんどは，はやぶさが自律的に行った．

図2.107 小惑星探査機はやぶさ（MUSES-C）着陸予想図（NASA）

サンプル採取のシーケンスは次のとおりである．高度約50mで，はやぶさ降下の際の目標となるターゲットマーカーの拘束を解除し，そのまま降下，高度約40mではやぶさ自身が降下速度を減速することでターゲットマーカーを分離しイトカワに着地させる．投下したターゲットマーカーを航法用カメラで追跡しながら，それを目標に降下する．イトカワ地表との距離は，高度35m付近まではレーザ高度計，それ以下は近距離レーザ距離計(laser range finder)で計測する．最終アプローチではエンジンを停止し自由落下し，サンプラーホーンがイトカワに着地したら，金属球を打ち込みサンプルを採取する．このシーケンスは，ほぼ自律的に行われる．

第一回のサンプル採取は，2005年11月20日に試みられた．予定通り高度40m付近でターゲットマーカーが分離され降下した（図2.108）．しかしはやぶさはその後，障害物検出センサが何かを検出し緊急離陸を試みるが，結果として2回バウンドしてイトカワに着地し，30分ほどその場に留まったことが後のデータ解析で明らかになった．状況が把握できない地上では，はやぶさは着地していないと判断し，緊急離陸の指令を送った．

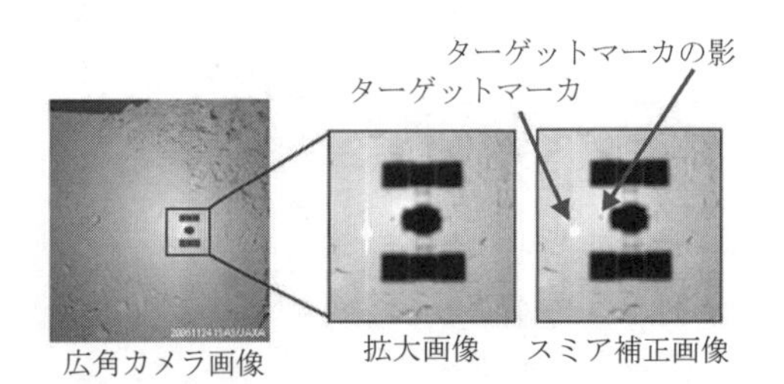

図2.108 イトカワに映ったはやぶさの影と，降下中のターゲットマーカー（提供 宇宙航空研究開発機構）

ターゲットマーカーには，149カ国から応募のあった88万人の名前が刻まれている．

第二回のサンプル採取は，2005年11月25日に試みられた．サンプル採取は順調に行われ，地上では，はやぶさの金属球発射指令信号を受信した．後日，金属球発射の火工品制御装置の記録を解析したところ金属球は発射されなかった可能性が高いことが明らかになったものの，回収されたカプセル内からはサイズが0.01ミリ以下のカンラン石や輝石などの鉱物質の微粒子が多数発見され，成分がイトカワ表面物質の組成と一致したことから，それらの微粒子がイトカワ由来のものであることが明らかになった．小惑星の物質を地球に持ち帰るのは，世界で初めての快挙である．

人間の助けを借りず，人間と同様に自分で判断し行動できる機能を完全自律(full autonomy)という．鉄腕アトムやドラえもんが完全自律ロボットの好例である．現在の人工知能（artificial intelligence: AI，以下AIと略す）の技術レベルからすれば，鉄腕アトムのようなロボットの実現は不可能であるか，可能であっても遠い将来のことである．しかし，作業と作業環境を限定してやれば，完全自律ロボットは珍しいものではない．このようなロボットの例として，図 2.88 に示した iRobot 社の掃除ロボットルンバがある．壁センサ，段差センサなどから得られる情報を駆使して，部屋の隅々までくまなく掃除するよう，自分の行動を計画する．掃除が完了するか，またはバッテリー残量が少なくなると，赤外線通信で充電コネクタを探し出し，自律的に帰還して充電を開始する．

図 2.109　火星探査ローバースピリット火星探査予想図（NASA）

さて，ルンバは自分の行動を計画すると述べたが，部屋の地図を生成したりはしない．壁伝いに掃除するとか，何かにぶつかったらよけるなどの単純な反射行動を階層構造にし，それらの組み合わせで動作している．このような知能は記号処理アプローチによる従来の AI とは異なり，行動型 AI (behavior-based AI)と呼ばれ，マサチューセッツ工科大学(MIT: Massachusetts Institute of Technology)のロドニー・アレン・ブルックス(Rodney Allen Brooks)教授が提唱した包摂アーキテクチャ(subsumption architecture)に基づいている．包摂アーキテクチャは昆虫程度の知能レベルを実現していると言われており，火星探査ローバー(mars exploration rover)（図 2.109）にも実装されている．

この項では，作業と作業環境を限定してやれば，完全自律ロボット（のように見えるもの）は実現可能であると述べた．さて，それではロボットが人間のように高度な知性を持つことは可能なのだろうか？　次項ではこのことについて考えてみたい．

メタアルゴリズム

アルゴリズムを発見するアルゴリズム

図 2.110　学習のメタアルゴリズムは存在するか？

2･3･7　ロボットが誘う科学の限界 (robot researches take to border of science)

ロボットが本当に人間のような知性を持つかということは非常に興味ある問題である．ロボットが知能を獲得して人間に迫る存在になることを想定した SF 小説および映画も上映されている．しかし，本当にこの夢は実現するのであろうか？

知性を獲得するための基本的な機能は学習機能(learning function)である．科学が世界を記述するための言語は数学(mathematics)であるが，それをコンピュータに用いる時は，アルゴリズム(algorithm)となる．学習機能は，数学およびアルゴリズムの基盤と密接に関連する．この学習機能をアルゴリズムの観点から記述すると，これは「アルゴリズムを発見するアルゴリズム」となるが，このメタアルゴリズム（図 2.110）が果たして存在するかという問題となる．この問題は，科学の言語である数学の限界へと誘う．

私はうそつきである

本当はどうなの？

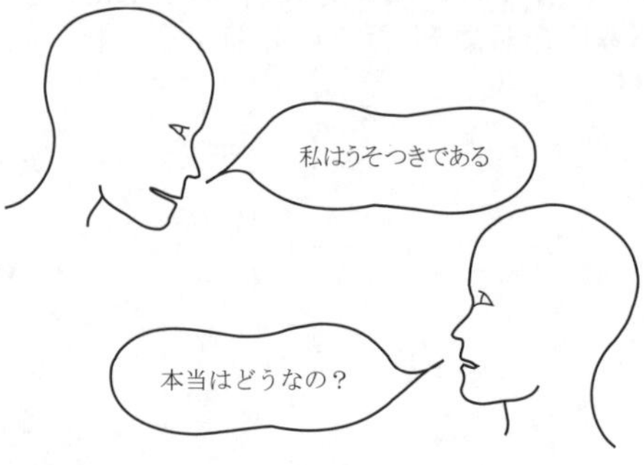

図 2.111　“ウソ”つきパラドックス

数学の世界の夢として，ヒルベルト(David Hilbert)が提案した自動定理証明装置があった．この装置が目指す機能は数学版の学習機能であり，自動的に定理を発見および証明してゆくことで，最終的には数学分野の定理を全て自動的に証明してしまうというものである．しかし，数学界で有名なゲーデル(Kurt Gödel)の不完全性定理によって，この問題は否定的に解決されることになる．この定理のイメージは，ウソつきパラドクスを用いて説明できる．図 2.111 に示すように，「私はウソつきである」の言葉を聞くと，この言葉は本当にウソかどうかがわからなくなる．すなわち、この人はウソつきなので，この言葉もウソで二重否定となりパラドクスが生じ，「ウソつきと言っていることが、ウソなので・・・」というように頭が混乱する事態となる．この問題は自己言及（自分の事を語る）する時に生じる．ゲーデルは，数学の分野にも同様な問題が存在し，自分自身を証明できない命題が存在することを明らかにした．この証明は数学の非常に深い哲学的意味を含んでおり，この結果からヒルベルトの夢である自動定理証明装置の夢は打ち砕かれた．

チューリング(Alan Mathison Turing)はコンピュータの基礎概念を提案した人であるが，ゲーデルの概念をコンピュータのアルゴリズム論に拡張して，メタアルゴリズムの問題に示唆を与えた．彼が考えた問題は，コンピュータの「停止問題」（図 2.112）といわれるもので，「コンピュータがプログラムを実行して停止するかどうかを事前に判定するアルゴリズムが存在するか」というものである．この機能は、コンピュータが答えを出して止まるかどうかを判断するものであり，メタアルゴリズムの最も基本的な機能であるが，この問題もゲーデルの結果と同様に否定的な解決となる．すなわち，現在の数学機能からメタアルゴリズム機能を獲得するのは難しく，その発展系である学習アルゴリズム(learning algorithm)も実現できないことを示唆している．科学は客観性を基盤とした学問であるが，ゲーデルの問題は自己言及，すなわち主観の問題にも関連しているようである．このようなロボットの基本的な問題が，我々を科学の限界にまで連れていくことになる．

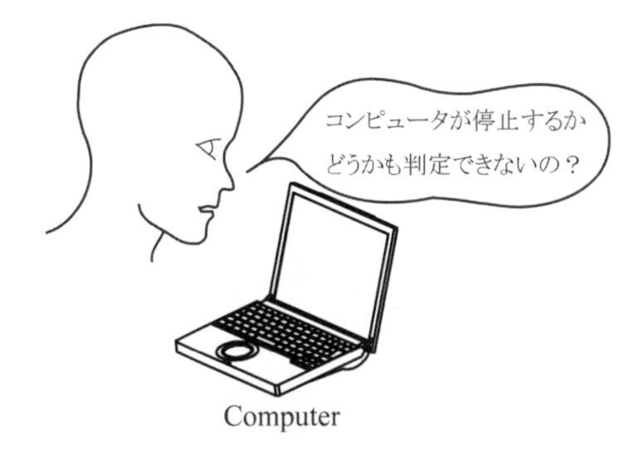

図 2.112　コンピュータの停止問題

以上示したように，ロボット技術の課題には，科学の周辺領域から人間をより深い哲学的思考に導く問題も含まれており，科学技術の領域を越えるところまで簡単に導かれてゆく．これは，人間を対象とした分野の面白さといえるであろう．ここで示した議論は，科学技術を飛び越えた領域に新たな人間の発展の方向性を示す可能性を多いに含んでおり，今後の人間の知性の方向を示唆しているのかもしれない．

2·3·8　ロボットの今後 (robots in the future)

将来のロボットの市場規模を大きくしていくためには，ロボット産業から RT (Robot Technology)産業への転換が必要である．現在の自動車は，多数のセンサを搭載し，センサ情報により動力を制御しており，ロボットの 3 要素であるセンサ(sensor)，アクチュエータ(actuator)と機構(mechanism)，知能(intelligence)を備えている．これが典型的な RT 産業創出の例であろう．身の回りの機械や家電製品は，センサや計算機を備えるようになり，どんどん RT 化されて進化していくことが期待されている．

2・4　情報機器 (information equipment)

2･4･1　情報技術と機械工学 (information technology and mechanical engineering)

機械文明という言葉が示すように，人類は機械を作ることによって文明を発展させてきた．その中で，産業革命はエネルギーに関する科学技術を進展させたが，第二の産業革命と呼ばれるIT革命（高度情報化社会の進展）は，機械分野のみならず，社会全体の構造を変革させてきた．まさに化石燃料文明から情報創造文明への変遷である．そして，第1章で機械工学の基礎体系について述べたように，情報技術は，機械工学の縦糸系（基幹科目）とも横糸系（総合科目）とも強い関係を持っている（表2.4）．現在では，情報技術は機械工学の進歩に大きな役割を果たしているのである．

このような背景から，ここではまず，高度情報化社会における情報通信ネットワーク(information and telecommunications network)の進展，その中でも，21世紀に入って急速に普及が進んでいるインターネット(internet)と移動通信(mobile communications)の概要を述べる．その上で，高度情報化社会を支える情報機器(information equipment)として，まず，カーナビゲーション・システム(automotive navigation system)などの様々な用途への利用が進んでいるGPS（Global Positioning System: 全地球測位システム）の概要を述べる．次に，特に機械工学とのかかわりが深いものは記憶装置(memory device, memory system)と入出力装置(input-output equipment)であるので，ここでは，磁気ディスク(magnetic disk storage, memory)と光ディスク(optical disk storage, memory)，プリンタ(printer)を取り上げ，開発の歴史も含めて概要を述べる．

2･4･2　情報通信ネットワーク (information and telecommunications network)

a. 情報通信インフラの盛衰 (rise and fall of the information and telecommunications infrastructure)

携帯電話やインターネットの普及に代表される高度情報化社会の進展は，IT革命とも呼ばれるように，18世紀の産業革命に匹敵する歴史的な大転換を

表2.4　機械工学の基礎体系における情報技術の位置付け

	材料力学	流体力学	熱力学 伝熱工学	機械力学 自動制御	設計・ 生産工学	情報工学 メカトロニクス・ ロボティクス	バイオエンジ ニアリング	計算力学
システム設計技術	○	△	△	○	◎	◎	○	◎
シミュレーション技術	◎	◎	◎	◎	○	◎	◎	◎
情報通信技術	△	△	△	◎	○	◎	◎	○
生産・加工技術	○	○	△	○	◎	○	△	△
計測・制御技術	○	◎	○	◎	◎	◎	◎	○
材料設計技術	◎	○	○	△	○	△	◎	○

もたらすと期待されている．日本政府は，5年以内に世界最先端のIT国家となることをめざした「e-Japan 戦略」（2001 年 1 月），その後継政策である「u-Japan 政策」（2004年12月）を策定するなどして，IT革命を戦略的に推進した．その結果として，第3世代携帯電話や高速インターネット（ブロードバンド回線）が急速に普及するなど，我が国は最先端の情報通信インフラを有する「世界最先端のIT国家」となった．

図 2.113 に情報通信インフラの盛衰（市場構造の変化）を示しておく．20 世紀末から 21 世紀初めにおける最も大きな変化は，移動通信(mobile communications)の急速な発展である．2000 年末には，携帯電話と PHS を併せた移動電話の加入者数が，固定電話の加入者数を初めて超えたが，それ以後も増加の一途である．情報通信白書（平成 21 年版）によれば，2009 年 3 月の移動電話加入数は 1 億 1200 万加入を超え，人口普及率は約 90％に達している．また，高速通信が可能な第 3 世代の携帯電話（「IMT-2000」規格のディジタル携帯電話）が約 1 億加入となっており，携帯電話に占める割合は 90％を超えている．

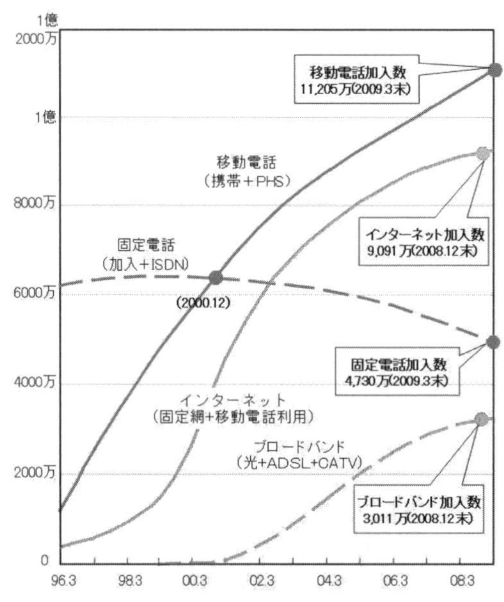

図 2.113　情報通信インフラの盛衰（市場構造の変化）

もう一つの大きな変化はインターネット(internet)の急速な普及である．同じく情報通信白書（平成 21 年版）によれば，2008 年末のインターネットの利用人口は約 9100 万人に達し，人口普及率は 70％を超えている．特に，DSL（Digital Subscriber Line：ディジタル加入者線），CATV，FTTH（Fiber to the Home：光ファイバ加入者線）などのブロードバンド回線（数 10Mbps～100Mbps）の利用者が着実に増加しつつある．2008 年末のブロードバンド回線の契約数は約 3000 万契約を超え，インターネット利用者の約 30％に達している．中でも，FTTH の利用が急速に拡大し，ブロードバンド回線の普及を牽引している．

b. インターネット (internet)

インターネット(internet)とは，TCP/IP と呼ばれるプロトコール（通信規約）を用いて，多種多様なコンピュータを相互接続する情報通信ネットワーク(information and telecommunications network)である．米国国防総省が開発した軍事情報管理のためのネットワーク（ARPANET）をその起源としており，戦時下でも複数の通信経路を確保する目的で開発された通信技術である．1980 年代後半に，米国科学財団（NSF)の NSFnet に統合され，学術研究用ネットワークとして発展して，インターネットと呼ばれるようになった．1990 年代に入って商用サービスが開始されると，世界中を接続する巨大な情報通信ネットワークとして成長した．

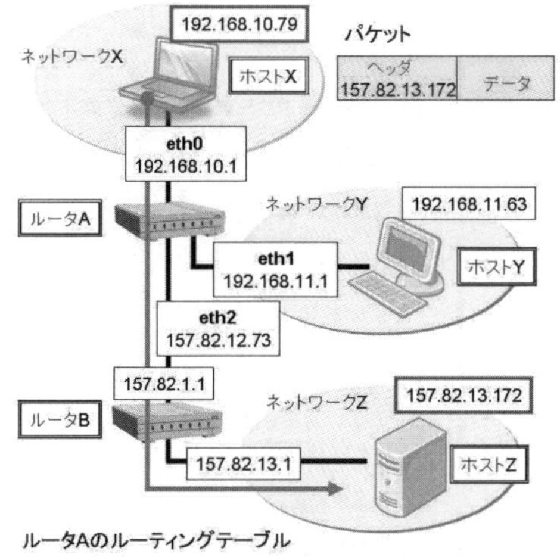

ルータAのルーティングテーブル

宛先IPアドレス	インタフェース	ゲートウェイ
192.168.10.79	eth0	192.168.10.1
192.168.11.0	eth1	192.168.11.1
157.82.0.0	eth2	157.82.12.73
157.82.13.0	eth2	157.82.1.1
…	…	…

図 2.114　インターネットにおけるパケット通信の様子（ルータの役割）

インターネットは，災害時などでも確実な通信を実現するために，①データを小さな塊(パケット）に分割して送ることと，②データが自動的に通信経路を選択することが大きな特徴となっている．このために開発されたプロトコール（通信規約）が TCP/IP であるが，現在ではコンピュータネットワークの標準プロトコールとして広く普及している．ここで，IP (Internet Protocol) は IP アドレスを付けてパケットを転送する手順を規定したプロトコール，TCP (Transmission Control Protocol)はデータ（パケット）を再送信するなどして信頼性を高める手順を規定したプロトコールである．なお，TCP/IP は，TCP

とIPという二つのプロトコールだけではなく，データや画像などの情報をうまく送るための上位のアプリケーション・プロトコール（HTTP（ハイパーテキスト転送），FTP（ファイル転送），SMTP（メール転送）など）も含めて，インターネットのプロトコール全般を示すことも多い．

インターネットにおけるパケット通信の様子を図2.114に示す．異なるネットワークに存在するコンピュータ相互の通信は，上述したIPアドレスを用いて，ルータと呼ばれる通信機器を介して行われる．例えば，図2.114に示すように，ネットワークX上に存在するホストXのパケットを，ネットワークZ上に存在するホストZまで送りたいとする．まず，ホストXから送信されたパケットはルータAで受信されるが，ルータAでは内部のルーティングテーブル（経路表）を参照して処理が行われる．ここでは，パケットのヘッダに含まれる宛先IPアドレスの157.82.13.172が，ルーティングテーブルにあるIPアドレス157.82.13.0の範囲（157.82.13.0～157.82.13.255）にあるのがわかる．つまり，ルータAのもつ3つのインターフェイスのうち，eth2というインターフェイスを出口として，転送すればよいことがわかる．同時に，送信先（この場合ルータB）のIPアドレス（ゲートウェイ）は157.82.1.1とわかる．ルータBでも同様の処理が行われて，最終的にホストZまでパケットを中継することができる．

c. 移動通信 (mobile communications)

無線通信は1895年のマルコーニの無線電信機の発明により始まった．移動通信(mobile communications)の歴史もこれと同様に古く，1899年には船舶通信用の電信機が開発されている．そして，第一次世界大戦の頃には電信から始まった移動通信が電話の機能を持つようになった．

携帯電話の起源は1946年に米国で始まった自動車電話である．最初は150MHz帯を使う大ゾーン方式であった．その後，チャネル数の不足で450MHz帯も使うようになったが，それでも不足で，小さな無線エリアを隙間なく配置してサービスエリアをカバーする小ゾーン方式が開発された．日本では世界に先駆けて，800MHz帯を使った小ゾーン方式のアナログ自動車電話が1979年に始まった．そして，1985年に登場した図2.115に示す自動車電話用着脱式移動機（ショルダーホン）が最初の携帯電話と考えられる．日本における携帯電話の歴史を図2.116に示す．1980年代の第1世代（アナログ携帯電話）に続いて，1990年代には第2世代（最初のディジタル携帯電話）が広く普及した．2000年代に入ると，第1世代（アナログ）のサービスが2000年に終了し，第3世代（IMT-2000規格のディジタル携帯電話）が広く普及している．移動通信の歴史はより高い周波数帯域の開発の歴史ともいわれている．携帯電話においても，第1世代（アナログ）では800MHz帯が使われたが，第2世代（最初のディジタル）では800MHz帯と1.5GHz帯，第3世代（IMT-2000規格）では2GHz帯が使われている．

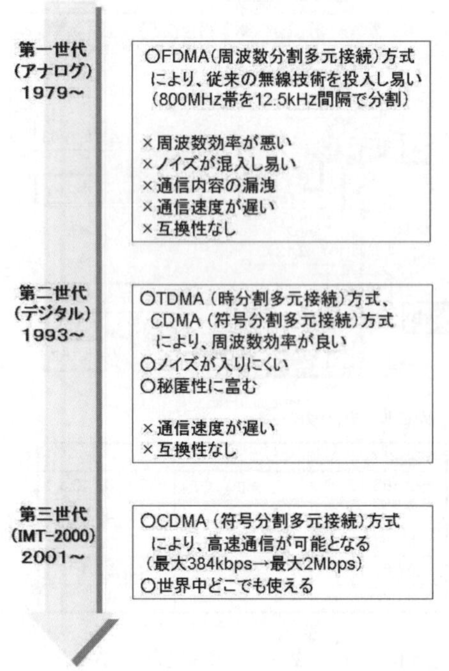

多数の携帯電話機を接続するために多元接続方式が用いられるが，第3世代ではCDMA（code division multiple access：符号分割多元接続）方式にほぼ統一され，世界規模でのローミング（サービスエリア外であっても，提携事業者を経由してサービスを利用すること）が可能となった．このCDMA方式

図2.115　ショルダーホン

第一世代（アナログ）1979～
○FDMA（周波数分割多元接続）方式により、従来の無線技術を投入し易い（800MHz帯を12.5kHz間隔で分割）
×周波数効率が悪い
×ノイズが混入し易い
×通信内容の漏洩
×通信速度が遅い
×互換性なし

第二世代（デジタル）1993～
○TDMA（時分割多元接続）方式、CDMA（符号分割多元接続）方式により、周波数効率が良い
○ノイズが入りにくい
○秘匿性に富む
×通信速度が遅い
×互換性なし

第三世代（IMT-2000）2001～
○CDMA（符号分割多元接続）方式により、高速通信が可能となる（最大384kbps→最大2Mbps）
○世界中どこでも使える

図2.116　日本における携帯電話の歴史

では，同一周波数を複数の携帯電話機で利用するために，第2世代で主流であった TDMA (time division multiple access：時分割多元接続) 方式のように時間で分割するのではなく，送信データを拡散コードで変調する．拡散コードは一定パターンからなるディジタルデータであるが，携帯電話機ごとに異なる拡散コードを用いることで，同一周波数であっても複数の携帯電話機からの送信データを区別することができる．

携帯電話のつながる仕組みを図 2.117 に示す．携帯電話はどのエリアにいるかをホームメモリ（HLR: home location register）に常に登録しておく．呼び出しがあると，加入者系交換局はホームメモリに問い合わせて，相手の携帯電話がどのエリアにいるかを知り，相手の加入者交換局に回線を接続する．そのエリアのすべての基地局から呼出し信号を出す．相手の携帯電話が応答すると，信号の強さから相手のいるゾーンを割出し，そのゾーンの基地局を介して通話を成立させる．

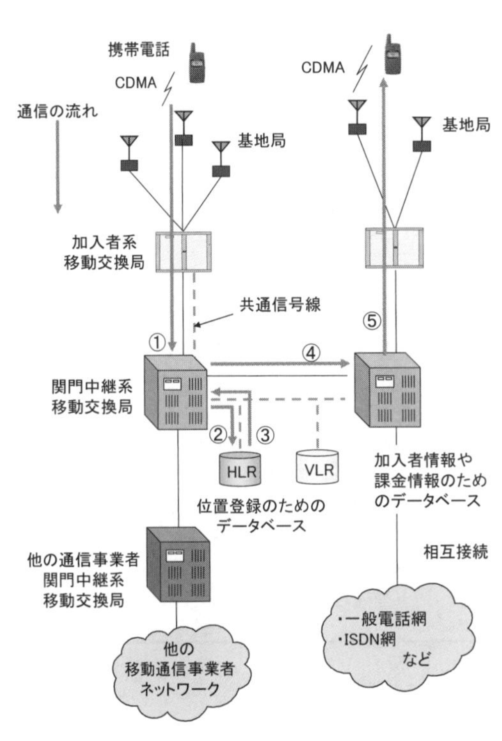

図 2.117　携帯電話のつながる仕組み

2・4・3　GPS (Global Positioning System：全地球測位システム)

a. GPS の開発経緯と利用範囲 (development of GPS and its applications)

GPS (Global Positioning System: 全地球測位システム)とは衛星を利用した測位システムのことである．具体的には，米国によって打ち上げられた高度約 20 万 km，周期約 12 時間で周回する約 30 個（予備も含めて）の GPS 衛星 (GPS satellite)，地上管制センター，利用者が利用する GPS 受信機から構成され，全地球上で高精度な位置測定を可能とする測位システムである．

GPS 衛星の前身となる衛星の打ち上げはすでに 1959 年から始まっているが，現在の GPS 衛星そのものは 1978 年に打ち上げが開始され，1994 年には 24 個の GPS 衛星が揃って完全運用が開始された．1993 年には民間利用が認められたものの，当初は軍事的な理由から SA (selective availability)と呼ばれる精度劣化操作が加えられていたために約 100m の誤差が見込まれた．その後 2000 年に SA が停止されるに及んで，民生用の単独測位方式でも誤差 10m の精度で位置測定を行うことが可能となった．日本でも 2010 年に，GPS 衛星を補完する図 2.118 に示す準天頂衛星初号機「みちびき」が打ち上げられ，日本国内の山間部や都心部の高層ビル街などでの測位精度の向上が計画されている．

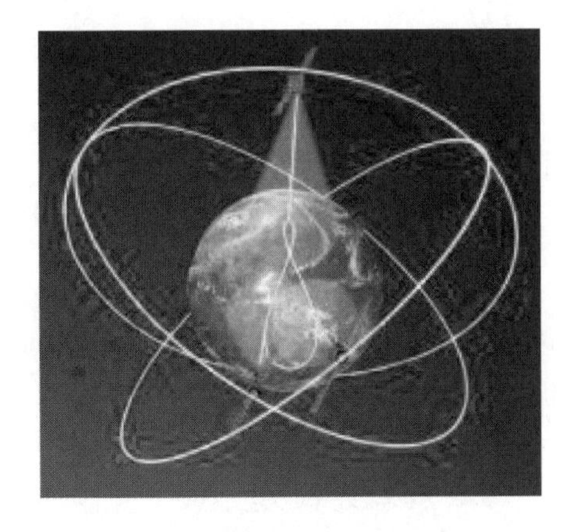

図 2.118　日本の準天頂衛星初号機「みちびき」
（提供　宇宙航空研究開発機構）

現在，GPS の主たる用途はカーナビ(car navigation system)であるが，最近では携帯電話にも GPS 機能が搭載され，子供や老人の位置把握をはじめとする各種の位置情報サービスの開発が進められている．このほかにも，車両の運行管理，航空機・船舶などへの航法支援，地図作成のための測地・測量，動物の生態把握など，さまざまな分野で GPS の利用が広がっている．

b. GPS による測位原理 (positioning principles of GPS)

GPS 衛星からの電波には，軌道情報（位置情報）と衛星に搭載されている原子時計による発出時刻情報が載せられている．GPS 受信機で電波を受信し，発出時刻と受信時刻の差から到達時間を求めれば，電波の伝播速度（30 万 km/

秒）を掛けることによって，その衛星までの距離がわかる．したがって，最低3個のGPS衛星が捕捉できれば，測位点の位置を決定できる．しかしながら，GPS衛星とGPS受信機に搭載されている時計との時刻誤差が無視できないので，時刻誤差も未知数と考えて，最低4個のGPS衛星を用いて高精度な位置測定を実現している（コラム「GPS衛星による位置測定」参照）．

日本では，上空が理想的に空いている場合には，最低必要な4個より多い6～10個のGPS衛星を捕捉できるが，このような場合には，衛星配置に起因する誤差が大きくならないような4個のGPS衛星の組合せを選択することで，測位精度を向上させることができる．

上述した単独測位方式の測位精度は約10mであり，測位精度を向上するには，GPS衛星の軌道誤差，大気や電離層による電波の遅延，地形や建物による反射（マルチパス）などの誤差要因を補正することが必要となる．このために，正確な位置のわかっている基準局を設置して，GPS衛星を用いて測定した位置と正確な位置の差から補正情報を生成するとともに，これを基準局から送信して測位精度を上げるDGPS (Differential GPS: デイファレンシャルGPS) と呼ばれる相対測位方式も確立されている．日本では，海上保安庁が300kHz中波ビーコンによって補正情報を送信しており，誤差数mの精度で位置測定を行うことが可能となっている．この他にも種々の方式が考案されており，国土地理院の電子基準点の観測に用いられるスタティックGPSでは，測位誤差は数mmに抑えられている．

GPS衛星による位置測定

$$\sqrt{(x-x_1)^2+(y-y_1)^2+(z-z_1)^2}+ct_d=c(t_1-t_{s1})$$
$$\sqrt{(x-x_2)^2+(y-y_2)^2+(z-z_2)^2}+ct_d=c(t_2-t_{s2})$$
$$\sqrt{(x-x_3)^2+(y-y_3)^2+(z-z_3)^2}+ct_d=c(t_3-t_{s3})$$
$$\sqrt{(x-x_4)^2+(y-y_4)^2+(z-z_4)^2}+ct_d=c(t_4-t_{s4})$$

(x,y,z) ：測位点の位置座標
(x_i,y_i,z_i)：i 番目のGPS衛星の位置座標
t_i ：i 番目のGPS衛星から電波が到着した受信機時計の時刻
t_{si} ：i 番目のGPS衛星を電波が発出した衛星時計の時刻
t_d ：衛星時計と受信機との時刻誤差（衛星時計はすべて同期）
c ：電波の伝播速度（光速と同じ30万km/秒）

2·4·4　記憶装置 (memory device / memory system)

a. 記憶階層 (memory hierarchy)

記憶装置(memory device, memory system)の性能としては高速・大容量・低価格が要求されるが，これらすべてを満たす記憶装置は存在しない．一般に，アクセス時間が短く，データ転送速度が高い記憶装置ほど，ビット価格（単位記憶容量当たりの価格）が高く，記憶容量も小さい．そこで，異なる特性をもつ複数の記憶装置を組み合わせて，図2.119に示すように，階層的な記憶システム（記憶階層: memory hierarchy）を構成することが多い．高速・小容量の記憶装置と，低速・大容量の記憶装置を組み合わせることで，仮想的に，高速・大容量の記憶装置を実現することができる．

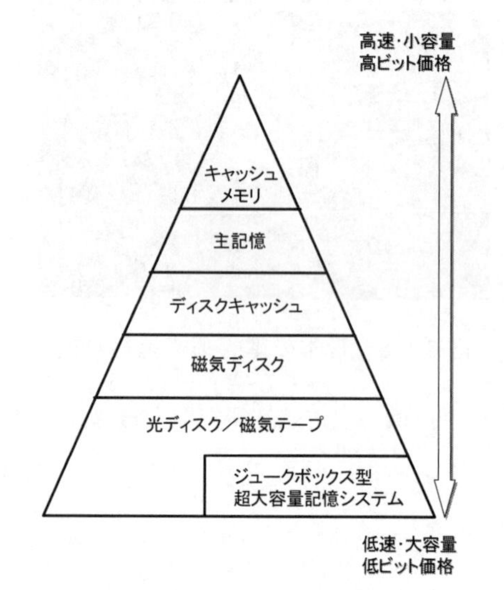

図2.119　記憶階層

CPUに近接するキャッシュメモリや主記憶装置などの記憶装置としては，小容量でビット価格は高いが，高速な半導体記憶装置（SRAM，DRAM）を用い，プログラムやデータなどを永続的に格納する記憶装置としては，低速ではあるが，大容量でビット価格の低い磁気ディスク装置や光ディスク装置，磁気テープ装置などが用いられる．音声や画像などのマルチメディアデータの容量が増大するのに伴って，磁気テープや光ディスクなどの可換媒体を用いるジュークボックス型の超大容量記憶システムも，最下層のオンライン記憶装置として用いられている．

b. 磁気ディスク (magnetic disk storage)

① 磁気ディスク装置の歴史

磁気ディスク(magnetic disk storage)が開発された当初は，直径 24 インチのディスクを 50 枚重ねた装置でも記憶容量は 5MB しかなく（記録密度は 2Kbit/in^2 程度か），磁気ヘッド(magnetic head)を位置決めする平均シーク時間(average seek time)は 600ms であった．その後 50 数年の歴史しかないが，記録密度(recording density)でみると，2006 年には従来の面内記録方式で 120Gbit/in^2, 2008 年には新しい垂直記録方式で 260Gbit/in^2 の製品が開発され，当初の 1 億倍以上に達している．記録密度は，21 世紀に入って年率 100％の伸びは止まったが，それでも年率 30～40％で向上している．一方で，平均シーク時間は 5ms 以下に短縮されている．このような性能向上に支えられて，磁気ディス装置は大型コンピュータやパソコンなどのランダムアクセスファイルとして，記憶装置の中心的役割を果たしている．

② 磁気ディスクの記録再生原理

磁気ヘッドによる記録再生の原理を図 2.120 に示す．信号（ディジタル信号の“0”か“1”か）の記録は，強磁性体の薄膜を表面に形成した磁気記録媒体に磁気ヘッドを近接させ，磁気ヘッドに書き込み電流を流して作られる磁界によって，強磁性体の残留磁化（N 極と S 極の配列）を変化させることで行われる．一方で，信号の再生は，磁気記録媒体の磁化反転領域からの漏れ磁界を，磁界の影響を受けると電気抵抗が変化する磁気ヘッドで検出することで行われる．

これまでは，磁気記録媒体に平行に残留磁化を形成する面内記録方式（長手記録方式）が用いられてきたが，最近の磁気ディスク装置では，図 2.121 に示すように，磁気記録媒体に垂直に残留磁化を形成する垂直記録方式が採用されるようになってきた．従来の面内記録方式に比べて熱揺らぎに強く，記録密度を大幅に向上できる．この垂直磁気記録の基本的なアイデアは 1977 年に発表されたが，その後 30 年近くが経過して，ようやく実用化を迎えた．

③ 磁気ディスク装置の概要

磁気ディスク装置には，アルミニウム合金あるいはガラスの基板に磁気記録層を形成したハードディスク媒体を用いるハードディスク装置(HDD: hard disk drive）と，薄いポリエチレン・シートのフレキシブルディスク媒体を用いるフロッピーディスク装置(FDD: floppy disk drive)とがあるが，ここでは，企業情報システムから携帯機器まで広く使用されている HDD について述べる．

HDD の基本的な構成を図 2.122 に示すが，磁気ディスク媒体，磁気ヘッド，複数の磁気ヘッドを高精度に位置決めするポジショナ(positioner)機構，磁気ディスク媒体を高速回転するスピンドル(spindle)機構，周辺回路などからなる．磁気ヘッドに関しては，MR（磁気抵抗）ヘッドや GMR（巨大磁気抵抗）ヘッドの採用によって記録密度が飛躍的に向上した．この飛躍的な記録密度の向上には，このヘッド・媒体の電磁変換特性の改善とともに，磁気ヘッドの浮上制御や位置決め制御(positioning control)が果たした役割も大きく，磁気ヘッド浮上量の低減やトラックピッチ(track pitch)の縮小によって，記録密度の向上に大きく貢献している．

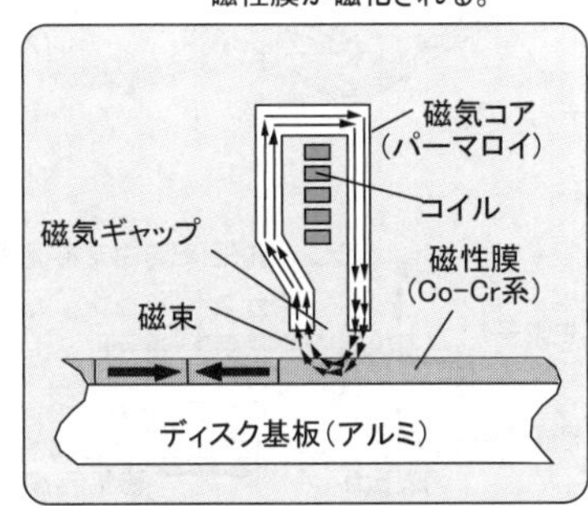

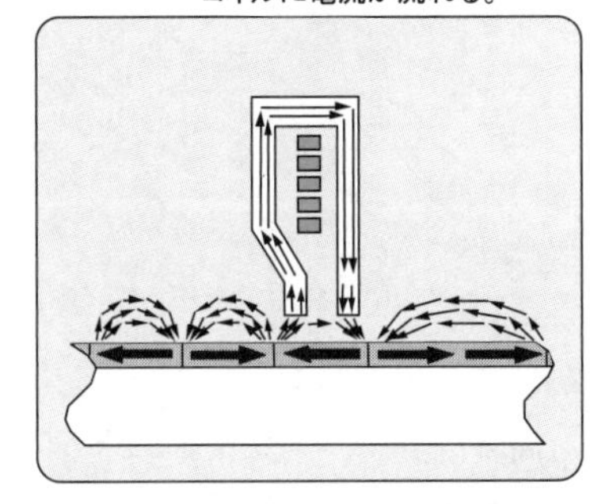

図 2.120　磁気ヘッドによる記録再生原理

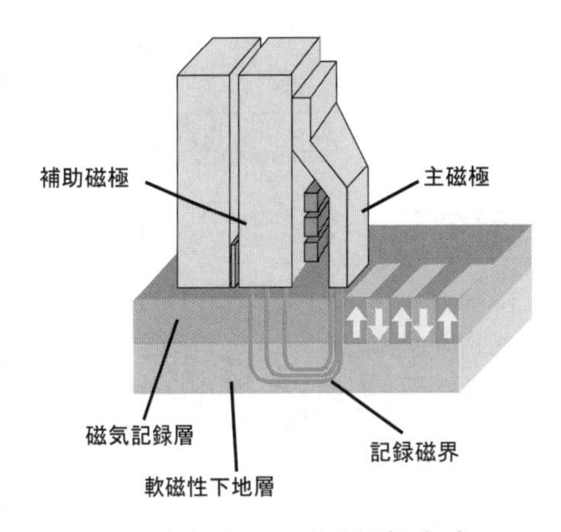

図 2.121　垂直記録方式

磁気ヘッドの浮上制御の様子が図 2.122 に示されている．磁気ディスク媒体が回転すると，空気流に伴う空気軸受効果によって，磁気ヘッドを搭載したスライダ(slider)に揚力が発生する．この揚力がスライダを支持するサスペンションの押付力とバランスすることで，磁気ディスク媒体面のうねりや傾きに追従する構造となっている．磁気ヘッド浮上量に至っては 10nm 以下が実現されている．

磁気ヘッド
サスペンション
スピンドル機構
ポジショナ機構
(ボイスコイルモータ)
ベース
磁気ディスク媒体

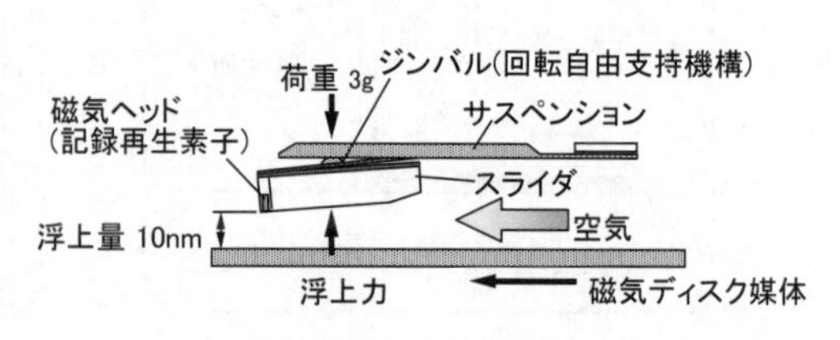

図 2.122　磁気ディスク装置（HDD）の基本的な構成（文献(30)から引用）

一方，磁気ディスク媒体面には，磁気ヘッドの位置決めに必要な位置情報が予め離散的に書き込まれており，この位置情報を用いて，磁気ヘッドを目標トラックまで高速に移動させるシーク制御(seek control)や，目標トラックに高精度に追従させるサーボ制御(servo control)が実現される．シーク制御においては，位置決め機構の振動モードを励起しないようにするため，2 自由度制御系などの制振制御手法が用いられている．また，サーボ制御においては，ポジショナ機構やスピンドル機構の振動などの外乱を抑制するため，外乱オブザーバや H^{∞}制御などのロバスト制御(robust control)手法も用いられている．このような位置決め制御(positioning control)技術によって，トラックピッチは 0.5μm 以下（50,000TPI）が実現されている．

21 世紀初めにおいて，HDD はその用途や性能に応じて，企業情報システム向け高性能 HDD，デスクトップ PC 向け 3.5 インチ HDD，モバイル PC 向け 2.5 インチ HDD，リムーバブル HDD に分類される．企業情報システム向け高性能 HDD では，RAID (Redundant Array of Independent Disks)と呼ばれるディスクアレイを構成することが多いが，この RAID には SCSI インターフェイスを有する 3.5 インチ HDD が使用される．モバイル PC 向け HDD では 2.5 インチ HDD が主流となっているが，記録密度において最近の磁気記録技術を牽引している．

c. 光ディスク (optical disk storage)

① 光ディスク装置の歴史

光ディスク(optical disk storage)装置は，1972 年にフィリップス社が開発した光ビデオディスク（LD）などの再生専用型として実用化され，次いで，一度だけ記録が可能な追記型や繰返し記録が可能な書換え型が実用化された．21 世紀初めにおいて，再生専用型では CD や CD-ROM, DVD (Digital Versatile Disc：ディジタル多目的ディスク)，追記型では CD-R，書換え型では MO（Magneto-Optical disc：光磁気ディスク），MD（ミニディスク）などが普及している．特に，大容量な音楽・映画やコンピュータ・ソフトなどの記録再生装置としての DVD ドライブに大きな期待がかかっている．2002 年には，次世代光ディスクとして，CD や DVD と同じ直径 120mm の光ディスク媒体に，波長 405nm の青紫色レーザを用いて，一層で最大 27GB の記憶容量を実現するブルーレイディスク(BD：Blu-ray Disc)の規格が提案された．これに対抗して，HD DVD (High-Definition Digital Versatile Disc)が提案されたが，2008 年に東芝が HD DVD 事業から撤退するに及んで，最終的には BD に規格統一された．

② 光ディスクの記録再生原理

記録ができる追記型および書換え型の光ディスクの記録再生原理を図

(a)追記型
記録:
加熱による穴明け
再生:
反射率変化
ピット
回転方向
レーザビーム
ディスク

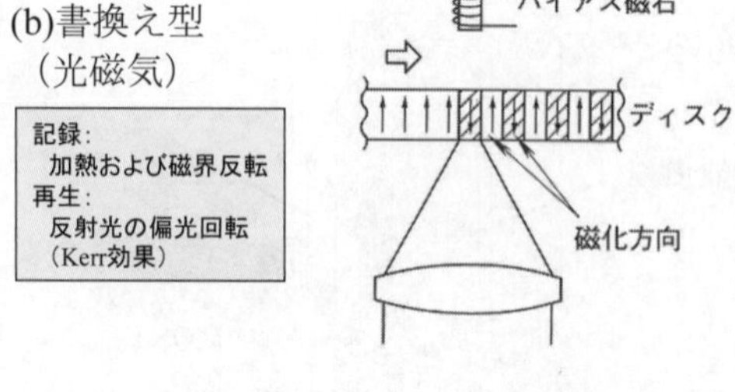

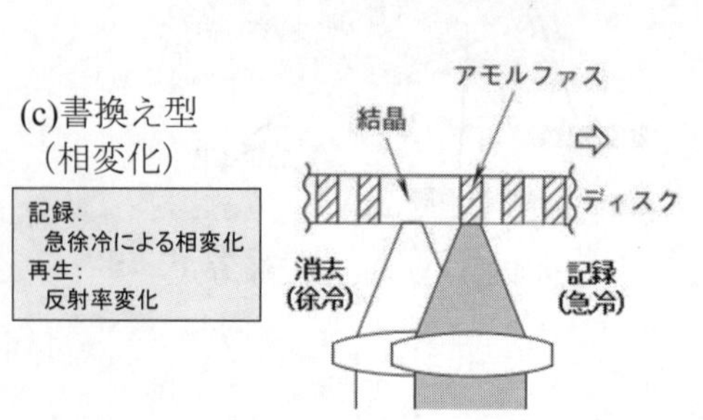

図 2.123　光ディスクの記録再生原理

2.123 に示す．

追記型の光ディスクでは，光ディスク媒体に塗布した記録膜をレーザ光で溶かして，ピット（穴）を開けることでデータを記録する．データの再生には，出力の弱いレーザ光を照射し，ピットの有無による反射率変化を利用する．

書換え型の光ディスクには，光磁気記録と相変化記録の 2 方式がある．光磁気記録では，まず，磁界を加えて，レーザ光で加熱して記録層の磁化を一方向にそろえることでデータを消去する．続いて，磁界を反転して，レーザ光で記録層の磁化を反転させることでデータを記録する. データの再生には，出力の弱いレーザ光を照射して，記録層の磁化の向き（N 極か S 極か）によって反射光の偏光面が回転する現象（カー効果）を利用する．一方，相変化記録では，レーザ光を照射して急冷却すると記録層が非晶質（アモルファス）となり，徐冷却すると記録層が結晶となる現象を利用して，データを記録する．データの再生には，結晶と非晶質(アモルファス)とで反射率が異なることを利用する．

③ 光ディスク装置の概要

光ディスク装置の基本的な構成を図 2.124 に示すが，光ディスク媒体，光ディスク媒体を高速回転させるスピンドル(spindle)機構，光ヘッド(optical head), 光ヘッドを高速位置決めするポジショナ(positioner)機構などからなる．さらに，光ヘッドは，半導体レーザ(laser diode)，アイソレータや対物レンズ(objective)などの光学系，光スポットの焦点制御・トラッキング制御(tracking control)を行うレンズアクチュエータなどからなる．光ディスク装置では，磁気ディスク装置 (HDD) と違って, 媒体可換性が大きな特徴となっているが，一方で，光スポットを高速回転する光ディスク媒体上に精密に位置決めするレンズアクチュエータや，光ビームの位置決め制御が重要となる．

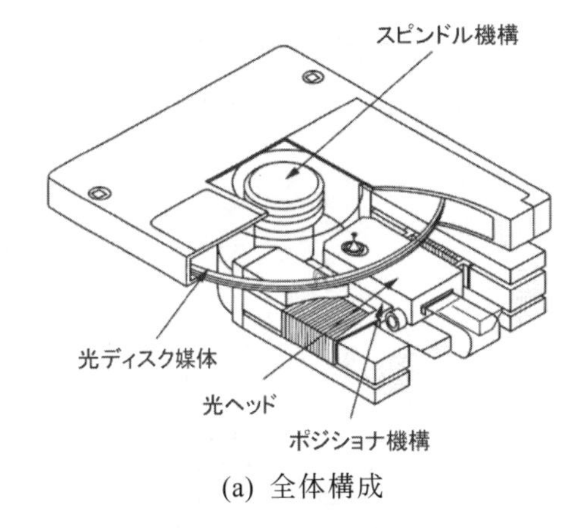

(a) 全体構成

(b) 光ヘッドの構成

図 2.124　光ディスク装置の基本的な構成
(文献(30)から引用)

図 2.124 に光ヘッドの構造を示したように，半導体レーザから出射された光ビームは，アイソレータや対物レンズなどの光学系によって，光ディスク媒体の情報記録面に光スポットとして集光される．ここで，高速回転する光ディスク媒体には数 100μm の面振れや数 10μm のトラック振れが存在するので，光スポットは，焦点制御用とトラッキング制御用の 2 つのレンズアクチュエータを用いて，光ディスク媒体の情報記録面上に精密に追従するように（例えば，焦点誤差 1μm 以下，トラッキング誤差 0.1μm 以下となるように）制御される. この位置決め制御(positioning control)に必要な焦点誤差信号やトラッキング誤差信号は，光ディスク媒体からの反射光を光検出器に導いて検出する．一方で，光スポットを目標トラックまで大きく移動するシーク制御(seek control)は，ポジショナ機構による粗シークと，トラッキング制御用レンズアクチュエータによる精密シークの 2 段階で実現することが多い．

さて，MO（光磁気ディスク）としては，3.5 インチ（90mm 径）が主流になりつつあり，記憶容量は 2GB に達している．このような大容量 MO では MSR (Magnetically induced Super Resolution：磁気超解像) と呼ばれる再生技術が採用されている．温度によって磁気特性が異なる磁性膜を積層して，レーザスポット内の特定の温度領域をマスクすることで，レーザスポット径よりも小さい領域から信号を再生する方式である．さらに，消去と記録が同時に可能な磁界変調オーバーライト方式も導入されている．コンピュータの外部記憶装置としての普及が期待されたが，CD-R（追記）や DVD-RW（書換え）などの記録型光ディスクや，大容量なフラッシュメモリーの普及が進んでいるために，地味な存在にとどまっている．一方で，DVD（ディジタル多目的ディスク）は，CD と同じ直径 120mm の光ディスク媒体を用いるが，波長 660nm の短波長レーザや開口数 0.6 の対物レンズなどを用いることによって，基本となる再生専用型の記憶容量は 4.7GB（片面）で CD の約 7 倍に達している．映画産業やコンピュータ産業などの幅広い市場が期待されて普及が進んでおり，再生専用型（DVD-ROM）に加えて，追記型（DVD-R）や書換え型（DVD-RAM，DVD-RW）の規格が定められている．

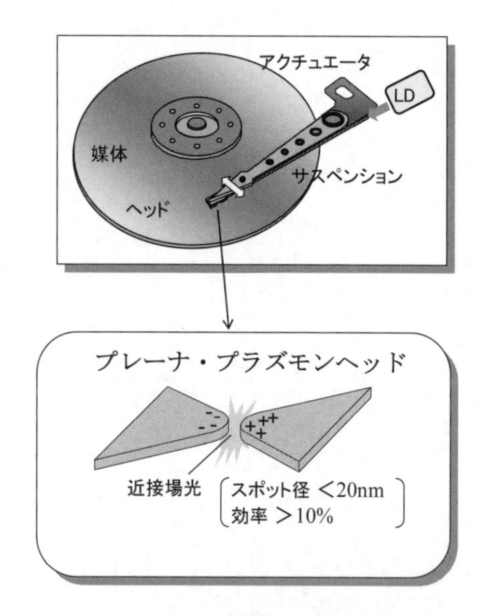

図 2.125　近接場光メモリの構成

d. 将来記憶技術 (recording technologies in the future)

光ディスク装置の記録密度(recording density)はレーザ光のスポット径に大きく依存する．これまで，光ディスク装置の大容量化・高密度化は，半導体レーザの短波長化と対物レンズの開口数（Numerical Aperture：NA）を高めることによって達成されてきたが，そろそろ限界に近づきつつある．この限界を回避する新しい光記録技術として，近接場光記録，ホログラムメモリ，多層三次元メモリなどの研究開発が進められている．

近接場光記録は，レーザ光のスポット径を画期的に小さくして記録密度を高めるもので，物理的に微小な開口をつくるプルーブ方式，光学的に NA を 1 以上に高める SIL（Solid Immersion Lens：ソリッド・イマージョン・レンズ）方式，さらに，微小な開口をつくる機能を媒体にも取り込んだスーパーレンズ方式などがある．SIL 方式による近接場記録では，波長 405nm，NA1.5 の光学系を用いた記録再生実験によって，45Gbit/in^2 の記録密度が達成されている．プルーブ方式や SIL 方式においては，光ディスク媒体とプルーブあるいは対物レンズとの隙間を 50nm 程度に制御するため，磁気ヘッドと同様の浮上型光ヘッドなどの検討が必要となっている．近年，図 2.125 に示すように，近接場光記録を光アシスト型磁気ヘッドに適用し，パターンドメディアと組み合わせた高密度記録の研究が進められている．

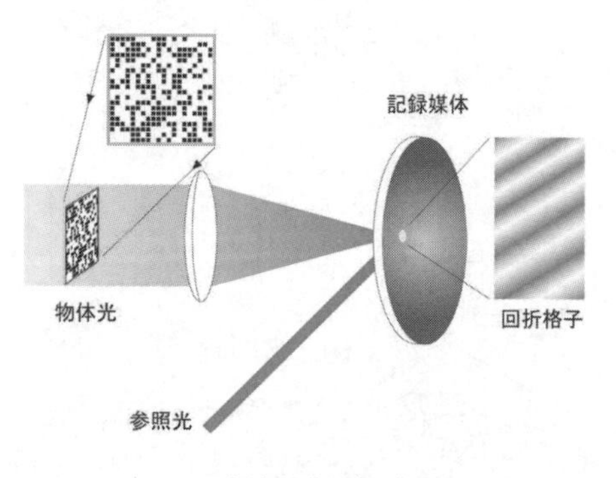

(a)記録原理概念図

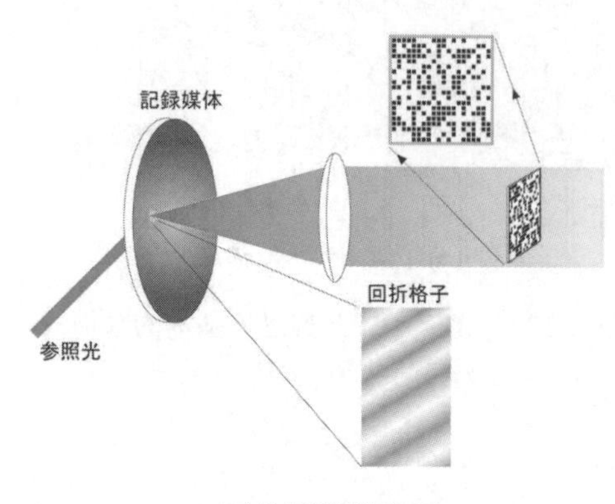

(b)再生原理概念図

図 2.126　ホログラムメモリの記録再生原理

ホログラムメモリ(holographic memory)の記録再生原理を図 2.126 に示す．記録は，レーザ光を二つに分け，一方を物体からの情報を含む物体光，もう一方を参照光として用い，これらを記録媒体上で干渉させる．物体からの情報は干渉縞として記録される．再生は，参照光を記録媒体に照射することによって行われる．このホログラムメモリにおいて，波長を可変にする方式（波長多重）や，物体光と参照光の干渉角度を可変にする方式（角度多重）によって，多重記録を実現するのが体積多重ホログラムメモリであり，超高密度な三次元記録方式として期待されている．記録再生方式に加えて，高感度・低収縮性のフォトポリマー記録材料の開発が進められ，システム化検討も進められている．すでに 300Gb/in^2 のドライブが市場投入され，試作レベルでは 500Gb/in^2 の報告がなされている．今後は 1Tb/in^2 以上をめざしたシステム開発が進められていくものと予想される．システム化技術の改良，フォトポリマー記録材料のさらなる信頼性および記録再生特性の向上が進められ，当面はアーカイバル用途の産業用システムとして実用化されると思われる．

多層三次元メモリは，多光子過程を利用して，ビットデータを記録媒体の深さ方向に多層に記録するもので，動画を再生するなどのデモンストレーションも行われている．研究レベルでは，図 2.127 に示すように，120mm 径ディスクで 200 層を用い，2 フォトンモードで 1TB のデータ記録が報告されている．実用化に向けては，2 光子吸収を生じさせる小型高出力な極短パルスレーザおよび 2 光子吸収で高感度な多層記録材料の開発が必要である．

以上示した将来記憶技術において，近接場光記録は単独でメモリシステムを構築することは困難であり，光アシスト型磁気記録への応用が期待される．ホログラムメモリは産業用アーカイブメモリシステムとして検討が進められているが，本格的な実用化に向けてはフォトポリマー記録材料の信頼性向上が求められる．3 次元多層メモリは記録材料やレーザ光源にさらなるブレークスルーが必要である．

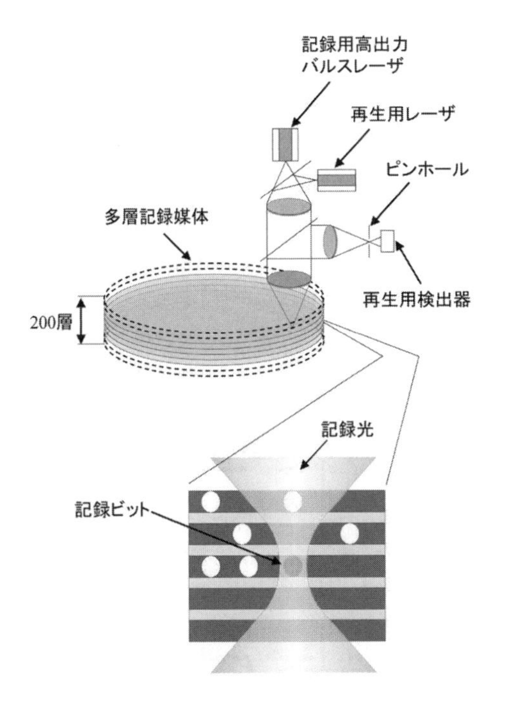

図 2.127　3 次元多層ディスク

2･4･5　プリンタ (printer)

a. プリンタの種類と特徴 (types of printers and their features)

歴史的には，計算機システムの出力装置として，球に活字を植えた IBM セレクトリック･タイプライタ(Selectric Typewriter)方式や円盤に活字を植えたデイジーホイール(daisy wheel)方式など，活字を紙に打ちつけて印字する母型活字方式のプリンタ(printer)が全盛期を迎えたこともあったが，現在では画素(picture element)によって文字を形成するディジタル画素形成方式のプリンタがほとんどである．母型活字方式では，英数字にカタカナを加えると文字数が多くて収まらず，ひらがな・カタカナ・漢字の印字は，このディジタル画素形成方式の出現によって可能となった．

表 2.5 に示すように，印字方式で分類すると，プリンタはインパクトプリンタ(impact printer)とノンインパクトプリンタ(nonimpact printer)に大別される．インパクトプリンタは，ノンインパクトプリンタに比べて，騒音が大きい，カラー画像の印字品質が悪いなどの欠点あるため，現在ではワイヤドットプリンタ(wire dot printer)しか残っていない．ノンインパクトプリンタでは，インクジェットプリンタ(ink jet printer)（サーマル，ピエゾ），サーマル方式の感熱プリンタ(thermal printer)や熱転写プリンタ(thermal transfer printer)，電

表 2.5　プリンタの種類

印字方式			解像度（dpi）	カラー印刷	印刷速度
インパクト	ワイヤドット方式		180～360	△	低速
ノンインパクト	インクジェット方式	サーマル	4,800～9,600	○	低速
		ピエゾ		○	低速
	サーマル方式	感熱	200～600	×	低速
		熱転写		○	低速
	電子写真方式	レーザ	600～2,400	○	高速
		LED		○	高速

子写真方式のレーザプリンタ(laser printer)や LED プリンタが普及している．特に，台数ではインクジェットプリンタが 2/3 以上と圧倒的なシェアを誇っているが，プリント枚数ではレーザプリンタが 80%を占めている．

b. インクジェットプリンタ (ink jet printer)

インクジェットプリンタ(ink jet printer)は，ノズル(nozzle)から微粒子化したインクを噴出させて，紙上に直接，画素を形成するものである．インクの吐出方式としては，連続的にインクを飛ばす連続射出型と，必要な時にだけインクを飛ばすオンデマンド型とがある．広く普及しているのはオンデマンド型で，微細なインク滴（インクドット）を発生させる方式として，加熱による気泡の圧力でインクを噴出させるサーマル方式と，電圧によって変形するピエゾ素子（圧電素子）を用いてインクを噴出させるピエゾ方式がある．近年では，ノズルの極微細化によって，数 1,000 dpi もの高解像度が達成されている．また，多色化が容易なため，ノズルの極微細化と相まって，銀塩写真並みの高画質が実現されている．

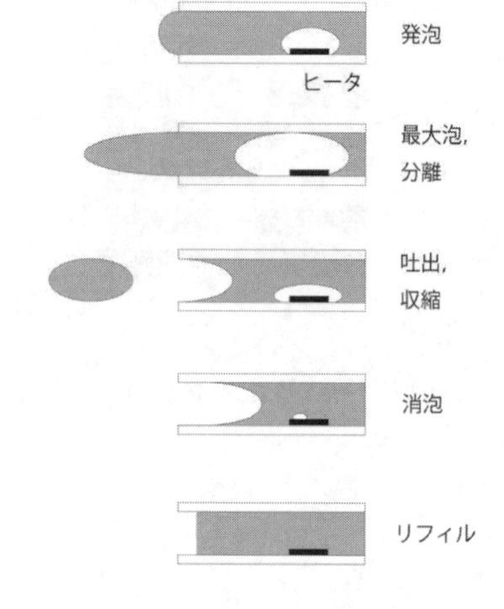

図 2.128　サーマル方式インクジェットのインク吐出メカニズム

① サーマル方式

1970 年代後半に，キヤノンが基本原理を開発した方式である．図 2.128 に示すように，ノズル内にヒータ素子を埋め込み，これを瞬時に加熱することで，インクに気泡を発生させて，インクを噴出させる．液体を急速に加熱すると膜沸騰(film boiling)現象が起こり，高圧の気泡が短時間だけ発生する現象を利用する．ヒータとしては抵抗加熱，誘導加熱などが考えられる．キヤノン社は自社で開発したサーマル方式を「バブルジェット」と命名し，1985 年に世界初のサーマルジェットプリンタを発売した．サーマル方式は，後述するピエゾ方式に比べて，ヘッド構造が比較的単純なので，高速化や高密度化が図り易いことが特徴である．

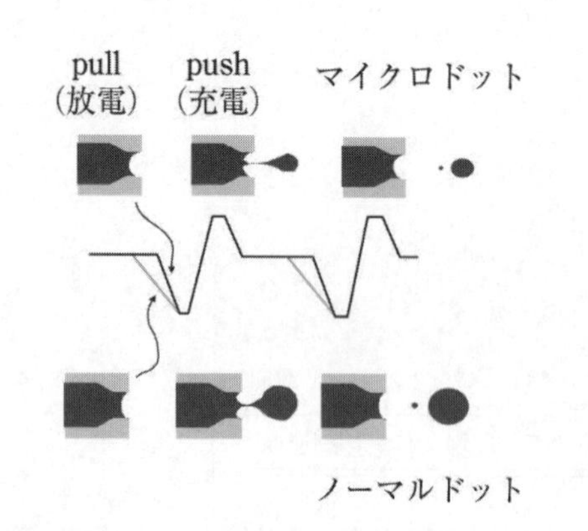

図 2.129　ピエゾ方式インクジェットのマイクロドット吐出技術

② ピエゾ方式

電圧を加えると変形するピエゾ素子（圧電素子: piezoelectric-element）を用いる方式である．ピエゾ素子をノズルにつながるインク室に取り付け，電圧を加えてこのピエゾ素子を変形させることでインクをノズルから噴出させる．1990 年代に，セイコーエプソンが積層構造のピエゾ素子を用いた「マッハジェット」によって，図 2.129 に示すように，同じ径のノズルから大きなインク滴（ノーマルドット）と小さなインク滴（マイクロドット）を噴出する技術を開発することに成功した．このように，ピエゾ方式では，ピエゾ素子の変形量を電圧制御することでインク吐出量を比較的簡単に制御できるのが特徴である．一方で，ドット毎にピエゾ素子が必要となるために，ヘッド構造が複雑となるのが欠点である．

c. レーザプリンタ (laser printer)

レーザプリンタ(laser printer)は，図 2.130 に画像形成の原理を示すように，レーザ光を静電帯電させた感光体に照射して，静電気による画像（静電潜像）を形成し，この静電潜像に帯電させた微粒子（トナー）を付着させ，これを用紙に転写・定着するものである．通常は，感光体ドラム(photosensitive drum)を回転させ，この表面をレーザ光で走査しながら印刷を行う．レーザ光の走査には，モータ，多面体のポリゴンミラー(polygon mirror)，レンズなどで構成されるポリゴンミラー走査系が用いられる．レーザプリンタは，ページ単位で印刷を行なうことができるページプリンタであり，インクジェットプリンタなどのシリアルプリンタに比べて，高速で高品質な印刷が可能である．

レーザに換えて，LED（発光ダイオード）を光源として用いるものが，LED プリンタである．LED プリンタでは，画素数に相当する LED アレイが必要となるが，複雑なポリゴンミラー走査系が不要となるので，小型化には有利と思われる．電子写真方式の複写機（コピー機）も，レーザプリンタや LED プリンタと画像形成の原理は同じである．

技術課題としては，特にカラー機において，各色の画像の位置ずれを 50μm 以下に抑えることが重要となる．位置ずれの原因には，感光体ドラムや紙送り機構の回転むら，熱膨張(thermal expansion)によるポリゴンミラー走査系の熱変形などがあるが，高剛性な筐体設計や振動を抑える駆動制御系設計など，機械工学の果たすべき役割も大きい．

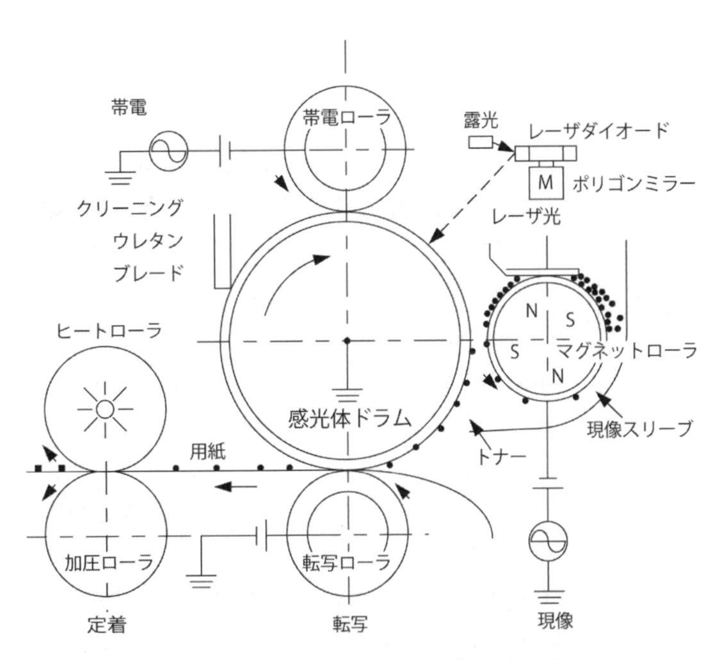

図 2.130　レーザプリンタの画像形成原理

2・5　マイクロマシン (micromachine)

SF映画「ミクロの決死圏」（1966年）では，特殊装置で微小化した有人潜水艇を血管内に入れてレーザ銃で脳内血管の治療を施すという設定がある（図2.131）．実際の機械を微小化するためには，各種センサやモータ等のアクチュエータ(actuator)および制御回路などすべてを小型化しなければならず，未だに実現はしていないものの，この映画が機械類の微小化のきっかけを作ったといっても過言ではない．機械の微小化に際しては，第1章の図1.13に示される従来の機械工学の体系を基本としつつも，同図右側に示される応用工学や他分野工学系とも密接に関連し，様々な技術開発と体系化が進められてきた．微小化した機械・機器類はカプセル型内視鏡（図1.24）や能動カテーテル（図2.145）として消化管や血管に入れられているだけでなく，身の回りに見られる例も多い．また，これらの機械はマイクロマシン(micromachine)の他，マイクロシステムあるいはMEMS (Micro Electro Mechanical Systems)等と多様な呼び方をされる．寸法の微小化に伴い，スケール効果と呼ばれる種々の興味深い現象が現れるため，その設計や製作に際しては特別な配慮が必要となる．

図2.131　微小化した潜水艇と人間が血管の治療を施すイメージ

> JIS C 5630-1:2008「マイクロマシン及びMEMSに関する用語」
>
> MEMS (Micro Electro Mechanical Systems)：微小な電気機械システムで，半導体プロセスを用いて一つのチップ上にセンサ，アクチュエータ，電子回路などのすべて，又は一部を統合化したもの．
>
> 注）MEMSについては，Bio-MEMS, RF-MEMS, Power-MEMS等の多くの派生語がある．
>
> マイクロマシン(micro machine)：構成部品の寸法が数mm以下の機能要素，及びそれらから構成される微小なシステム．

2・5・1　スケール効果 (scale effect, scaling)

物体の代表寸法が小さくなると，通常は無視される力などの影響が顕著に現れるようになる．図2.132は寸法が作用力などに及ぼす影響の度合いを示す概念図である．たとえば質量(mass)は代表寸法 L の3乗に比例し，表面積(surface area)は L の2乗に比例するため，大きな物体では表面に働く摩擦力(friction force)よりも質量に働く慣性力(inertia force)の影響が強くなりがちで，動きだしはゆっくりとし，動き出したら止まりにくい傾向にある．一方，微小な世界では慣性力よりも表面力の影響が顕著になるため，物体の急加速や急停止が行いやすくなるものの，摩擦などの影響を受けやすくなる．その他の因子を表2.6に示す．このように，物体の寸法が変化すると，これに作用する各種影響や物体そのものの特性が変わることをスケール効果(scale effect)あるいはスケーリング(scaling)と呼ぶ．身近な例として，小麦一粒は手のひらから落ちるが，寸法を小さくした小麦粉は手につくと落ちない現象が挙げられる．

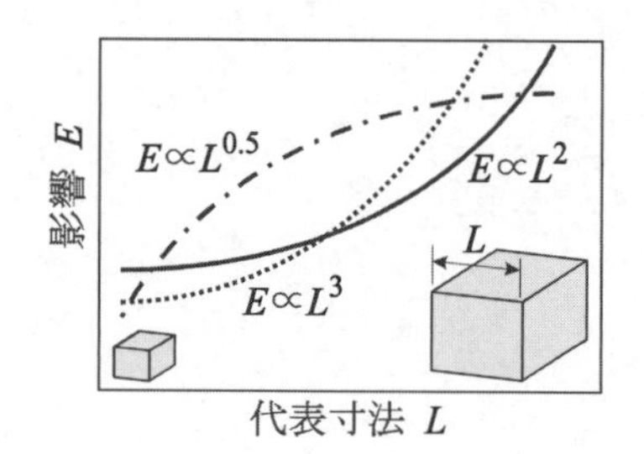

図2.132　スケール効果（寸法に依存した影響の変化）

表2.6　スケール効果の例

L^n	因子
n=3	質量，慣性力，熱容量
n=2	摩擦力
n=1	表面張力
n=0.5	拡散時間
n=0.25	ファンデルワールスカ

寸法が小さくなった時の特徴を機械工学の観点から以下に示す．まず，慣性力の影響が小さくなるため高速動作が可能となり，微小鏡を用いた光走査器（scanner スキャナ）や振動を利用したセンサ等の製作が可能になる．しかし，摩擦力や静電力，あるいは液架橋力（meniscus force メニスカス力）と呼ばれる表面の水分の影響を受けやすく，前述の小麦粉のような振る舞いが現れやすい．

熱と温度という観点からは，熱容量(heat capacity)が代表寸法 L の3乗に，表面積(surface area)は L の2乗に比例するため，寸法が小さくなると表面からの熱の出入りが容易になり，急速な温度変化を与えやすい．その結果，形状記憶合金(shape memory alloy)やバイメタル(bimetal)のような熱駆動アクチュエータが適用しやすくなる．

狭い流路を流れる液体は，慣性力(inertia force)よりも粘性(viscosity)の影響を強く受けるようになるため流れにくくなる．しかし，液体を混合する時の拡散(diffusion)時間が短くなり，化学分析を高速に行えるようになる．そのため化学分析機器の微小化が進められている．ここでは試薬等が微小量で済むというメリットもある．

2･5･2　身近に見られる微小機器の例 (examples of microsystems in familiar products)

a. ゲーム機・携帯電話 (game console, mobile phone)

ゲーム機のコントローラに加速度センサ(acceleration sensor)を組込むことで，コントローラの動きをゲーム機の入力とすることができる．加速度の検出原理を図 2.133 に示す．系全体に上向きの加速度(acceleration)が作用すると，“はり(beam)”が慣性力(inertia force)で下方に移動し隙間が変化する．この時，下側では電気容量が増し上側では減少するため，これを検知して加速度を測ることができる．一方，はりの上下の電極(electrode)にかかる電圧をちょうどはりの変形を打ち消すように制御すると，変位(displacement)が生じないままに加速度を測ることができる（サーボ型加速度計）．一般に，慣性力による変位を直接測定するタイプの加速度計では低周波領域での検出が難しいが，このようなサーボ型加速度計では低周波領域まで感度の高い測定が行える．

なお，寸法の微小化に伴って質量の影響が小さくなるため，加速度センサは原理的に感度が低下しやすくなるものの，電極間の隙間を小さくする等の工夫により，小型でかつ感度のよいものも製作されている．

さらに，MEMS 技術の適用で数ミリ程度の大きさまでセンサが小型化され（図 2.134），多軸化が可能になった．その結果，ゲーム機コントローラの複雑な運動を検出し，ゲームの展開に反映できるようになっている．なお，構造材料であるシリコン(silicon)は半導体(semiconductor)であり，電気抵抗(electric resistance)が非常に大きいと考えられがちであるが，添加する不純物(impurity)濃度を極端に大きくすることで電気抵抗を下げることもできる．

スケール効果に基づくと，微小な世界ではローレンツ力(Lorentz force)（電磁力）に基づく動電型モータよりもクーロン力(Coulomb force)（静電力）を利用した静電型モータの方が有利と考えられる．そのため，超小型静電モータに関する研究がこれまで進められてきたが，まだ実用化には至っていない．なお，携帯電話のバイブレータに用いられている小型モータ（直径 3-4mm 程度）は，通常の動電型モータを微細加工(micromachining)・組立技術を駆使して小型化したものである．

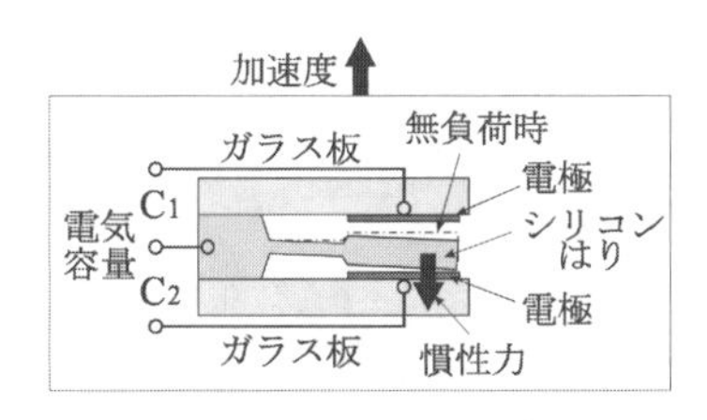

(a) 加速度センサの構造と原理

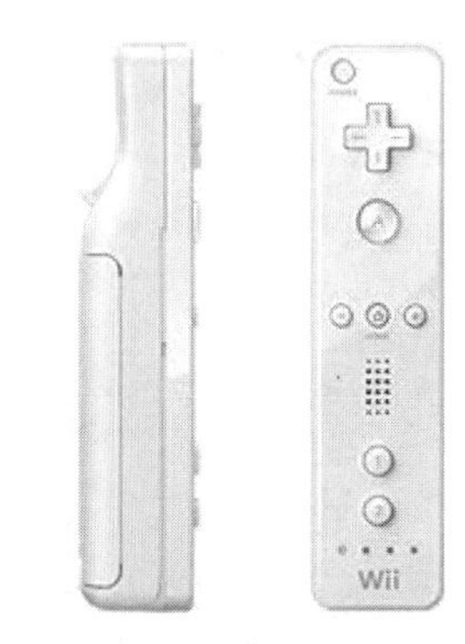

(b) Wii リモコン（提供　任天堂㈱）

図 2.133　加速度センサと応用例

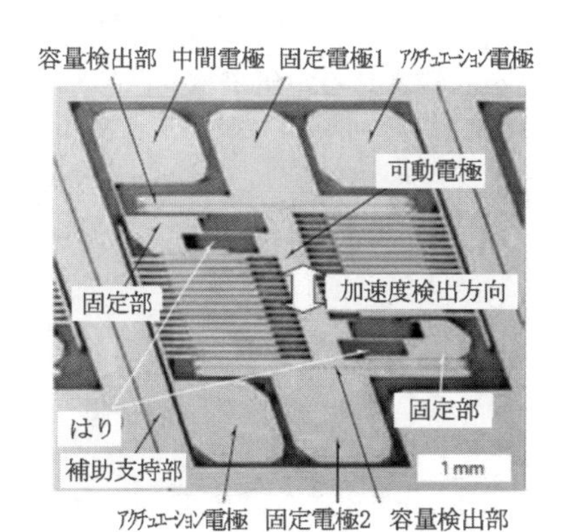

図 2.134　加速度センサの例
（三菱電機技報から引用）

b. カメラ (camera)

ビデオカメラやディジタルカメラには手ぶれ防止機能が付いたものがある．これは，カメラの角運動を検出し，それに伴う画像のぶれを補正するようにレンズを動かすか，あるいは画像に処理を施すものである．ここで重要となるのが角速度(angular velocity)を検出するための小型軽量センサである．これにはジャイロ（gyroscope：レートジャイロともいう）が用いられている．

振動ジャイロの原理を図 2.135 に示す．音叉型の振動子が角速度を受けるとコリオリカ（Coriolis force，p.92 のコラム参照）によって振動状態が変化するので，これを検出して角速度を知ることができる．この原理は，摩擦(friction)の影響がないため小型化に向き，ミリメートルサイズまで小さくできる．そのため，カメラに組込んで手ぶれ補正等の機能を実現することが可能になった．

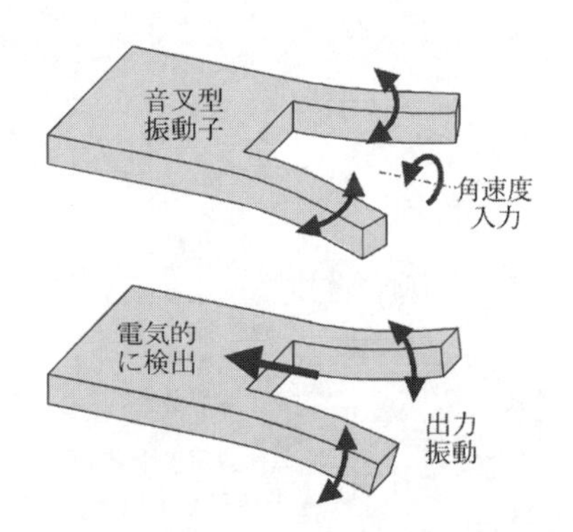

図 2.135　振動ジャイロの原理と概念

音叉型の振動子が角速度を受けると振動状態が変化し，これを検出することで角速度をはかる

振動ジャイロの例では実用化に際して MEMS 技術が適用されたため，小型で比較的安価での製造（大量生産を前提）が可能になり，これが大きなブレークスルーをもたらした．なお，振動ジャイロでは振動子を効率的にかつ信頼性高く駆動する必要があるため，駆動方法にも MEMS 技術が活用されている．

このようなセンサはミリメートルレベルまでの小型化が可能な故に複合化・多軸化が行われ，ゲームコントローラをはじめとする身近な製品でも多用されるようになった．

c. 自動車 (automobile)

自動車には MEMS 技術を利用したセンサが多く搭載されており，走行の安定化が図られている．例えば，車輪の回転速度を検出して急ブレーキ時のすべりを防止する機能や，スピン等の発生に伴う車体の運動を検出して操舵を安定化させる機能が実現されている（2･2･3 項「自動車の安全」参照）．図 2.136 に車載用のジャイロの変遷を示す．上の図は古典的なジャイロのイメージであり，回転するコマの軸を傾けた時に発生するジャイロモーメント(gyroscopic moment)を検出することでその角速度(angular velocity)を測定するものである．感度を高めるためにはコマを重くするかあるいは高速で回転させ続けなければならず，また長期にわたる信頼性を維持するのは必ずしも容易ではなく，ミリメートルレベルまでの小型化も容易ではなかった．これに対し，MEMS 技術を利用した振動ジャイロは大幅に小型化が可能であり，今日では多くの車に搭載されている．

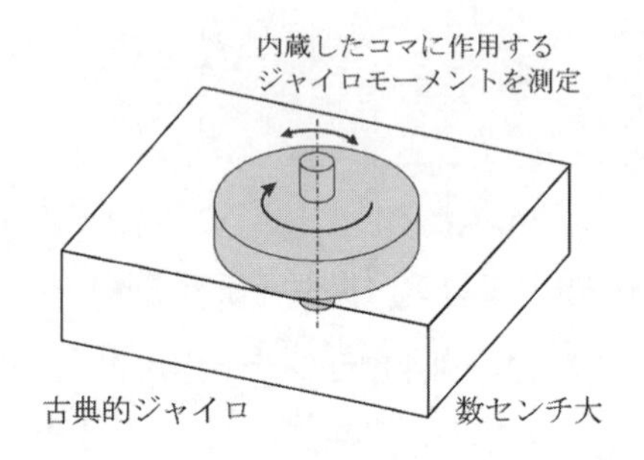

図 2.136　車載用ジャイロの変遷

コマを回転させる電気機械式から MEMS 技術を利用した振動式とすることで小型化された

また，エンジンの燃焼状態を適正に保ち燃費を改善する用途には，酸素濃度センサや圧力センサ(pressure sensor)が用いられている．圧力センサは，図 2.137 に示すように，媒体（水や空気等）の圧力によって引き起こされる構造の変形を検出することを原理としているため，その感度を高めるには，広い面積にわたって極力薄い構造を気密性高く製作する必要がある．このような応用には単結晶シリコンが多用されている．その理由は，半導体製造技術を用いてシリコン基板上に所望の構造を安く大量に生産できるようになったと共に，陽極接合法（3･3･4 項「マイクロ・ナノ加工」参照）によって媒体の漏れない一体化構造が比較的容易に製作できるようになったためである．

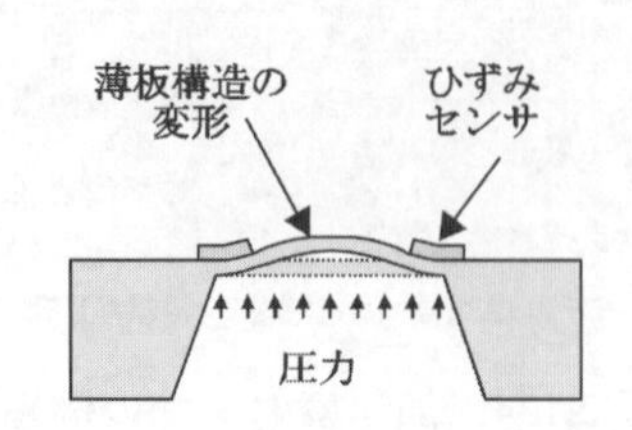

図 2.137　圧力センサの原理

圧力による肉薄部の変形をセンサで検出する

加えて，単結晶シリコンはピエゾ抵抗効果(piezo resistance effect)，すなわち，ひずみが加わると電気抵抗が変化する性質を持つため，圧力変化を電気的に検出することが容易である．薄板の一部に後述のような不純物導入を行うことで，見かけ上は一体構造のままひずみセンサを組み込むことができるため，はく離などの心配のない，信頼性の高いセンサを構成できる．

さらに，シリコン(silicon)は半導体(semiconductor)としての性質を持つため，センサ周囲に電子回路を配置することができる．例えば，シリコン基板に不純物元素（リンあるいはホウ素など）を注入するとシリコンがn型あるいはp型に変化するため，これらの接合をつくることでトランジスタを形成できる．さらに，これらを配線接続することによって，同一基板上にホイートストンブリッジ回路や増幅回路を配置できる．その結果，一体構造で信頼性の高い集積化センサを実現することができる．この方法で製作された集積化圧力センサの例を図2.138に示す．中央部のダイヤフラム（1.5×2mm，厚さ25μm）の一部にはひずみゲージ(strain gauge)が製作されており，わずか3×3.8mmの構造（厚さ0.43mm）の中には電子回路も形成されている．

それ以外にも，搭乗者の安全確保に必要なエアバッグには加速度センサ(acceleration sensor)が組込まれており，また，車内温度を快適に保つエアコン制御には温度センサ(temperature sensor)が設置されている．加速度センサの原理は前述と同様であるが，自動車用エアバッグの場合には，正常な動作を保証するための自己診断機能が重要となる．例えば，エンジン始動時にアクチュエータを駆動して加速度作用時の動作を模擬することで，回路不良等を含めた自己診断(self-diagnosis)を行うことができる．

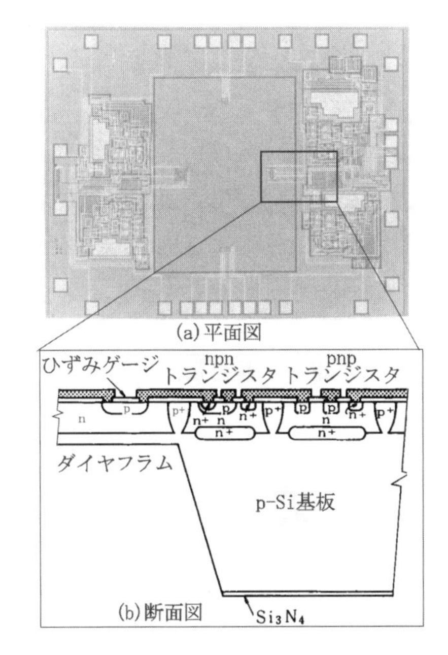

図2.138　集積化圧力センサの平面写真と断面構造図

3×3.8mmのシリコンチップにダイヤフラム，センサおよび電子回路が収まっている

2・5・3　情報通信機器や社会システムに見られる微小機器の例 (examples in electro-communication and social systems)

a. 光通信機器 (optical communication equipment)

光スイッチング装置の例を図2.139に示す．2対のファイバーが直交するように配置されており，これの間に微小鏡を出し入れすることによって，光ファイバー（直径10μm）から出た光を直進あるいは90度曲げた状態に切り替えられるようになっている．この構造で重要なのは，鏡を駆動するための櫛歯型静電アクチュエータ(comb actuator)および鏡の加工法である．図中に示す通り，1枚のシリコン基板の不要部分を除去して櫛歯状の電極と板ばね支持による可動構造が形成されており，電極間に作用する静電力を利用して駆動を行っている．基板を貫通するような深溝加工にはDRIE (Deep Reactive Ion Etching)と呼ばれる手法が用いられる．また，可動部分の一部に微小鏡が作り込まれており，その表面は良好な平滑面であることが求められる．

この光スイッチは微小であるため，複数部品から構成された寸法の大きな構造に比べて高速に動作し（スケール効果），切り替え時間はms程度まで短くなる．

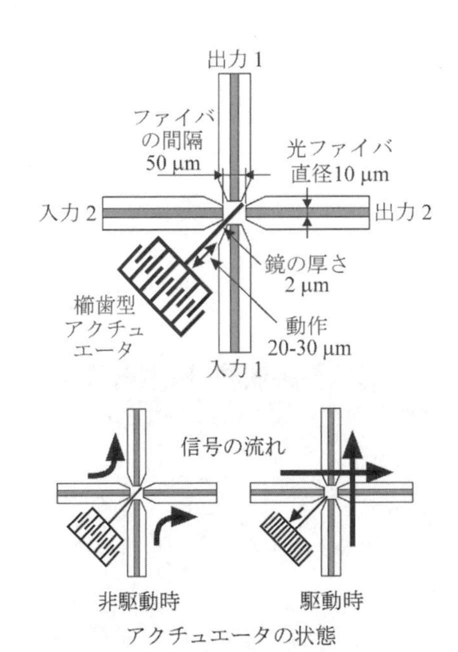

図2.139　光スイッチ

厚さ数ミクロンの鏡を数10ミクロン動かすことで光信号の向きを切替える

b. プロジェクタ (projector)

各種ディスプレイやプレゼンテーションに用いられるプロジェクタ（投影機）にもマイクロマシン技術が適用されている．その一つに集合化アクティブ鏡がある．これは，通常DMD (Digital Mirror Device)あるいはDLP (Digital Light Processing)と呼ばれるもので，テキサスインスツルメント（TI）社によって開発された．基本原理は，微小鏡の傾きでレンズへの光の入射をオン/オフし，スクリーン上に1画素をつくるというものである．その微小鏡を2次元配列すると画像を構成することができる．実際のプロジェクタには，半

導体製造技術を用いて製作された辺長 16μm の微小鏡が 1400×1050 個（SXGA+）まで集積されている．個々の微小鏡は犠牲層エッチング（3･3･4項「マイクロ・ナノ加工」参照）で製作されており，複雑な三次元構造をしている．また，各々の鏡は静電アクチュエータ(electrostatic actuator)のオン/オフによって±10 度の範囲でディジタル的にたわませることができる（図 2.140(a)）．

このような小さな鏡では質量が小さいため，スケール効果によって，人の目の応答速度の約 1000 倍も速い速度で駆動することができる．そのため，オン/オフの時間比率を調整することで，約 1000 段階の濃淡レベルで表示が可能となっている．また，色フィルタの回転とオン/オフ動作を同期させることで，三原色の組合せによるフルカラー表現もできるようになっている（図 2.140(b)）．質量が小さいことから衝撃(impact)にも強く，1000G の加速度でも壊れないとのことである．スケール効果に従ったメリットを生かした好例と言えよう．なお，上記の画像投影は鏡による反射を利用しているのに対し，他の方式の液晶プロジェクタでは，液晶パネルの透過時に画像を形成している．

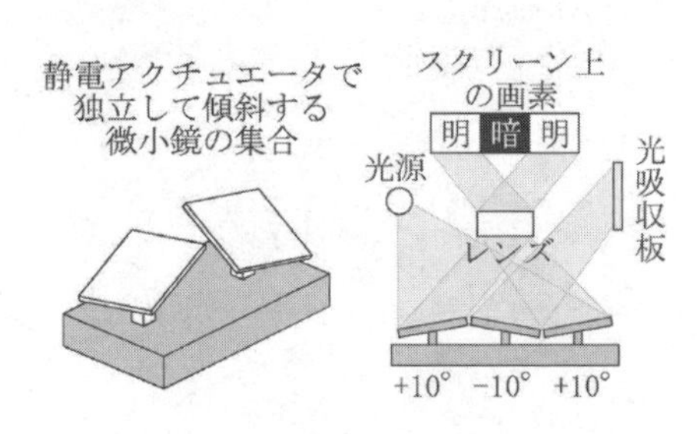

(a) 1 辺が 16 ミクロンの
集合化微小鏡の動作

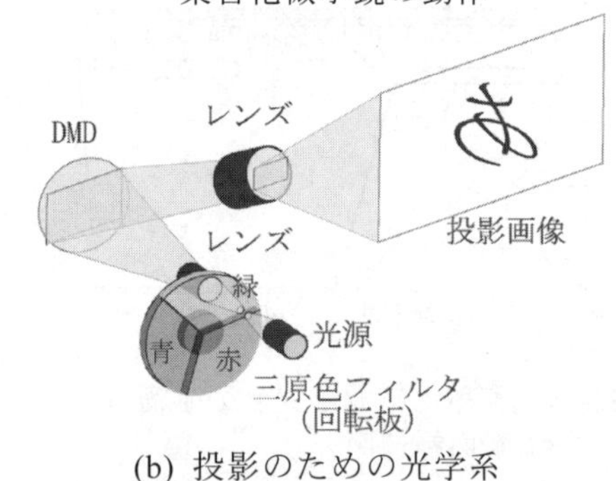

(b) 投影のための光学系

図 2.140 DLP デバイス

色フィルタの回転に合わせて微小鏡をオン/オフして色と輝度を表現する

c. 社会システム (social systems)

社会システムでも多くの MEMS センサが用いられている．水道やガスの供給においても各所で圧力測定が行われている．より多くの地点にセンサを設置するためには，センサ本体の小型軽量化に加え省電力化も必須となる．また，多数のセンサをネットワークに接続して情報を集約することで，安全・安心な社会システム実現に寄与することができる．ネットワーク化されたセンサの典型例にはアメダス（Automated Meteorological Data Acquisition System：自動気象データ収集システム）がある．ここでは，国内各地の気温，風向，風速，日照時間等が集約され，集中豪雨の把握や予報に用いられている．

将来構想の一つとして，ダイオキシン等の有害物を検出するセンサを多数設置し，これらをネットワーク化することで環境の安全を常時モニタリングしようとする考えもある．

2･5･4 理化学機器などへの応用 (application to scientific instruments and others)

a. 理化学機器 (scientific instrument)

ナノメートルレベルまで尖らせた片持ちはり（カンチレバー: cantilever）は，走査型プローブ顕微鏡(scanning probe microscope)の探針(probe)として使用されている（図 2.141）．この探針で固体表面を走査することで，表面の微細形状などを測定することができる．走査型プローブ顕微鏡には，トンネル顕微鏡(scanning tunneling microscope: STM)や原子間力顕微鏡(atomic force microscope; AFM)などが存在し，トンネル顕微鏡では原子 1 個の大きさまで観察することができる．

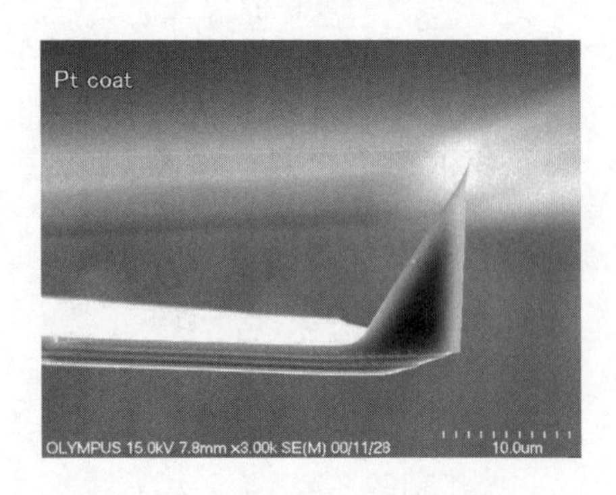

図 2.141 マイクロカンチレバー
（提供 オリンパス㈱）

また，このようなカンチレバーに特殊な材料を付着させて，特殊なセンサやアクチュエータの機能を持たせる研究も進められている．特に，カンチレバーは振動させた時のQ係数（Q-factor，共振周波数の鋭さを示す値）が大きいため，振動周波数の変化を利用した感度の良いセンサ（振動センサ）も多く開発されている．

b. 微小化学分析 (micro-chemical analysis)

化学分析機器の例としてクロマトグラフ(chromatograph)がある．気体あるいは液体の試料（混合物）をキャリア（媒体）とともに分離管に流すと，吸着・脱離の違い等によって混合物を構成する各物質の流動速度が異なるため，一定距離進む間に混合物が分離されるという原理である．元来，大型であった分析装置を大幅に小型化したガスクロマトグラフを図 2.142 に示す．1 枚のシリコンウェハ（直径 50mm）上に試料およびキャリアガスの導入部が設けられており，ソレノイドバルブ（電磁弁）やガス検出機も備えられている．さらに，延べ 1.5m のらせん状の細い分離管が同一ウェハ上に設けられている．

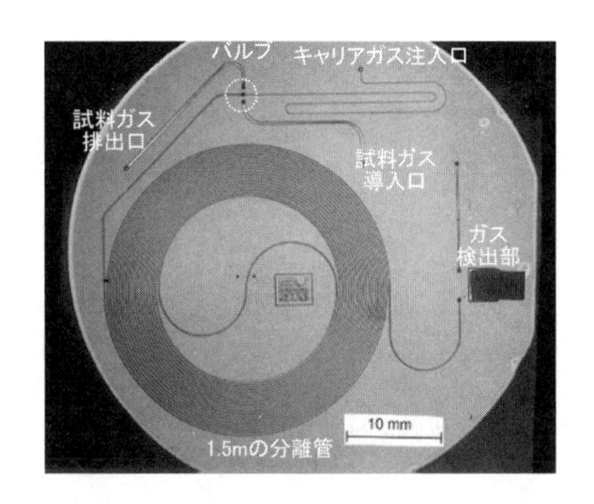

図 2.142 シリコンウェハ上に作られたガスクロマトグラフ

試料ガスとキャリアガスをウェハ上の細管に流して分析を行う

このような開発がきっかけとなり，化学分析機器を小型化する動きが活発になった．試料やキャリアが微小量ですむということに加え，スケール効果により拡散時間が寸法の 0.5 乗に比例することから，反応時間を大幅に短縮できる．そのため，クロマトグラフのような分析だけでなく，反応（例えば抗原抗体反応）についても様々な研究開発が行われてきた．微小化された化学分析機器は μ-TAS (micro-Total Analysis System)あるいは Lab on a chip と呼ばれ，微小流路に試薬等を流しながら分析を行うため，機械工学の基礎分野である流体力学(fluid mechanics)とも密接に関連している．μ-TAS の例を図 2.143 に示す．ポンプから送られた試料と試薬が混合され，光学的な測定などがおこなわれる．寸法の微小化に伴い，前述のスケール効果に従って検査時間が大幅に短縮することが期待されている．しかし，微小流路の幅は 100μm 以下と小さく，タンパク質を含む生体流体を流すような場合は，壁面との相互作用が流れに影響を及ぼす等の新たな課題も生じている．さらに，微小流路の形成やポンプとの接続法といった要素技術の開発に対する要求も強く，機械工学に対する新たな要請も多い．

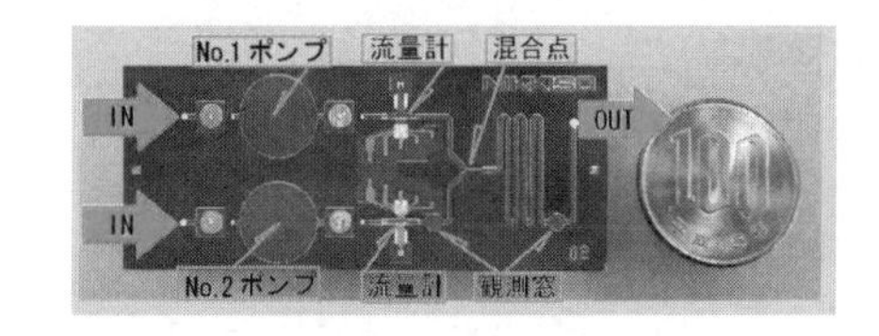

図 2.143 微小化学分析の例（提供 日機装㈱）
2 液を混合して反応を検出

医薬品を患者の必要な部位に送る手段として，従来から経口投与が行われてきた．しかし，患部に到達する薬液量が限られるとともに，血管から遠い部位には原理的に到達しにくい．そのような部位である耳の治療に際して，必要な薬液を必要な時に必要量だけ吐出するシステム（ドラッグデリバリーシステム drug delivery system: DDS）のアイデアがある（図 2.144）．この中には，ポンプを一定時間毎に駆動する回路が組み込まれている．

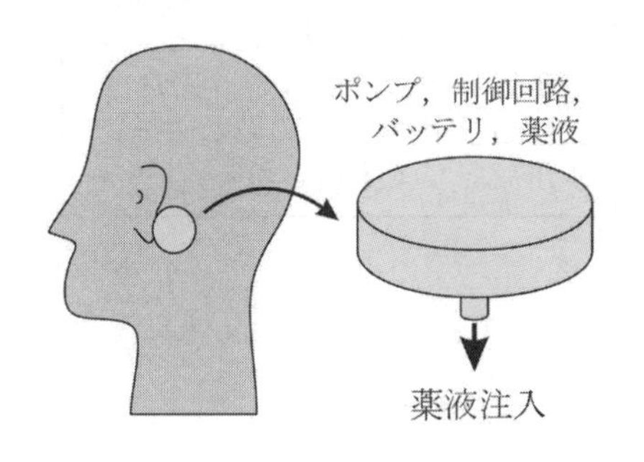

図 2.144 DDS のアイデア

その他，機械工学が適用された興味深い例には無痛針がある．これは，先端直径を小さくする等の工夫により，皮膚に刺した時の痛みを軽減するものである．通常の注射針よりは製作が難しいものの，このような針を MEMS 技術を利用して無数に並べ，薬剤を皮下投与しようという試みもある．

また，内臓疾患などの治療に際し，患者への負担を小さくする（低侵襲）方法にカテーテル(catheter)を用いた治療がある．ここで問題になるのは，屈曲した消化器系や血管内にカテーテルを挿入する時に組織を傷つけてしまう

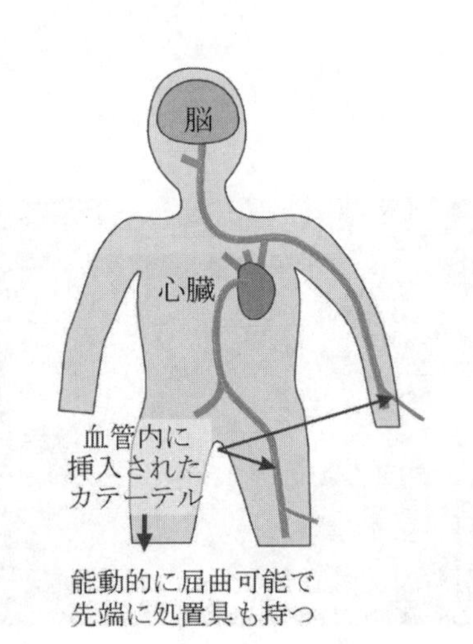

図 2.145 カテーテルによる治療のイメージ

ことである．これを無くすために，カテーテルを屈曲させる駆動機能を持たせたものがある（能動カテーテル active catheter，図 2.145）．このようなシステムでは，形状記憶合金(shape memory alloy)の作動によって屈曲を制御することが多い．形状記憶合金は，温度変化に伴う相変化(phase change)によるひずみ(strain)で動作するため，急峻な温度変化が与えられなければ応答性が悪く，大きな機構ではあまり適用が進んでいない．しかし，微小化に伴い体積よりも表面積の影響が大きくなるため，温度変化を高速化することができる．

ここでは幾つかの試みを紹介したが，これらは患者の精神的・肉体的な負担を軽減するものであり，生活の質(QOL: Quality of Life)の向上には欠かせないものである．

2·5·5 機械工学の役割 (role of mechanical engineering)

MEMS プロセスは半導体プロセスに関連したものであるが，これらの装置そのものは従来の機械技術を適用して製作されている．たとえば，大型液晶パネルの製造においては大型工作機械(machine tool)の基礎技術が不可欠であり，また，半導体製造用の装置にも機械要素(machine element)技術がそのまま適用されている．機械工学の理解がなければ，これらの基幹装置設計は不可能と言える．しかし，シリコンの微細加工(micromachining)等のプロセス技術についてはイオンビーム，電子ビームの応用や自己組織プロセスなど従来の機械工学の範疇から外れるものも多い．

一方で，マイクロ・ナノ工学応用製品の設計に際しては，前述のとおりスケール効果に従って表面力の影響が支配的になるなど，結果の予測が難しい場合もある．これらの製品の開発・製造には大きなコストがかかるため，シミュレーションによって事前予測する技術が重要になる．これまでに，MEMS に関する設計及びプロセスに関するシミュレータや CAD ソフトが国内外で多く開発され，使用されている．

前記のジャイロや圧力センサは成功した例であるが，開発が行われながら製品として成功しなかったものも多くある．これらの機器は，クリーンルームを始めとした高価な設備を利用して作られるため，大きな市場と継続した需要がなければ事実上の製品化は進まない．いわゆる「死の谷(valley of death)」の問題である．マイクロ・ナノ応用技術に関しては，一時期，過大ともいえる市場予測が行われ，多くの基礎研究と開発が行われたが，応用の見極めが十分でないと成功には至りにくい．その一方で，既に完了した技術開発が市場状況の変化で遅れて応用されることも考えられる．電子マネーや IC チップによる電車・バスの運賃支払いが一般的になったのも，自動改札システム等のインフラストラクチャ整備が整った後であり，IC チップ開発の完了からはかなり時間が経ってからであった．

先端的と思われるマイクロ・ナノ工学領域でも従来の機械工学は多用されており，この傾向はさらに続くと考えられる．先端的な応用であっても，基本原理は物理学あるいは機械工学で学ぶものが多く，基礎学問の理解が重要であることは言うまでもない．

しかし，これらの実現に際しては，例えば化学系・医薬系の知識が必要になるなど，多様な分野の学習が必要なことにも留意すべきである．

「死の谷」とは

研究開発の成果が必ず事業化・製品化に結びつくとは限らない．資金は開発の進行とともに減少し，事業化に成功すれば回復するものの，事業化に失敗すれば資金不足となり，結果として開発は打ち切りとなる．乗り越えるべきこの谷を「死の谷」と呼び，新規事業の難しさを表す用語として多用される．

2・6　医療・福祉機器 (medical and welfare devices)

2･6･1　医療と福祉に関わる機械 (machines used in medical treatment and welfare)

疾病の診断・治療・予防・検査等に関わる機械を医療機器(medical device)といい，高齢者・障害者の生活や介護の支援のための機器を福祉機器(welfare device)あるいは福祉用具(assistive device)という．いずれもヒトに直接作用する機械であり，我々の生命の維持や生活の支援に無くてはならない機械である（表 2.7）.

こうした医療・福祉機器の開発には医学(medicine)や福祉(welfare)の専門知識が必要となるが，機器の高度化や複雑化に伴い，機械工学(mechanical engineering)，情報工学(information engineering)，電子工学(electronics)，材料工学(materials engineering)などの工学知識も必要不可欠となっている．また，被検者・使用者に直接作用する機械であるため，安全の確保が強く求められると同時に，人間の感覚に合致した簡便な操作性なども求められる．そのため，多方面の工学的な知識や技術を駆使しながら，これらの機械を設計(design)していく必要がある．

本節では，医療・福祉機器の中でも機械工学とかかわりの深い機器を中心に，その原理や構造について解説する．

表 2.7　医療・福祉機器の分類

	分　類	代表的な機器
医療機器	検査・診断機器	X 線撮影装置，X 線 CT 装置，MRI，超音波診断装置，内視鏡，光計測装置
	手術・治療機器	人工呼吸器，麻酔器，電気メス，放射線治療装置，レーザ治療装置，内視鏡
	人工臓器	人工心肺装置，人工心臓，人工弁，人工関節，人工血管
福祉機器	義肢装具	義手，義足，矯正装具
	移動用機器	リフト，手動車いす，電動車いす，福祉車両
	視覚聴覚言語支援機器	障害者用入力装置，補聴器，人工喉頭，拡大読書器
	その他支援機器	入浴用機器，排泄用機器，姿勢保持器，褥瘡防止装置

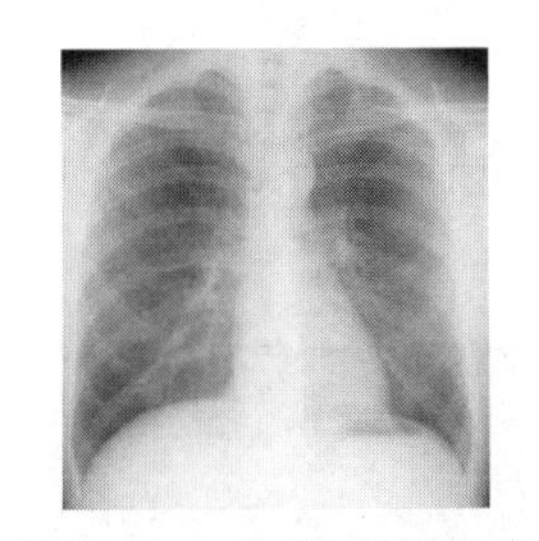

図 2.146　胸部 X 線写真

X線発生装置
X線映像装置
機械装置

図 2.147　X 線透視撮影

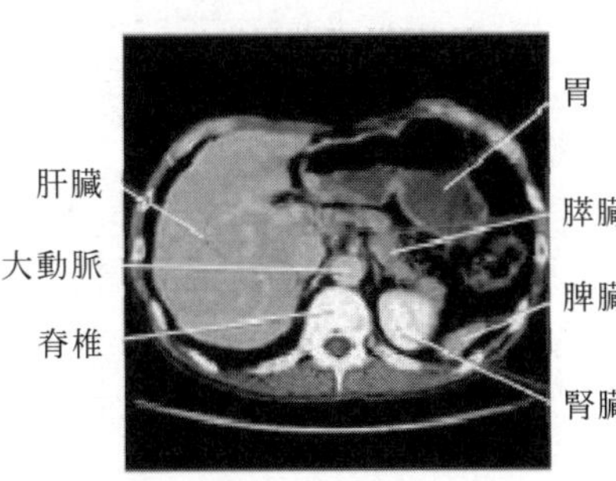

図 2.148　CT 断層画像（上腹部）

2･6･2　医療機器 (medical device)

病院に行くと，実に多くの機械があることに驚く．これら診断や治療に使われる医療機器の発展は目覚ましい．例えば，X 線 CT (X-ray computed tomography)装置や MRI (magnetic resonance imaging)装置などの出現によって，今や体を傷つけること無くごく短時間で体の内部を詳細に観察できるようになった．医療現場に革命を起こしたわけである．最新鋭の医療機器は，マイクロ・ナノ要素技術，解析・処理アルゴリズム，プロセス・システムの開発とその統合化といった機械工学的アプローチにより実現している．

a. X 線撮影装置 (radiography system)

X 線は波長の短い電磁波(electromagnetic wave)であり，1895 年にレントゲン(Röntgen)により発見された．光と同様直進する性質を持ち，人体に照射すると体内の組織の成分に応じて透過の程度に差が生じる．この現象を利用して体内の組織分布を影像化(図 2.146)するのが X 線透視撮影装置(radiography, fluoroscopy system)である．

この装置（図 2.147）は，X 線発生装置，X 線の照射方向および被験者の位置を調整する機械装置，人体を透過した X 線を受光し画像化する X 線映像装置（二次検出器）および画像処理装置からなる．X 線機械装置は，診断箇所（消化器，循環器，等）に応じて位置決め(positioning)を高精度に行う機構を持つ．X 線発生装置・映像装置には，短時間に強い X 線を照射して静止画を取得する撮影用と，弱い X 線を連続的に照射して動画を取得する透視用がある．

通常の X 線透視撮影装置では，3 次元の検体を 2 次元面へ投影(projection)

するため，奥行き方向の分解能を持たないが，コンピュータ断層撮影(computed tomography: CT)では，体内の内部断面画像（図 2.148）を得ることができる．断面画像だけではなく，画像処理(image processing)技術の進歩により 3 次元グラフィックスで表示されることも多い．

医用 X 線 CT 撮影装置（図 2.149，図 2.150）は，被検者の周囲を X 線源と検出器が回転する．この回転輪をガントリーという．この時，全方位から照射された X 線は体内を通過し，反対側の X 線検出器に到達し記録される．測定後，それぞれの方向のデータを解析（フーリエ変換: Fourier transform）し，コンピュータで再構成する．この処理は，体内の 1 断面を格子状に分割し，各部位での X 線の吸収率を未知数とし，その合計が実際の吸収量と等しくなるように連立方程式を立てて巨大な行列演算の逆解析を行うものである．

従来の X 線 CT ではガントリーが 1 回転で 1 断面の撮影であったが, 近年，マルチスライス検出器とよばれる体軸方向に多列の検出器を配置した装置が開発されており，1 回転で複数断面の撮影が可能になっている．現在，臨床機では 64 列 CT が実用化されている．多列検出器により 1 回の撮影に要する時間が大幅に短縮したため，心臓などの動きの激しい臓器を鮮明に撮影する 4 次元 CT の研究も進められている．

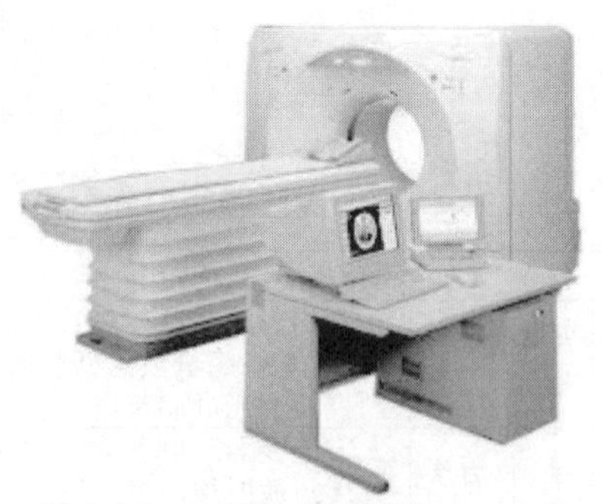

図 2.149　X 線 CT 装置
（提供　京都健康管理研究会）

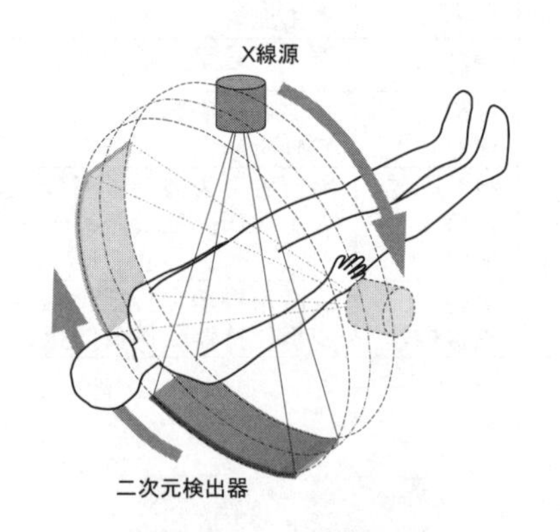

図 2.150　CT の撮影原理

b. MRI 装置 (magnetic resonance imaging system)

MRI (magnetic resonance imaging)とは，核磁気共鳴現象(nuclear magnetic resonance)を利用して生体内の情報を画像化(imaging)する装置である（図 2.151）．断層画像という点では X 線 CT と一見よく似た画像が得られるが，CT とは全く原理の異なる撮影法である．

通常の MRI では，水素原子核の磁気特性を利用している．生体内の水や脂質には無数の水素原子が含まれており，生体に強い静磁場を印加すると，水素原子核は磁場強度に応じた周波数（ラーモア周波数）で歳差運動(precession)（コマの首振り運動と同様な運動）をする．この状態で交流の RF (radio frequency)パルス波（90 度パルス）を照射すると，その周波数で歳差運動している水素原子核が共鳴(resonance)し，スピンの方向が 90 度傾く．RF パルス波の照射を止めると各スピンの方向は元の平衡状態(equilibrium state)に戻るが，MRI 画像は，この平衡状態に戻る時間（緩和時間: relaxation time）の違いを画像化したものである（図 2.151）．組織によって緩和時間が異なるため，画像処理によって組織の形態を判別することができる．

MRI 装置（図 2.152）は，超電導磁石(superconducting magnet)または永久磁石による静磁場発生装置，MR 信号の位置を特定するための傾斜磁場発生装置，RF パルスの発生と MR 信号の受信を担う RF コイルおよびシステム制御部などからなる．静磁場の強度が強いほど高感度・高解像度の画像が取得できる．現在では 3T（テスラ）の磁場強度を持つ機種が臨床に利用されている．

X 線 CT と比較した場合，放射線被爆(radiation exposure)が無い，画像コントラストが良い，骨によるアーチファクト（干渉）が少ない，軟骨や筋・靭帯などの軟組織の撮影が明瞭といった利点がある．また，検査時間が長い，心臓ペースメーカー(cardiac pacemaker)など金属が体内にあると撮影できないといった弱点もある．

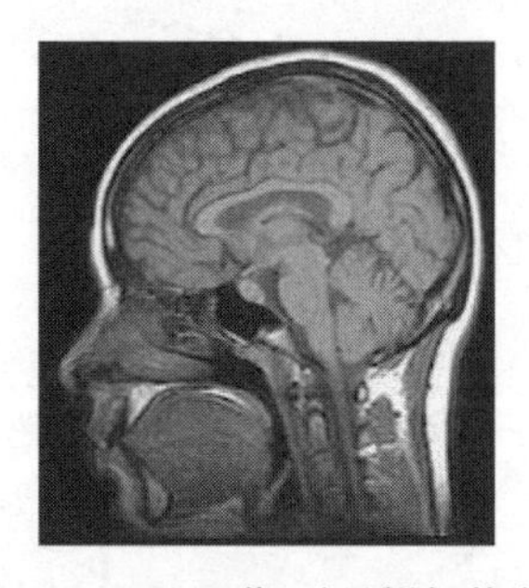

図 2.151　MRI 画像（頭部矢状断面）
（提供　NTT レゾナント㈱）

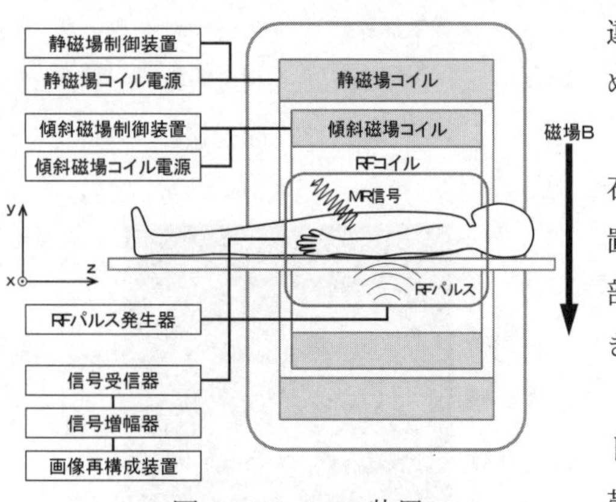

図 2.152　MRI 装置

c. 内視鏡 (endoscope)

内視鏡(endoscope)は，体内にチューブを挿入して内部の臓器の撮影を行う機器である．先端には対物レンズ(objective)が取り付けられており，CCD カメラで撮影を行う．内視鏡には，信号の伝達に光学視管と呼ばれる円筒形の管を用いる硬性内視鏡（硬性鏡）と，屈曲可能なファイバーを用いる軟性内視鏡（軟性鏡）がある．硬性鏡は屈曲機構を有さないため操作および保持が容易であり，観察下での手術に適する．腹腔鏡，胸腔鏡などがその代表である．軟性鏡は全体が自由に屈曲可能という特徴を活かして管腔臓器の観察に用いられる（図 2.153）．かつては対物レンズで得られた光信号を極細径の光ファイバーで体外に伝達するファイバースコープ(fiberscope)が主流であったが，現在ではチューブの先端に超小型の CCD カメラを配置し，映像を電気信号として体外に伝達する電子スコープ(electronic scope)が一般的である．多くの軟性鏡は光学系とは独立した通路（チャネル）を有しており，鉗子やカテーテル(catheter)を用いた組織検査や処置も行うことができる．消化管の撮影では軟性鏡が広く用いられており，最近では，太さ 10mm 程度の経口内視鏡から，より患者への負担の少ない太さ 6mm 以下の経鼻内視鏡へと移りつつある．

また，最近ではワイヤレス内視鏡が開発されている．その代表例にカプセル内視鏡（図 2.154）がある．外径 10mm 前後のカプセル内に撮影用の CCD カメラ，体外から電力を供給する無線給電システム，カプセルの位置や姿勢を制御する誘導システム，撮影データを体外に送信する無線送信システム等が納められている．嚥下によって体内を移動しながら消化管内を撮影するものである．

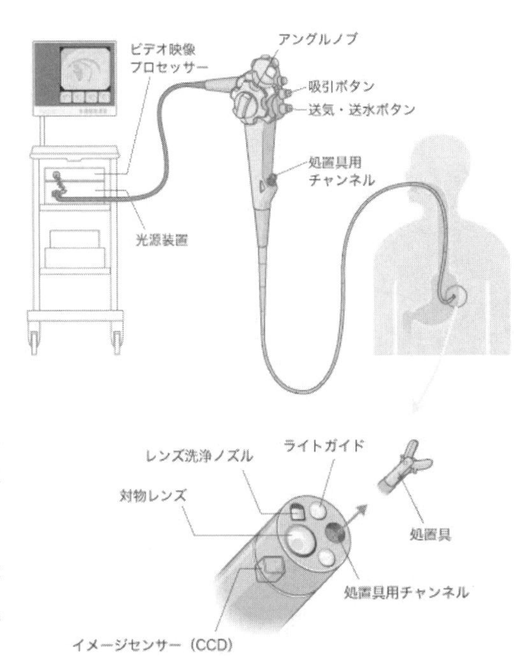

図 2.153　軟性内視鏡の構造
（提供　オリンパスメディカルシステムズ㈱）

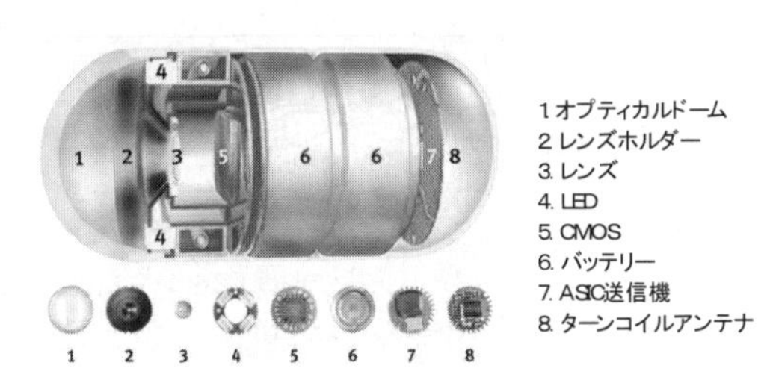

図 2.154　カプセル内視鏡の構造
（提供　ギブン・イメージング㈱）

d. 超音波診断装置 (ultrasonography)

体内に超音波(ultrasonic)を入射すると，組織の境界で音響インピーダンス(acoustic impedance)が変化するため，入射波(incident wave)の一部が反射し体表で検出される．超音波診断(ultrasonography)はこの原理を用いて体内の形態情報を非侵襲に取得する手法である（図 2.155)．パルス幅の短い超音波を間欠的に体内に入射するパルスエコー方式(pulsed echo method)が一般的である．超音波の発生および反射波(reflected wave)の検出には探触子（プローブ）が用いられる．検出された反射波の強度を時間を横軸としてグラフ化したものが A モード表示である．この場合，横軸は物質の深さと対応する．A モードは 1 次元の内部情報であるが，探触子を回転あるいは移動させながらスキャンすることによって 2 次元の情報が得られる．スキャンの方式には探触子を体表面に沿って水平に移動させるリニア方式，探触子の位置を固定した状態で回転させ体内を扇形状にスキャンするセクタ方式などがある．反射波の信号強度を輝度値に変換することで 2 次元の形態画像として表示したものが B モード画像である．B モード画像は超音波診断において最もよく利用されている．

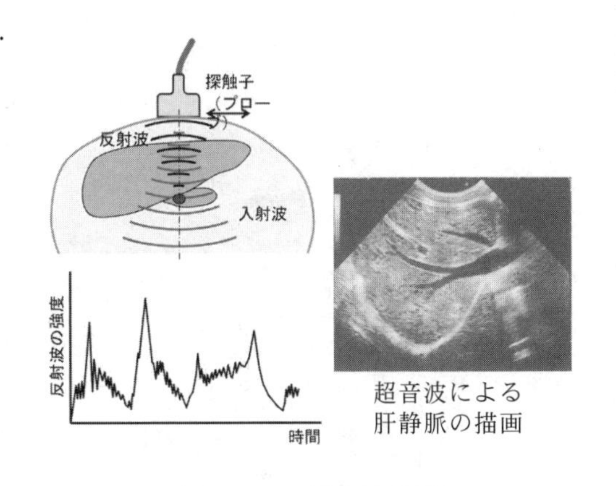

図 2.155　超音波診断
（写真は文献(46)から引用）

e. 人工心肺装置 (artificial heart-lung system)

人工心肺装置(artificial heart-lung system)は，心臓手術の間，停止した心臓

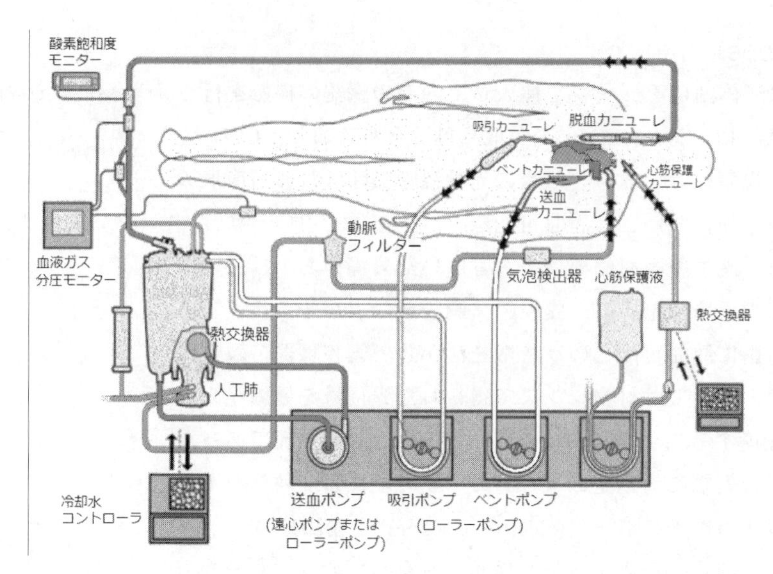

図 2.156　人工心肺装置（日本人工臓器学会ホームページから引用）

(heart)に代わって患者の全身の血液循環を代行・維持する装置である．人工心肺の標準的構成を図 2.156 に示す．右の心臓に戻ってきた静脈血を脱血カニューレと呼ばれるチューブで体外に送り出す．その血液は人工肺(artificial lung)でガス交換(gas exchange)（酸素の取り込みおよび二酸化炭素の排出）されると共に，人工肺に内蔵された熱交換器(heat exchanger)によって所定の血液温度の動脈血となる．この動脈血を体内に戻すのであるが，全身に血液を行き渡らせるためにはある程度の圧力（動脈圧）が必要である．そのために血液ポンプ（人工心）が使われる．この体外循環回路の血液ポンプには，ローラポンプと遠心ポンプ(centrifugal pump)が使用されている（図 2.157）．ローラポンプでは，塩化ビニル系のチューブが半円周のガイド内に挿入されており，これをローラーで挟み込んでしごきながら中の血液を送り出す．遠心ポンプは，円錐状のコーン内に磁石が埋め込まれており，外部から回転力を与えることで中のコーンが回転し，血液を送り出す機構である．ローラポンプは非拍動流ポンプであるが，最近では回転数を制御することにより拍動流を発生させることができる．

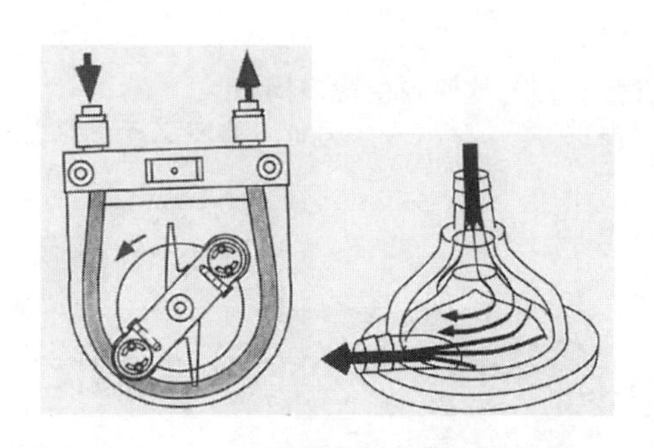

図 2.157　人工心肺用ローラポンプ(左)と遠心ポンプ（右）（文献(46)から引用）

人工肺では，合成高分子製の人工膜を介してガス交換が行われる．主に中空糸膜型肺が使用されており，多数の小孔を表面に有する極細管（中空糸）の内側に血液を，外側に酸素を灌流させることでガス交換が行われる．膜材料としてはポリプロピレン中空糸が一般的であり，長期使用の対応に向けて，抗血栓処理を施されたものもある．

2·6·3　福祉機器 (welfare device)

福祉機器(welfare device)も多岐にわたるが，ここでは，機械工学をベースとした障害者および高齢者の生活支援機器を取り上げる．決してハイテク機器ではないが，利用者（障害者・高齢者）の身体状況に応じた身体機能代替機器のニーズははっきりしている．利用者に対する個別対応型の機器設計開発が要求される．モジュール化やアジャスタブル化，ヒューマンインターフェースなどの高度な工学技術が応用されている．

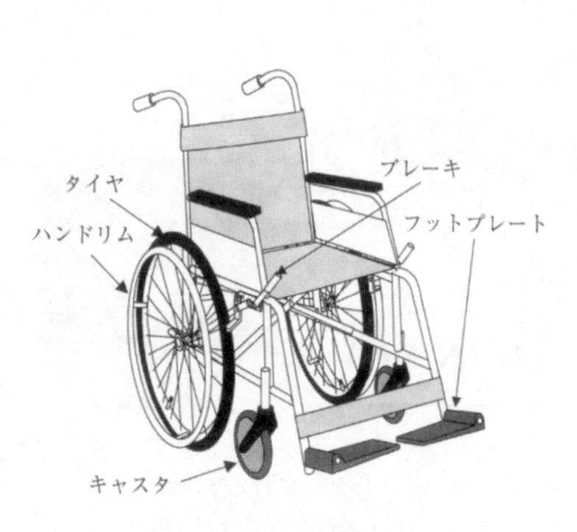

図 2.158　手動車いす
(出典　松永製作所パンフレット，(1997))

a. 車いす (wheelchair)

車いす(wheelchair)は，歩行が困難となった人が利用する代表的な福祉機器である．手動車いすとモータ駆動による電動車いすがある．手動車いすは自操用（自走用）と介助用に分けられる．自走用車いす（図 2.158）には大径の車輪(wheel)にハンドリムが取り付けられており，このハンドリムを回転させて移動する．片麻痺用に足底を地面につけられる足こぎ式のものや，足こぎ用の駆動機構を有する車いすも開発されている．介助用車いすは，介助者が操作するものであり，ハンドリムはなく，背もたれ部の手押しハンドルにブレーキが取り付けられている．移動性向上と軽量化のため車輪は小径である．また，収納性を重視し，折りたたみ機構を持つものが多い．

車いすの安全性(safety)は，使用者の体重相当のダミー（人体模型）を用いた安定性試験(stability test)や，機能試験(functional test)と強度・耐久性試験(strength and endurance test)等により確認される．また，傾斜路における静止力，静的安定性(static stability)，直進走行性，駆動輪・主輪・ハンドリムの振れ等も安全性に関し重要な項目となる．シート，アームサポート，フットサポート，ティッピングレバー，手押しハンドル，キャスタ，バックサポートの耐荷重試験や，ハンドリムの耐衝撃性試験，キャスタ・駐車用ブレーキの耐久性や走行耐久性試験が行われている．

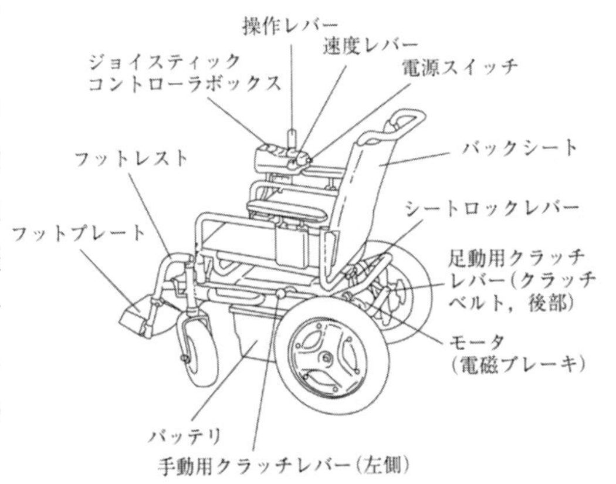

図 2.159　電動車いす
（出典　佐々木鐵人，日本機械学会誌，101-950（1998），59）

電動車いす（図 2.159）は，モータ(motor)でタイヤを駆動するものであり，動力源には蓄電池(battery)を用いるものが多い．JIS 規格における電動車いすの最高速度は，道路交通法などの制約から 6km/h 以下と規定されている．最高速度 6km/h のものは中速用，4.5km/h のものは低速用と区分される．構造は身体支持部，駆動部，車輪，フレームの他に，操作ボックス，コントローラからなる制御部と充電部を有する．また，ブレーキには，操作者の意思で制動する手動ブレーキとアクセルレバーを切った際に自動的に作用する自動ブレーキがある．操作はジョイスティックによるものが多く，使用者または介助者が進行方向にスティックを倒して移動する．安全上の指針として，JIS では手動車いすと同様に各部の強度･耐久性試験項目を明記している．また，自動走行に関わる性能として，10°の傾斜面を直進可能な登坂性能や，降坂時に車体速度を最高速度の 115%以内に抑えることが求められる．

電動車いすには駆動部や電池部等が搭載されているため，重量が約 50kg 以上にもなり，介護操作が難しい，価格が高いなどの難点があるが，重度の障害者にとって大変有用な移動機器である．

b. リフト (hoist)

自立して移動することが困難な障害者や高齢者をベッドから車いす等へ移乗するには，体重や姿勢を支えるために大きな力を必要とする．家庭内では，女性や高齢者が介護者である場合も多い．移乗作業が困難なばかりか，介護者の負担も大きい．この負担を軽減し安全に移乗作業を行うための機器として，リフト(hoist)や移乗補助機器が利用されている．リフトは，つり具によって被介助者をつり上げて移動，移乗を行うもので，床走行式（図 2.160），天井走行式，据置式などがある．床走行式はキャスタによって移動可能であ

図 2.160　床走行式リフト
（提供　（公財)テクノエイド協会）

り，比較的空間上の制約が少ない．一方，天井走行式は天井に取り付けたレールを使ってつり具を移動する．据置式は室内に専用のレールを配置し移動を行うものである．リフトは，つり具の昇降やレールの移動を電動にすることで介助者の負担が大きく軽減できるが，設置・収納上の制約の他，被介助者の心理的な問題や使用上の手間など解決すべき問題は多い．

リフトなどに利用するつり具は，通常，身体と両大腿部を包むように支えるシート状である．つり具の着脱は座位姿勢でも臥位でも可能なようになっており，ローバック型，ハイバック型がある．移動，移乗だけでなく，トイレ用に胴回りと大腿部を保持しながら，ズボン・下着などの着脱を容易にするものや，入浴時用のリフトに取り付けるため，身体をサポートしながらリクライニングし，シャワーを浴びられるように背面を大きくしたものもある．

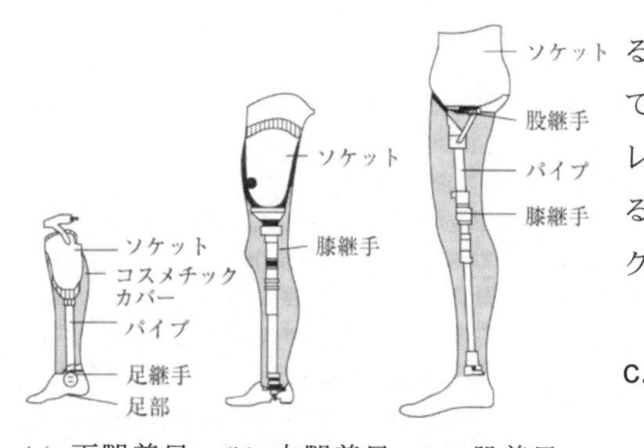

(a) 下腿義足　(b) 大腿義足　(c) 股義足
図 2.161　義足の種類と構造
（文献(47)から引用）

c. 義肢 (prosthesis)

義肢(prosthesis)は，切断により四肢の一部を欠損した場合に，元の手足の形態又は機能を復元するために装着・使用される．義足(lower limb prosthesis)には，下腿義足，膝義足，大腿義足，股義足がある（図 2.161）．下腿義足は膝関節機能が温存しているため，義足による走行が可能である．大腿義足は大腿切断によるので，義足に膝関節の機能を果たす要素（膝継手）が必要となる．股義足は股関節も喪失した場合に使用される．膝継手と股継手を兼ね備え，二重振り子となるため，遊脚相（歩行中，足が床に接していない時間帯）での制御が困難である．下腿義足や大腿義足は症例数が多い．

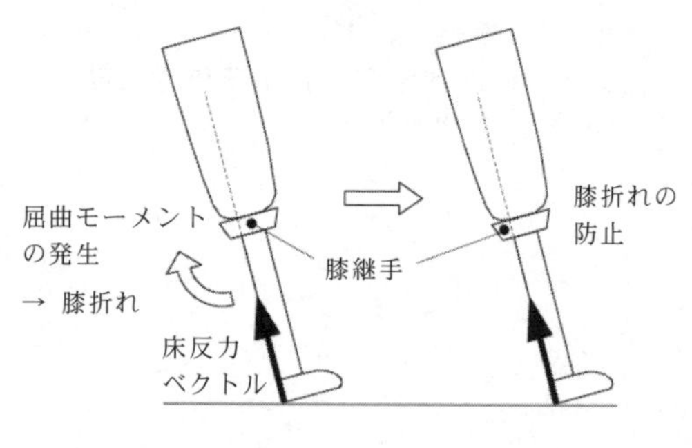

図 2.162　義足アライメントの調整

大腿義足では，固定法が重要である．差し込み式と呼ばれる旧来のタイプでは，断端に断端袋を被せ，ソケットに差し込む．懸垂にはベルトを用いる．吸着式は，ソケットと断端間を陰圧に保つことにより吸着するものであり，長所として，身体との一体感，荷重の伝達効率の向上，ベルト不要でスマートな外観が得られることが挙げられる．ただし，ソケットとの密着および吸湿性を有する断端袋の廃除によって発汗の影響が拡大し，不快感，衛生状態の悪化，皮膚トラブル，浮腫（むくみ），鬱血，金属部品の腐食(corrosion)の問題が発生する．この対策として，ソケットを二重構造（外ソケット：荷重支持，内ソケット：可撓性(flexibility)）にし，装着感と放熱性を向上させている．また，材質の改善も図られている．

大腿義足歩行では，膝継手以下（下腿部）の動きを使用者が随意に制御できないので，膝継手の機構を工夫して下腿の運動を制御する必要がある．歩行中の転倒を防ぐためには，立脚時に不用意な屈曲（膝折れ）を起こさないように立脚相制御することや，遊脚時に不適切な屈曲・伸展を起こさないような遊脚相制御を行う必要がある．膝折れはアライメント（ソケット，膝継手，足部の相対的な位置関係）の調整で防止することができるが（図 2.162），膝継手の位置を後方に移動させると過度な伸展モーメントが発生し，屈曲が困難となる．

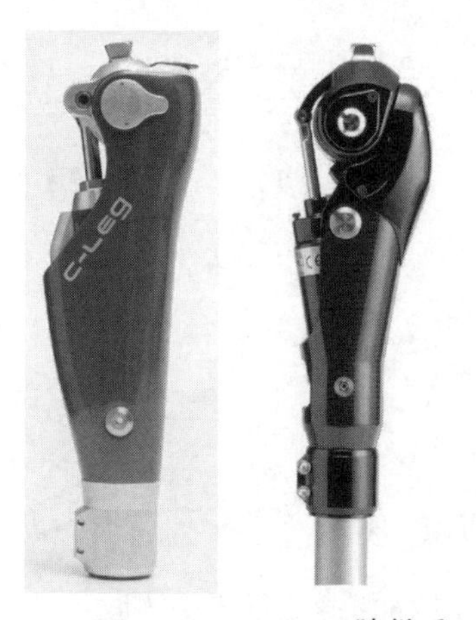

C-Leg　　Hybrid 膝継手
図 2.163　コンピュータ制御膝継手の製品例
（提供　Ottobock，ナブテスコ㈱）

これらを解決したのがコンピュータ制御膝継手である．これは，歩行速度をセンサで検知し，脚の振り出しを自動的にコントロールするものである．遊脚時にダンパ(damper)の流動抵抗をコンピュータ制御で調節することで，歩行速度の変化への追従性が向上し，自然な歩行が実現される．製品例（図

2.163）の C-Leg（Ottobock）では，遊脚相のみならず立脚相でもダンパの流動抵抗がコントロールされ，負荷状態での安定した屈曲が可能となり，義足側からの階段降段も可能である．Hybrid 膝継手（ナブテスコ㈱）では，空圧シリンダを用いたインテリジェント義足に油圧ダンパによる立脚相でのイールディング機構（急激な膝折れを防止する機構）を追加しており，油圧による膝折れの防止と空圧による軽い脚の振り出しを実現している．

d. 音声コミュニケーション支援 (vocal communication aids)

会話を支援するもっとも単純な例には，50 音の仮名の中から 1 文字ずつ指し示す文字盤方式がある．電力(electric power)を全く必要とせず持ち運びも簡単なため，現在でもよく使われている．音声で伝えたいというニーズもあることから，文字盤と同じような方法で，指し示した仮名を合成音声によって読上げる装置がある（図 2.164）．PHS カードに接続してメールができたり，定型文の入力や予測機能などによって入力時間を短縮できる機種もある．類似の機器には，携帯情報端末(PDA: personal digital assistant)上で文字をペンで選択して文を作り，音声で出力するという機器も実用化されている．重度の筋力障害などで文字を指し示すのが困難な場合，身体のわずかな動きで操作できる ON/OFF スイッチを利用する方式も古くから提案されている．例えば，コンピュータ画面の文字盤上を自動的に走査するカーソルの動きに合わせて，スイッチを押して行と列を選び，文字を選択できるような装置も実用化されている．このような文字選択に頼る方法は入力に要する時間が課題となっており，単語の予測や定型文の利用に関する研究がなされている．

図 2.164　トーキングエイドライト
(㈱バンダイナムコゲームス)

発話機能障害の中には，自閉症のような高次の脳機能障害の影響で，文字によるコミュニケーションが困難な場合も多い．そのため，言葉の代わりに絵カードを利用する方法がある．最近では電子機器で絵カードを表示する機器もある（図 2.165）．画面上に示された絵を手で触れるだけで，それに関連付けられた音声が発せられる．この他，単語だけでなく簡単な文を作ることができる機器も開発されている．

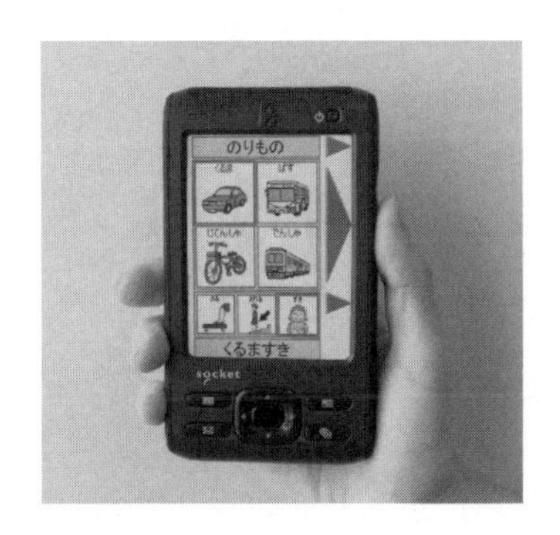

図 2.165 トークアシスト
（提供　明電ソフトウエア㈱）

音声を生成するには，通常，まず呼気による声帯振動でブザー音のような原音を発生し，それが声道内で共振(resonance)を受けて色々な声になり口や鼻から放射される．構音器官である舌や顎を動かして声道内の共振特性を変化させることにより，多様な音声を生成することができる．喉頭がんなどで声帯を摘出した患者は音の発生源を失ってしまうため，原音を発することができなくなるが，声帯より上の構音器官の機能は維持されている．そのような場合の支援機器として，原音のみを人工的に発生させる人工喉頭がある（図 2.166）．これは，人工喉頭の振動子を喉の適切な部分に当てながら，口の動きに合わせて振動子のスイッチを手動で ON/OFF させることにより音声を生成するものである．現在では，手による操作が不要なハンズフリーの製品も実用化されつつある．

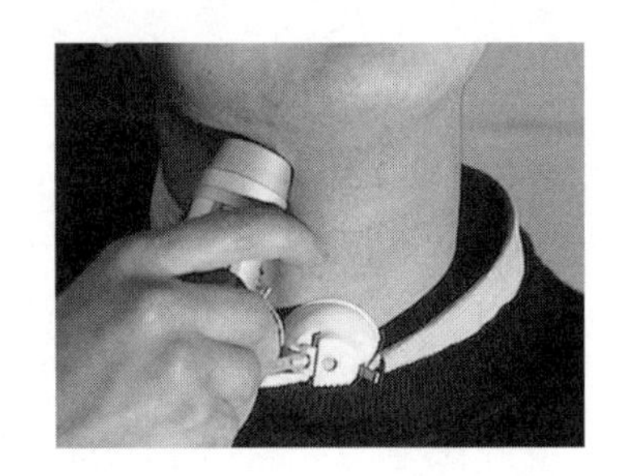

図 2.166　電気式人工喉頭（東京大学）

第2章の文献

2・1の文献

(1) 森本哲郎，文明の主役 エネルギーと人間の物語，(2000)，新潮社.
(2) 森康夫・塩田進，エネルギー変換の工学，(1976)，共立出版.
(3) 日本機械学会編, JSME テキストシリーズ 熱力学, (2002), 日本機械学会.
(4) 日本機械学会編，機械工学便覧 応用システム編 γ4 内燃機関，(2006)，日本機械学会.
(5) 日本機械学会編，機械工学便覧 応用システム編 γ5 エネルギー供給システム，(2005)，日本機械学会.
(6) 中島泰夫・村中重夫，自動車用ガソリンエンジン，(1999)，山海堂.
(7) 自動車技術会編，自動車技術ハンドブック，(2005)，自動車技術会.
(8) ターボ機械協会編，蒸気タービン，(1990)，日本工業出版.
(9) 富塚清，動力物語，(1980)，岩波書店.
(10) 日本ガスタービン学会編，（特集）蒸気タービンの最新技術動向，日本ガスタービン学会誌，138-4，(2010)，219-258.
(11) 東芝編，（特集）コンバインドサイクル発電，東芝レビュー，54-5，(1999).

2・2の文献

(12) 自動車工学全書 全26冊，(1980)，山海堂.
(13) 教育図書編集委員会・技術者育成委員会編，自動車工学 -基礎-，(2004)，自動車技術会.
(14) 自動車技術会編，自動車技術ハンドブック，(2004)，自動車技術会.
(15) 小林彰太郎・高島鎮雄ほか編著，世界の自動車，(1970-1980)，二玄社.
(16) 朝日新聞社編，世界の自動車（1960年版・1965年版），朝日新聞社.
(17) ローレンス・ポメロイ著（アレック・イシゴニス序），小林彰太郎訳，ミニ・ストーリー，(1969)，二玄社.
(18) 折口透，自動車の世紀，(1997)，岩波書店.
(19) ブリヂストン広報室，「乗り物」はじまり物語，(1986)，東洋経済新報社.
(20) E. ディーゼル他著, 山田勝哉訳, エンジンからクルマへ, (1984), 山海堂.
(21) K. ベンツ著，藤川芳朗訳，自動車と私 カール・ベンツ自伝，(2005)，草思社.
(22) D. ナイ著，川上顕治郎訳，ベンツと自動車，(1997)，玉川大学出版部.
(23) ヘンリー・フォード著，豊土栄訳，ヘンリー・フォード著作集，(2000)，創英社.
(24) フェリー・ポルシェ著, 斎藤太治男訳, ポルシェ－その伝説と真実, (1993), 講談社.
(25) J. スロニガー著，高齋正訳，ワーゲン・ストーリー，(1984)，グランプリ出版.

2・3の文献

(26) 21世紀を切り開く日本のロボット産業，日本ロボット工業会，http://www.jara.jp/other/koho01.html.

(27) がんサポート情報センター，http://www.gsic.jp/cancer/cc_14/rbt/index.html.
(28) Roger Penrose 著，林一訳，皇帝の新しい心，(1994)，みすず書房.
(29) 高橋昌一郎，ゲーデルの哲学，講談社現代新書，(1999)，講談社.

2・4の文献

(30) 日本機械学会編，機械工学便覧 基礎編 α1 機械工学総論（第3章および第4章），(2005)，日本機械学会.
(31) 総務省編，平成21年版 情報通信白書，(2009)，総務省.
(32) 日本機械学会編，機械工学便覧 デザイン編 β5 計測工学（第5章および第6章），(2007)，日本機械学会.
(33) 三浦義正, 携帯・ブロードバンド時代の情報ストレージ, 日本機械学会誌，105-998，(2002)，26-30.
(34) 日本機械学会編，機械工学便覧 応用システム編 γ8 情報・メディア機器，(2005)，日本機械学会.
(35) 新井，次世代光ディスク規格「Blu-ray Disc」の全貌，日経エレクトロニクス，2002.3.11号，(2002)，79-86.
(36) 山本・ほか，特集－超高密度光メモリ技術の最新動向，OPTRONICS，11，(2001)，126-154.
(37) NEDO平成18年度終了プロジェクト，大容量光ストレージ技術の開発，http://www.nedo.go.jp/activities/ZZ_00315.html.
(38) 川田善正，1TByte光メモリ技術の最前線，電子情報通信学会誌，92-10，(2009)，896-897.

2・5の文献

(39) 原島文雄・ほか2名，マイクロ知能化運動システム，(1991)，日刊工業新聞.
(40) 藤正巌・ほか3名，マイクロマシン開発ノートブック，(1991)，秀潤社.
(41) 日本機械学会編，機械系の動力学，(1991)，オーム社.
(42) N. Maluf, An Introduction to Microelectromechanical Systems Engineering, (2000), Artech House Publishers.
(43) 日本機械学会編，メカトロニクス入門，(1984)，技報堂出版.
(44) 日本機械学会編, 機械工学便覧 デザイン編 β3 加工学・加工機器, (2006), 日本機械学会.
(45) サイエンス6月号，(1983)，日経サイエンス社.

2・6の文献

(46) 日本機械学会編，生体機械工学，(1997)，日本機械学会.
(47) 日本機械学会編，機械工学便覧 応用システム編 γ9 医療・福祉・バイオ機器，(2008)，日本機械学会.

第 3 章

機械工学の基礎体系

The Basic System of Mechanical Engineering

第 1 章で機械工学の体系について学んだが，本章では，その基礎となる主要な学問分野について紹介する．これらの基礎学問は，第 2 章で紹介したような機械や機械システムを発展させていく上で，また新たな機械を創造していく上で必要不可欠となる．

これから機械工学を学ぼうとする者は，まず本章を読んで，各基礎科目の概要や目標について把握しておくと良い．そうすることで，後続のテキストの理解が容易になり，機械工学全体の理解が深まることが期待される．

3・1　材料と機械の力学 (mechanics of materials and dynamics of machinery)

3·1·1　役割と特徴 (role and characteristics)

人間の必要に応じて自然界に存在しない人工物である機械を作り出すことを主な役割とする機械工学にとって，「安全・性能」と「コスト」という通常は相反することの多い二つの要求を合理的に両立させることが，避けて通ることのできない大きな課題である．そのような困難な課題に対して，機械工学は，力学をベースとして機械が従うべき普遍的な原理原則を追求する分析的学問分野（1·4 節における“縦糸系”の基幹課目）と，蓄積された経験，知識，技術をベースとして最適なシステムを構築する総合的学問分野（同じく“横糸系”の総合課目）という性格の異なる二つの学問分野を縦横無尽に駆使することによって立ち向かおうとしている．それゆえ，優秀な機械系のエンジニアを志す者は，非常に幅広い学問分野を習得する必要がある．

なかでも，“縦糸系”の基幹課目の代表である機械系 4 力学は機械工学にとって不可欠な課目であり，すべての機械系学科でほぼ同じ内容が教授されている．このうち，流体力学と熱力学・伝熱学は主に液体や気体を媒体としてエネルギーを効率よく利用することを主な目的とする学問体系であり，それを担う機械の安全性と性能を材料強度や機構的運動の面で保証する学問体系が材料力学(mechanics of materials)と機械力学(dynamics of machinery)である．これら 4 力学は，物体（固体・液体・気体）を均質な連続体として理想化することによって，静力学(statics)や動力学(dynamics)に基づく解析的取扱いを可能としている．液体と気体の場合には，理想化された連続体と現実の物質とのずれは比較的小さいので，解析のみによってその現象を評価できることも多い．それに対して，固体の場合には連続体と現実の物質とのずれが大き

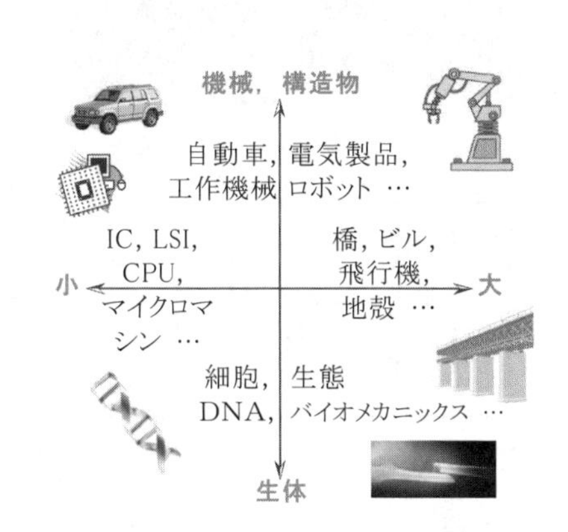

図 3.1　材料力学と機械力学で扱う分野（文献(1)から引用）

図 3.2　宇宙往還技術試験機（HOPE-X）
（提供　宇宙航空研究開発機構）

図 3.3　自動車（福祉車両）
（提供　日産自動車㈱）

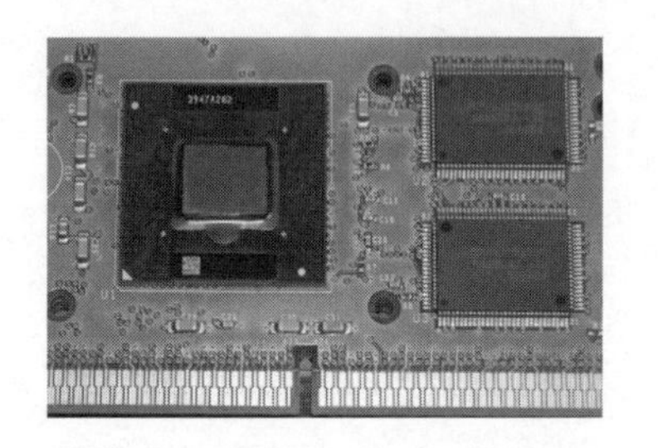

図 3.4　コンピュータの心臓部
（文献(1)から引用）

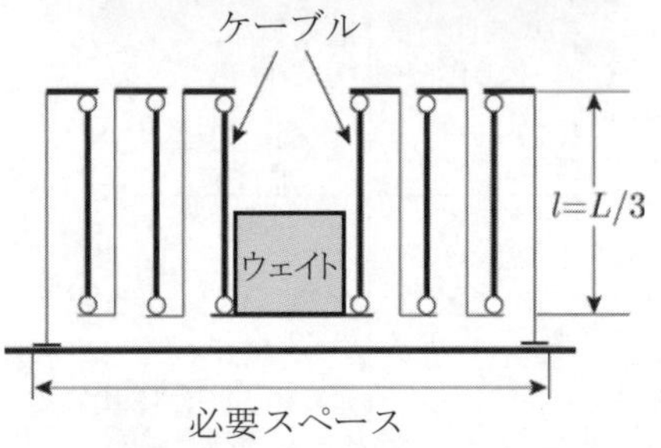

図 3.5 高層ビルの多段振り子式制振装置
（上図：提供　三菱重工鉄構エンジニアリング㈱）

く，現象の再現性も低いので，解析のみで現象を評価することには本質的な困難を伴う．しかも，平均値で安全性を評価する訳にはいかないので，主に金属という固体を用いて作られる機械の安全性を担保するには，安全係数なる経験値を導入せざるを得ない（詳しくは 3･1･4 項の b を参照）．これが主に固体で生じる現象を取扱う材料力学と機械力学の特徴である．

このように，現状では解析だけで機械の安全性を保証するのは極めて困難であるが，「安全・性能」と「コスト」の合理的な両立のために安全係数の値を限りなく 1 に近付けることを夢見て，材料力学と機械力学の両面から現在もなお活発に研究が行われている．さらに，機械に対する社会からの様々なニーズに応えるために，材料力学では過酷な環境下で新構造・新材料の安全な使用を可能とすることなどを目指して，機械力学では機械の知能化のためのより高度な運動を実現することなどを目指して，両者はともに日々進化し続けている非常に魅力的な学問分野である．

3･1･2　必要性 (necessity)

日本国内で最近発生した機械や構造物が関係する大事故の例として，以下のようなものがある．

1. 1985 年に，羽田空港から出発した飛行機（JAl123 便）が御巣鷹山に墜落した．これは日本の航空事故中で最大のものであり，死亡者は 520 名，生存者はわずか 4 名であった．事故機における圧力隔壁の修理不具合が事故の原因と推定されている．
2. 1995 年に，日本初の高速増殖炉の原型炉である「もんじゅ」でナトリウムが漏れて火災が発生した．流体関連振動に基づく金属疲労により，パイプ内に挿入された温度計のさや管が折れたことが原因とされている．
3. 1995 年に，明石海峡を震源とする M7.3 の阪神･淡路大震災が発生した．死者 6,434 名，全壊住宅 104,906 棟，道路被害 10,069 箇所，橋梁被害 320 箇所を生じた．
4. 1999 年に，国産の H2 ロケット 8 号機の打ち上げに失敗した．事故機の回収により，エンジンに液体水素燃料を送り込むポンプの破損によって第 1 段エンジン LE7 が停止したことが原因であると推定されている．

このような大事故に限らず，機械の破壊や破損が社会に与える影響は計り知れない．それゆえ，エンジニアが新しい機械の開発に取り組む際に，過度の安全性を求めることによって大きなコスト上昇を招いたり，新素材・新構造・新機構の採用を躊躇したりするようなことが起こり得る．そのような心理的桎梏を自らの力で克服するために，これらの事故から深く学び，その再発を未然に防止するように材料強度と機構的運動の観点から機械の安全を工学的に保障する学問体系が材料力学と機械力学である．したがって，図 3.1 に示すような機械工学のさまざまな分野に材料力学と機械力学は適用されている．以下にその具体例を示す．

(1) 航空機や宇宙ロケット（図 3.2）

航空機や宇宙ロケットには発進時に大きな力が材料に作用するので，これに耐えるように設計し，かつ極力軽量にする必要がある．このような相容れない要求を同時に満足させるために，新素材・新構造・新機構の導入にチャレンジするなど，材料力学・機械力学を駆使している．

(2) 自動車と生体（図 3.3）

時速 50km/h 程度の速度で壁に衝突しても，乗車している人間の生命が守られるよう自動車は設計されなければならない．それにはまず，衝突時の自動車の破損形態や，衝突時に人間に作用する衝撃力及び人間が耐えられる衝撃力を材料力学・機械力学を用いて正確に把握する必要がある．このように，安全な自動車の設計は材料力学・機械力学の知識があって初めて可能になる．

(3) 電子機器（図 3.4）

電子機器は種々の電子材料から構成されている．これに電流が流れると温度上昇による熱膨張が生じ，材料間線膨張係数の違いや温度勾配によって熱応力が生じる．その結果，最悪の場合，電子機器が組み込まれた巨大システムが誤動作する恐れがある．これを防止するために材料力学・機械力学を駆使している．

(4) ビルや橋などの巨大構造物（図 3.5）

ビルや橋などが突然の地震や繰返し使用にも安全であるように材料力学・機械力学が用いられている．また，超高層ビルなどでは種々の制振装置が取り付けられているが，ビルの揺れ量を知り最適な制振装置を設計するためにも材料力学・機械力学の知識が不可欠である．このような制振装置は，超高層ビルに限らず，様々な機械や構造物で利用されている．

(5) ロボット（図 3.6）

ロボットアームは，自重，制動力，付加荷重などの様々な力が作用する状況下で正確かつ迅速に動作するように設計されている．その際，アームの変形を要求される位置決め精度以下に抑えるため，材料力学・機械力学を利用している．

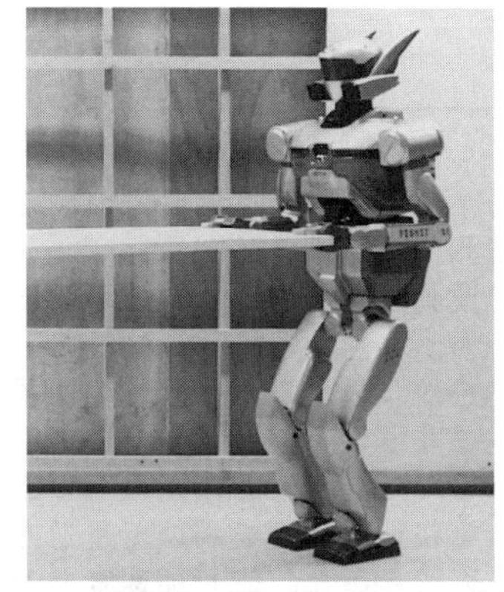

図 3.6　人間型ロボット HRP-2 プロメテ（提供　(独) 産業技術総合研究所，川田工業㈱)

3・1・3　力学の基本原理 (basic principle of mechanics)

材料力学と機械力学の理論的基盤は，物体に力が作用したときに生じる現象を取扱う力学(mechanics)である．力学は，力の作用によって物体の運動状態が変化しない静的平衡(static equilibrium)を取扱う静力学と，運動状態が変化する場合を対象とする動力学からなっており，材料力学は主に静力学に，機械力学は主に動力学にその基礎を置いている．

このうち，静力学の基本原理である静的平衡とは，物体に作用する力の総和とある点まわりの力のモーメントの総和がともに零になるということである．これを数式で表現すると次のようになる．

$$\sum_{i=1}^{N} \boldsymbol{F}_i = \boldsymbol{0} \tag{3.1}$$

$$\sum_{i=1}^{N} \boldsymbol{r}_i \times \boldsymbol{F}_i = \boldsymbol{0} \tag{3.2}$$

ここに，$\boldsymbol{F}_i\ (i=1,\cdots,N)$ は物体に作用する N 個の力ベクトル，$\boldsymbol{r}_i$ はモーメントの基準点から力の作用点までの位置ベクトルを表す（コラム「ベクトルとは？」を参照）．

一方，動力学は次のようなニュートンの運動の法則(Newton's law of motion)

ベクトルとは？

運動方程式(3.3)における力 $\boldsymbol{F}$ や絶対加速度 $\boldsymbol{a}$ など，力学に現れる物理量の多くはベクトルである．ベクトルとは，大きさと向きを持つ量であり，幾何学的には 1 本の矢印で表される．矢印の長さがベクトルの大きさを，矢印の先がその向きを示す．また，図 3.7 に示すような平行四辺形則に従って合成や分解が行われる．これに対して，質量 m のように，大きさだけを持つ量をスカラーという．

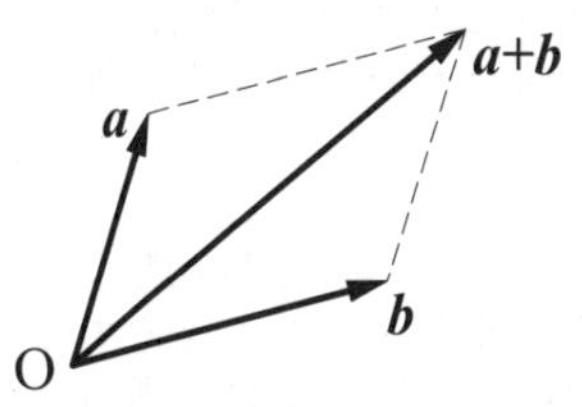

図 3.7　平行四辺形則

一方，空間に座標が定められると，ベクトルを成分表示することができる．また，二つのベクトルに対して，和・差・内積・外積などの演算が定義される．これらの演算を利用して多くの重要な物理量が導出・定義される．ただし，その成分計算には，同じ座標系で計測された成分を用いなければならないことに注意が必要である．

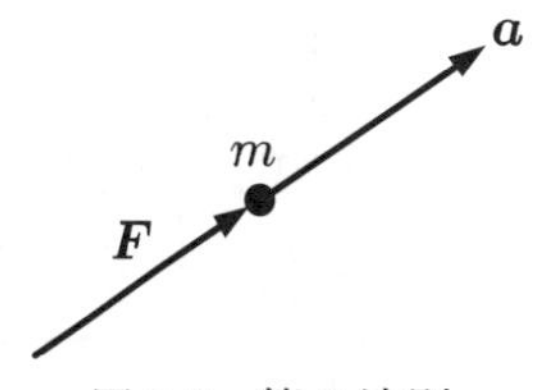

図 3.8　第 2 法則

からその体系が構築されている．

第1法則（慣性の法則: law of inertia）：物体が力の作用を受けないとき，その物体は静止し続けるか，あるいは等速直線運動を続ける．

第2法則（運動方程式: equation of motion）：物体に力 $\boldsymbol{F}$ が作用するとき，力の向きにその大きさに比例した絶対加速度 $\boldsymbol{a}$ が生じる．すなわち，

$$m\boldsymbol{a}=\boldsymbol{F} \tag{3.3}$$

物体ごとに定まる比例定数 m を，物体の質量(mass)という（図 3.8）．

第3法則（作用・反作用の法則: law of action and reaction）：物体1から物体2に力 $\boldsymbol{F}_{21}$ が作用するとき，物体2から物体1に対して常に大きさが等しく逆向きの力 $\boldsymbol{F}_{12}$ が作用する．すなわち，$\boldsymbol{F}_{21}$ と $\boldsymbol{F}_{12}$ の間に次の関係が成立する．

$$\boldsymbol{F}_{12}=-\boldsymbol{F}_{21} \tag{3.4}$$

これら3個の基本法則は，経験的にその正しさが確かめられたものである．この基本法則と，フックの法則やクーロンの法則などのように基本法則とは独立に得られた様々な力の性質とを組み合わせることによって，五感で捉えることができる程度の等身大の世界内で生じる物体の運動を理解することができる．このうち，第2法則は，質点に力が作用することによって加速度運動が生じる因果律を定性的・定量的に規定した法則であり，質量と力が与えられると質点の運動状態が求められる．そこで，式(3.3)を運動方程式と呼ぶ．なお，絶対加速度が観測されるのは静止空間に対して等速直線運動する座標系（これを慣性系(inertia system)と呼ぶ）上であるので，ニュートンの運動の法則は慣性系でのみ成立する（コラム「観測・表現・慣性力」参照）．ただし，例えば地球上の物体の運動を対象とする場合（この中に大抵の機械の運動も含まれる），地球の自転や公転の影響が小さいときには地球に固定した座標系を近似的に慣性系とみなすことができる．

観測・表現・慣性力

力学では，物体の運動は慣性系上で観測されなければならない．一方，その運動はどのような座標系で表現してもよい．たとえば，物体の回転運動を取り扱う際には回転座標系のような非慣性系を利用した方が便利である．ただし，非慣性系上で観測される相対加速度を用いて運動方程式を表現すると，絶対加速度との差を埋めるための補正項が現れる．これが遠心力やコリオリ力などの慣性力である（遠心力とコリオリ力については，下のコラムを参照）．

遠心力とコリオリ力

図 3.9 は，静止座標系に対して等速直線運動している質点の運動を，原点まわりに一定角速度 $\boldsymbol{\omega}$ で回転している座標系上で観測したものである．図示のように，回転座標系上では質点は螺旋状に加速運動を行うので，何らかの力が作用しているように見える．このように非慣性系上で物体の運動を観測したときに作用しているとみなされる見かけの力を慣性力と呼ぶ（実際にそのような力が作用しているわけではない）．遠心力(centrifugal force)とコリオリ力(Coriolis force)は回転座標系で現れる慣性力であり，遠心力は原点（回転中心）から見た質点の変位 $\boldsymbol{r}$ の向きに，コリオリ力は回転座標系に対する質点の相対速度 $\boldsymbol{v}$ と角速度 $\boldsymbol{\omega}$ の両者に垂直で相対速度 $\boldsymbol{v}$ に対して右向きに作用する．

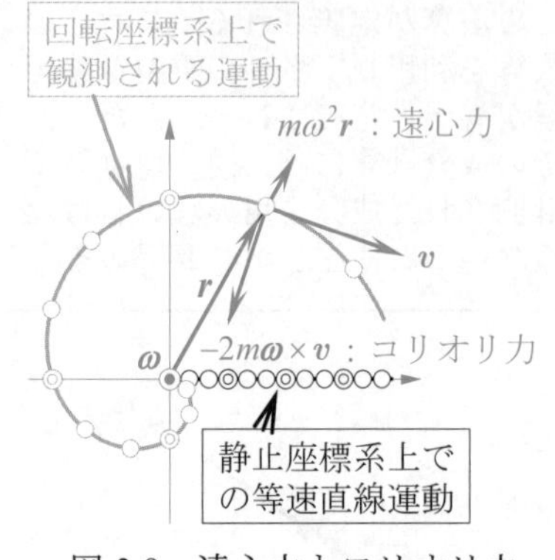

図 3.9　遠心力とコリオリ力

3·1·4　機械材料の安全を保証する材料力学 (mechanics of material to guarantee safety of materials)

a. 材料力学とは？ (What is mechanics of material?)

ほとんどの機械は固体を用いて作られている．固体に力が作用すると変形するが，加える力があまり大きくないときには力を取り去ると元に戻る．このような変形を弾性変形(elastic deformation)という．加える力を徐々に大きくしていくと，やがて力を取り去っても元に戻らなくなる塑性変形(plastic deformation)が生じ，最終的には破損(failure)や破壊(fracture)に至る．塑性加工などの特別な場合を除いて，通常の機械は弾性変形の範囲内で使用されなければならない．そこで，機械性能を阻害するほどの大きな変形の発生や機械や構造物の破損事故や破壊事故の発生を未然に防ぐために必要不可欠な知識を，理想化された固体（連続体）の性質と力学に基づいて体系化したのが固体力学(solid mechanics)である．

一方，力の大きさが弾性変形の範囲内であっても，固体状物質である材料

(material)に振動的な力が加えられると破壊に至ることがある．このような現象を疲労(fatigue)破壊という．疲労破壊は機械材料で生じる問題の中で最も重要かつ深刻なものであるが，現象のばらつきが大きいので，その発生を正確に予測することは難しい．このような疲労・破壊現象の本質を，疲労き裂の発生と伝ぱという観点に立って，階層的見地から力学的に解明することを主な課題としているのが材料強度学(fatigue and fracture of materials)である．

材料力学は，上記のような固体力学と材料強度学を 2 本柱とする学問分野であり，各種材料の挙動を力学的に解明することによって，機械で使用する各種材料の安全性を保証することを目指して進化し続けている．なお，材料力学の従来の英文表示は「strength of materials」であるが，これは学問の目標を表したものである．

b. 応力と強度 (stress and strength)

現存している古代の建物をみると安全は簡単に実現できるように見えるが，それは，破壊等の不具合が生じれば素直に失敗から学び，建物を修正し続けた結果としての成功事例のみを見ているためである．過去の極めて多くの失敗は見ることはできない．真摯に不具合･事故から学ぶことはすばらしいが，ルネッサンス以前までは，力が働く機械（形と力）とそれを構成する材料に知識が分解されていなかったので，安全知識に普遍性・継続性がなかった．この不合理な職人的経験則からの一部脱却を目指した最初の人がレオナルド・ダ・ビンチである．彼は実構造から離れて，構造に使用される実材料の不具合を評価するため引張試験を行なっている．単純な引張試験結果からでも以下のような多くのことを学ぶことができる．

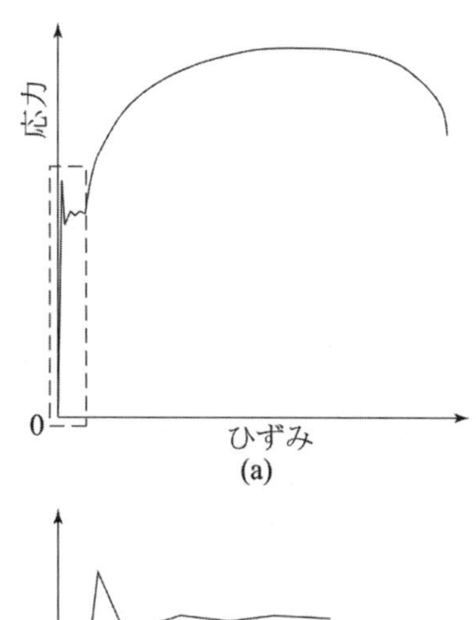

(a)

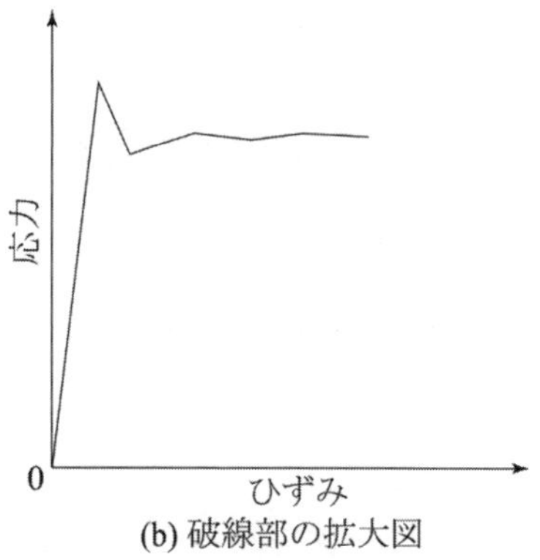

(b) 破線部の拡大図

図 3.10　鋼の応力-ひずみ線図

実用的には荷重(load) P や変位(displacement) λ が必要とされるが，試験片の断面積 A や長さ l に依存しないパラメータとして，応力(stress) σ やひずみ(strain) ε が採用される．

$$\sigma = \frac{P}{A}, \quad \varepsilon = \frac{\lambda}{l} \tag{3.5}$$

鉄鋼材料の応力-ひずみ曲線(stress-strain curve)の例を図 3.10 に示す．機械の性能を保証するためには，材料は弾性(elastic)範囲で使用され，その範囲では，以下のフックの法則(Hooke's law)が成り立つ．

$$\sigma = E\varepsilon \tag{3.6}$$

ここに，E はヤング率(Young's modulus)と呼ばれる定数である．

フックの法則が成立つ範囲は一般に $\varepsilon \leq 0.001$ であるので，重ね合わせの原理(principle of superposition)（複数の釣合った外力が機械に作用する場合，その結果は個々の結果の和となる）が適用できる．また，式(3.1)と(3.2)の平衡条件を，物体に外力が作用して変形する前の状態で適用できるなどの近似をすることができる．

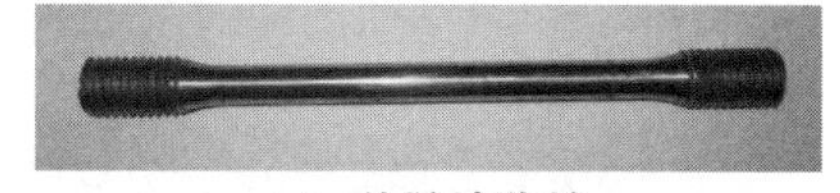
(a) 引張試験前

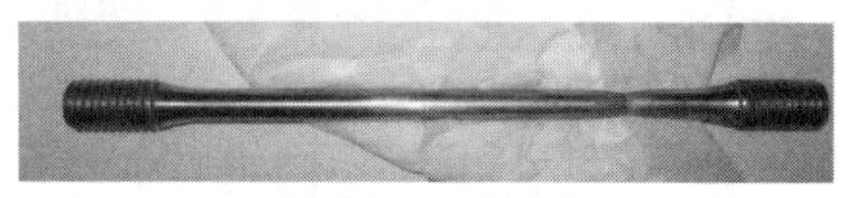
(b) 引張試験後

図 3.11　鋼（S30C）の引張破損写真

次に，引張試験によって破壊した試験片を図 3.11 に示す．それから以下のことが分かる．

1.　二つに分離するが，それには再現性がない．

2.　しかし，ミクロンオーダの破壊解析(fracture analysis)を行なうと，再現性があり，あるスケールレベルでは合理性もある．

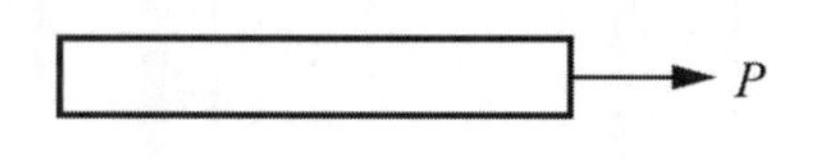

図 3.12　力 P を受ける物体

このことから，機械の安全を工学として保障するためには，材料力学は上記のように科学としての固体力学とブラックボックスとしての材料強度学とから構成せざるを得ない．

固体力学：機械の形・大きさの多様性や力の多様性に対処にするため，材料を連続体という理想化した固体（均質・等方性・(弾性)）とみなし，機械要素である材料に作用する複雑な応力状態を把握する力学体系

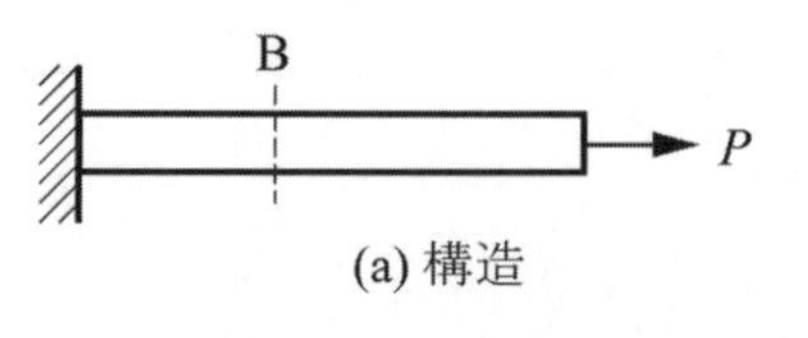

材料強度学：材料の多様性や破損現象の多様性に対処するため，単純な応力状態で測定された実材料の挙動から複雑な応力状態での実材料の挙動を把握する材料評価体系

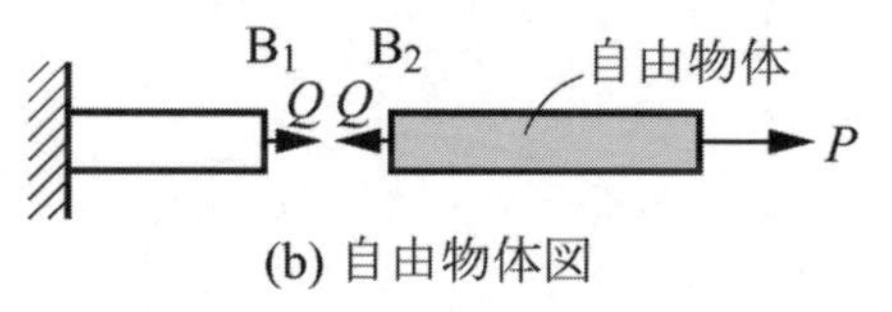

図 3.13　力を受ける構造

上記二つの結果を総合し，次式で機械の安全を合理的に保障する．

$$\text{If}\quad \sigma \le \sigma_B / S\text{, the machine is safe} \tag{3.7}$$

ここで，σ_B は強度(strength)と呼ばれ，破損現象に対して材料がもつ固有な抵抗値を意味する．また S は安全係数(safety factor)とよばれ，（荷重，材料，環境などにおける）実機条件と設計条件のずれを補填する経験値である．

c. 固体力学 (solid mechanics)

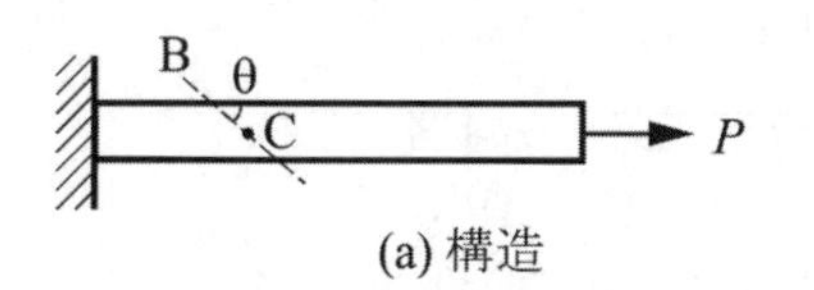

図 3.12 のように拘束のない材料に外力が作用しても，式(3.3)に従い自由に動ける材料はストレス（応力）を感じることはなく，破損することもない．しかしながら，図 3.13(a)のように拘束されると，材料はストレスを感じ，ストレスが限界値を超えて式(3.7)が満足されなくなると破壊する．このことを3･1･3 項に示した静力学によって説明する．図 3.13(a)では，材料に作用しているのは内力であるので，それは図中に記入することはできず，そのため定式化もできない．ところが，図 3.13(b)のように断面 B で仮想的に二つに材料を切断すると，その二つの仮想切断面 B_1, B_2 で作用・反作用の関係（式(3.4)）にある一組の力 Q を記入することができるようになる．つまり，物体を自由な状態（自由物体: free body）にして平衡条件を考えると内力 Q を把握することができ，それから応力 σ（＝単位面積当たりに作用する内力）も分かる．

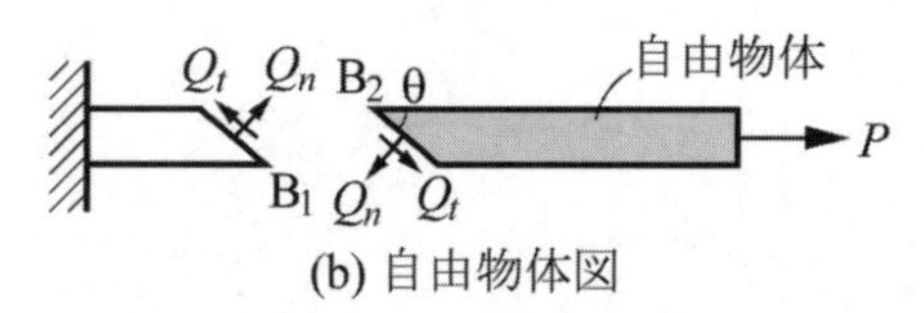

図 3.14　傾いた面の応力

$$\sigma = \frac{Q}{A}, \quad Q = P \tag{3.8}$$

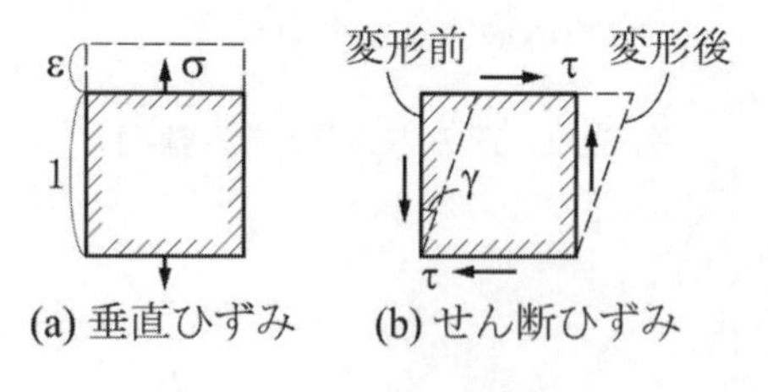

図 3.15　応力とひずみ

ここで，応力についてさらに詳しく説明する．たとえば，図 3.14 のような単純な引張であっても，点 C に働く応力を把握するため，点 C を含む θ だけ傾いた面で仮想的に切断すると，切断面 B_1, B_2 には，二種類の内力（面に垂直な力 Q_n および面に平行な力 Q_t）が作用する．したがって，一般にある点 C のある面 B に作用している応力は次の 2 成分となる．

$$\sigma = \frac{Q_n}{A'}, \quad \tau = \frac{Q_t}{A'} \tag{3.9}$$

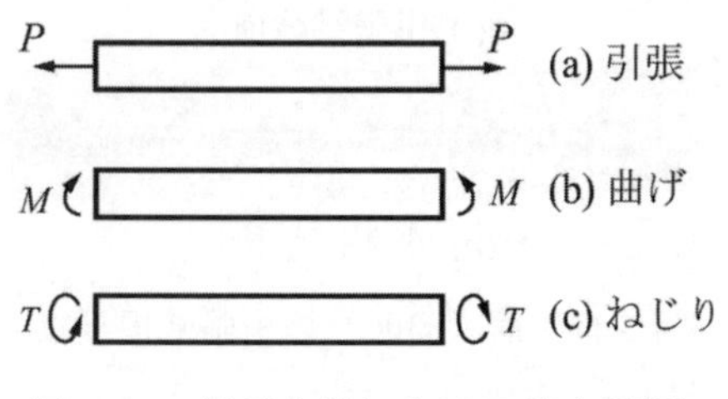

図 3.16　材料力学における基本問題

ここに，A' は仮想面 B における断面積である．σ は仮想面間 B_1, B_2 に対して垂直に働くので垂直応力(normal stress)，τ は平行方向に働くのでせん断応力(shear stress)と呼ぶ．σ は仮想面間を分離（破壊）させようとする駆動力であ

り，τは仮想面間をすべらせよう（降伏(yield)させよう）とする駆動力である．このように，切断面の傾きに拘わらず，現象によって力を分解する．

せん断応力τに対応して，固体はせん断ひずみ(shear strain)γを生じる．図3.15に示すように，せん断応力によって，直角をなす仮想的に引いた2本の線がいかにそれからずれるかを示すものがγである．τとγの間にも，ある範囲では以下の比例関係が成り立ち，その比例定数Gを横弾性係数(shear modulus)と呼ぶ．

$$\tau = G\gamma \tag{3.10}$$

ある種の構造は，棒(bar)（断面積に対して十分長い）要素で構成することができ，構造からその棒要素を仮想的に取り出すと，それは図3.16に示すような，引張(tension)，曲げ(bending)，ねじり(torsion)の荷重を受けている．これらの三つの問題が材料力学の基本となる．

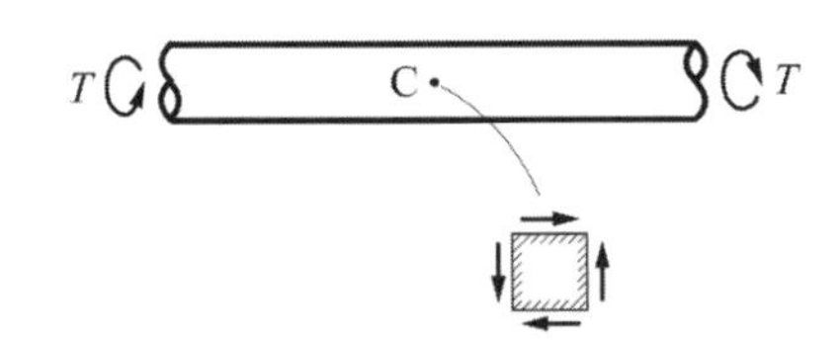

図3.17　ねじりをうける棒

ところで，ねじりを受ける丸棒を考えると図3.17のようにせん断応力のみが作用する．しかしながら，現実に延性材料である軟鋼と脆性材料である鋳鉄の破壊実験を行なうと図3.18のように破壊が起こり，応力状態のみを把握してもどの面で破壊を起こすかは特定できない．そこで，図3.19のように固体から注目点Cを囲むように仮想的に切断する．その際，どの面で破壊や降伏などの破損が最も起こり易いかは分からないので，とりあえず自由物体を各座標軸に直交した面で構成する．各面に作用する応力は面ごとに成分を持つテンソル量（ベクトルと異なることに注意！）なので，σ_{ij}の形式で表示する（工学では，σ_{ii}をσ_i，σ_{ij}をτ_{ij}で表す）．下添字のiは仮想切断した面の法線方向を，jは力の方向を表わしている．次に，破損が起こる可能性をすべての面で考えるため，図3.20のように自由物体をθ傾いた仮想面で再度切断する．その自由物体の平衡条件から，任意の面に作用する垂直応力σ_ξおよびせん断応力$\tau_{\xi\eta}$とσ_{ij}との間の関係が次のように求められる．

(a) 軟鋼（炭素鋼 S30C）

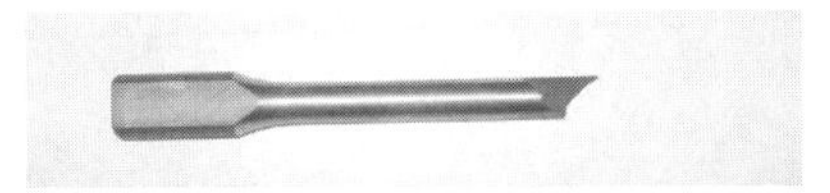
(b) 鋳鉄（ねずみ鋳鉄 FC200）

図3.18　ねじり破断実験結果

$$\left.\begin{aligned}\sigma_\xi &= \sigma_x \cos^2\theta + \sigma_y \sin^2\theta + 2\tau_{xy}\cos\theta\sin\theta \\ \tau_{\xi\eta} &= (\sigma_y - \sigma_x)\cos\theta\sin\theta + \tau_{xy}(\cos^2\theta - \sin^2\theta)\end{aligned}\right\} \tag{3.11}$$

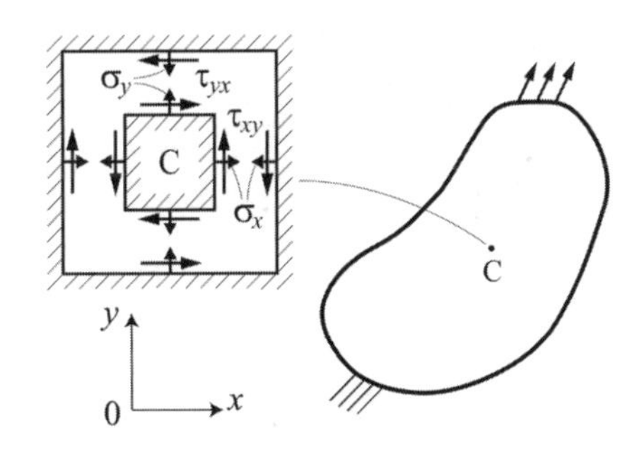

図3.19　応力成分 ($\tau_{xy} = \tau_{yx}$)

図3.20のθを変化させると，σ_ξおよび$\tau_{\xi\eta}$も変化する．そこで，θを変化させた時のσ_ξの最大値を主応力(principal stress)（その時は$\tau_{\xi\eta}$は零となる），$\tau_{\xi\eta}$の最大値を最大せん断応力(maximum shear stress)と呼ぶ．破壊を議論する場合には主応力を用い，降伏を議論する場合には最大せん断応力を用いる．

一般の機械は，棒要素の集合とみなすことができない複雑な形状をしている．このような材料の応力・ひずみ・変位は，次のようにして求められる．まず，形状の多様性から離れるために微小な自由物体を仮想的に切断して取り出し，この自由物体の平衡条件より応力に関する支配方程式を求める．次に，変位はベクトル量であるのに対してひずみはテンソル量であるので，新たにひずみに関する適合条件(compatibility)を考える．さらに，フックの法則（式(3.6)と式(3.10)）を拡張する．最後に，これらの支配方程式，適合条件およびフックの法則を連立させて，境界条件(boundary condition)を満足する解を求めればよい．しかしながら，これらを解析的に厳密に解くことは困難であるので，通常は計算機を用いて数値的に解析する（3･6節参照）．

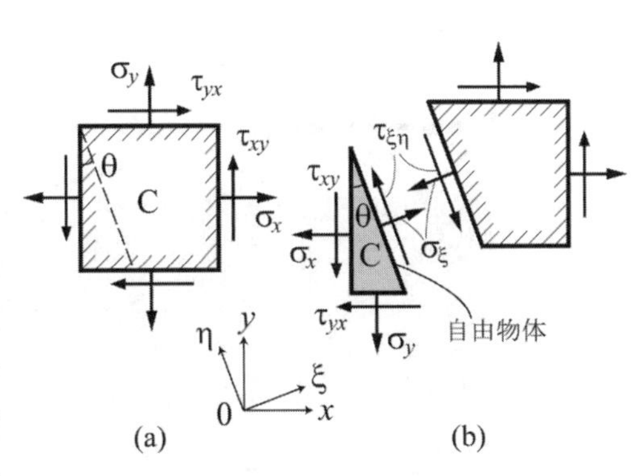

図3.20　応力成分の座標変換

d. 材料強度学 (fatigue and fracture of materials)

機械の破損の中で最も重要なものは疲労破壊である．ちなみに，事故の80%の原因が金属疲労といわれている．金属疲労防止における材料力学的立場を以下に述べる（材料開発における立場と異なることに留意）．

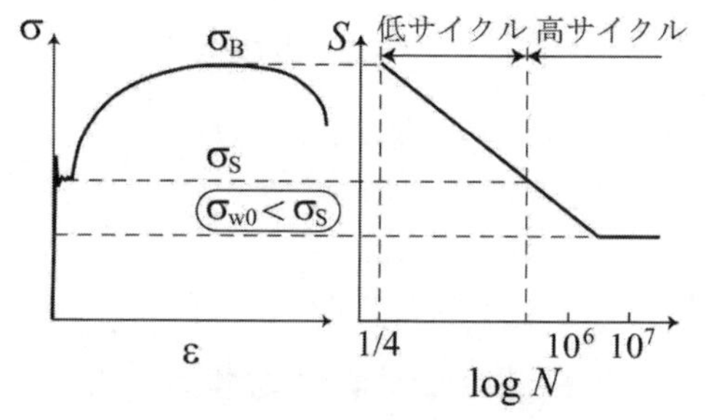

図 3.21　$\sigma-\varepsilon$ 特性と $S-N$ 特性

金属疲労の基本的特性を表すのは，図 3.21 のような平滑材に破断まで一定の応力を繰返して得られる S-N 曲線(S-N curve)である．ここに，S は応力振幅，N は破断までの応力繰返し数を示す．無限の繰返し数に耐える応力の上限値が疲労限(fatigue limit) σ_{w0} であり，一般には $\sigma_{w0} \leq$ 降伏応力(σ_s)である．ここで，大きな塑性変形(plastic deformation)を繰返す低サイクル疲労(low cycle fatigue)という現象は理解できる．しかしながら，弾性変形を繰返すことによって生じる高サイクル疲労(high cycle fatigue)は，連続体力学の対場からは理解できない．なぜなら，応力振幅が降伏応力以下では変形は弾性変形であり，その現象は可逆であるため疲労しないと考えられるからである．そのため，金属疲労特性は実験でしか評価できないとみなされ，そのばらつき特性，切欠き特性，平均応力特性，組合せ応力特性，変動応力特性，環境特性などの莫大な実験データと事故データという経験に基づき，材料を安全に使用できるようになっている．しかし，このような対処療法では，世界規模で実験データを取得しても1つの材料ですら10年の時間を要するといわれており，新素材や新環境での使用を安心して行うことは難しい．そこで，機械設計に役立てるという工学的立場に基づいて，疲労現象の本質（連続体近似による理想的挙動からの実挙動のずれ）を解析する材料強度学について以下に述べる．

図 3.22 に，疲労破壊した材料の表面が応力繰返しとともにいかに変化するか（疲労き裂の発生と伝ぱの様子）を示す（他の領域には変化は見られない）．この図に示すように，疲労破壊までの全寿命のほとんどは，試験片の最弱部分（最弱リンク: weakest link）から発生した疲労き裂の伝ぱ寿命で決まってしまう．このことが強度特性のばらつきの原因であり，また最弱部分の特定を難しくしている．一方，壊れない限界状態での材料の最弱部分の表面には停留き裂が存在しており，疲労限は発生した疲労き裂が停留する条件であることが分かっている．このように，たとえ表面きずをなくした平滑材ですら，

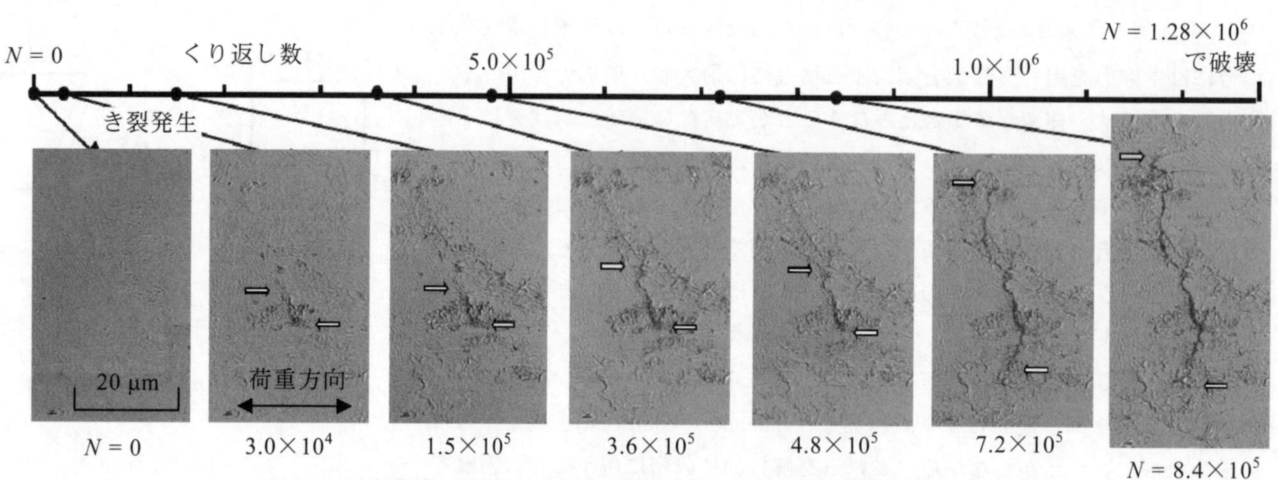

図 3.22　有限疲労寿命での材料変化（疲労き裂発生と伝ぱ過程）
（S45C 炭素鋼 曲げ疲労試験，σ_a = 230MPa, H_v = 178）

その安全限界は繰返しの初期段階で発生した微小き裂の停留限界で決まっている．一方，実構造・実材料では，メートルからミリ・ミクロンレベル寸法の切欠き，表面粗さ，ピット，介在物，結晶粒界などの種々の応力集中(stress concentration)源が存在し，疲労き裂は平滑材の場合より発生しやすいので，工学的には疲労き裂の停留限界を評価することが重要である．そこで，き裂の力学（破壊力学(fracture mechanics)と呼ばれる）を力学評価法として用い，き裂という特異場のなかで材料がいかなる挙動を示すかを把握することが行なわれている．また，静止き裂と疲労き裂の相違や一定応力振幅条件でも停留き裂が存在する現象についても，き裂閉口(crack closure)現象を通じて，力学的に説明される．

このように，材料の疲労現象は徐々に力学的に解明され，より合理的な使用が可能となりつつある．このことは新素材の開発指針にもなっている．

3･1･5　機械の動的現象を取り扱う機械力学 (dynamics of machinery to treat dynamic phenomena generated in machinery)

a. 機械力学とは？ (What is dynamics of machinery?)

機械は，有機的に結合・配列された複数の部品があらかじめ決められた相対運動(relative motion)を行ことによって，期待される機能を実現する．機械部品の場合，その相対運動は大きな加速度(acceleration)を持った周期的運動となることが多いので，慣性力(inertia force)の効果が強く現れる．さらに，慣性力の影響によってシステム全体に有害な振動(vibration)や騒音(noise)が発生し，安全で円滑な運転が妨げられるような事態が生じることもある．特に，高性能化を目指して機械を高速化・軽量化する際に，振動や騒音は大きな問題となる．このような機械における動的現象(dynamic phenomenon)の発生メカニズムを原理的に解明して運転中の機械要素に作用する動的な力を求めるとともに，必要な運動を合理的に引き起こすための機構や制御法を開発することや，有害な振動や騒音の抜本的な防止対策を確立することが，機械力学の主な課題である．機械に対する高性能化の要求が強まる中，安全性や信頼性の向上，環境への悪影響の低減等の観点からも，機械力学の果たすべき役割は益々重要になっている．

b. モデル化と方法論 (modeling and methodology)

3･1･3 項で述べたように，機械力学の理論的基盤はニュートンの運動の法則である．ところが，非常に単純な形式で表現されたニュートンの運動の法則と機械で発生する複雑で多種多様な動的現象との間には大きな距離があるので，前者に基づいて後者を理解するのはそれほど容易なことではない．機械力学において両者をつなぐのが，解明したい現象の適切なモデル化と得られた力学モデルに対する上記の基本法則に基づいた物理的考察および数学的考察である．したがって，機械力学を修得するには，これらが渾然一体となって展開される方法論を身につける必要がある．

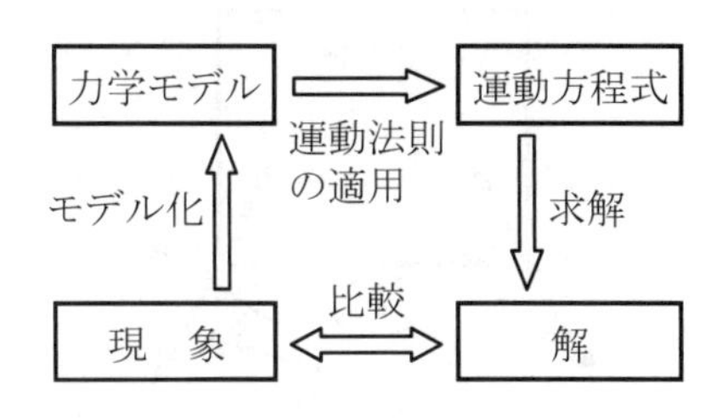

図 3.23　問題解決の手順（概念図）

その方法論を理解するための手掛かりとして，機械システムで実際に発生している動的現象の原因解明を目指す際に，通常適用される手順を纏めておこう（図 3.23 参照）．このような場合に最初になされるべきことは，実際の現象をよく観察して分析することである．その際，現象の特徴を明確に掴むために，関係する要素のみを取り出して単純化した装置を作製し，様々な条件を綿密に設定した上で積極的な問いかけ（実験）を行うことが多い．その分析結果に基づいて大胆な仮定を導入し，力学モデルを構築する．モデル化にあたっては，発生原因と想定される種々の要素の中から本質的な要素のみを抽出したなるべく簡単なモデルを構築することが望ましい．次に，得られた力学モデルに対して運動方程式を導出し，その解を求める．前者には純粋に物理的考察が，後者には主として数学的考察が必要である．運動方程式は数学的には微分方程式であるので，解析的に解くことができないことが多いが，最近ではその解析にコンピュータを利用することが常套手段となっている（3･6 節参照）．最後に，得られた解析結果と現象との比較を行い，力学モデルの妥当性を判定する．解析結果が期待された精度に到達していなければ，最初に戻って力学モデルを再構築し，それ以下の手順を繰り返す．解析結果が十分な精度で現象を説明できるならば，モデル化の際に仮定された原因が正しいとみなせるので，発生メカニズムが解明されたことになる．それを基にして，有害な現象であれば抜本的な対策を立案することや，有益な現象であれば積極的な利用が可能となる．

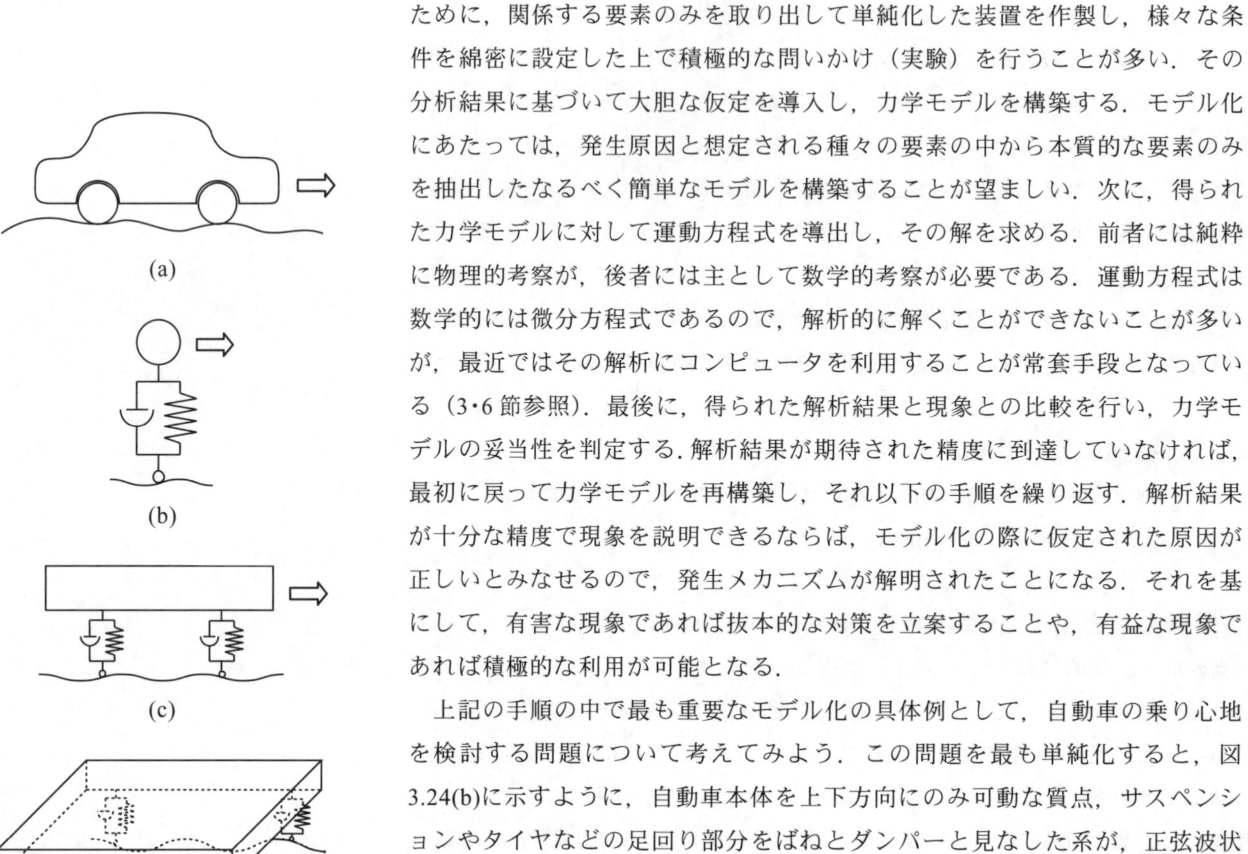

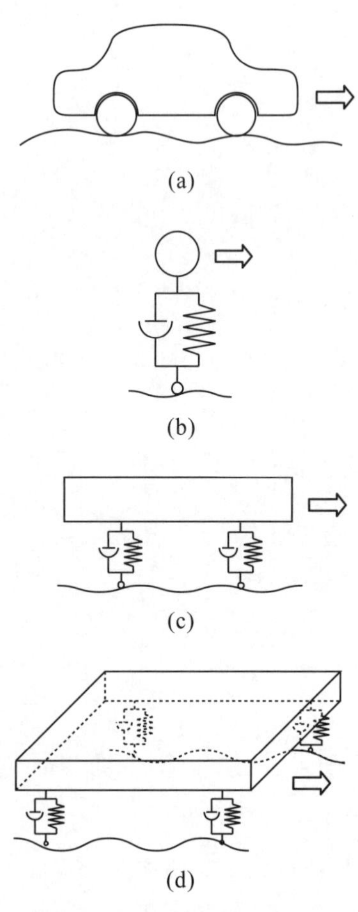

図 3.24　モデル化の具体例

上記の手順の中で最も重要なモデル化の具体例として，自動車の乗り心地を検討する問題について考えてみよう．この問題を最も単純化すると，図 3.24(b)に示すように，自動車本体を上下方向にのみ可動な質点，サスペンションやタイヤなどの足回り部分をばねとダンパーと見なした系が，正弦波状の凹凸を有する道路上を走行する 1 自由度モデル（1 個の変数でその系の運動特性が完全に表されるモデル）が考えられる．このようなモデルにより，走行中の自動車が行う上下方向運動の概略を捉えることが可能であろう．より精密な検討を行うには，図 3.24(c), 3.24(d)に示すように必要に応じて徐々にモデルを複雑化し，実際の系に近付ければよい．

以上のような方法論に基づいて解決しなければならない機械力学分野の主な課題は，機械の安全な運転のために動的なつり合いを実現すること，および様々な原因で不可避的に発生する機械振動を抑制することの二つである．以下の項では，これらの概要について説明する．

c. 機械のつり合い (balance of machine)

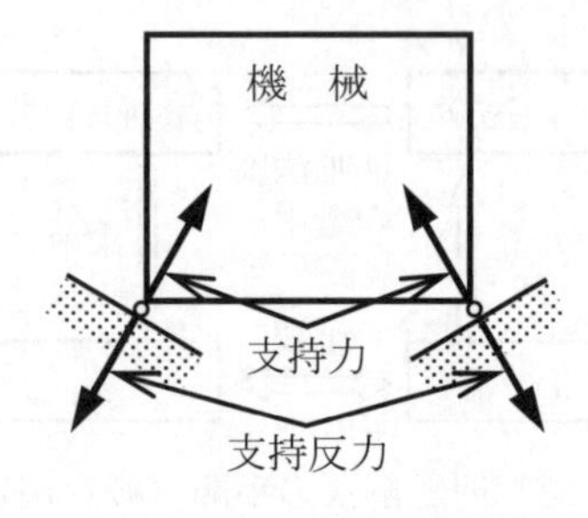

図 3.25　機械のつり合いの条件

機械は互いに複雑な相対運動（加速度運動）をする多数の物体（部品）をその内部に含んでおり，全体が外部から支持されている．また，図 3.25 に示すように，運転中の機械は支持反力（機械に作用する支持力の反力）の形で外部に影響を及ぼす．通常，運転中の機械の支持反力は時間とともに変動するが，支持反力の総和およびある点まわりの支持反力のモーメントの総和がともに一定値であれば，機械の運転の影響が外部に及ばないことになる．このとき，機械は動的につり合っている（動的平衡: dynamic equilibrium）といい，上の二つの条件をつり合いの一般条件(general condition of balance)と呼ぶ．

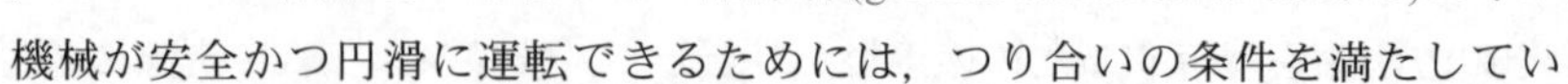

機械が安全かつ円滑に運転できるためには，つり合いの条件を満たしてい

なければならない．そこで，工業界で数多く利用されている回転機械(rotary machine)の最も基本的な要素モデルである剛性ローター（図 3.26 に示すように，剛体(rigid body)を固定軸まわりに回転させるローター）を例にとり，これがつり合うための条件について考える．

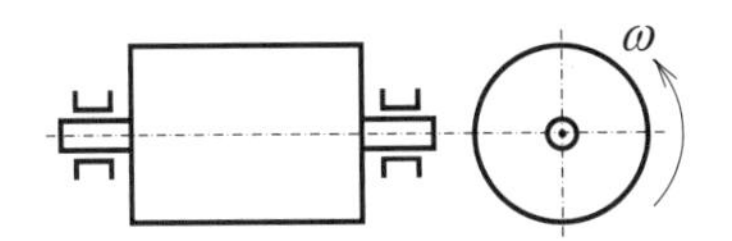

図 3.26　剛性ローター

まず，身近な具体例として，コマの運動について検討してみよう．円形に切り取った厚紙にマッチ棒などの回転軸を通したコマを自作して実際に試して欲しいのだが，コマが直立して軸がぶれることなくきれいに回るのは，図 3.27(a)のように回転軸が円板の中心に円板に対して垂直に取り付けられているときであることが分かる．このとき，コマはつり合っているという．一方，図 3.27(b)のように軸が円板に垂直であっても中心からずれていたり，図 3.27(c)のように中心にあっても垂直軸から傾いていたりするとコマはきれいに回らない．このように，コマがつり合ってきれいに回転するためには，回転軸がある条件を満足していなければならないことが分かる．将来，剛体の力学を学ぶと明らかになるが，回転軸が重心を通る慣性主軸(principal axes of inertia)に一致することがその条件である．この条件は剛性ローターのつり合い条件にもほぼそのまま一致する．

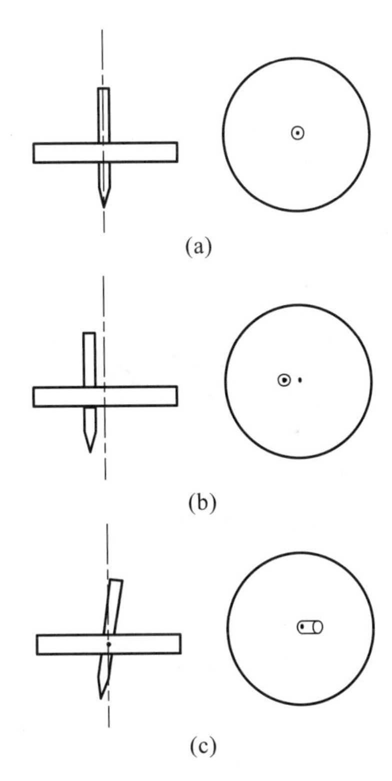

図 3.27　コマのつり合い

上の条件を別の角度から眺めてみよう．まず，重心が回転軸上にあるのでローターが回転しても重心は不動であり，慣性力は零となる．さらに，回転軸が重心を通る慣性主軸に一致しているので，重心まわりの慣性力のモーメントは零になる．そこで，これらの条件を一般化して，慣性力の総和が一定値であることをつり合いの第 1 条件，ある点まわりの慣性力のモーメントの総和が一定値であることをつり合いの第 2 条件と呼ぶ．機械のつり合い条件に関しては，設計段階でかなりのところまで対応することが可能である．したがって，機械技術者はつり合い条件を満足するような機械設計を常に心がける必要がある．

d. 機械振動 (mechanical vibration)

① 振動とは？

つり合いの条件を満たしていない機械を稼働させると，慣性力の影響が現れる．機械ではその影響は振動という形をとることが多い．振動とは，図 3.28 に示すように何らかの物理量がその平均値(機械振動では通常は静的平衡点)のまわりを交番的に変動する現象を意味する．したがって，振動が発生して持続するためには，物理量が平均値から外れたときに元に引き戻す作用（復元作用）と，平均値に戻って来たときにその変動状態を持続させる作用（持続作用）が交互に働く必要がある．逆に，これら二つの作用をともに持つ系では，振動が発生し易いといえる．機械の場合には，それを構成する物体は質量と剛性(stiffness)を必ず持っており，質量の慣性および剛性がそれぞれ持続作用および復元作用を担っている．しかも，機械には規則的な運動を引き起こすために周期的に変動する動力が加えられることが多い．したがって，機械は非常に振動が発生し易い系（不可避！）であるということを認識しておかなければならない．

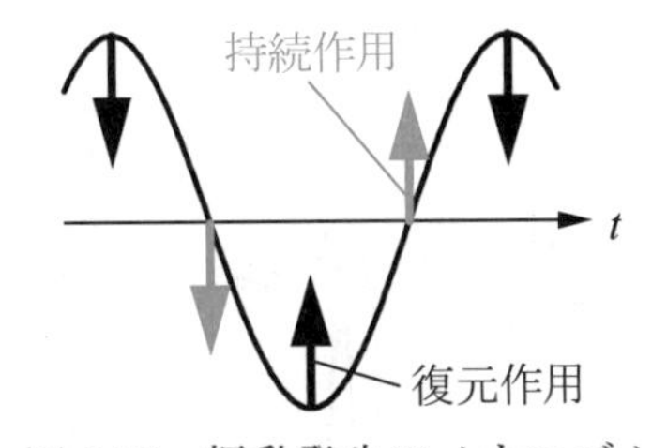

図 3.28　振動発生のメカニズム

② 自由振動

図 3.29 に示すような単振り子を例にとって，振動の基本的な性質について

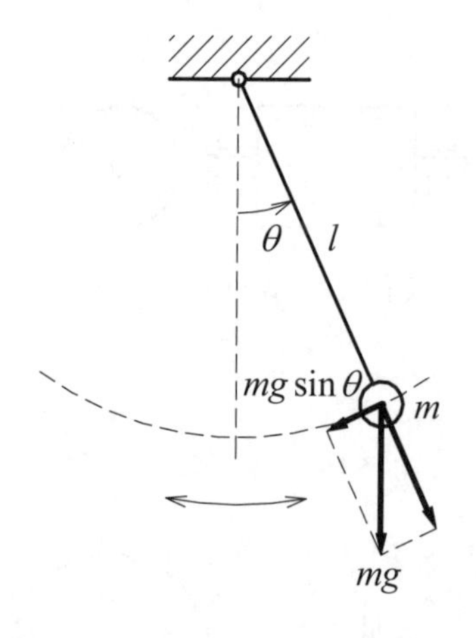

図 3.29　単振り子の自由振動

調べてみよう（糸と錘で振り子を自作して試して欲しい）．まず，振り子をしばらく放置しておくと，錘が鉛直最下部にきて静止する．これが振り子の静的平衡状態である．この状態から，糸を張ったまま円弧に沿って錘を手でわずかに持ち上げて静かに放すか，錘を水平方向に指で軽くはじくかすると振動が発生する．前者の場合は初期変位を，後者の場合は初速度を振り子に与えたことになる．このように，最初に初期条件の形で力学的エネルギー(mechanical energy)が与えられることによって発生し，その後は外部から励振エネルギーが全く供給されない状態で持続している振動を自由振動(free vibration)という．自由振動は主として復元作用と持続作用の相互作用に基づく振動であるから，その系の振動の基本的性質を示している．また，錘の振幅が小さいとき，自由振動の振動数は初期条件の与え方によらず糸の長さにのみ依存する．これが自由振動の特徴であり，一般にその振動数は系パラメータで決まってしまう．そこで，自由振動の振動数を固有振動数(natural frequency)という．実際に発生する様々な振動現象の殆どが，この固有振動数と密接な関係を持っている．その意味で，固有振動数は振動問題を考える際に最も重要な物理量であるといえる．

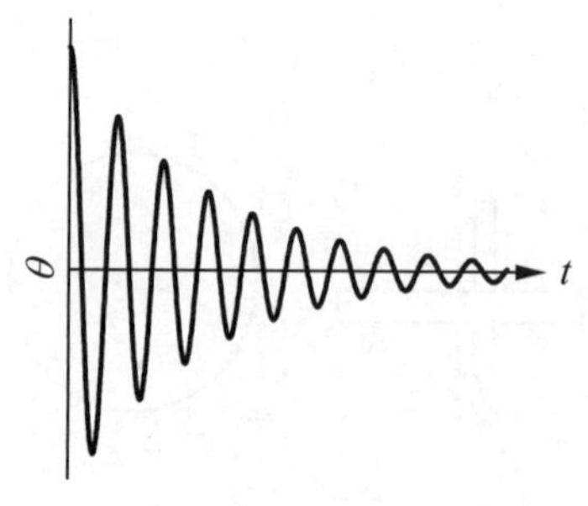

図 3.30　減衰自由振動波形

自由振動している振り子を放置しておくと，図 3.30 に示すように徐々に振幅が小さくなって，最終的には元の静的平衡状態に戻ってしまう．これは時間経過とともに系の力学的エネルギーが徐々に失われていることを意味する．このように系からエネルギーを奪う作用を減衰(damping)という．振り子の場合，主に錘に対する空気抵抗がこの役割を担っている．

③ 強制振動

次に，図 3.31 に示すように振り子の支持部を水平方向に周期的に振動させてみよう．そうすると，過渡的な状態を経て，最終的には支持部と同じ振動数の振動が持続するようになる．このように，強制変位(forced displacement)や外力(external force)の形で外部から励振エネルギーが持続的に作用するときに発生する振動を強制振動(forced vibration)という．強制振動で注目すべき性質は，振り子支持部の水平方向強制変位の角振動数 $\omega = 2\pi f$ を徐々に変化させたとき，図 3.32 に示すように ω が系の固有角振動数 $\omega_n = 2\pi f_n$ に近くなると錘の振幅が非常に大きくなることである．このような現象を共振(resonance)と呼ぶ．一般に振動を嫌う機械や構造物においては，共振は最も好ましくない現象である．したがって，機械系の技術者を志す者は，共振の発生を避けるための知識を身に付けておかなければならない．

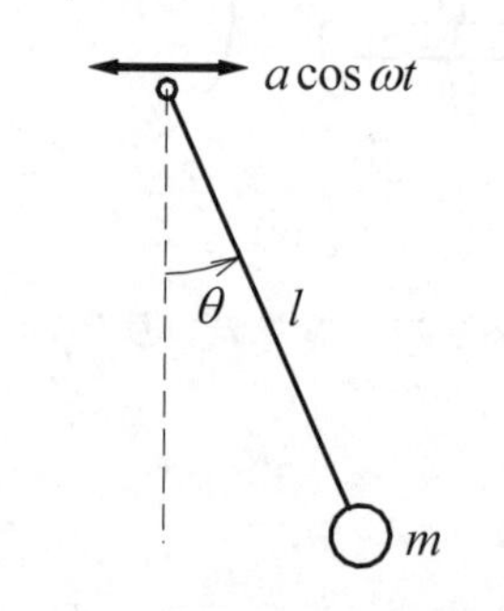

図 3.31　単振り子の強制振動

④ 振動制御

それでは，共振を避けるにはどのような手段が有効であろうか．上の振り子で試してみると，強制変位の振動数が系の固有振動数に近いほど，あるいは減衰が小さいほど，共振時の錘の振幅が大きくなることが分かる（減衰の影響は，例えば振り子を減衰の大きな水中に浸けて揺らしてみれば調べられる）．したがって，共振を防止するには何らかの手段でどちらか一方の条件を取り除けばよい．

このうち，通常の機械の減衰は非常に小さく，大きな減衰を外部から付加することも容易ではない．そこで，外力が作用する系では，外力の振動数と系の固有振動数を十分に離すことが共振を避けるための有効な対策となる．

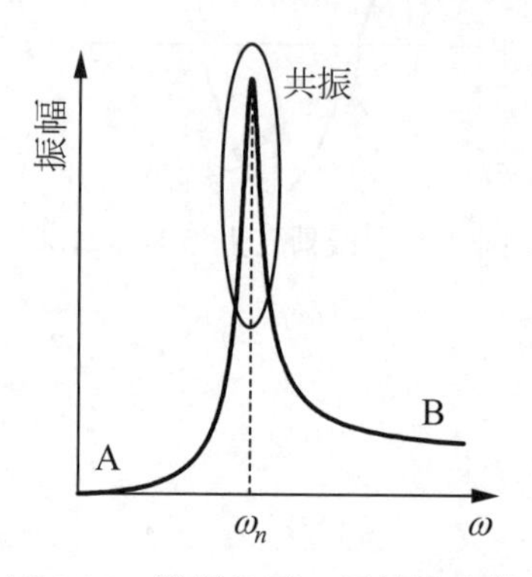

図 3.32　単振り子の周波数応答

具体的には，外力の振動数は一般に機械の運転状態に依存するので，固有振動数に近付かないように運転状態を調整すること，あるいは支持剛性の調整により系の固有振動数を安全な範囲に変更することによって実現する．後者の代表的なものとしては，支持剛性を大きくすることによって系の固有振動数を高く設定し，それより低い振動数（図 3.32 の A の領域）で運転する剛支持(rigid support)の方法，あるいは逆に支持剛性を小さくすることによって系の固有振動数を下げ，それより高い振動数（同じく B の領域）で運転する柔軟支持(flexible support)の方法がある．例えば，日本の家庭用洗濯機の多くは，洗濯槽の支持剛性を柔らかくして固有振動数を低く設計し，脱水時にはそれよりかなり高い回転数で使用するようになっているが，これが柔軟支持の典型例である．また，柔軟支持の場合には，基礎から機械に伝わる振動や機械から基礎に伝わる振動を低減することも可能である．このため，振動を嫌う精密機械や機械振動の環境への影響が問題となる場合には，図 3.33 に示すように機械と設置床との間に防振ゴムなどからなる防振基礎を介在させて，両者を振動的に絶縁することが多い．これを防振(vibration isolation)という．

図 3.33　機械の防振

このように振動の低減を課題とする分野を振動制御(vibration control)というが，その具体的手段としては，上記の防振基礎のように制御機器の利用に際して外部からのエネルギー供給を必要としない受動（または，パッシブ）振動制御(passive vibration control)，エネルギー供給と制御理論を必要とする能動（または，アクティブ）振動制御(active vibration control)および両方の機能を兼ね備えた準能動（または，セミアクティブ）振動制御(semi-active vibration control)がある．

⑤ 非線形振動

振り子の振動をさらに詳しく検討すると，自由振動の振動数は，錘の振幅が小さいときには糸の長さだけにほぼ依存するが，図 3.34 に示すように振幅が大きくなるにつれて糸の長さは同じであっても徐々に振動数が低くなることが分かる．これは，振り子の復元作用を表す錘の重力の円周方向成分が $-mg\sin\theta$（θ は鉛直軸からの角変位）で表され，θ が小さいときには $-mg\theta$ と近似して線形系(linear system)とみなせるが，θ が大きくなるとこのような近似が成立せず非線形系(nonlinear system)となるためである．線形とは，互いに関係する物理量の間にフックの法則のような比例関係が成立する性質のことであり，非線形とは比例関係が成立しない性質のことである．このように，振動系は線形系と非線形系に分けて扱われる．

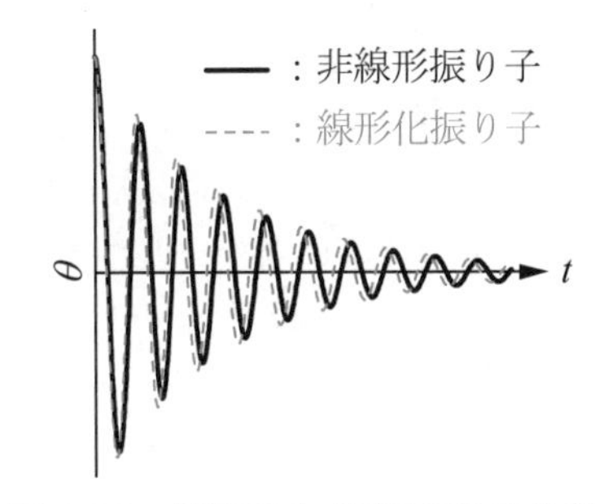

図 3.34　線形系と非線形系の比較

非線形系では，自由振動の振動数が振幅依存性を持つことに加えて，次のような特徴的な現象が現れることが多い．

(1) 自由振動・強制振動ともに，解は多数の高調波成分(higher harmonic component)（整数倍の振動数成分）を持つ．

(2) 強制振動の場合，外力の振動数と同じ振動数成分が卓越する主共振(fundamental resonance)のほかに，高調波共振(higher harmonic resonance)や整数分の 1 の振動数成分が卓越する分数調波共振(subharmonic resonance)，さらに多自由度系の場合にはモード間の連成に基づく結合共振(combination resonance)などが発生する．

(3) 外力の振動数や系パラメータを徐々に変化させたときに，振幅が突然大きく変化するジャンプ現象(jump phenomenon)の原因となるような様々なタイプの振動が発生する．

⑥ **自励振動**

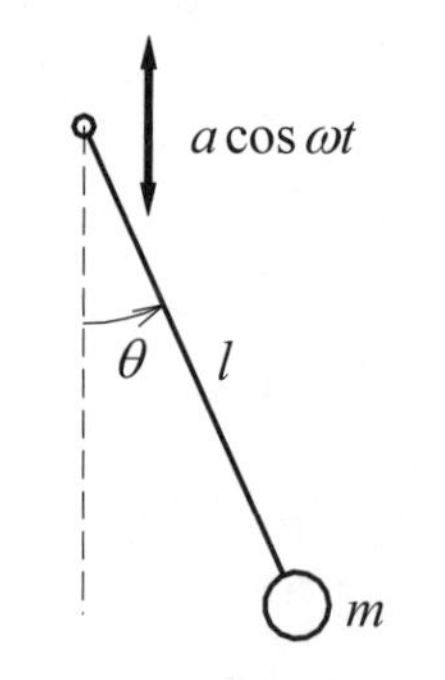

図 3.35　単振り子の自励振動

さて，今度は図 3.35 に示すように，振り子の支持部を鉛直方向に周期的に振動させてみよう．その角振動数 ω を徐々に変化させたとき，固有角振動数 ω_n の 2 倍付近で大きな振動が発生し，それ以外の振動数では殆ど振動しないことが分かる．図 3.36 に $\omega = 2\omega_n$ のときに振動が成長している様子を示す．このような振動が発生するのは，支持部変動が $a\cos\omega t$ で表されるとき，円周方向の復元項が支持部の振動の影響で $-m(g + a\omega^2 \cos\omega t)\sin\theta$ となり，$\sin\theta$ の係数が周期関数になるのが原因である．このような系を係数励振系(parametric excitation system)という．

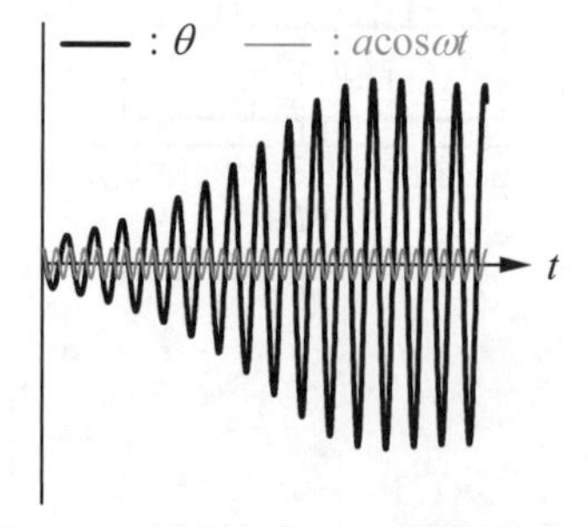

図 3.36　単振り子の自励振動波形 ($\omega = 2\omega_n$)

ところで，上の振り子の例では支持部の振動方向と錘の振動の方向がほぼ直角なので，支持部の振動によって励振エネルギーが直接供給されるわけではない．このように，励振エネルギーが外部から供給されないにもかかわらず，系自身が非振動的なエネルギーを励振エネルギーに変換することによって発生・成長するのが自励振動(self-excited vibration)である（図 3.37 参照）．自励振動は自由振動が不安定化して成長することが多いので，大抵の場合，その振動数は系の固有振動数に近い．また，励振エネルギーへの変換機構は物理的に多種多様である．したがって，自励振動を考える際には，どのようなタイプの発生メカニズムを持つ振動かを考慮する必要がある．具体例としては，次のようなものがある．

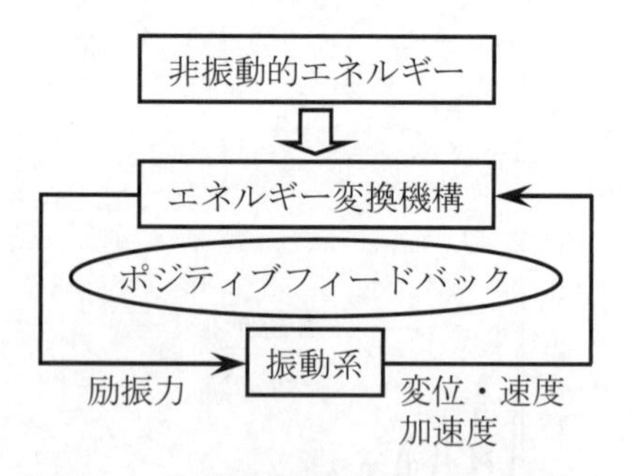

図 3.37　自励振動の発生メカニズム

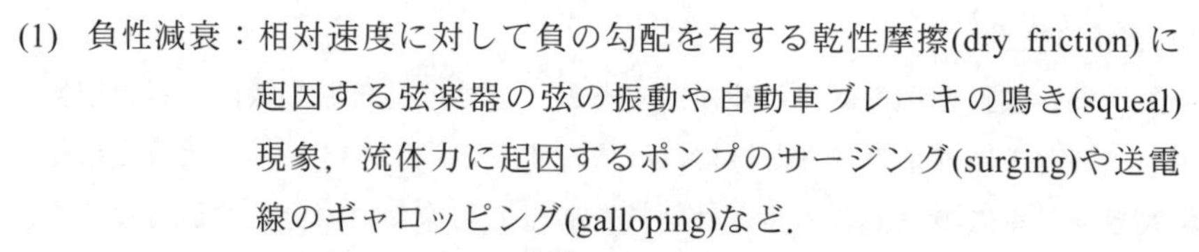
(1)　負性減衰：相対速度に対して負の勾配を有する乾性摩擦(dry friction)に起因する弦楽器の弦の振動や自動車ブレーキの鳴き(squeal)現象，流体力に起因するポンプのサージング(surging)や送電線のギャロッピング(galloping)など．

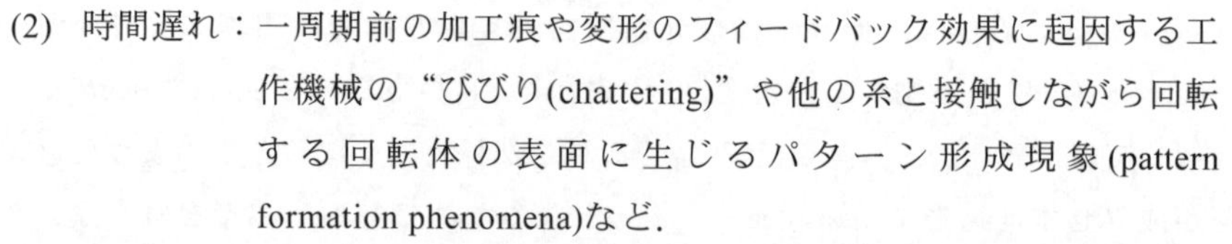
(2)　時間遅れ：一周期前の加工痕や変形のフィードバック効果に起因する工作機械の“びびり(chattering)”や他の系と接触しながら回転する回転体の表面に生じるパターン形成現象(pattern formation phenomena)など．

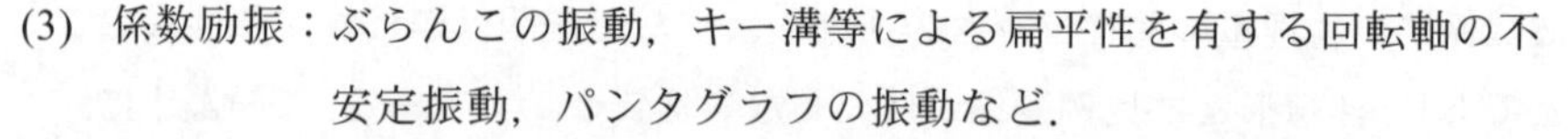
(3)　係数励振：ぶらんこの振動，キー溝等による扁平性を有する回転軸の不安定振動，パンタグラフの振動など．

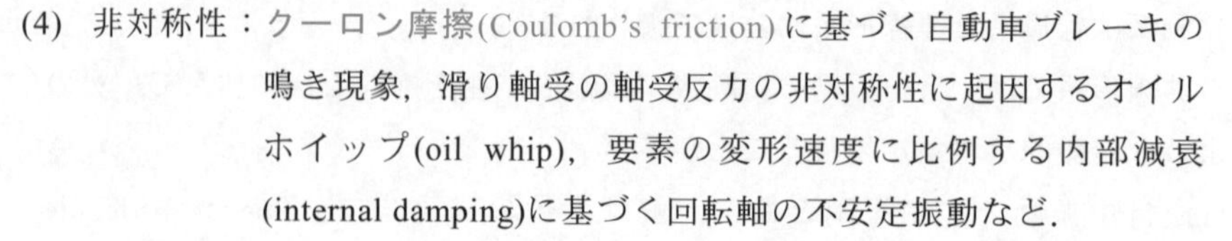
(4)　非対称性：クーロン摩擦(Coulomb’s friction)に基づく自動車ブレーキの鳴き現象，滑り軸受の軸受反力の非対称性に起因するオイルホイップ(oil whip)，要素の変形速度に比例する内部減衰(internal damping)に基づく回転軸の不安定振動など．

自励振動はいったん発生すると大きな振幅とエネルギーを持つので通常は機械にとって非常に有害であるが，励振エネルギーへの変換機構を除去あるいは抑制することができれば全く発生しなくなる．したがって，そのようなエネルギーの変換機構を明らかにした上で，自励振動を発生させない設計が要求される．

3・2　熱・流体工学 (thermo-fluid engineering)

3･2･1　熱・流体工学とは (What is thermo-fluid engineering?)

身のまわりを見てみると，われわれは空気の中で生活をし，水やさまざまな流体と深く関わりあっていることがわかる．地球上に水や空気という流体があったからこそ生命の誕生や生物の進化が起こり得たと言える．古代の文明を振り返ってみても，河川の灌漑技術が導入されることによって農業生産力が増大し，治水技術の発展と共に都市国家が形成されていったように，流体の流れを利用する技術の進歩と共に文明が発展してきたといえる．

機械技術，機械工学の発展の歴史（1･2 節）で述べたように，18 世紀になって発明された熱機関(heat engine)は，その後の産業を抜本的に改革した．熱機関とは，2･1 節で紹介したように熱エネルギーを仕事（動力）に変換する装置のことであり，そこでは燃焼ガスや水・水蒸気といった作動流体がエネルギー変換(energy conversion)の担い手となる（図 3.38）．熱機関によって生み出された大きな動力が利用できるようになってはじめて，われわれは利便性の高い人工環境を構築することが可能になった．この基礎になるのが熱工学(thermal engineering) {熱力学(thermodynamics), 伝熱学(heat transfer)など} や流体工学(fluid engineering) {流体力学(fluid mechanics)など} といった学問である．これらの分野は密接に関係しているので“熱・流体工学(thermo-fluid engineering)”とまとめて表現されることも多い．

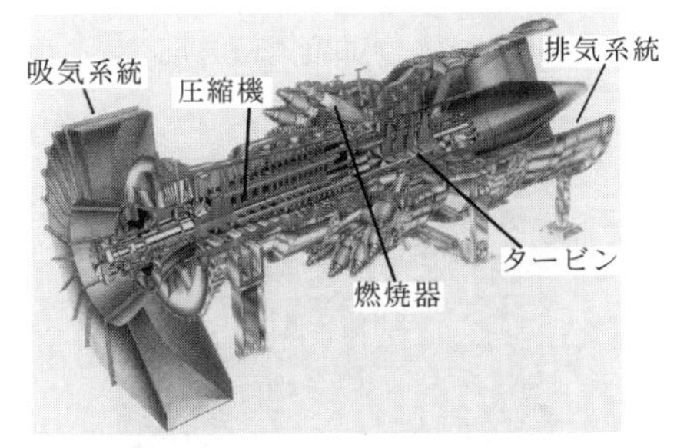

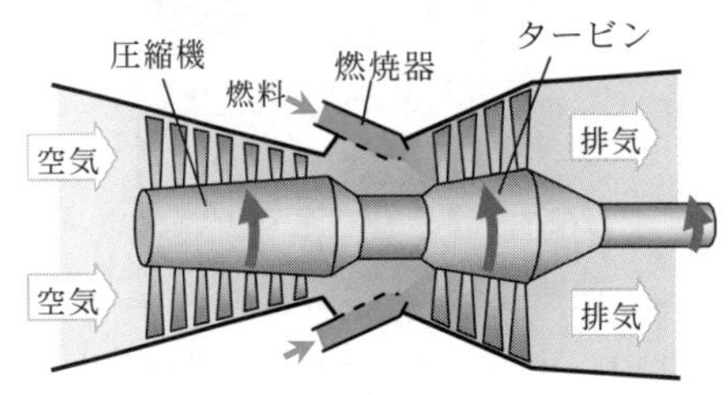

図 3.38　ガスタービン
（上図：提供　三菱重工業㈱）

3･1 節で述べたように，材料力学(mechanics of material)や機械力学(dynamics of machinery)では固体の変形や振動などを扱うのに対し，流体力学(fluid mechanics)では，気体や液体といった，それ自体が一定の形をとらない物質の力の釣り合いや運動を扱う．また，熱力学(thermodynamics)はエネルギー変換（主に熱エネルギーから仕事への変換）のための基礎学問であり，熱平衡を仮定した上で温度，圧力といった物質の状態変化を扱う．さらに伝熱学(heat transfer)では熱の非平衡状態，すなわち固体内や固体－流体間での熱の移動速度を扱う．これらの基礎学問の知見があってはじめて 2･1 節で述べたような熱機関などのエネルギー変換機器の設計・開発が可能になる．

熱・流体工学の進展は熱機関などの性能向上をもたらし，船舶，鉄道，自動車，航空機といった輸送機関の発達によって輸送交通革命をもたらした．また火力，原子力発電所が建設されることによって膨大なエネルギーの利用が可能となり，エネルギー革命をもたらした．その結果，われわれはさまざまな電気製品に囲まれた快適な生活を営んでいる．その中でも，例えばエアコン（図 3.39）や冷蔵庫といった冷媒を循環させる機器や，あるいはパソコンをはじめとする高発熱密度の空冷機器においては，熱・流体工学がその性能向上に大きな役割を果たしている．

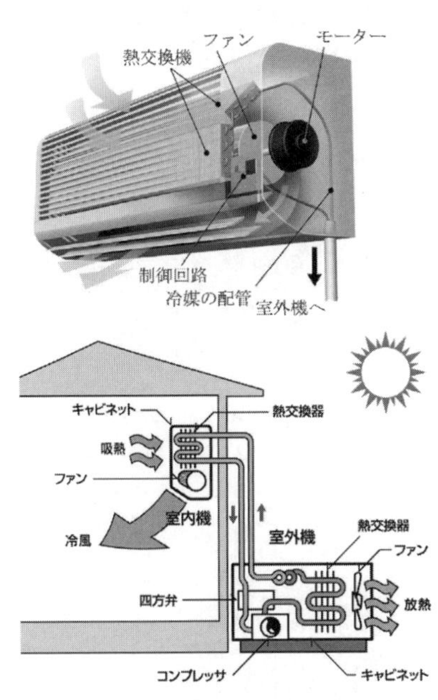

図 3.39　エア・コンディショナー
（下図：提供　(財)家電製品協会）

これ以外にも，熱・流体工学が基礎となる領域には，ポンプや風車などの流体機械(fluid machinery)，燃焼機器，熱交換器(heat exchanger)，熱輸送デバイス，エネルギー貯蔵機器，機械要素の潤滑技術，油圧・空気圧機器などが挙げられる．流れや熱が課題とならない科学技術分野を指摘するのが困難なほど，熱・流体工学は多くの分野に関連している．

熱・流体工学は，多くの場合，分子レベルの特性が顔を出さない巨視系

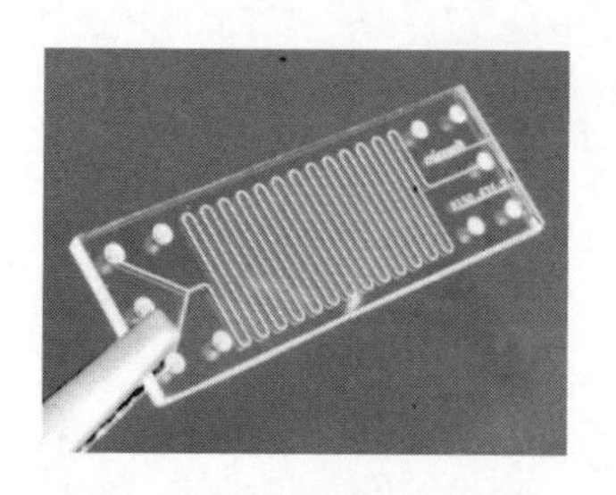
図 3.40　マイクロ化学分析システム

図 3.41　風力発電(提供　山形県庄内町)

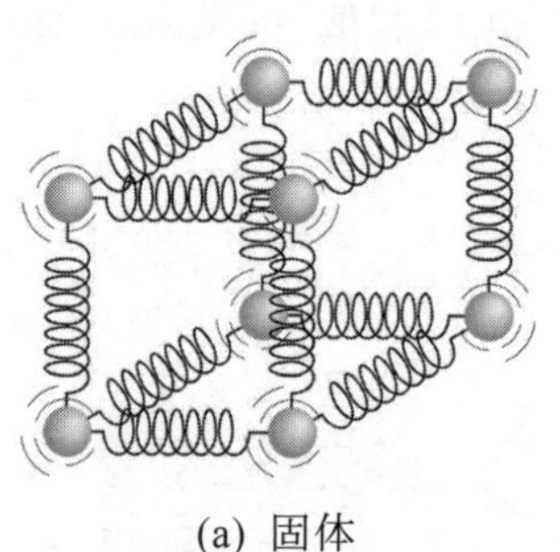
(a) 固体

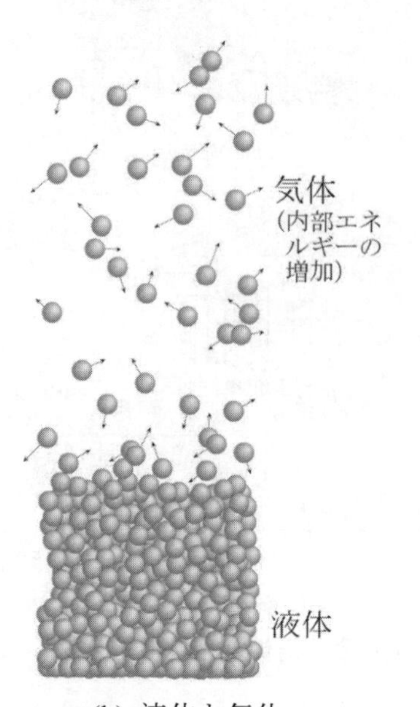

(b) 液体と気体

図 3.42　物質の三態
(文献(6)から引用)

(macroscopic system)を基礎としているが，対象の寸法によりスケール効果(2・5・1 項参照）が顕著になることもある．例えば，マイクロマシンのように寸法が小さくなると，通常のスケールでは顕在し難い力や現象（例えば界面張力: interfacial tension）が顔を出す．例えば，微細化したポンプ，バルブ，センサを微細経路で結び集積化したマイクロ化学分析システム（図 3.40，2・5・4 項参照）では，試料が微少量で済むのに加え，スケール効果によって反応・分析時間が大幅に短縮される．また，発熱密度の高い半導体デバイスの冷却を目的とした細径熱輸送デバイスや，固体高分子形燃料電池における水分挙動分析など，サブミリ(sub-millimeter)からサブミクロン(sub-micrometer)におよぶ寸法の領域に特有な流体の振舞いや制御あるいは操作を対象とした分野が重要になってきている．

20 世紀までは資源・エネルギーを大量に消費することによって“人工環境”が構築されてきた．しかし，有限な資源を維持するためには「持続可能な地球環境の構築」を目指していく必要がある．つまり，今まで造り上げてきた利便性の高い人工環境を可能な限り維持しつつ，今後は自然環境と共存できるような人間社会を構築していく必要がある．そのためには，従来のエネルギー機器の高効率化を図るとともに，太陽エネルギーの流れ（フロー）の中に人間のエネルギー消費社会を組み込み，太陽光，水力，風力（図 3.41）といった自然エネルギー（再生可能エネルギー）を有効利用できるような効率の高い機器を開発していく必要がある．こうした“フロー型エネルギー”の利用にも，熱・流体工学が大きな役割を果たしていかねばならない．

宇宙に目を向けてみても，宇宙開発に必要なロケット技術の開発や，人工衛星・宇宙ステーションの熱制御技術の開発では，熱・流体工学の知見が不可欠となる．また，医療分野においても，例えば人工心臓の開発や，生体内外における熱・物質移動に関する現象解明といった分野で，熱・流体工学の貢献が期待されている．

3・2・2　基幹分野としての流体力学
(fluid mechanics as an essential field)

a. 順応性の高い“流体”(“fluid” which can change its form freely)

物質は原子・分子から成り立っており，温度や圧力の変化によって固体(solid)，液体(liquid)，気体(gas)といった三種類の状態をとる．物質を構成する分子は熱運動(thermal motion)をしており，ある点に留まってはおらず運動エネルギー(kinetic energy)を持って動き回っている．一方，分子の間には分子間力が働いており，ある距離より近づけば斥力が，離れていれば引力が働く．大きく離れてしまえば力はほとんど働かない．この引力の大きさと熱運動の兼ね合いで物質の状態は決定される．図 3.42 に示すように，固体状態では分子はそれぞれの固有の位置で熱振動しており，結晶構造を保っている．熱を加えて分子の熱振動を激しくすると，分子はそれぞれの固有の位置を保てなくなって動き回るようになるが，常に分子間には力が働いており，全く自由に動き回る事はない．これを液体(liquid)と言う．さらに圧力を一定に保ちながら熱を加えて温度を上げると，分子は分子間の引力の拘束を振り切って自由に飛び回るようになる．圧力を下げると，分子同士の間隔は広くなり，衝突は稀にしか起きず，大部分の時間は自由に飛び回るようになる．これが気体(gas)の状態である．液体と気体を合わせて流体(fluid)と呼ぶ．流体はそれ自体では一定の形はとらず，容器の形状に合わせて自由に変形する．この性質は，固体とは基本的に異なる．

流体を微小要素に分けて考えると，その要素表面には圧力(pressure)が働く．場所によって圧力に差があると，これを解消する方向に流体は運動する．例えば，2 点間に圧力差Δpがあり，ここに断面積 A の管路を通したとすると，圧力差が駆動力となって流量(flow rate) Q の流体が流れる．この系は，電位差ΔE，電気抵抗 R，電流 I の電気回路$\Delta E = RI$に置き換えて考えることができる．Δp はΔE に，Q は I に相当する．すなわち，Δp を知るには電気抵抗 R に相当する管路全体の摩擦抵抗を見積もる必要がある．管壁での摩擦応力（壁表面の単位面積当たりの摩擦力 ＝ せん断応力: shear stress） τ は，次式のニュートンの粘性法則(Newton's law of friction)で与えられる（図 3.43）．

$$\tau = -\mu\left(\frac{\partial u}{\partial y}\right)_{y=0} \tag{3.12}$$

ここで，u は管路長さ方向の流体速度，y は管壁からの距離（$y = 0$ は管壁表面），μ は流体の粘性係数(coefficient of viscosity)である．したがって，Δp を見積もるには管壁での速度勾配(velocity gradient)を知る必要があり，この速度勾配を知るためには管断面内の速度分布(velocity distribution)を知る必要がある．

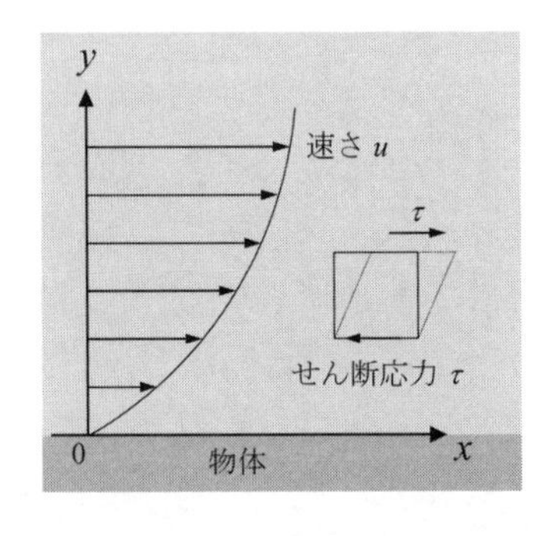

図 3.43　せん断応力と速度勾配の関係

速度分布は，圧力のほかにも，流体の体積に働く浮力(buoyancy)，遠心力(centrifugal force)，電磁気力(electromagnetic force)，あるいは界面を有する場合には界面張力(interfacial tension)などの力により影響を受ける．また，層流(laminar flow)や乱流(turbulent flow)といった流れ方にも依存する．そのため，一般に速度分布を求めるには，質量保存則と運動量保存則とを境界条件(boundary condition)のもとで解く必要がある．ここに，流体力学(fluid dynamics)の必要性が生じる．以下，流体力学の基礎となる質量保存則，運動量保存則，および後述の熱力学や伝熱学とも関連するエネルギー保存則を示しておく．（詳細は，本テキストシリーズ続編の「流体力学」，「熱力学」，「伝熱工学」を参照してほしい．）

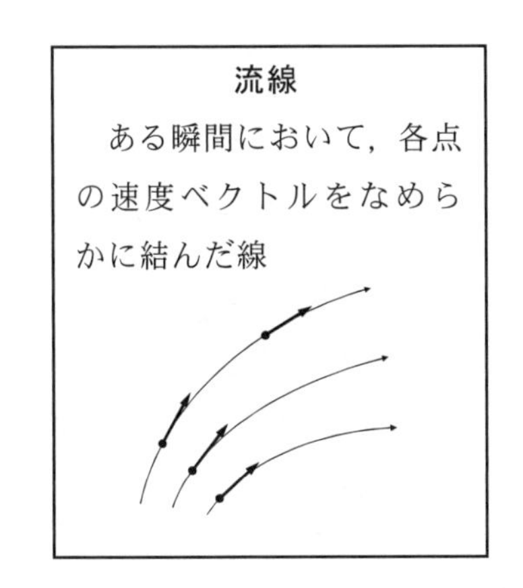

質量保存則 (law of mass conservation)

図 3.44 に示すような流線(stream line)に囲まれた流管(streamtube)を考えよう．流線を横切っての流体の出入りは無いから，定常状態を考えれば，管入口から入った流体は必ず出口から出て行く．断面積を A，平均流速を v，密度(density)をρ，入口，出口を添字 1, 2 で示すと，それぞれの断面を単位時間あたりに通り抜ける流体の質量 $\dot{m}$ [kg/s] は等しく一定で，次の関係が成り立つ．

$$\dot{m} = \rho_1 v_1 A_1 = \rho_2 v_2 A_2 = 一定 \tag{3.13}$$

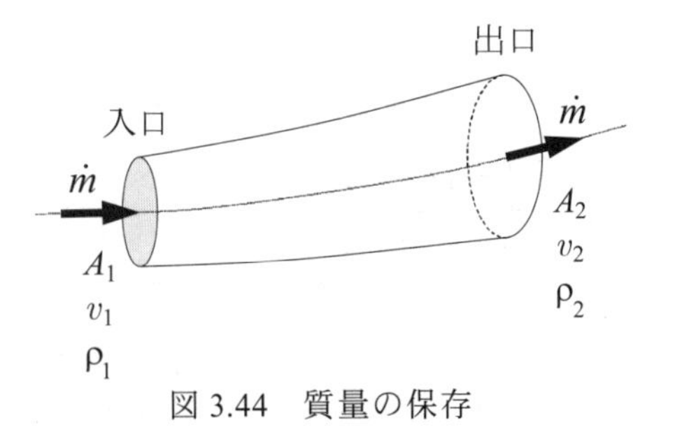

図 3.44　質量の保存

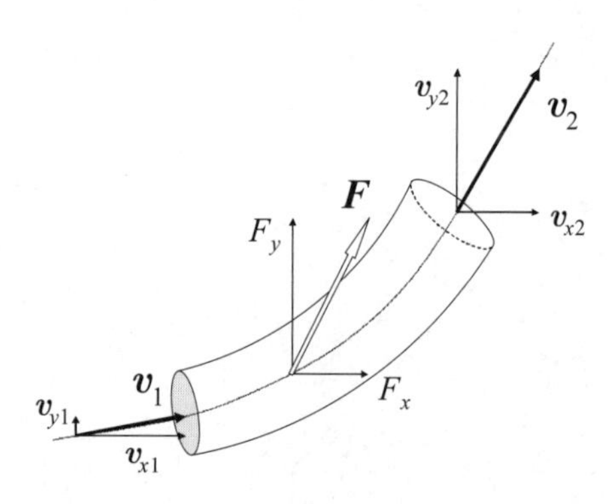

図 3.45　運動量の保存

運動量保存則 (law of momentum conservation)

質点(particle)に対する運動量保存則によれば，単位時間あたりの運動量(momentum)の変化は，質点に働く力に等しい．流体は質点の集合とみなせるため，流体に対しても運動量保存則が成り立つ．ここで，図 3.45 に示すような流管に流入，流出する単位時間当りの運動量を考えてみよう．まず，x 方向について考えると，流管入口から単位時間当り $\dot{m}$ の流体が流入しているとすれば，x 方向には単位時間当り $\dot{m}v_{x1}$ の運動量が流れ込んでいることになる．出口についても同様で，$\dot{m}v_{x2}$ の運動量が流れ出している．この差 $\dot{m}v_{x2}-\dot{m}v_{x1}$ が流管内で単位時間に増加した x 方向の運動量となる．この運動量の増加は流管内の流体が x 方向に受ける力に等しいから，これを F_x とすると，式(3.14a)が成り立つ．同様に，y 方向については式(3.14b)が成り立つ．

$$F_x = \dot{m}v_{x2} - \dot{m}v_{x1} \tag{3.14a}$$

$$F_y = \dot{m}v_{y2} - \dot{m}v_{y1} \tag{3.14b}$$

この力は，摩擦応力など流管の表面に働く力，流体に働く圧力や重力などに分類される．

エネルギー保存則 (law of energy conservation)

流体が持つエネルギーには，内部エネルギー，運動エネルギー，重力が働くことによって生じる位置エネルギー，圧力の作用によって伝達されるエネルギーがあり，これらは流れの状態によって相互に変化しながらその総量は保存される．

1) 内部エネルギー(internal energy)： 物質は分子から成り立っているが，分子は物質の内部で不規則に運動するとともに互いに力を及ぼしあっている．分子の不規則運動として保有するエネルギーと分子間の位置エネルギーとして保有するエネルギーの和を内部エネルギーという．

2) 運動エネルギー(kinetic energy)： 速度 v で動いている質量 m の物体は $mv^2/2$ [J] の運動エネルギーを持っている．同じように，速度 v で流れている流体は単位質量当り $v^2/2$ の運動エネルギー [J/kg] を持つことになる．

3) 位置エネルギー(potential energy)： 重力加速度を g [m/s^2]とすると，質量 m の流体には mg [N] の力が働く．その力に抗して，基準面（$z = 0$）から高さ z [m] まで持ち上げるとすると，それに必要な仕事（力×変位）は mgz [J] となり，流体の位置エネルギーはそれだけ増加することになる．すなわち，高さ z にある流体は単位質量当たり gz [J/kg]の位置エネルギーを持つことになる．

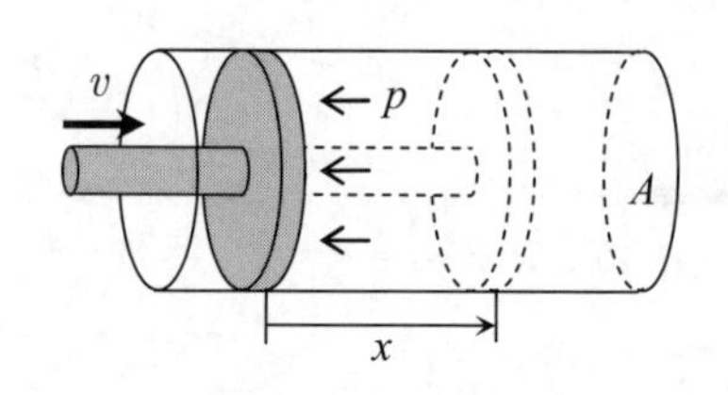

図 3.46　圧力によるエネルギー

4) 圧力によるエネルギー：断面積 A の管内に，流体と同じ速度で移動するピストンが設置された場合を考えよう（図 3.46）．ピストンは下流側の流体から圧力 p を受けるため，それに抗してピストンを距離 x 動かすには，上流側の流体が下流側の流体に対して pAx [J] の仕事をする必要がある．

この間に，ピストンによって ρAx [kg] の流体が押し込まれるため，この流体を介して pAx [J] のエネルギーが伝達されることになる．つまり，流体は単位質量当たり $pAx/\rho Ax = p/\rho$ [J/kg] のエネルギーを持つと考えることができる．

上記 1) から 4) までのエネルギーの釣り合いは，図 3.47 に示すような流管を考えると，次式で表すことができる．

$$\frac{v_1^{\ 2}}{2} + gz_1 + U_1 + \frac{p_1}{\rho_1} = \frac{v_2^{\ 2}}{2} + gz_2 + U_2 + \frac{p_2}{\rho_2} \tag{3.15}$$

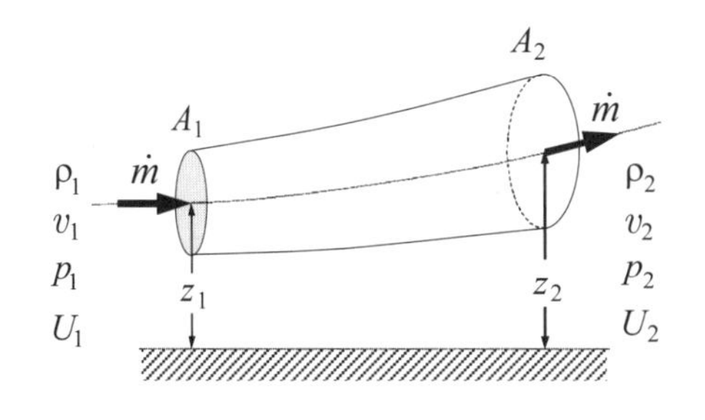

図 3.47　流管におけるエネルギーの保存

U は，単位質量あたりの内部エネルギーである．

ここで，流れにおける損失について考えてみよう．非圧縮性流体（密度ρの変化が無視できる場合）であれば，内部エネルギーは温度 T のみの関数となる．したがって，管路の出口と入口における内部エネルギーの差は定数 C を用いて，

$$U_2 - U_1 = C(T_2 - T_1) = E_L \tag{3.16}$$

と書ける．ここで，E_Lは流れの途中で流体と管壁あるいは流体同士の摩擦で発生する熱量であり，常に正の値をとる．

式(3.16)を式(3.15)に代入すると，

$$\frac{v_1^{\ 2}}{2} + gz_1 + \frac{p_1}{\rho} = \frac{v_2^{\ 2}}{2} + gz_2 + \frac{p_2}{\rho} + E_L \tag{3.17}$$

が得られる．ここで，運動エネルギー，圧力によるエネルギー，位置エネルギーの和を全エネルギー $E = v^2/2 + p/\rho + gz$ と表すと，エネルギー保存の式は，

$$E_1 = E_2 + E_L \qquad (E_L > 0) \tag{3.18}$$

となる．熱エネルギーE_Lは，熱機関等を用いて動力に変換しなければ全エネルギーに戻ることはなく，その意味で損失となる．

b. 滑空する鷲と羽ばたく蝶：設計センスとしての流体力学 (soaring eagles and flapping butterflies: fluid mechanics for a design sense)

見方を変えて，流体中を物体が運動する場合を考えよう（図 3.48）．例えば，空気中で，鷲や鷹は優雅に滑空し，蝶はひらひらと舞う．水中では，鮪や鰹は流線型という独特の形体を持ち，尾を振って泳ぐが，ゾウリムシは小判のような形体を持ち水中を這うように“泳ぐ”．このように，同じ流体中を運動する動物であっても，運動の仕方が異なる．これは，流れの持つ慣性力(inertia force)と流れに働く粘性力(viscous force)の比によって流動の状況が変わるためである．小さな動物では周囲流体の粘性抵抗が大きく作用するが，大きな動物では粘性抵抗は大きな作用を及ぼさない．

この違いは，レイノルズ数(Reynolds number)（$Re = vD/\nu$，Dは物体の代表寸法，νは流体の動粘性係数(kinematic viscosity)）という無次元数により表さ

(a) 蝶 (Re ~ 10^3)

(b) 鷲 (Re ~ 10^6)

(c) 大型旅客機 (Re ~ 10^8)

図 3.48　流体中を運動する物体

れる．同じ流体の場合，レイノルズ数が小さいということは，物体の速度 v が小さいか物体寸法 D が小さいかのいずれかであり，この場合，流体の慣性力よりも粘性力が支配している．

以上のことから分かるように，例えば流体中を運動する物体の形体や運動機構を設計(design)する場合，まずレイノルズ数を考慮することが基本となる．例えば，静止流体中を球が運動する場合，レイノルズ数が小さければ抵抗は球表面の摩擦（= 粘性抵抗）に起因する．しかし，レイノルズ数が大きくなると，流れの持つ慣性力のために球の背面で流れが剥がれ，球の前後には圧力差に起因する抵抗が発生するようになる．こうした知識は，空力抵抗の小さな自動車などを設計する際に重要となる．

3･2･3　基幹分野としての熱力学 (thermodynamics as an essential field)

a. 動態としての“熱” (“heat” as energy transfer)

“1,000°C の空気と 100°C の空気とでは，どちらが多くの内部エネルギー(internal energy)を持っているか”という問いは意味を持つが，“1,000°C の空気と 100°C の空気とでは，どちらが多くの熱を持っているか”という問いは意味を持たない．“熱(heat)”とは，“温度差を駆動力として移動するエネルギー”のことであって動態であり，いわば作用である．1,000°C の空気は，1,000°C の環境にあっては熱という作用を生み得ないが，500°C の環境にあれば温度差により熱という作用を生み得る．

熱力学(thermodynamics)は，このように純粋学術であると同時に，エンジン効率などを規定する工学的学問でもある．自動車や航空機のエンジン，あるいは火力や原子力発電所では，燃料を燃やして発生する熱により高温ガスや水蒸気など高温の流体を作り，それを状態変化（理想的には断熱膨張）させて動力や電気などに変換している．熱により流体を加熱し，この流体の状態変化を利用して動力(power)を得るものを熱機関(heat engine)と呼ぶ（2･1 節参照）．熱機関では，燃料の持つすべてのエネルギーが動力や電気に変換できるわけではなく，変換できなかった部分は熱として大気中に廃棄される．動力や電気に変換できる割合を熱効率(thermal efficiency) と呼び，流体が経験する状態変化過程（サイクル(cycle)と呼ぶ）により値が異なる．すなわち，ガソリンエンジン，ディーゼルエンジン，ガスタービン，蒸気タービンではそれぞれ異なったサイクルを描くため，理論的な熱効率が異なる．また，より重要なのは，熱機関が経験する最高温度（高温熱源温度）T_H と熱を廃棄する環境温度（低温熱源温度）T_L とを定めると，熱効率が最大となる理想サイクル（カルノーサイクル(Carnot cycle)，図 3.49）が存在することである．この熱効率 η は次式で与えられる．

$$\eta = 1 - \frac{T_L}{T_H} \tag{3.19}$$

これは，エネルギー資源を大切に使用する上で極めて重要な法則であり，熱力学により論じられる．

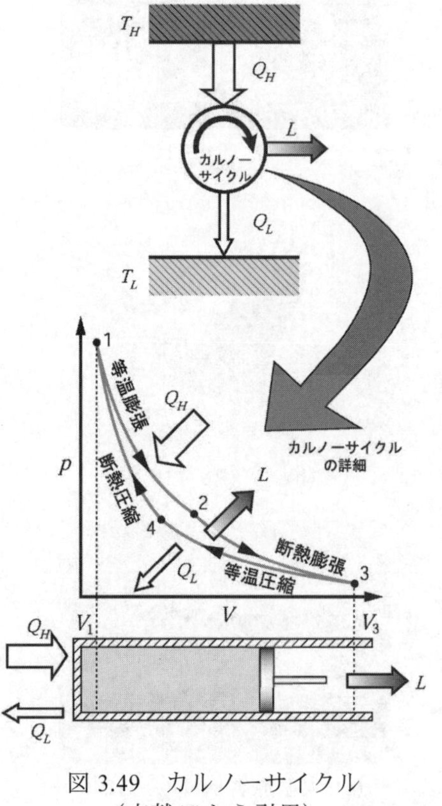

図 3.49　カルノーサイクル（文献(6)から引用）

カルノーサイクルでは，作動流体(working fluid)は，高温熱源から熱 Q_H をもらいつつ等温で膨張し，次に熱源から切り離して断熱膨張する過程で仕事(work) L を行い，その後に低温熱源と接触させて熱 Q_L を廃棄しながら等温で圧縮し，最後に再び熱源から切り離して断熱圧縮することにより初期状態に戻るというサイクルを描く．ちなみに，式(3.19)は，同じ 1 kW の熱量でも，その温度が（T_H =）1000 K と 500 K とでは前者の方が動力への変換効率が高く，いわば“質が高い”ことを示している．

3･2･4　基幹分野としての伝熱学 (heat transfer as an essential field)

a. 熱移動の二形式 (two modes of heat transfer)

このように熱は動態である．熱が移動する原理には，電磁波（主に赤外線）を媒体とする熱ふく射(thermal radiation)と，分子や電子あるいは格子振動など運動エネルギーを媒体とする熱伝導(heat conduction)とがある．熱伝導は，式(3.12)と同様に勾配法則に従う（図 3.50）．すなわち，単位断面積あたりの伝熱量である熱流束(heat flux) q [W/m^2] は，これを駆動する温度勾配に比例する．物質の物性値である熱伝導率(thermal conductivity)を k とすると，次式（フーリエの法則: Fourier's law）が成り立つ．

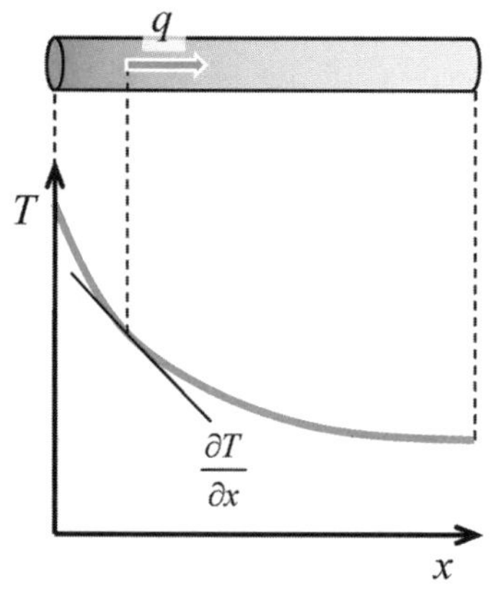

図 3.50　熱伝導の法則

$$q = -k\frac{\partial T}{\partial x} \tag{3.20}$$

右辺に負号がついているのは，温度勾配が負の場合に x の正方向に熱が流れることを表現するためである．

表 3.1　物質の電気伝導率と熱伝導率

物質	電気伝導度 [Ω^{-1}m^{-1}]	熱伝導率 [W/(m･K)]
【金属】		
銀 [a]	68×10^6	428
銅 [a]	64.5×10^6	403
【絶縁材料】		
ガラス [b]	10^{-11}～10^{-9}	0.55～0.75
ポリスチレン [b]	10^{-19}～10^{-15}	0.08～0.12
【気体】		
空気 [b]	−	0.026
キセノン [a]	−	0.0052

a: 0℃，b: 常温

この式において，q を電流密度，T を静電ポテンシャル，k を電気伝導度とするとオームの電気伝導則(Ohm's law)となり，q を物質流束，T を濃度，k を物質拡散係数とするとフィックの物質拡散則(Fick's law of diffusion)となる．ここで，勾配法則の比例定数について考えてみる．電気伝導の比例定数である電気伝導度は，実用材料に限っても 20 桁以上の範囲で変化するが，熱伝導率は 5 桁程度しか変化しない（表 3.1）．また，電気伝導では，電気伝導度が無限大となる超電導材料，0 となる完全絶縁体があるが，熱伝導には熱伝導率が無限大となる“超熱伝導材料”や，熱伝導率が 0 となる“完全熱絶縁体”は存在しない．さらに電気伝導には電位勾配の符号により電流量が大きく変わるダイオードが存在するが，熱伝導には“熱ダイオード”は存在しない．牛肉の表面のみを焼いて肉汁を閉じ込めたステーキを楽しめるのは，熱伝導率が有限であることの恩恵であるが，“超熱伝導材料”や“完全熱絶縁体”がないということは，逆に熱伝導率を実効的に極めて大きくする“熱輸送デバイス”や，実効的に極めて小さくする“熱絶縁法”などの技術開発が重要であることを意味している．

熱が移動する第二の原理は熱ふく射(thermal radiation)である．物体は，次式のような波長分布を持つ電磁波(electromagnetic wave)を放出する（プランクの法則(Planck's law)，図 3.51）．

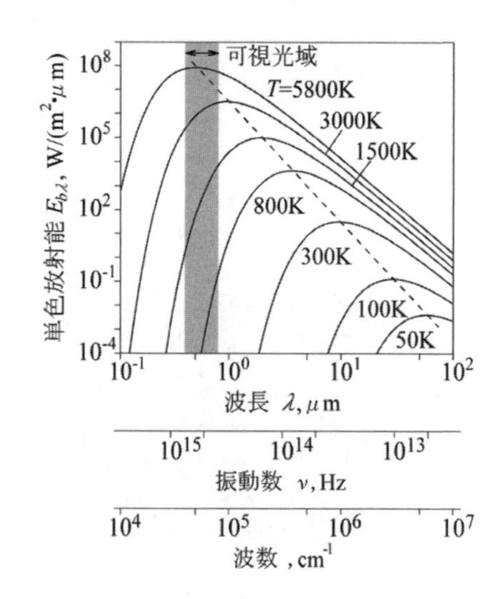

図 3.51　黒体から放射されるふく射の単色放射能（文献(7)から引用）

$$E_{b\lambda} = \frac{2\pi h c_0^2}{\lambda^5 \left[\exp(hc_0/\lambda k T) - 1\right]} \tag{3.21}$$

ここで，Tは物体（黒体: blackbody）の絶対温度，c_0は光速，kはボルツマン定数，hはプランク定数，λは波長である．この電磁波のスペクトル $E_{b\lambda}$ はある波長で極大値を持ち，このピーク波長 λ_{max} は次式のように物体の温度 T が高くなるほど短波長となる（ウィーンの変位則: Wien's displacement law）．

$$\lambda_{max} T = 2897 \ [\mu m \cdot K] \tag{3.22}$$

また物体の放出するふく射熱流束 E_b [W/m^2]（$E_{b\lambda}$を全波長にわたって積分した値）は，次式のように物体の温度（絶対温度）の4乗に比例して大きくなる（ステファン・ボルツマンの法則: Stefan-Boltzmann's law）．

$$E_b = \sigma T^4 \tag{3.23}$$

魔法瓶の断熱層として使用されている真空層は，完全な真空であれば熱伝導率が0になるが，ふく射は真空中でも移動するので，真空層も完全熱絶縁体とはならない．

図 3.52　太陽からの熱ふく射

熱ふく射は，地球環境を考える上で重要な事項である（図 3.52）．例えば，地表面温度が平均 15°C 程度であるのは，基本的には太陽から発せられる熱ふく射すなわち太陽放射(solar radiation)により地球が暖められているからである．ただし，大気がないとすると，地表面温度は −18°C 位の温度になる．地表面からも，その温度に相当する熱ふく射が行われるが，式(3.21)から分かるように，5,900 K 近い太陽放射と比べて 300 K 近い地表面放射のピーク波長は 20 倍ほど長波長側（赤外域）にある．大気中の水蒸気や二酸化炭素は赤外域の熱ふく射をよく吸収するため，大気は地表面放射により温められる．この大気が地表面を暖めるため，現在のような温度になっている．

b. 先端技術としてのラジエータ (a radiator which contains high technology)

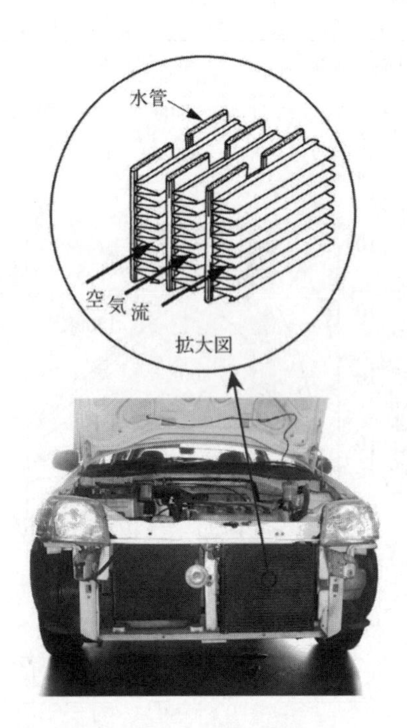

図 3.53　自動車用ラジエータ（文献(7)から引用）

自動車は，エンジンで燃料を燃焼(combustion)して高温ガスを作り，その膨張仕事をタイヤの回転力に変換して動力を得ている．このとき，エンジンを設計温度に保つためには冷却水で冷却(cooling)する必要がある．また，温度上昇した冷却水はラジエータ(radiator)（図 3.53）に送られ，ラジエータ壁を介して空気により冷却される．温度上昇した冷却水とラジエータ壁との間の熱移動や，ラジエータ壁と空気との間の熱移動のように，固体と流体流れの間に発生する熱移動を熱伝達(heat transfer)と呼ぶ．

流体流れと固体との間の熱流束(heat flux) q は，基本的には式(3.20)と同様に，次式で表される（図 3.54）．

$$q = -k_l \left(\frac{\partial T}{\partial y} \right)_{y=0} \tag{3.24}$$

ここで，k_lは流体の熱伝導率，yは固体表面に直交する方向の座標である．式(3.24)は，固体と流れとの間であっても，熱移動は熱伝導により起こることを示しており，決して特殊なことが起こっているわけではない．ただし，式(3.24)の流体の温度勾配は流れの速度分布に支配されるので，固体表面での熱流束 q は，流れ場に大きく依存することになる．すなわち，流れ場により熱移動が制御(control)できることを示している．そこで，固体と流れとの間の熱移動を特に熱伝達と呼んでいる．固体から十分に離れた場所での流体温度と固体表面温度との差を ΔT とするとき，次式で定義される h を熱伝達率(heat transfer coefficient)と呼ぶ．

$$q = -k_l \left(\frac{\partial T}{\partial y} \right)_{y=0} = h \Delta T \tag{3.25}$$

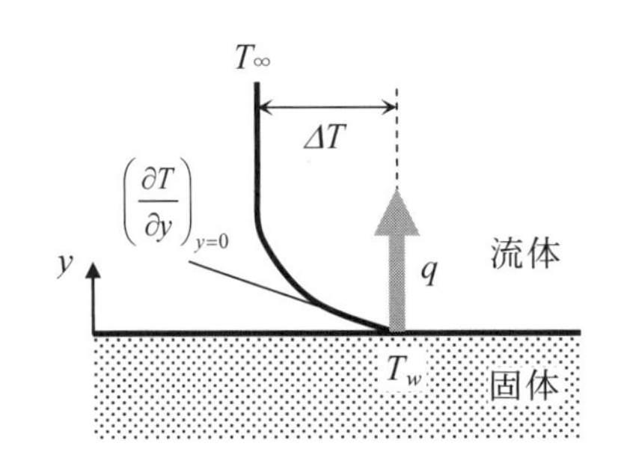

図 3.54　熱伝達

熱伝達率は実用的な量であり，様々なケースについて機器の熱設計(thermal design)に必要な整理式を作ることができる．

現実には，空気が熱伝達の媒体となることが多いが，空気は典型的な断熱材である（表 3.1 参照）ため，多くの場合で熱伝達率が低くなる．そのため，熱伝達を促進するさまざまな工夫がなされている．例えば，自動車のラジエータは冷却水と環境空気との間の熱交換器(heat exchanger)であるが，空気側の熱伝達率を高める極限的工夫がなされている先端機器である．このように，熱伝達率を大きくする，あるいは逆に小さくするなど熱伝達率を適切な値に設計することは，熱・流体工学における極めて重要な課題である．

3･2･5　人工環境を構築・保全する熱・流体工学 (thermo-fluid engineering which constructs and preserves the artificial environment)

a. 人工環境の登場 (appearance of an artificial environment)

20 世紀には，人間は物理的能力の拡大および物理的制約からの解放を原動力として，人間機能を分割し，それを代替・拡大する機械を開発してきた．移動能力を代替・拡大させる自動車，鉄道，航空機の発達は，物や人などの輸送・移動能力を高めるとともに輸送交通網を発達させ，輸送交通革命をもたらした．人力を代替・拡大する発電所(power plant)（特に原子力発電所(nuclear power plant)）の発達は，膨大なエネルギーの利用を可能とするとともにエネルギー網を発達させ，エネルギー革命をもたらした．また，演算・記憶・視聴覚能力を代替・拡大するコンピュータ(computer)をはじめとする IT 機器の発達は，膨大な演算・記憶操作を可能とし，視聴覚能力を補完・強化するとともに情報通信網を発達させ，情報通信革命をもたらした．こうした輸送交通ネットワーク，エネルギーネットワーク，情報通信ネットワークは，自然環境(natural environment)と並んで人間が手放すことができない環境，すなわち人工環境(artificial environment)を形成し始めた．

図 3.55　人工環境
（上図：提供　㈱日本教育研究センター）

これらの例を見れば分かるように，人工環境自体あるいは人工環境を構成する要素は機械工学(mechanical engineering)の産物といっても過言ではなく，熱・流体工学との関わりも極めて深い．人工環境は多くの技術の結晶でもあり，社会生活を支える文明であり，さらに人間や社会との接点を持つ文化でもある．したがって，人工環境の設計(design)には，熱・流体工学に関する知見だけではなく，機械工学あるいは他の工学，さらには文化・文明知見をも構成的に集約する立場からの設計，換言すれば本来の“デザイン”が求められる．

b. Art にもつながる熱・流体工学 (thermo-fluid engineering related to art)

人工環境を代表する輸送交通ネットワークやエネルギーネットワークでは，翼(blade)やフィン(fin)あるいは溝構造などの形体・形状が重要な役割を果たしている．

航空機の翼の断面形状は，航空機を浮揚させる揚力(lift)の大きさを決定する．同様に，翼を配置した回転ポンプ(rotary pump)や，燃焼ガスのエネルギーを回転運動に変換するタービン(turbine)などにおいては，翼の形状は回転機械の性能を決定する重要な要素である．また，よく知られているように，自動車の形状は，高速走行時における車体の安定性や，空気抵抗による燃料消費(fuel consumption)などと密接に関係している（2･2･2 項「自動車の形状」参照）．フィンの形状は，熱交換器(heat exchanger)や自動車のラジエータ(radiator)の性能を決定する．管の内面や外面に人工的に設けられた溝構造は，流体の摩擦抵抗や熱伝達率を大きく変化させる．

図 3.56　ビジネスジェット機
（提供　本田技研工業㈱）

このように，流体力学や熱伝達がかかわる技術の設計には，流体と接する固体の形状を設計することが重要となることが多い．この典型がジェット機（図 3.56）であり，F1 マシンでもある．ジェット機も F1 マシンも概して美しい．これらがある種の芸術品に見えるのは，機能性を追求した形状設計が機能美を生み出していることの表れである．このように，機械工学，とくに熱・流体工学は形状設計と重要なかかわりを持ち，この意味で建築学(architecture)などと通じる部分がある．

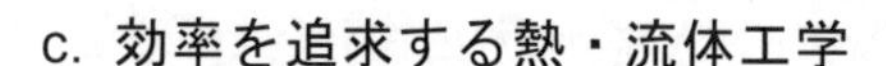

c. 効率を追求する熱・流体工学 (thermo-fluid engineering seeking for efficiency)

式(3.19)から分かるように，ある環境温度 T_L で作動する熱機関は，高温熱源温度 T_H が高いほど熱効率(thermal efficiency)が高い．高温熱源としては燃焼ガスを用いることが多いが，高温熱源の最高温度は機関の材料(material)により定まることが多い．燃焼ガスを定常的に供給するガスタービン(gas turbine)に比べて，ガソリンエンジン(gasoline engine)やディーゼルエンジン(diesel engine)では燃焼ガスを間欠的に生成するので，この意味ではガソリンエンジンなどの方が効率を高めやすいと考えられる．

さて，前項で述べたように，カルノーサイクルは，定められた温度間で作動する熱機関サイクルの最大効率を示すサイクルである．このサイクルの状態変化を描くと，系のエントロピー(entropy) S（「熱力学」のテキスト参照）を横軸に，温度 T を縦軸にとった T-S 線図では四角となる（図 3.57 a）．一方，蒸気タービンサイクル（ランキンサイクル(Rankine cycle)と呼ぶ）の T-S 線図は四角に近く（図 3.57 b），したがって熱効率が高い．ただし，ランキンサイクルでは高温熱源温度が臨界温度(critical temperature)に近くなると四角からのずれが大きくなり，熱効率上のメリットが少なくなる．

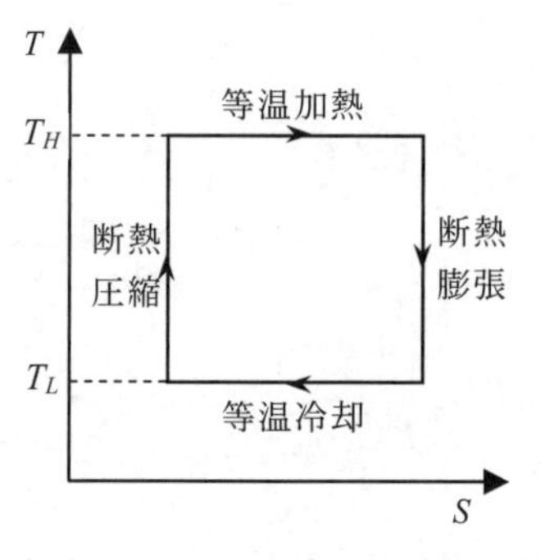

(a) カルノーサイクル（理想サイクル）

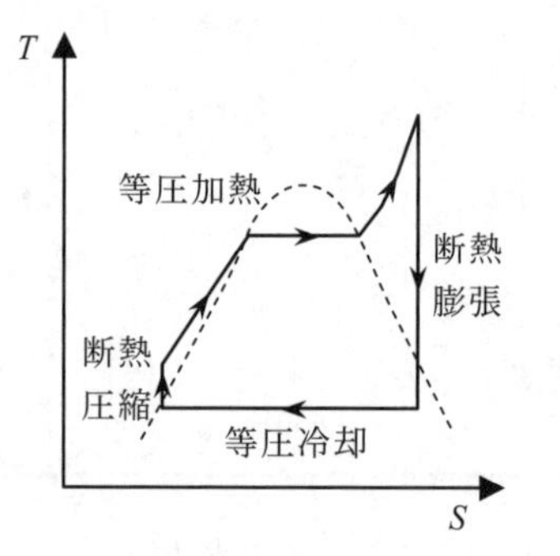

(b) ランキンサイクル（蒸気タービン）

図 3.57　熱機関のサイクル（T-S 線図）

ここで，燃焼ガス(burnt gas)に注目する．燃焼ガスは高温から環境温度まで変化することができるので，燃料を燃やして得られる燃焼ガスが高温の間はガスタービン(gas turbine)により動力を発生させ，ガスタービンの排気ガスの熱を利用して蒸気タービン(steam turbine)を駆動することが可能となる．つまり，ガスタービンおよび蒸気タービンを組み合わせることで総合熱効率を向上させることができる．これを，2･1･4 項で述べたようにコンバインドサイクル(combined cycle)と呼ぶ（図 3.58）．コンバインドサイクルでは，燃焼ガスが高温の段階と低温の段階で異なったサイクルを利用する熱のカスケード利用を図る．いわば人間が壮年期および熟年期で異なった役割を期待されるのに近い．火力発電所の総合熱効率は，ガスタービン入口温度の高温化およびコンバインドサイクル化により 60％を実現する時代となりつつある．

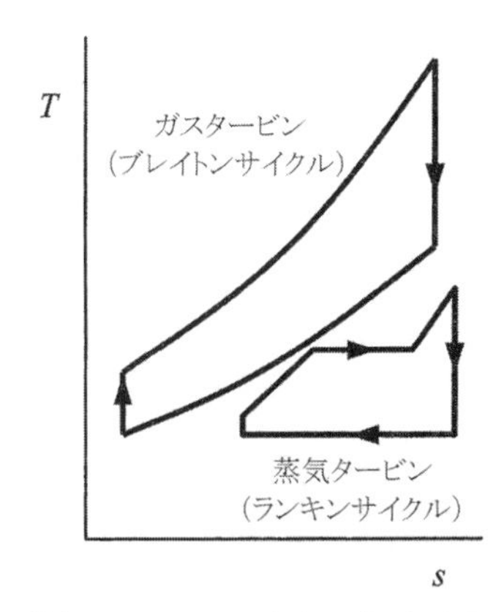

図 3.58　コンバインドサイクル（T-S 線図）

d. 情報通信をも支える熱・流体工学
(thermo-fluid engineering which also supports information and telecommunications)

情報通信革命は，輸送交通革命やエネルギー革命と並ぶ 20 世紀の三大革命とも呼ばれるものであるが，過去 50 年間で最も世の中の風景を変えたものは，情報通信革命であろう．スーパーコンピュータ(SC: supercomputer)やパーソナルコンピュータ(PC: personal computer)あるいはゲーム機や携帯電話など半導体素子を基盤とした情報通信機器，これをサポートする各種ソフト群とインターネット，さらにこれをハード的に支える光ケーブルや衛星などの登場は，まさに革命という言葉により表されるような変化を我々の生活にもたらした．

熱・流体工学は，こうした情報通信革命とも密接な関係にある．情報通信機器を支えるトランジスタはシリコンウェハーから作られるが，その母体となるシリコン単結晶は，るつぼで溶融したシリコンプール中央に種結晶を漬け，これを徐々に引き上げる形で育成される（図 3.59）．情報通信機器の小型・高性能化はトランジスタの微細化に負うところが大きいが，現在のように数十ナノメートルのオーダーまで微細化されると結晶構造の僅かな欠陥(defect)であってもその特性に大きな影響を与える．そのため，シリコンの凝固(solidification)過程を熱・流体力学的な検討によって制御し，シリコン単結晶に欠陥などが発生しないように育成することが重要になる．また，その後のシリコンウェハーの熱処理(heat treatment)の際にも，熱・流体力学的な課題が山積みしている．

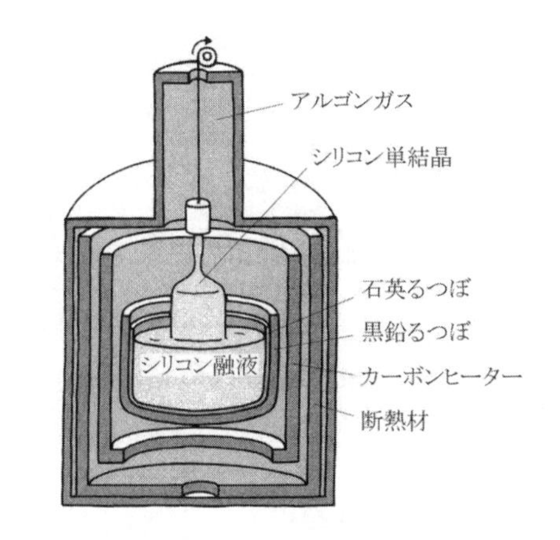

図 3.59　チョクラルスキー法によるシリコン単結晶成長
（提供　日刊工業新聞社）

さらに SC や PC では，演算や記憶あるいは情報処理を担う半導体素子あるいはディスプレイなどから高密度の発熱があり，耐久性や動作健全性を確保するために，これらを許容温度以下に冷却(cooling)する必要がある（図 3.60）．こうした素子冷却は，IGBT などのパワーデバイスや半導体レーザ(laser diode)などの通信デバイスにおいても極めて重要な課題となっている．素子冷却が難しいのは，発熱密度が 100 W/cm^2 を大幅に超えることが多く，また熱伝達率が低い空気を冷媒とせざるを得ないことも多く，さらに冷却装置に許容される空間が狭いことなどにも起因している．原子炉（軽水炉）の炉心発熱密度が 50 W/cm^2 程度であり，水冷であることを考えると，素子冷却技術は挑戦的課題といえよう．このためには，小型・強力・静粛なファンやポン

図 3.60　PC 内部での CPU 冷却

プなどの小型流体デバイスや，フレキシブルな細径熱輸送管や高熱伝達率の小型ヒートシンクあるいは超小型のスポットクーラーなどのマイクロ熱デバイスが不可欠となる．

一方，半導体レーザでは発振周波数がデバイス温度に依存するため，単に発熱を除去すればよいわけではなく，ある目的温度に保持する必要があり，高冷却負荷かつ高精度温度制御というさらなる課題が生じる．

3･2･6　地球・宇宙環境にかかわる熱・流体工学 (thermo-fluid engineering relevant to the earth and space environment)

a. 持続可能社会時代における熱・流体工学 (thermo-fluid engineering toward a sustainable society)

前項で述べた人工環境は，20 世紀では資源・エネルギーの大量消費と大量廃棄により維持され，悠久の時間をかけて地球にストックされてきた資源の枯渇，廃棄物の大量発生，伐採による森林の減少，生態系の変容ひいては地球温暖化(global warming)など自然環境との相克を引き起こしている．しかし，人工環境は利便性が高く，人工環境が提供する機能を否定した社会生活はもはや現実性が乏しい．したがって，今後は，人工環境が提供する機能を維持・改善することを前提として，自然環境と共存できる人工環境を基盤とする持続可能社会(sustainable society)の構築を目指す必要がある．

持続可能社会では，少なくとも物質資源については循環構造をもった成熟社会であろう．一方，熱は，高温の状態から低温の状態になってもエネルギーとしての総量は維持される（エネルギーの保存則）が，式(3.19)から分かるように，温度が下がるに従って動力への変換効率が低下し，この意味で質の低下が起こる．つまり，エネルギーの総量は保存されるがエネルギーは消費されることになる．したがって，地球という閉じた空間で考えると，エネルギーに関する循環構造をもった社会は想定し難い．

図 3.61　再生可能エネルギー
（イラストレーション　城芽ハヤト）

幸いなことに，地球には人間社会が利用している一次エネルギーの一万倍以上の太陽エネルギー(solar energy)が降り注いでいる（図 3.61）．この太陽エネルギーは，海水を蒸発させ，これが雨として高地に降り注ぎ，水力エネルギーとなる．また，赤道や極との間に代表されるような大気温度差を形成し，これが風力エネルギーとなる．さらに，植物の光合成によりバイオマス(biomass)が形成され，一時的にストックされる．さらに，太陽電池を人為的に導入すれば，フロー状態にある太陽光を電力に変換することができる．このような太陽エネルギーの流れ（フロー）の中に人間社会のエネルギー消費を位置づけ，“定常状態化”を図る成熟社会を目指すことが考えられる．

フロー型エネルギー（再生可能エネルギー: renewable energy，図 3.61）は，密度が薄く時空間的にも変動しているので，化石エネルギー資源のようなストック型エネルギーに比べて利便性は低い．したがって，フロー型エネルギーを基盤とするには，エネルギーの利用効率を高めるとともに省エネルギー化を図り，一次エネルギーの需要自体を抑制できる成熟社会を目指す必要があろう．フロー型エネルギー利用や，エネルギー高効率利用を実現する機器・

システム開発には，熱・流体工学を無視しては考えられない．

b. 宇宙時代における熱・流体工学
(thermo-fluid engineering in the space exploration age)

1957年に，旧ソ連が初めての人工衛星スプートニク1, 2号（2号にはエスキモー犬が乗った）を打ち上げることによって宇宙開発が開始された．その後，1972年12月のアポロ17号（図3.62）まで続いたアポロ計画（延べ12人の宇宙飛行士が月面に足跡を残した）を経て，1973年からは，宇宙ステーション建設と宇宙往還機スペースシャトル(space shuttle)（図3.63）へと引き継がれた．宇宙空間は，人間の知的好奇心・探査の永遠ともいえる対象であり，人工衛星による通信・地球監視の場であるとともに，微小重力環境を生かした実験・生産の場でもあり，また宇宙太陽光発電基地などとしても期待されている．

図3.62　アポロ17号 月着陸船（NASA）

宇宙開発の基本として，人工衛星(artificial satellite)を考えてみる．無論，人工衛星打ち上げの基盤となるロケット開発は，2･1･5項で述べたロケットエンジンを考えれば分かるように，熱・流体工学を除いては考えられない．一方，人工衛星自体は極度の軽量化が施されており，太陽放射(solar radiation)を受けて加熱される面と太陽に背を向ける面との温度差に起因する変形等に耐えられない．そこで，この温度差をなくす均熱化が必要となる．この均熱化デバイスとして開発されたものが，高い実効熱伝導率を有する熱輸送管（ヒートパイプ: heat pipe）である（図3.64）．ヒートパイプは，先に述べたPCにおける半導体素子冷却など，地上での利用も始まっている．さらに，宇宙飛行士や様々な機器などの発熱源を多く搭載したスペースシャトルあるいは宇宙ステーションなどとなると，熱制御の課題は単なる均熱化に止まらず，宇宙空間への積極的な放熱方法も要求されるようになる．

図3.63　スペースシャトル（NASA）

また，例えば赤外線望遠鏡による宇宙観測を考えてみる．赤外線望遠鏡を地上に設置すると大気放射の影響を受けるので，遠い宇宙より飛来する微弱な赤外線をとらえるのに困難が生じる．そこで，こうした微弱赤外線をとらえるために，赤外線望遠鏡を宇宙に打ち上げて大気放射の影響を除くことが考えられる．しかし，それだけでは赤外線望遠鏡自体が放射するふく射の影響を受けるので，筐体部を絶対零度近くまで冷却(cooling)する必要が生じる．この冷却系には，絶対零度近くに冷却できる能力に加えて，振動などが望遠鏡に影響を与えないこと，メンテナンスフリーであることなどが要求される．

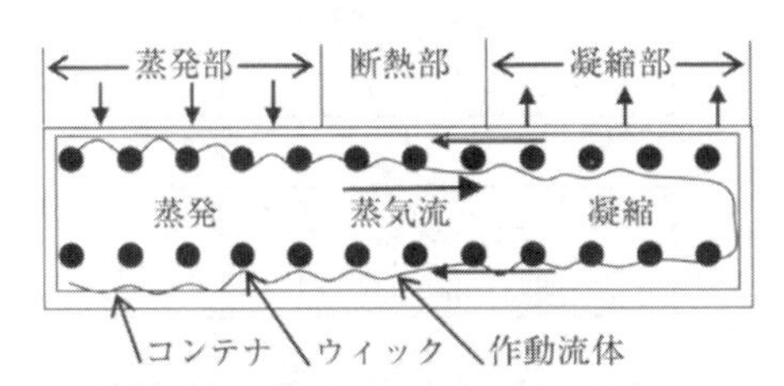

図3.64　ウィック式ヒートパイプ（文献(10)から引用）

最後に，宇宙往還機（図3.65）を考えてみよう．宇宙往還機には様々な性能が要求されるが，その1つとして，例えば宇宙から大気圏に突入する際の大気との摩擦による機体加熱，すなわち空力加熱(aerodynamic heating)の課題がある．第一の課題は，空力加熱を軽減する機体形状の設計である．第二の課題は，空力加熱が機体表面から内部へ侵入することを軽減する断熱・冷却方法である．この冷却装置は，故障すれば宇宙飛行士の命が失われることになるので，冗長であっても，故障確率を低くするなどの要求にも応える必要がある．このように，宇宙時代においても熱・流体工学の果たす役割は大きい．

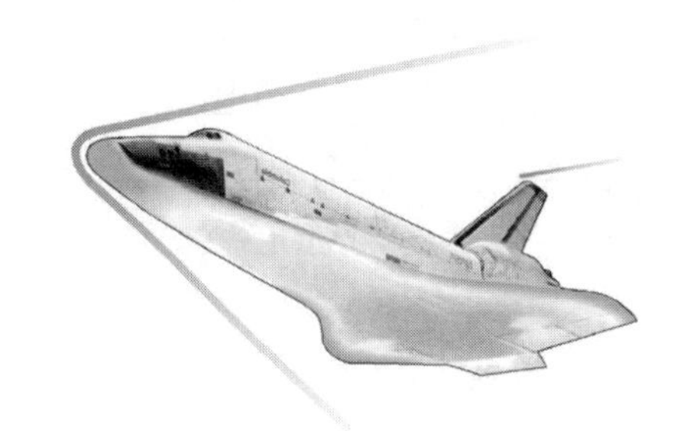

図3.65　宇宙往還機再突入時の熱防御（文献(7)から引用）

3・3　材料加工 (materials processing)

機械は，所望の機能を実現するための機構から成り，その機構は複数の部品から成る．各部品に求められる強度などへの要求を実現できるように，設計者は適切な材料を選択し加工プロセスを決定する必要がある．1･1･4 項でも述べたように，“ものづくり”においてこれらの知識は必要不可欠である．いくら優れた設計であっても，要求される機能を満足するような材料が実在するか，そしてその材料を所望の形状や寸法に加工することができるかという点が解決されなければ，現実の機械システムとして機能することは不可能であるからである．

図 3.66　鉄道車両

3･3･1　材料と加工方法の選択 (selection of material and process)

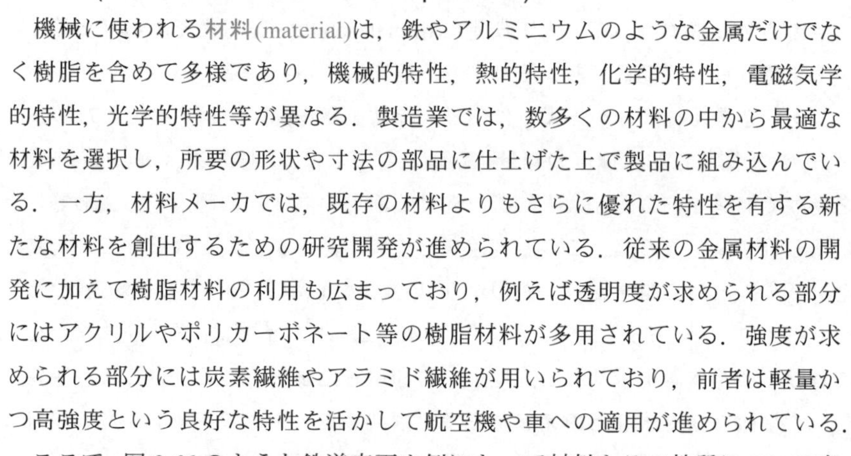

機械に使われる材料(material)は，鉄やアルミニウムのような金属だけでなく樹脂を含めて多様であり，機械的特性，熱的特性，化学的特性，電磁気学的特性，光学的特性等が異なる．製造業では，数多くの材料の中から最適な材料を選択し，所要の形状や寸法の部品に仕上げた上で製品に組み込んでいる．一方，材料メーカでは，既存の材料よりもさらに優れた特性を有する新たな材料を創出するための研究開発が進められている．従来の金属材料の開発に加えて樹脂材料の利用も広まっており，例えば透明度が求められる部分にはアクリルやポリカーボネート等の樹脂材料が多用されている．強度が求められる部分には炭素繊維やアラミド繊維が用いられており，前者は軽量かつ高強度という良好な特性を活かして航空機や車への適用が進められている．

製品仕様で決まる要求
機能･構造･性能･価格など

物理的特性
密度･熱伝導率･線膨張係数など

使用環境との適合性
温度･湿度･耐食性など

機械的性質
許容応力･疲労強度･ヤング率など

製造方法の制約
生産量･寸法･納期･加工法など

材料の選定

図 3.67　材料選択の手順

ここで，図 3.66 のような鉄道車両を例にとって材料とその性質について考えてみよう．鉄道車両を構成する部品は，要求される性能や安全性を実現するため強度(strength)，疲労限度（fatigue limit，3･1･4 項 d 参照）などを考慮して選択され，鉄，銅，アルミニウム合金，ガラス，プラスチックスなど数多くの種類の材料が使用されている．鉄系材料といっても炭素鋼，合金鋼，ステンレス鋼，鋳鋼，鋳鉄など膨大な種類が使用されている．

材料の選択は，機械的性質に加えて線膨張係数(coefficient of thermal expansion)や熱伝導率(thermal conductivity)などの熱特性, 密度や磁性などの物理的特性，耐腐食性などの化学的特性，電気的特性，加工性(machinability, formability)，コストなどの因子を使用環境との適合性も考慮して，図 3.67 のような手順で行われる．実際の材料には，それぞれ材料固有の特性や得失があり，万能の特性を有する材料は存在しない．そのため，特性の相互補完が可能な複数の材料の組合せも行われており（複合材料: composite material)，例えば，炭素繊維はエポキシ樹脂で固めて使用することが多い．要求される特性を備えた材料が存在しない場合には，新たな材料開発に取り組むことも必要である．

さらに，材料の選択には製造上の形状や寸法の制約や納期などの条件も関わるため，容易に決定することはできない．目的や要求仕様に対応した材料選定を行うためには，豊富な知識と経験が重要となる．

材料の加工方法は，表 3.2 に示すように，除去加工(material removal process)，変形加工，付着加工に大別される．除去加工は不要部分を除去して，付着加工は材料を付加して，また変形加工は体積を変えずに変形させて，それぞれ所望の寸法形状を得るものである．除去加工には，後述する切削加工(cutting process)（旋削加工，研削加工，放電加工等）やエネルギービーム加工などがある．変形加工には，溶かした金属を型に流し込んで成形する鋳造，および後述する圧延，鍛造，プレスなどの塑性加工(metal forming process)が含まれる．樹脂の場合には射出成形(injection molding)と呼ばれる鋳造に近い成形方法が良く用いられる．また付着加工には，溶接等の接合法に加えて，反射防止等を目的とした薄膜を設けるための蒸着や CVD（化学気相成長法）等の処理も含まれる．

表 3.2　加工方法の分類と例

分類	機構	加工法の例
除去加工	切削	旋削，研削，放電
	溶融蒸発	エネルギービーム加工
	溶解	溶断，エッチング
変形加工	流動	鋳造
	塑性	圧延，鍛造，プレス
付着加工	溶融	溶接，ろう付け
	薄膜	蒸着，CVD

表 3.3　加工方法選択時の制約条件

要因	条件
技術的要因	材質
	加工精度
	形状・寸法
	繰返し再現性
経済的要因	加工能力
	コスト
	メンテナンス性
	取付具の必要性
生産環境的要因	人的資源
	安全性
	環境適合性
	法規制，標準規格

加工方法の選定に際しては，寸法精度，形状精度，表面粗さ(surface roughness)，加工時間などを考慮しながら，高能率かつ経済的な方法を選定する必要があり，多面的な判断も必要となる（表 3.3）．例えば航空機エンジンなどのように非常に高い信頼性が要求される部品の加工には，溶接や溶断等による加工変質層(damaged layer)，熱ひずみ(thermal strain)，残留応力(residual stress)等を避けるため，素材から切削工程だけで削り出される場合がある．加工方法によっては部品の疲労限度が変わることもあり，鉄道車両の車軸のように信頼性が求められる加工では注意が必要となる．加工の前後に焼入れ等の熱処理(heat treatment)を行って硬さ等の機械的性質を変えることもある．また大量の部品が必要な場合，除去加工よりも塑性加工の方が短時間に低コストで加工できることが多い．

3･3･2　除去加工 (material removal process)

a. 代表的な除去加工 (typical material removal process)

除去加工(material removal process) は「加工対象である工作物と工具を工作機械によって保持すると共に，両者に相対運動を与えることによって工具と工作物の間に干渉を生じさせ，工作物の不要部分を工具によって除去し，所要の形状，寸法，精度を得る工程」である．

図 3.68 に除去加工における代表的な工具と工作物の運動形態を示す．旋削加工(turning)（図 3.68 (a)）は，主に工作物の回転運動および工具の並進運動を組み合わせたもので，軸や円筒形状部品の加工を行う．フライス加工(milling)（図 3.68 (b)）では，工具を回転させた状態で工具あるいは工作物に並進運動を与えることで平面や曲面の加工を行う．研削加工(grinding)（図 3.68 (c)）では，研削砥石(grinding wheel)と呼ばれる工具を回転させ，工作物に並進運動を与えることで高硬度材料の加工や精密加工を行う．工具と工作物の運動形態は，図に示す以外にも様々な組み合わせがある．

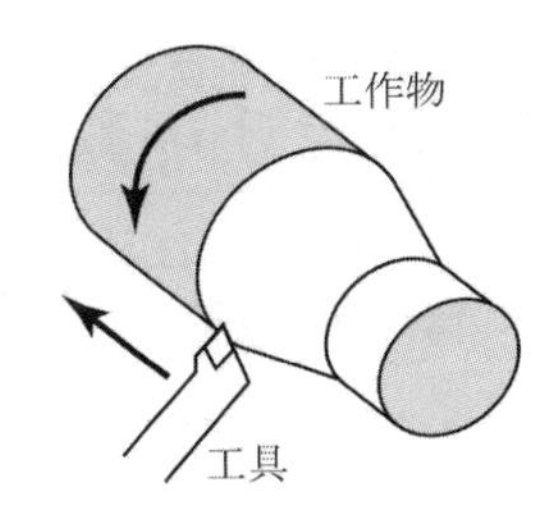

(a) 旋削加工

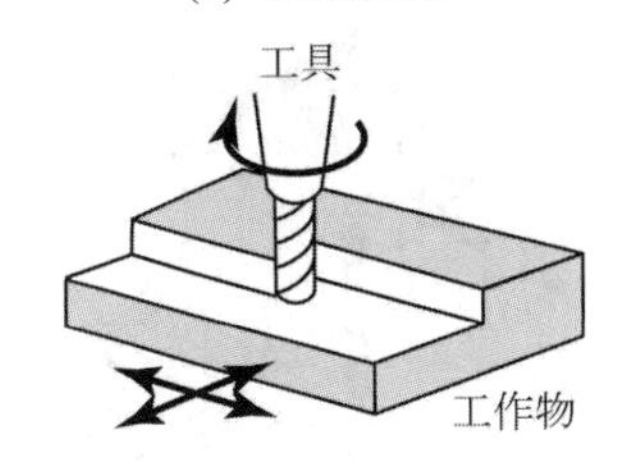

(b) フライス加工

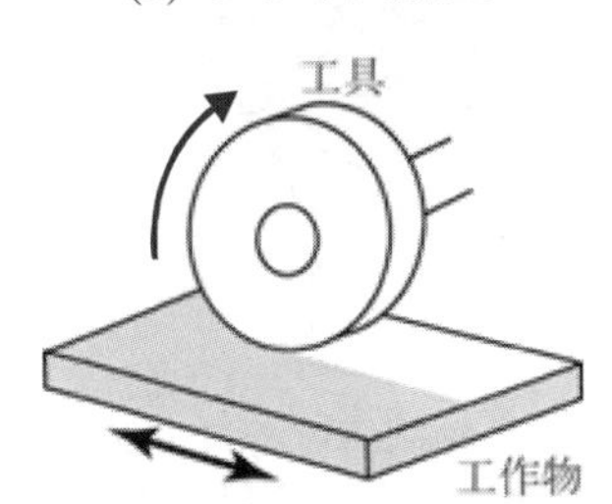

(c) 研削加工

図 3.68　工具と工作物の運動

工具と工作物が干渉する際，工具によって作用する応力が工作物の許容値を超えると工作物の一部が破壊され，切りくずとして除去される．よって工具は工作物材料より硬くなければならず，工具鋼といった硬い種類の鋼に加え，超硬合金やダイヤモンド等も工具として用いられる．なお，工具は切れ刃の数によって単刃工具(single point tool)，多刃工具(multiple point tool)に分

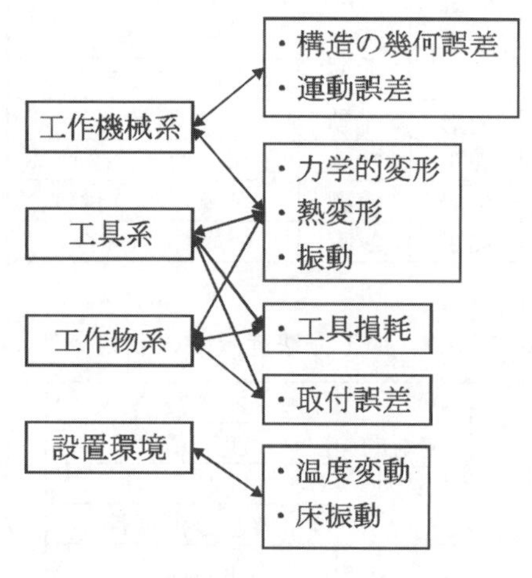

図 3.69　除去加工における誤差要因

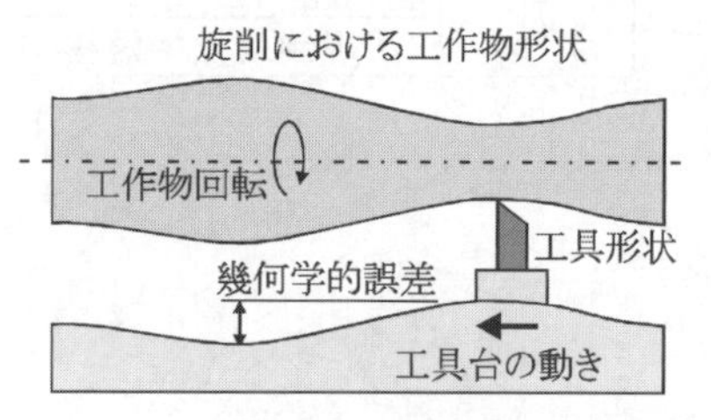

図 3.70　旋削加工における誤差の転写（母性原理）

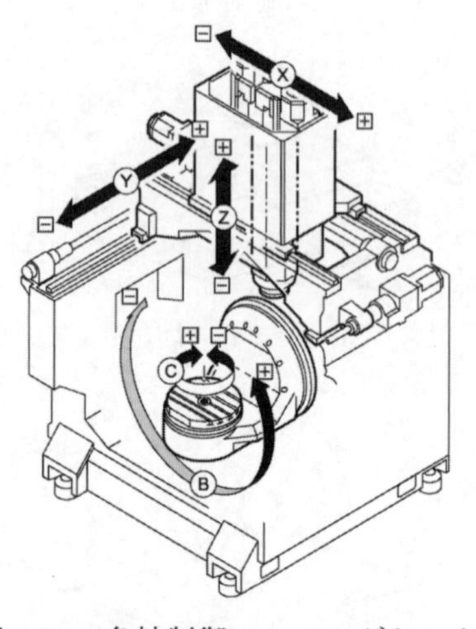

図 3.71　多軸制御マシニングセンタ
(提供　森精機製作所)

類される．研削工具(grinding tool)には，一般に硬い砥粒を固めた砥石が使われるが，半導体材料であるシリコンウェハの鏡面仕上げなどには固定しない砥粒（遊離砥粒：loose abrasive）を用いた研磨も行われる．

また，除去加工にはレーザ(laser)，電子ビーム(electron beam)，集束イオンビーム(focused ion beam)といった高エネルギービームを用いた加工も含まれる．これらのビーム径は機械工具に比べて大幅に小さいため，微細な加工が可能である．また機械工具では加工力により各部が変形し，加工誤差が生じるが，ビーム加工ではこれを無視することができる．

所望の機能を実現するためには寸法精度が重要となることが多く，たとえば直径 20mm 穴に直径 20mm の軸は入らず，自由に回すこともできない．軸受やドアノブのような回転動作が滑らかに行えるようにするためにはミクロン（0.001mm）レベルでの隙間の管理が必要であり，各部品を指定の寸法範囲（公差: tolerance）内に加工することが必須となる．

図 3.69 には，除去加工における加工誤差(machining error)の発生要因を示す．工具に関する誤差発生要因には，加工力による力学的変形，加工熱や周辺環境による熱変形，工具摩耗，工具材料の機械的・熱的特性などが挙げられる．同様に，工作物に関する加工誤差発生要因には，加工力による力学的変形，加工熱による熱変形，加工材料に起因する特性などが挙げられ，ミクロンオーダの精度を確保することは容易ではない．そのような状況下でも，加工領域がナノメートルオーダからメートルオーダと実に 10^9 倍以上にも達する広い範囲の加工が求められる場合がある．

b. 工作機械 (machine tool)

工作機械(machine tools) は機械をつくる機械という意味でマザーマシン(mother machine)とも称され，その運動精度が工作物に転写される．たとえば旋盤で円筒を加工しようとしても，工具台が真っ直ぐに動かなければ図 3.70 に示すように歪んだ円筒となってしまう．すなわち，「工作機械の精度とそれにより加工される部分の精度には，その運動精度と案内精度が直接的，間接的に被加工物に転写される遺伝的関係がある」とされる母性原理(copying principle)に従う．そのため，一般的に他の機械が破壊や破損を防ぐために応力基準で設計されるのに対して，工作機械は加工力が作用した状態での変形量を保障するために変位基準(displacement-base)の設計が行われる．

コンピュータの指令通りに動作する数値制御（Numerical Control: NC）が一般化し，工具を自動で交換できるマシニングセンタ(machining center)が開発されて以降，運動軸の多軸化も進み，段取り換え無しに複雑形状を加工できるようになった（図 3.71）．ここで重要になるのが CAM（コンピュータ援用製造）ソフトであり，CAD（コンピュータ援用設計）で定義した複雑な形状を得るための工具経路を自動計算することができる．CAD と CAM の組合せは，後述する金型のような複雑な形状の部品を 1 点だけ製造するような場合に有利な方法といえる．以下には，工作機械を設計する上で配慮が必要な点を列挙する．

① **剛性 (stiffness, rigidity)**

加工力を支えつつ工具・工作物間の高精度な運動を維持するため，工作機械は高い剛性(stiffness, rigidity)を具備する必要がある．その中で，静剛性とは静的な力に対する抵抗力と定義され，外力/変形量で表わされる．静剛性が大であるほど，外力すなわち加工力に対する変形が小であり，工作機械の特性として望ましい．最も単純なボール盤によるドリル加工の例を考えると，工具，工作物ならびに工作機械構造は加工力によって図 3.72 に示すような変形が生じ，加工精度を低下させることになる．変形の様子の一部は材料力学のはりの曲げ（3･1･4 項 c 参照）で近似することができる．

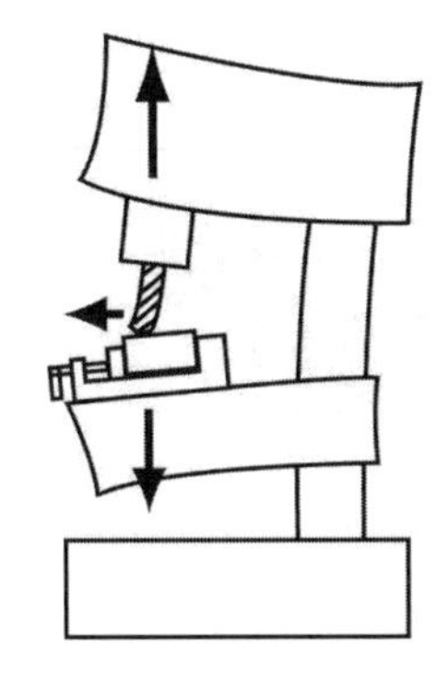

図 3.72　加工力による変形

加工力は時間とともに変動する場合もあり，上述の静剛性のほかにも動的な力に対する剛性を考慮する必要がある（動剛性: dynamic stiffness, dynamic rigidity）．周期的な加工力が機械の共振(resonance)周波数に近い場合，びびり振動(chatter vibration)が発生し，工作機械が不安定な状態となるため注意を要する．

② **熱特性 (thermal characteristics)**

加工仕事に伴う発熱や空調の影響等により工作機械構造に温度むらが発生すると，各部に熱変形(thermal deformation)が生じて加工誤差を生じるため，これを抑制する必要がある．鉄系の材料で作られた 1m の長さの構造は，1 度の温度上昇で約 10 ミクロン（0.01mm）伸びる．ミクロンレベルの寸法精度を維持するためには厳しい温度管理が必要であることが理解できよう．

③ **工作機械の構造構成要素 (structural modules in machine tool)**

工作機械には上記のような配慮に加え，高精度な運動を維持するための配慮もなされている．図 3.68 のような運動を実現するために，工作機械は主軸のように回転運動を実現する構成要素，直線運動を実現する構成要素，およびそれら構成要素群を堅固に支持し，所要の剛性を確保するための本体構造から構築される．以下では，工作機械の構成要素の機能及び構造について述べる．なお，高精度な運動を実現するためには摩擦が問題となる場合があり，空気を潤滑膜としてこれを最小化する場合もある．

主軸系 (spindle system)

主軸には高剛性，低熱膨張，高回転精度を同時に実現することが要求され，転がり軸受(rolling bearing)が広く使用されている．より高精度な運動が求められる場合は静圧軸受(hydrostatic bearing)が用いられ，さらに高精度が求められる場合は空気静圧軸受(aerostatic bearing)で支持された主軸も用いられる．

テーブル送り系 (table feed system)

汎用工作機械においてはボールねじ(ball screw)と滑り案内(plain bearing guide way)あるいは転がり案内(rolling guide way)を組合せた構成が一般的である．また特に高い精度が要求されるような場合は，非接触案内及び非接触駆動を同時に実現する観点から空気静圧案内(aerostatic guide)とリニアモータ(linear motor)駆動の組合せによるテーブルシステムも適用されている（図 3.73）．

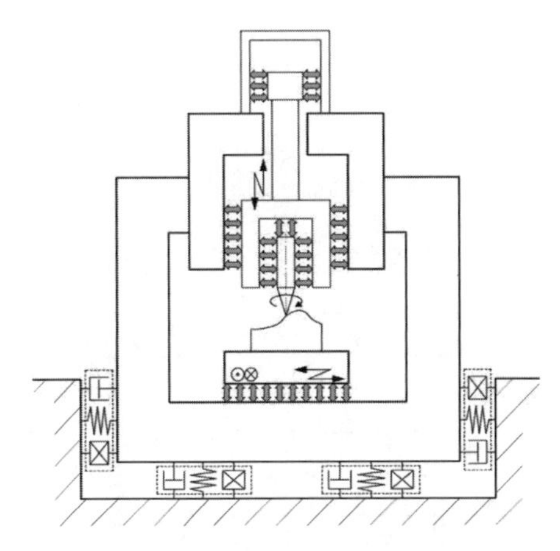

図 3.73　完全非接触工作機械の概念
(注) 図中の矢印は空気軸受を示す)

3･3･3　塑性加工 (metal forming process)

塑性加工(metal forming)は，材料を除去することなく変形させることで目的の形状寸法を持つ製品を製造する加工方法である．金属材料に力を加えていくと，ばねの変形に似た弾性変形(elastic deformation)が現れ，ついで塑性変形(plastic deformation)が現れる（3･1･4 項 a 参照）．弾性変形は加えた力を除くと元に戻る変形であり，塑性変形は加えた力を除いても残る永久変形である．鉄鋼(steel)，銅合金(copper alloy)，ステンレス鋼(stainless steel)，アルミニウム合金(aluminum alloy)，チタン合金(titanium alloy)などの金属材料では，弾性変形は高々0.2％程度以下のひずみ範囲にすぎず，距離 50mm の間に 0.1mm 以上の変形が生じる場合塑性変形に対応する．塑性変形は，引張変形の場合 20～40％に限られるため大きな形状変化は困難である．一方，圧縮変形の場合には数 100%のひずみに至るまで継続するため，形状を大きく変化させることができる．

図 3.74　薄板プレス成形用金型

a. 金型(dies)と塑性加工機械(forming machine, press machine)

加工原理を含めた塑性加工の定義は，「加工対象である工作物と金型を塑性加工機械によって保持すると共に，相対運動を与えることによって金型と工作物の間に干渉を生じさせ，工作物に塑性変形を起こすことで形を変え，所要の形状，寸法，精度を得る工程」である．塑性加工で工具の役割を果たすのが金型(dies)（ダイス）である．金型は，工作物（以下，被加工材）に接触することで被加工材の塑性変形を引き起こし，被加工材にその形を転写する．図 3.74 は薄板プレス成形用金型を示し，薄板材はパンチ(punch)により金型に押し込まれ，成形される．

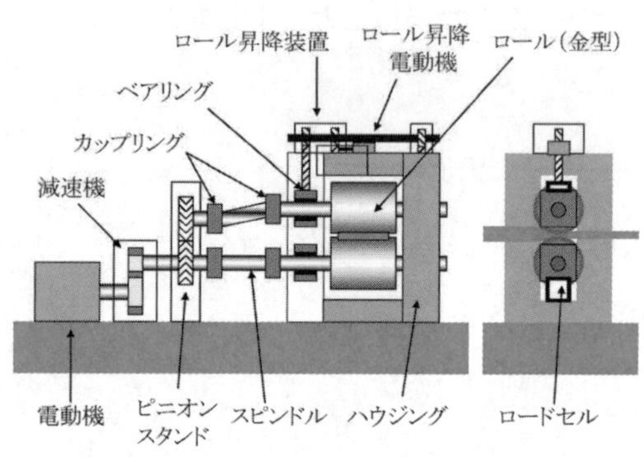

図 3.75　塑性加工機械の例（圧延機）

金型は高い工具圧力（鋼の鍛造では局所的にではあるが数 100MPa に達することがある）に耐えつつ長期にわたる精度を維持する必要があり，金型材料技術と金型に過剰な負荷を生じないよう適切に被加工材の塑性流動を制御する金型形状設計技術により高度化が進められてきた．

金型を上下・回転方向に動かし被加工材に大きな力を与えて塑性変形をおこす役割は，塑性加工機械が担っている．力はモータによる回転力あるいは油圧によって生み出され，動力伝達機構を経て金型を通じて被加工材に伝えられる．図 3.75 に示す圧延機(rolling mill)の例では，電動機による回転力が減速機等を経てロールに伝えられ，さらに上下方向に被加工材をつぶす力がロール昇降装置によって生みだされる．塑性加工機械が発生する力は，最大で 10000 トン（10^5kN）をはるかに超え，航空宇宙用大型鍛造品の製造では 50000 トンを超える鍛造機械(forging press)が必要で，今後さらに大型化する傾向にある．

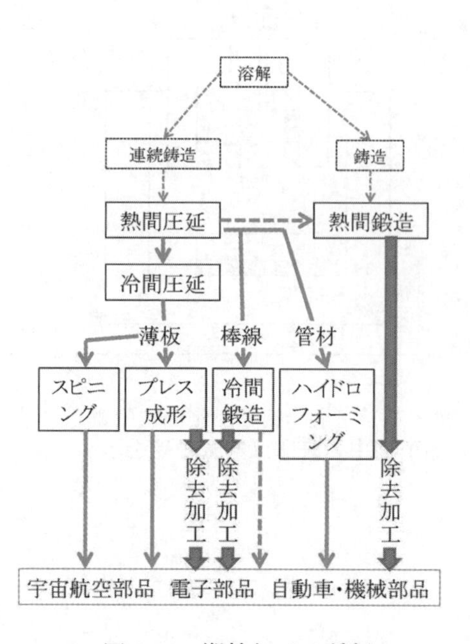

図 3.76　塑性加工の種類

鍛造機械には大きく分けて，機械式プレス(mechanical press)と油圧式プレス(hydraulic press)があるが，最近はサーボモータ駆動のサーボプレス(servo press)が急速に普及している．クランクプレスではクランク軸の機構によって金型の上下運動が決まってしまい，油圧プレスでも金型の上下運動を自由に制御することは困難だが，サーボプレスでは広い範囲での制御が可能であるため，サーボプレスの導入とこれを利用した運動のディジタル制御（3･4･2 項参照）が急速に進んでおり，今後この動向がますます顕著になると予想される．

薄板プレス成形(sheet metal forming)や鍛造(forging)では，上下一対の金型で被加工材を挟み込み，塑性加工機械で高い力を与えて変形させ，金型の形を被加工材に写し取る．圧延(rolling)や押出し(extrusion)，引抜き(drawing)では，被加工材を連続的に金型の隙間に通すことで塑性変形を与える．塑性加工の種類を抜粋して図 3.76 に示す．塑性加工の最上流に圧延が位置しており，鉄鋼，銅合金，ステンレス，アルミニウム合金，チタン合金などの金属材料を溶解，成分調整後凝固させたビレット(billet)，インゴット(ingot)を圧延し，種々の板材や棒線材，形材，管材を製造する．薄板材は薄板プレス成形の素材となり，棒線材は鍛造，押出し・引抜き素材としてさらなる加工が加えられる．加工される製品の代表例は，自動車・機械部品，電子部品，宇宙航空部品等であるが，現在は自動車・機械部品の占める割合が最も大きく，今後は後述の航空宇宙部品の増加が見込まれている．

図 3.77　塑性加工による航空宇宙部品の製造（ロケットエンジン LE-8）（提供　JAXA/IHI エアロスペース）

b. 塑性加工の特徴 (characteristics of forming process)

同じ金型を利用し連続して加工することで「多数の同じ形の製品を安定して製造できる加工である」ことが，塑性加工の第 1 の特徴である．反面，除去加工では加工条件を変えることで加工精度や加工能率を調整可能であるのに対し，塑性加工では，目標とする製品形状を製品 1 個ごとに柔軟に変更することは難しい．金型を利用しない単刃工具(single point tool)を利用した塑性加工は，異なる形の製品を柔軟に製造するのに適している．これは，逐次成形(incremental forming)と呼ばれている．スピニング(spinning)は逐次成形の代表例である．図 3.77 のロケット用燃焼機では、下部のノズル部品がスピニングによって成形されている．除去加工でこの部品を製造するとすれば，製品の大きさ，重さの数倍の切り屑が出てしまい，素材と製品の重量比で表わされる歩留まりは低く製品の価格は歩留まりに反比例して高くなるが，塑性加工では切り屑を出さず素材を無駄無く加工できる．「屑を出さず無駄のない環境に調和した加工である」ことが，塑性加工の第 2 の特徴である．塑性加工の第 3 の特徴は，高温での加工（熱間加工）の場合には，金型形状の転写による形の造り込みのみではなく，鋳造後の粗大な組織を改良し，鋳造中に形成された内部欠陥（空隙，偏析）の無害化，強度・延性の上昇などの「製品の内部組織・機械的特性の制御が可能である」ことである．図 3.78 は熱間薄板圧延(hot strip rolling)後の金属内部組織の一例である．上下の写真での内部組織は同一鉄鋼材料の塑性加工条件（この場合は圧延温度と加工パスごとの加工量の配分）の違いによって得られるもので，細かい結晶粒である下の製品の方が，1.5 倍程度高強度である．塑性加工では内部組織制御や，加工による材料の強化が積極的に行われており，図 3.79 の発電用タービンロータシャフトや自動車，電車の駆動系部品といった，破壊が大事故につながる重要保安部品の製造に広く利用されている．

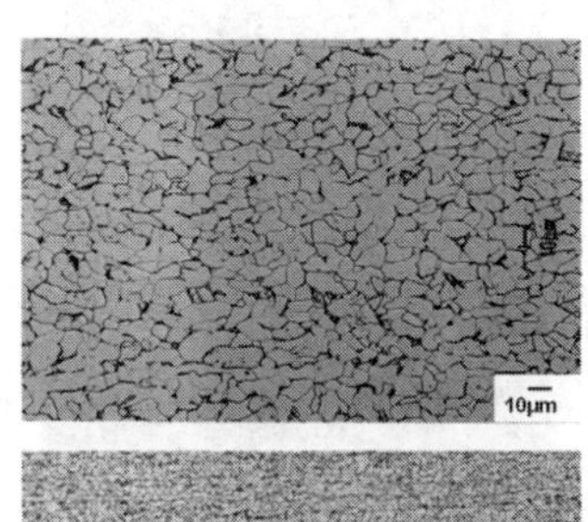

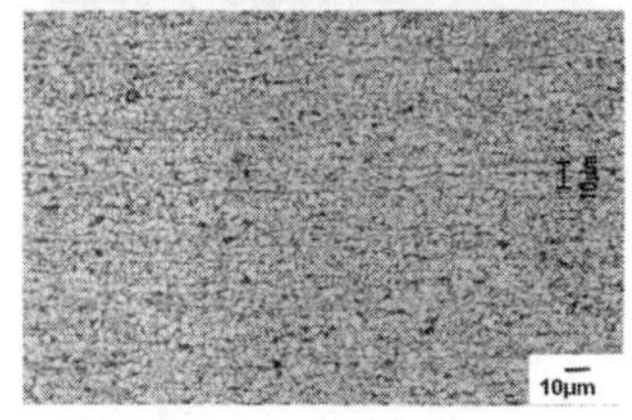

図 3.78　加工条件変更で造り分けた同合金組成の 500MPa 級鋼板(上)と 700MPa 級鋼板(下)

図 3.79　タービンロータシャフト（提供　㈱日本製鋼所）

c. 代表的な塑性加工 (typical forming process)

以下では代表的な塑性加工プロセスを紹介する．

① 圧延加工

圧延加工(rolling)とは，図 3.75 にも示した通り，一対の回転するロールを利用して素材を連続的に加工する塑性加工法である．造船用鋼板，ラインパイプや大型構造物用の厚鋼板(厚さ 6mm 以上)は熱間厚板圧延(hot plate rolling)により，薄板製品は熱間薄板圧延もしくは冷間薄板圧延(cold strip rolling)によって製造される．冷間薄板圧延での生産速度は最大で 45m/s（時速 170km）程度と高速であるが，板厚誤差は数μm 以下（板の厚さの 1/100 以下）になるように，板厚センサ，圧延荷重センサからの信号をもとに自動制御されている．

板製品以外の圧延は，孔形圧延(shape rolling)によって製造される．棒線材圧延(bar rolling, wire rod rolling)では，円形断面製品が製造され，製品は鍛造加工用の素材，ばね，ワイヤーロープ，鉄筋，ボルトなどの素材となる．より複雑な断面形状を持つ製品も孔形圧延によって製造されている. たとえば，建設現場でよく見かける H 形鋼，I 形鋼，鋼矢板や，鉄道用レールなどの形材は，代表的な孔形圧延製品である．他に，油井管，石油輸送管などに利用されている継ぎ目無し管も圧延製品である．

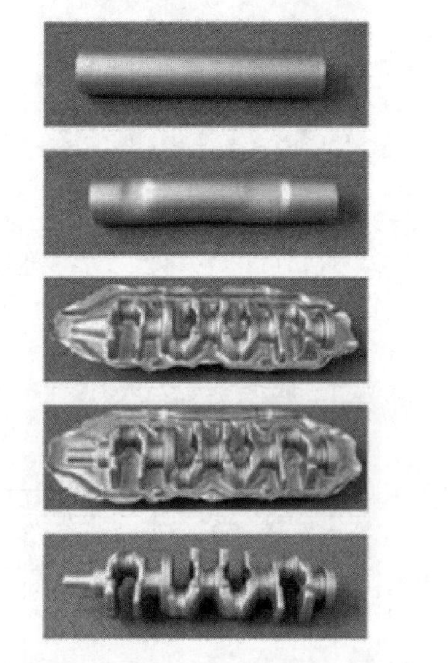
図 3.80　クランクシャフトの鍛造工程
（提供　日本鍛造協会）

② 鍛造加工

型鍛造(die forging)は，製品形状に対応した金型を利用して，バルク形状（塊体）の被加工材を成形する鍛造法である．

鍛造が行われる温度には大きく分けて 2 種類がある．再結晶温度（鋼の場合約 1000℃）以上での鍛造加工を熱間鍛造(hot forging)と呼ぶ．図 3.80 は熱間鍛造工程の例であって，複雑形状部品の一体成型がこの加工により可能である．冷間鍛造(cold forging)は被加工材に加熱を行わずに鍛造する加工法のことで，熱間鍛造の欠点を補う鍛造法として戦後急速に進展した．

冷間鍛造は，数々の新しい金型形状の考案によって種々の新しい製品を生み出し，現在では自動車部品製造のための主要な加工技術となっている．冷間鍛造に共通した目標は，金型の長寿命化と加工精度の向上である．特に後者では，除去加工を省略し製品として利用できる精度での鍛造品を製造できれば（ネットシェイプ鍛造品），大幅な加工時間の短縮とコストの削減，エネルギー効率の向上など多くの利益を見込むことができる．

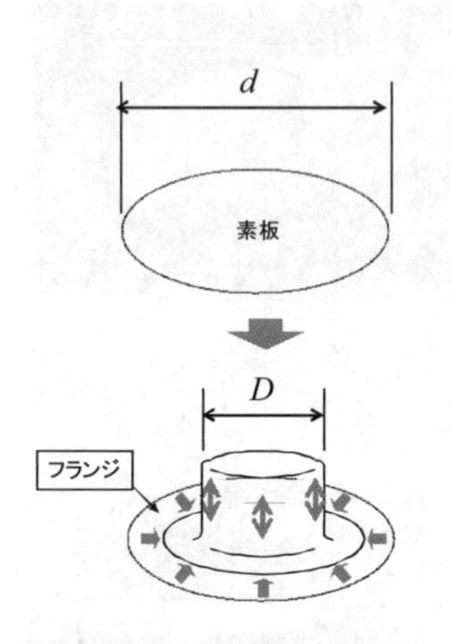

図 3.81　深絞り成形

③ 薄板プレス成形

金属板を素材として種々の製品を成形する加工法を，薄板プレス成形(sheet metal forming)と呼ぶ．薄板プレス成形では，一対のパンチとダイスを利用することで複雑な形状の製品を製造することができる．複雑な形状を成形する際には，ひとつの板成形にいくつもの基本的な成形様式が含まれるが，以下に，2 つの代表的な成形様式にふれる．

深絞り成形(deep drawing)は，図 3.81 の円筒容器成形の例に示す通り，円形の素板をパンチによりダイスに沿って押下げ・押上げ，飲料缶等の筒状の容器や部品を成形する板成形加工法である．素板の中央部分はパンチとともに移動し，素板の外周部分であるフランジは中心方向に引き込まれる．そのためこの部分の板厚が増加し円周方向に圧縮の応力が作用するので，フランジ部にはしわ(wrinkling)が発生する．しわの発生を抑制するためにはしわ押さえ板(blank holder)が用いられる．また，成形力はダイス角部の引き伸ばされている部分が受けているので，ここに作用している応力がある限度を超えると板は図 3.82 の様に破断するため，変形量には限界がある．

曲げ成形(bending)とは，図 3.83 に示す通り被加工材を曲げる加工である．図左は，最も単純な曲げ成形で V 曲げと呼ばれている．図右は，ハット曲げと呼ばれる代表的な曲げ成形の一つである．なお，曲げ成形では単に直線や円弧に沿って曲げるのみではない．また曲げ成形は，絞り成形などの他の成形と組み合わせて利用されている．プレス機械のディジタルサーボ化は，鍛造加工と同じく急速に進んでいる．

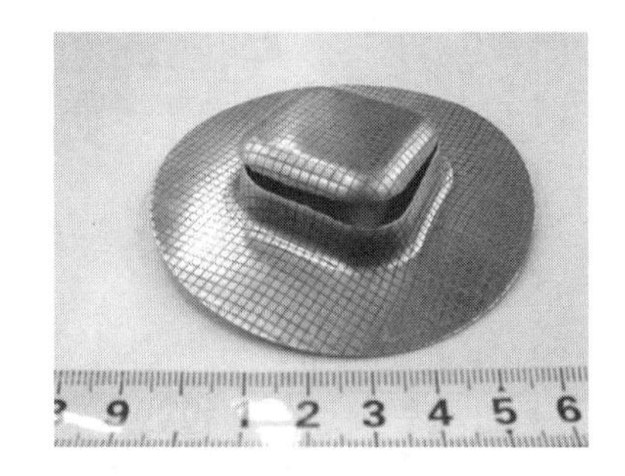

図 3.82　角筒絞り成形時の破断

④ 押出し加工・引抜き加工

押出し加工，引抜き加工はともに，穴を持ったダイスに素材を連続的に通すことによって製品を製造する塑性加工法である．ダイスの穴は，所望の製品と同じ形状となっており，複雑な断面形状の長尺製品を得るのに適している．ダイスより素材を押出して成形する場合を押出し加工(extrusion)，素材をダイスより引抜いて成形する場合を引抜き加工(drawing)と呼んでいる．押出し加工は圧縮応力場のもとで行われるため，複雑な異形断面の成形が可能で，熱間での伸びが小さく圧延加工が困難な素材（高合金ステンレス，チタン合金）の熱間加工や，銅合金，アルミ合金の大変形熱間加工に利用されている．

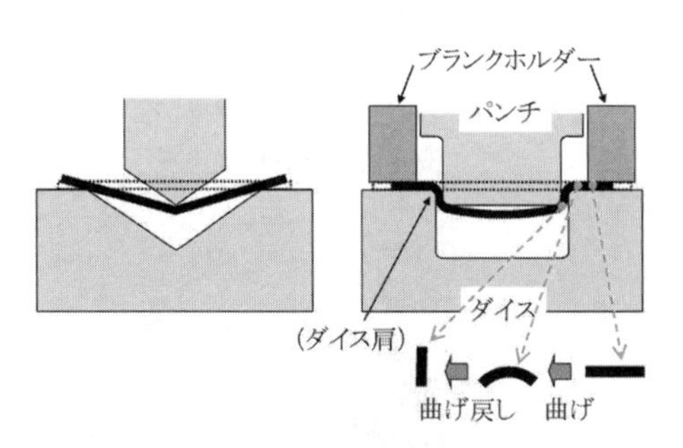

図 3.83　曲げ成形

引抜き加工は 1 回での変形量には限界があるが，ダイスに作用する面圧が小さいので，高寸法精度の製品や小断面の異形製品を製造するのに向いている．精密ばね，ピアノ線などが主たる製品であって，最小 10 ミクロン前後の小断面の製品まで製造することが可能である．今後はより精密な製品の製造が拡大することが予想される．

⑤ その他の塑性加工

転造とは，棒材を転造ダイスに挟み込むことでねじ山などの形状を転写する方法である．切削によるねじ切りに対し，転造は切りくずを出さずに強度も上げられるという特徴をもつ．最近では精度も向上し，モータの回転を利用して位置決めを行う機構の主要部品となるボールねじの一部も転造によって製作されている．

また，部品を同じ断面の強さのもとで軽量化するためには，中空構造が適している．そこで管材を素材とし，内圧をかけながら管の軸方向に圧縮して複雑形状に成形する加工法をハイドロフォーミング(hydroforming)と呼んでいる．

3･3･4　マイクロ・ナノ加工 (micro/nano-machining process)

2･5 節「マイクロマシン」で示したような微小機器を製作する上では以下のような課題があり，これらを解決するために特殊な加工プロセスが適用されることが多い．

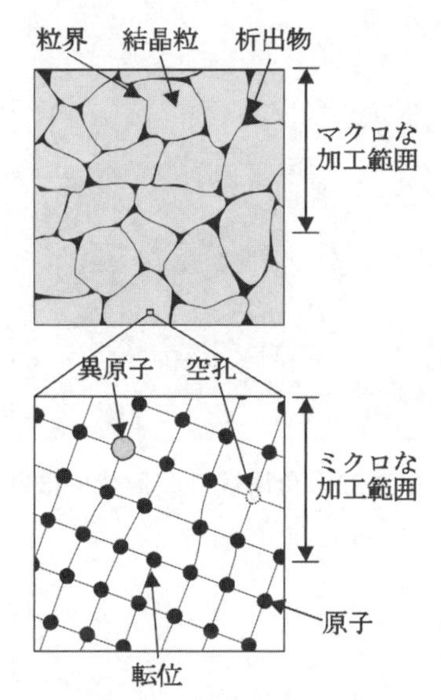

図 3.84　加工範囲に含まれる材料欠陥数の違い

a. 加工寸法とエネルギーの集中法 (processing dimension and energy concentration)

切削加工等で切込み量が小さくなると，単位断面積当りの切削抵抗が大きくなることが知られている．これを寸法効果(size effect)と呼ぶ．これは単位体積当たりの除去エネルギーが大きくなることを示しており，2･5 節のスケール効果と類似のようであるが，厳密には異なる．寸法が小さくなると壊れにくくなる原因の一つとして考えられるのは，その加工範囲に含まれる欠陥の数である．多結晶材料であれば結晶粒界（結晶の間に存在する界面）も欠陥のひとつであり，各結晶中にも各種の欠陥が含まれている．材料に過大な力が作用すると，これらの欠陥が起点となって材料が壊れることになる，この現象は，傷のあるガラスが壊れやすいのと同様である．ところが，加工範囲が微細になるにつれて含まれる欠陥が少なくなり（図 3.84），その結果強度が増し，理論的に予測される値（欠陥がない場合の強度）に近づくことが示されている．

このように，みかけの強度が増した材料を微細加工(micromachining)するためには，狭い領域に大きなエネルギーを集中させる必要がある．工具を用いた加工では，図 3.85 に示すように刃先周辺に弾性変形領域が広がり，エネルギーが散逸してしまう（エネルギーが集中できず，加工領域から逃げてしまう）．工具の寸法をミクロンレベルまで微細化することが困難であることを考えると，工具を用いた加工では微細化に限界があることを示している．

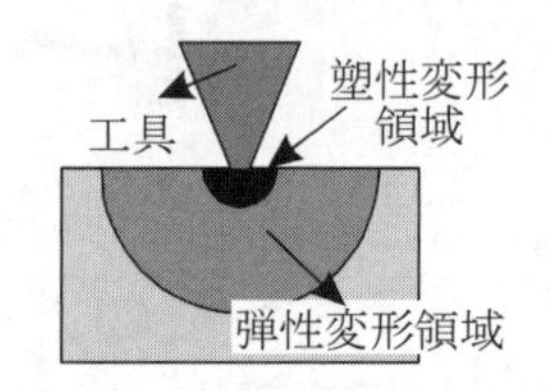

図 3.85　工具を用いた加工

一方，レーザや電子ビームあるいはイオンビーム等を用いると，材料に投入するエネルギーを時間的，空間的に集中させやすく（図 3.86），より細かな加工が可能となる．そのため，マイクロ・ナノ加工ではこれらが多用されている．

レーザ加工(laser processing)では，光子エネルギーによる材料の熱加工（溶融・蒸発）あるいはアブレーション(ablation)と呼ばれる原子・分子結合の直接切断を行う．また，電子ビーム加工(electron beam processing)とイオンビーム加工(ion beam processing)では，質量を有する粒子を材料に衝突させてエネルギーを投入する．電子は，原子格子間隔よりもはるかに小さく容易に固体内部に侵入・散乱するため，ビーム直径（nm レベル）に対して広い領域が加熱され，材料を溶融・蒸発させることができる．電子線リソグラフィー(lithography)は樹脂材料中を電子が通過する際の反応を原理としたものであり，光を用いたリソグラフィより微細なパターンを作成できる．一方，イオンビーム加工の場合は，固体を構成する原子と同程度の大きさを持つイオン（荷電粒子）の衝撃(ion bombardment)によって表面原子の結合を切り，除去するのが一般的な原理である．

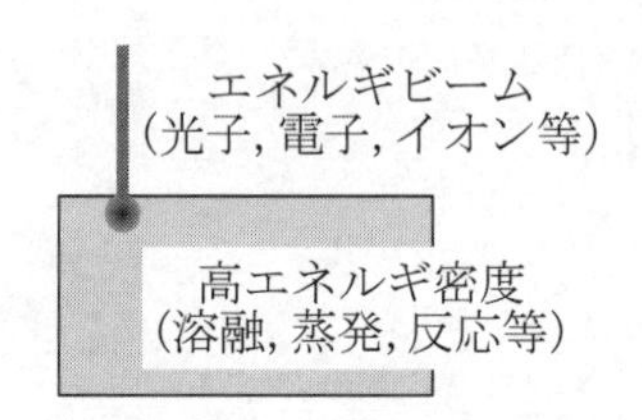

図 3.86　エネルギービーム加工

b. 代表的なプロセス (typical process)

微細な加工を効率よく一括で行うために，半導体プロセス（シリコンウェハから半導体チップを製造する工程）が適用される場合が多い．典型的には図 3.87 に示すように，(1) フォトレジストの付着，(2) パターニング（リソグラフィ），(3) 除去加工あるいは付着加工を繰り返すことによって三次元的な構造を得る．リソグラフィを適用することで基板面上での横分解能を小さ

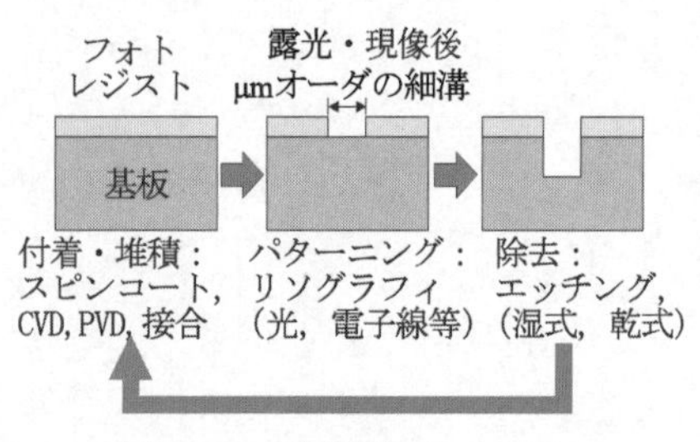

図 3.87　半導体プロセス

くし，より細い溝などを得ることができる．一般的な機械の製造と大きく異なるのは，ばらばらの部品を組立てるのではなく，プロセスの中に組立てが含まれている点や，陽極接合（anodic bonding: 図 3.88）等の接合技術を用いる点である．これらのプロセスではクリーンルームを始めとする高価な設備が必要となるため，1 枚の基板に同一仕様の複数のチップを集積して生産（バッチ生産）することで効率化を図るのが一般的である．

可動部を設けるには部品間に隙間が必要となるため，従来の機械装置では関連する部品の公差を指定し，すきまばめ(clearance fit, free fit, loose fit)を実現している．一方，マイクロ・ナノ応用では，別部品で製作したものを組立てることは部品操作や調整の観点から困難であるため，図 3.89 に示すような手法を用いることが多い．PSG（phospho-silicate glass，リン化酸化膜ガラス，リンシリケートガラス）を CVD（化学的気相成長法）などで堆積させた後に別の材料をさらに堆積させ，その後に PSG 層だけを選択的にエッチングすることで部品間に隙間を設けることができる．このようなプロセスを犠牲層エッチング(sacrificial etching)と呼び，微小寸法での可動構造を製作する一般的な手法となっている．

なお，可動構造の設計には公差の概念が重要となるが，マイクロ・ナノ応用では寸法が小さい分，相対精度(relative accuracy)が低下することに注意しなければならない．例えば，マクロな構造では 1 メートルの代表寸法で 1 ミクロンの精度維持ができれば相対精度は 10^{-6} となるが，マイクロ・ナノ応用ではここまでの相対精度を維持することは容易でない．なぜならば，100 ミクロンの代表寸法に対して 10^{-6} を実現するためには，0.0001 ミクロンすなわち 0.1 ナノメートルの精度管理が必要となり，原子格子間隔以下の精度を保証しなければならなくなるからである．

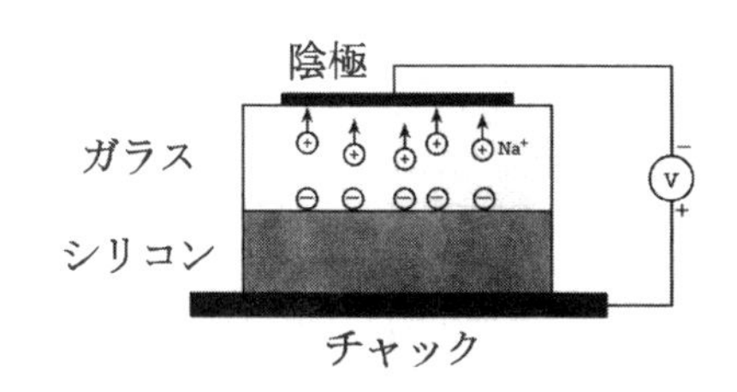

図 3.88　陽極接合

高温雰囲気でシリコンとガラス（Pyrex®）を合わせてシリコンをプラスとした電位差を与えることで，軟化したガラス中のナトリウムイオンの移動に伴う吸引力が作用し，接合が行われる．気密を保つ接合が可能なため，絶対圧を測定する圧力センサ等に用いられる

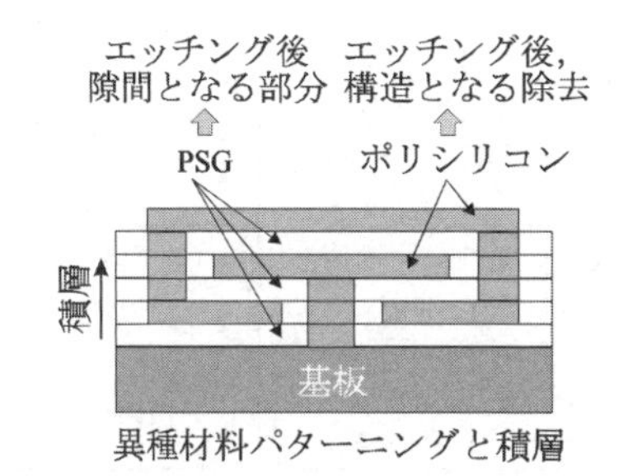

図 3.89　犠牲層エッチングによる可動構造

3・3・5　将来動向 (future trend)

a. 加工プロセスの今後 (future trend in processing)

例えば大型液晶パネルのように，大面積にわたる微細・精密な加工は今後も求められる．高い加工精度と加工能率を同時に満足する加工方法の実現に向け，従来の加工プロセスの組合せや新しいプロセスの開発が必要となる．その際，除去加工の自由度の高さと変形加工の高生産性・低コストの特徴を活かすべく，適宜，組み合わせることも考えられる．

日本ではエネルギーと人口ともに制約があり，高齢化も進んでいる．環境問題も厳しい中で，今後の加工プロセスが発展する方向は複数考えられる．1 つはエネルギー制約対応製造である．塑性加工は材料ロスが少なくエネルギー消費も少ないため，製品の製造過程での炭酸ガス排出抑制に効果がある．組合せに際しては，そのような判断も求められる．

ところで，プロセス技術のアプローチはトップダウンとボトムアップの 2 種に大別できる．前述した切削加工や塑性加工は，工具や工作機械の運動がそのまま転写されることを原理とするためトップダウンプロセス(top-down process)に分類される．レーザ等のエネルギービーム加工でも，ビームと工作物の間の相対運動軌跡が転写されるため，やはりトップダウンプロセスである．

微細な機構の例として内視鏡（2･6 節参照）があり，最近ではカメラによる観察機能に加えて種々の道具が組込まれ，組織の採取や簡単な処置が行えるようになっているものもある．これらの部品の微小化に際してはシリコンのような脆性材料より延性を有する金属材料が多用されており，切削等の従来のプロセスも多用されている．しかし，汎用のトップダウンプロセスでは加工分解能がミクロンレベルに限られることが多く，ナノレベルの加工を効率的に行うのは容易でない．

もう一方のアプローチであるボトムアッププロセス(bottom-up process)は，外部的な制御によらず，自己組織(self-organizing)的な作用を利用したものである．具体的な例として，ポリマーのミクロ相分離の利用，アルミニウムの陽極酸化(anodic oxidation)の利用，および微粒子の自己整列(self-assembly)等があり，これらの手法を用いればナノ構造を比較的容易に製作できる．自然界におけるタンパク質合成もその典型的な例である．

表 3.4　トップダウンプロセスとボトムアッププロセスの比較

	トップダウン	ボトムアップ
原理	転写	自己組織
例	切削，研削，リソグラフィ，ビーム加工	陽極酸化アルミナ，微粒子整列
分解能	数 10 ミクロン(工具･ビーム径に依存)	nm レベルまで可能
生産性	塑性加工を除き低い	並列性のため有利
スケール	ミリからメートルレベルまで可	ランダムさのため，大規模は困難

表 3.4 にはトップダウンプロセスとボトムアッププロセスの比較を示す．ナノメートルの領域では，工具寸法の制約などからトップダウンプロセスでは限界があるため，ボトムアッププロセスの方が有利である．また後者では，並列的な処理が可能であるため効率も良い．しかし，ボトムアッププロセスでは大規模化が必ずしも容易でない．なぜなら，規則的で均質な構造を持つ領域（ドメイン domain）が集合化した結果になることが多く，あたかも多結晶材料のようになってしまうからである．そのため，ナノメートルレベルの微細構造を例えばメートルレベルの広領域にわたって製作したいという場合は，トップダウンとボトムアップを適宜組合せて用いることが考えられる．すなわち，トップダウンプロセスによって大まかな構造を製作した後に，ボトムアッププロセスによって局所的にナノ構造を製作するのが合理的と考えられる．

b. 材料加工の今後 (future trends in materials processing)

加工機械には今後も更なる高精度化が求められる．このような要求に対し，構造の高精度化や摩擦を小さくする等の工夫や開発が引き続き必要となろう．これと併せて，制御による高精度化も検討すべき課題となる．前述の鍛造機械のサーボ化はその一例である．

また，加工機械の知能化も今後の方向性の一つである．加工機械をロボットと捉えればその動向も理解しやすい．ただし，ヒューマノイドロボットが人間の機能を模倣したものであるのに対し，加工機械はプロセスの異常を検知したり事故を未然に防いだりするなど，異なる知的機能が求められる．

さらには，独立した 1 台の加工機械としての動作だけでなく，今後は複数の機械が連携した生産システムを構築し，より高度化・知能化させていく必要があろう．

3・4　制御・情報 (control & information)

3・4・1　制御とは？ (What is control?)

制御という言葉を聞くと，なにか複雑な装置によって高速で複雑な動きを作り出す非常なエレガントな手法がイメージされ，一度は興味を持つ言葉である．「制御装置によって自動的に行われる制御」を自動制御(automatic control)と呼ぶが，これを最も初期に工学的に実現したのは，18 世紀のジェームス・ワット(Lames Watt)による定速制御であろう．ここでは遠心おもりを用いた調速機によって弁を操作し，蒸気量を制御することによって定速制御を実現している（詳細は本テキストシリーズ「制御工学」を参照のこと）．この手法はフィードバック制御と呼ばれ，制御の本質を与えるものであったが，この発明がなされた産業革命の初期には制御が広く工業に取り入れられる基盤ができていなかった．制御工学が現在の形で本格的に発展し始めたのは，第 2 次世界大戦における軍事研究の成果が広く一般工業に採用され始めた戦後のことと言われている．

フィードバック制御技術の概念を，ゴルフのパッティングを例にとって説明しよう．ゴルフの場合は静的なプロセスであり，パットとパットの間に休止が入るが，実際の制御は連続的な動的なプロセスでありこのような休止は入らない．こうした違いはあるものの，制御の本質が良く理解できると思われる．

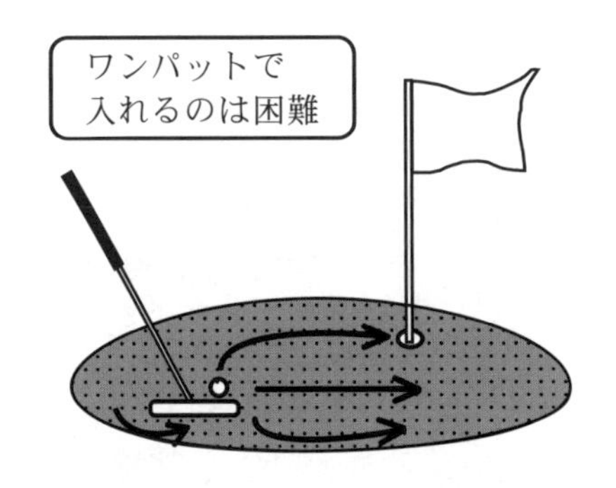

図 3.90　ワンパットで入れる
（フィードフォワード制御のイメージ）

では，ゴルフを例に説明を始めよう．グリーンにボールが乗り，ボールとカップの間にかなりの距離が残ったとする．もしワンパットで入れなければならないとなると，これはプロでも非常に難しい技術となる（図 3.90）．ワンパット技術に対応するものはフィードフォワード制御(feedforward control)と呼ばれる．これはフィードバック制御が開発される以前に存在した技術であり，この技術のみで最終的に目標値に到達することは非常に難しいことが分かる．この技術には制御の名前が与えられているが，実際には制御の概念を利用した技術ではない．

図 3.91　何回パットしても良い
（フィードバック制御のイメージ）

しかし，何回パッティングしても良いから最終的にカップに入れば良いとなると，誰でもできそうである（図 3.91）．まず，第 1 回のパットを行いボールとカップの距離を計測し，第 2 回，第 3 回とパッティングをする毎にカップとの距離を小さくすることができれば，最終的に目標値に行き着く．これがフィードバック制御(feedback control)の概念である．フィードバックとは，制御の結果（出力）を次の制御の入力に用いるという意味である．すなわち，パッティングをした後の結果と目標値(desired value)の誤差を用いて何度でも制御する手法である．そのブロック線図を図 3.92 に示す．この手法は非常に強力な効果を発揮し，最終的には誰でもボールをカップに入れることができそうである．

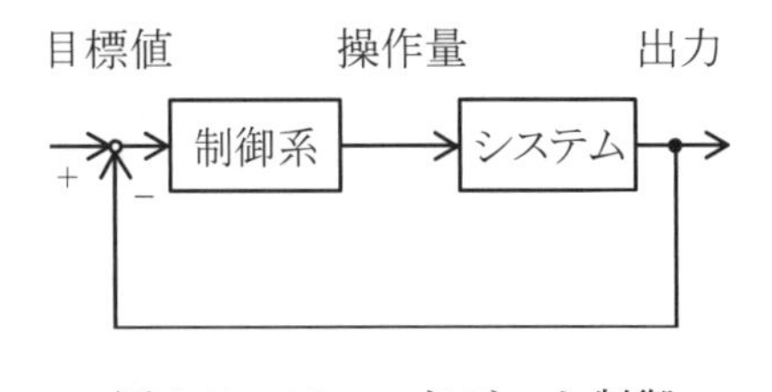

図 3.92　フィードバック制御

しかし，この手法を用いても失敗する人が存在する．ボールとカップの誤差に対応する制御量(controlled variable)が分からずに，いたずらに大きな力でボールを打ち，パットをすればするほどカップから遠ざかり，最後にはグリーンからボールが落ちてしまう人達である（図 3.93）．この現象は，フィードバック制御が持つ最大の欠点であり，制御量が大きすぎるとボールがだんだんだんカップから離れる発散現象が生じることとなる．これを制御では不安定現象(instability phenomenon)と呼び，この現象が生じないように制御パラメータを選定することが非常に重要になる．この解析を安定性解析(stability analysis)と呼び，制御理論(control theory)の非常に重要な部分となる．この安定性が保証されれば，上記のフィードバック制御によって最終的には必ずボールがカップに入ることになる．

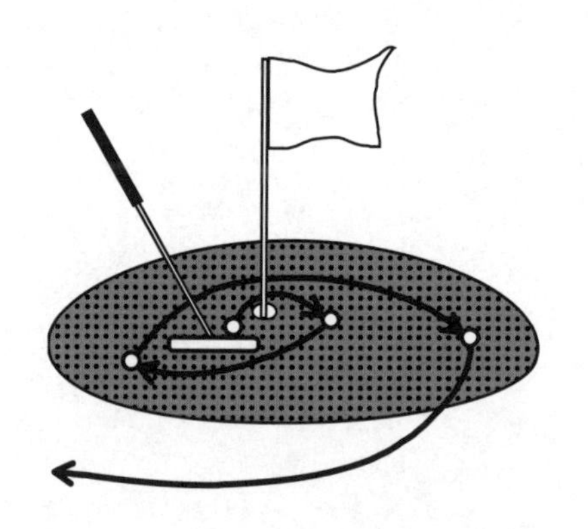

図 3.93　パッティングの発散現象

この概念を動的な場合に拡張すると，実際のフィードバック制御の概念がイメージできる．例えば，動き回るゴールを捕捉対象とし，ボールを捕捉者とすると，非常に速いフィードバック制御を行うことで最終的にボールはゴールに入ることになる．すなわち，高速に移動する対象物体の捕捉が可能となる．

3·4·2　コンピュータ技術の発展と制御技術の進化 (progress of control & information technologies in accordance with progress of computer technology)

制御技術(control technique)は，最初は真空管を用いたアナログ制御から始まったが，コンピュータ技術の発展に伴い，最近ではディジタル制御が主流となっている．本項では，まず制御理論の発展について説明する．この歴史を振り返ることで制御技術の発展の流れが見えてくる．

制御技術では，次式に示す時間変化を伴う動的システム(dynamic system)を扱う必要がある．

$$\frac{dx}{dt} = f(x,t,u) \tag{3.26}$$

ここで x はシステムの状態量，u は入力である．

この動的システムを対象にした制御理論では，上記の時間の微分方程式を扱わざるを得なくなるが，一般に微分方程式を解くのは容易ではない．そこで，ヘビサイド(Oliver Heaviside)は演算子法という手法を考案した．これは，微分積分を四則演算に変換する手法であり，これによって微分方程式を代数方程式として扱うことが可能になる．この演算子法は数学的にはラプラス変換(Laplace transform)で実現できる．つまり，上記の微分方程式を直接解かなくても，ラプラス変換によって微分方程式を伝達関数(transfer function)の形に変換し，これを基に制御性能を明らかにすることができる（図 3.94）．この方式を取り入れたものが古典制御理論(classical control theory)である．

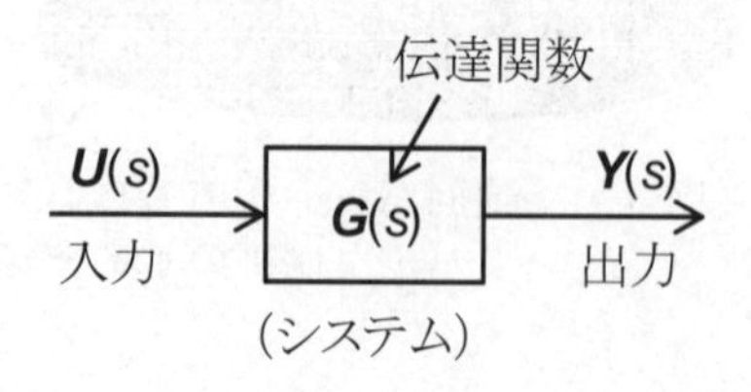

図 3.94　古典制御理論でのシステムの記述

古典制御理論のみならず，一般に制御理論は線形システム(linear system)を対象にしている．線型システムでは，複数の入力が存在する場合であっても“重ね合わせの原理(principle of superposition)”が適用できる．すなわち，1入力1出力の結果を足し合わせるだけで答えを求めることができる．古典制御理論の後に発展した現代制御理論(modern control theory)も線型システムを対象としているため，数学の線形代数の結果を用いて大いに発展してゆくことになる．

しかし，一般のシステムは非線形(nonlinear)であり，簡単には解析できない．そこで，上記の制御理論で得られた結果を適用するために，制御を行なう状態の近傍を線形化(linearization)して制御を実現する方法が考えられた．しかし，制御理論を実際の技術に適用するには大きな壁があった．なぜなら，制御対象システムの正確な数学モデル(mathematical model)が得られないと制御理論の効果が発揮できないからである．そのため，制御対象システムのシステム同定（計測データからシステムの挙動を記述する数学モデルを決定すること）が必要となるが，この問題を解決するにはコンピュータ技術の発展を待たなければならかった．

技術的には上記の問題が残っていたが，制御理論自体は独自の発展を遂げ，美しい理論体系を作ることになる．古典制御理論は，システム内の状態には全く関心を払わず，システムの入力と出力のみに着目したものであるが，現代制御理論では，多入力多出力のシステムに対応させるため，システムの内部情報も用いて制御性能の更なる向上を目指した．現代制御理論では，システムの状態量を x とした場合，その時間微分で表現される状態方程式(state space equation)によってシステムが定式化される（図 3.95）．この状態方程式は行列(matrix)を用いて表現できるため，線形代数の成果を用いて数学的に非常に美しい形の発展を遂げることとなる．

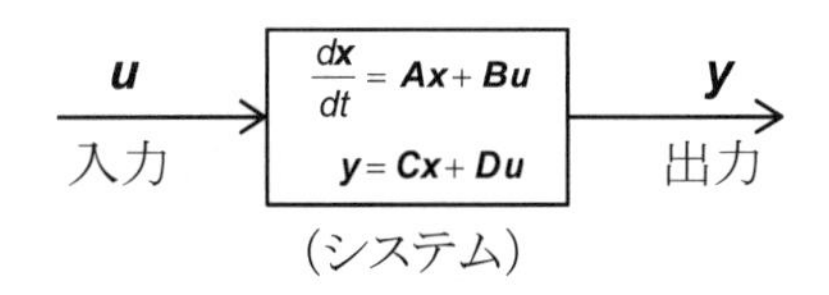

図 3.95　現代制御理論でのシステムの記述

ここまでの制御理論はアナログ制御(analog control)を基にしたものである．これは時間的に連続した信号を対象としたものであり，時間軸上の微分積分を扱う物理学と非常に良い相性を保っている．古典制御理論および現代制御理論の発展はすばらしいものであったが，制御が使われ始めた当初は電気のアナログ回路で複雑なロジックを作成することが難しかったため，理論と実際の応用は乖離していった．しかし，その後のコンピュータ技術の発展で，この大きな壁が取り壊されることになる．

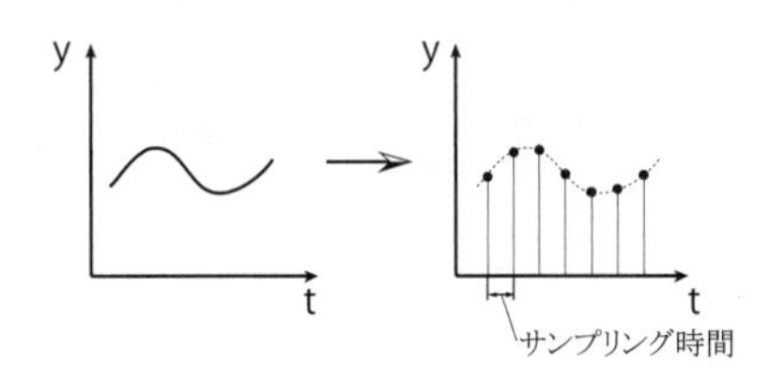

図 3.96　アナログからディジタルへ

コンピュータを用いた制御理論は，古典制御および現代制御理論の成果を取り込みながら発展してきた．ただし，コンピュータでは情報をディジタル化して扱うため，図 3.96 に示すように，サンプリングという手法を用いて離散時間的な扱いをする必要がある．こうして，離散数学をベースにディジタル制御(digital control)が発展してきた．ディジタル制御の場合，サンプリング時間(sampling time)内では出力が変化しないため（図 3.97），この間に制御量(controlled variable)を変化させることができず，これが制御システムの安定性に大きな影響を及ぼすことになる．すなわち，サンプリング時間が長くなればなるほどその間に適切な制御ができなくなるため，制御システムの安定性が損なわれることになる．しかし，コンピュータ技術の発展は素晴らしく，演算速度が信じられない勢いで向上してきたため，非常に複雑な計算であっても短時間で実行できるようになった．その結果，サンプリング時間を小さくできるようになり，安定性の問題を気にせずに制御を実現することが可能になった．

サンプリング時間

コンピュータの一定周期の入出力時間を示すものであり，出力は図 3.97 に示すように，サンプリング時間内では一定となる．

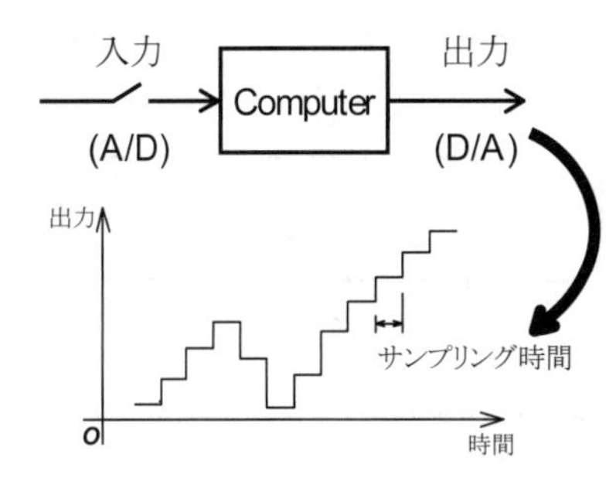

図 3.97　サンプリング時間の影響

こうしてコンピュータを用いたディジタル制御が実現したことにより，従来から築き上げられてきた制御理論をアルゴリズム化してソフトウエア上で実現することが出来るようになった．すなわち，制御理論と実際の制御技術の壁を取り去ることが可能となり，制御技術が大幅に発展することになった．

3·4·3　機械工学における運動機構技術 (kinematics and dynamics technologies in mechanical engineering)

前項で，コンピュータの発展によって制御技術が大幅に進展してきたことを示したが，この制御技術の成果が取り入れられて，非常に複雑で高速な運動を実現する機械システムが登場してきた．その代表がロボットである．この技術は，江戸時代のからくり人形の頃から人間を模倣する技術として非常に興味を持って研究が進められてきた．機械工学には，機械の複雑な動きを実現するための基礎学問として機構学(kinematics of machinery)があるが，この学問がロボット工学(robotics)の分野で大いに発展してきた．

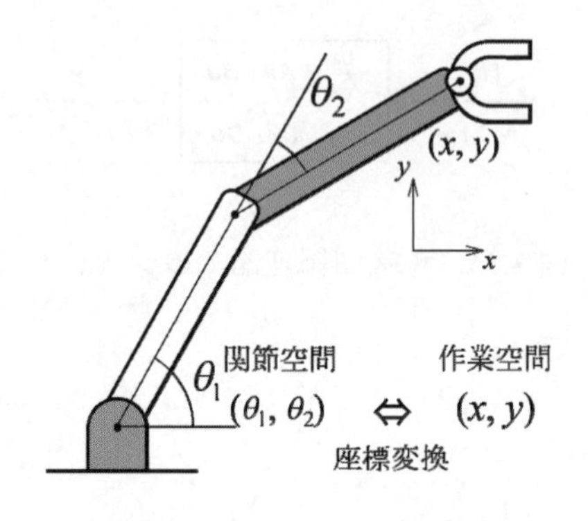

図 3.98　ロボットの運動学

ロボット工学は，まずマニピュレータ(manipulator)（人間の手に相当する）分野から発展した．これは，人間の手を模擬してさまざまな運動を実現する装置であり，自動車の組み立てライン等で実用化されている．マニピュレータは，図 3.98 に示すように多自由度のリンク機構(linkage)から構成されており，関節のモータを制御する関節空間（回転角の空間）とマニピュレータが作業する作業空間（デカルト空間：直交座標系で表される空間）の写像関係を求めることが基礎となる．

ヤコビアン
数学的にはヤコビ行列と呼ばれるもので，マニピュレータの関節角速度と手先の速度を関係づける行列である．

まず最初に発展したのが運動学(kinematics)である．これは，位置，速度，加速度は考慮するが，引き起こしている力については考慮しない学問である．運動学では，運動の幾何学的および時間的性質を扱っており，数学的には非線形方程式となるため，新しい学問領域を含んだ分野となった．運動学には，関節のモータ角度からマニピュレータの手先位置を計算する順運動学(forward kinematics)と，その逆に，マニピュレータの先端部の位置から各関節のモータの角度を決定する逆運動学(inverse kinematics)がある．逆運動学では，非線形の逆解法となるため一般に解を求めるのは難しいが，マニピュレータを実用化する上で非常に重要な問題であるため，その解法が数学的に発展してきた．

マニピュレータでは，関節空間における速度から作業空間における速度への写像が可逆でなくなる条件，すなわち，マニピュレータ先端の速度から関節速度が求められない条件が存在する．こうした特異点が現れないように制御を行う必要がある．このために，関節空間と作業空間の速度の関係を表わすヤコビアン(Jacobian)と呼ばれる行列に興味が持たれた．この行列により，関節空間と作業空間の静的な力の関係（静力学(statics)）も扱うことができる．このように，ロボット技術には写像と機構の問題や機構学の非線形性等の問題が含まれており，従来の機械工学に新たな学問分野を付加してきた．

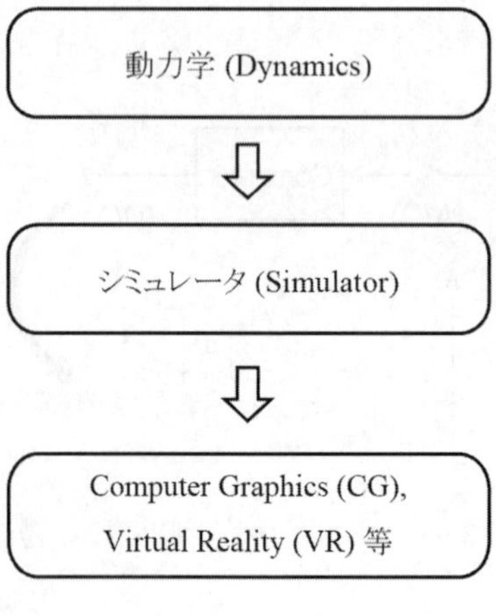

動力学 (Dynamics)

シミュレータ (Simulator)

Computer Graphics (CG),
Virtual Reality (VR) 等

図 3.99　動力学の展開

マニピュレータを高速に運動させるには，上記の運動学や静力学のみならず，動力学(dynamics)が必要になる．これは，運動とそれを引き起こす力の関係について解明する学問である．ロボットの分野ではこの問題も非線形になるので，従来ほとんど研究が進んでいなかった非線形動力学が大きく進展することになった．この分野は，図 3.99 に示すようにシミュレーション技術の基本となるものであり，現在では映画の CG (computer graphics)，テーマパークの各種の体感装置，ヴァーチャルリアリティ(virtual reality)等で大いに発展している．

3･4･4 機械工学における制御技術 (control technology in mechanical engineering)

前項までは，機械工学の運動機構技術としてロボットの運動技術を紹介してきたが，ここからは制御技術について説明をする．機械工学において制御技術はあらゆる分野で利用されており，位置および速度制御にはモータおよび油圧ユニットが一般的に用いられている．本項では，最近の制御技術のトピックスとして，ロボット分野における制御技術の発展について紹介する．

ロボットの運動制御は，複雑な非線形システムであるロボットを高速に動かす観点から発展してきた．まず，古典的な PID 制御技術(PID control technology)が発展したが，より高精度な制御を実現するために，マニピュレータの動力学の線形近似に基づいた線形位置制御，さらには非線形位置制御技術が発展してきた．ここで，PID 制御は制御分野では非常に有名なアルゴリズムである．これは，出力値と目標値の差（誤差）を基に，その誤差に比例した値（P），誤差の時間積分値（I），および誤差の時間微分値（D）に，それぞれ定数（ゲイン：gain）をかけて加算したものを制御入力として用いる手法である．これにより非常に強力な制御アルゴリズムが実現できる．

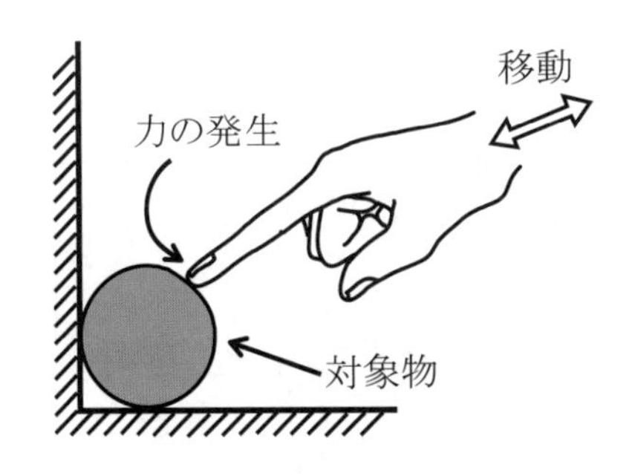

図 3.100　力制御技術

また，ロボット特有の制御技術として力制御技術(force control technology)がある．ロボットでは，対象物をハンドリングしようとすると，未知の対象物との間に所要の力を発生させる必要がある（図 3.100）．この力制御技術の実現が，ロボット技術では大きなトピックスとなった．

ロボット開発の初期のサーボ機構(servomechanism)（制御の最も基本的なユニット）は，位置/速度制御機能しか有していなかったが，このサーボ機構に力センサの情報をフィードバックすることで，力制御技術の実現が進められた．対象物が固い場合にはマニピュレータの位置変位が非常に小さくても所要の力が実現できるが，対象物が柔らかい場合には同じ所要の力を実現するには大きな位置変位が必要となる．すなわち，力制御を実現するには，対象物の剛性に関する情報を力センサでフィードバックし，それを基に位置変位の大きさを変化させる必要がある．このためには，ロボットが対象物の剛性を推定し，自分でフィードバックゲイン(feedback gain)を変化させる必要があり，非常に高度な適応制御(adaptive control)技術の概念が必要となった．

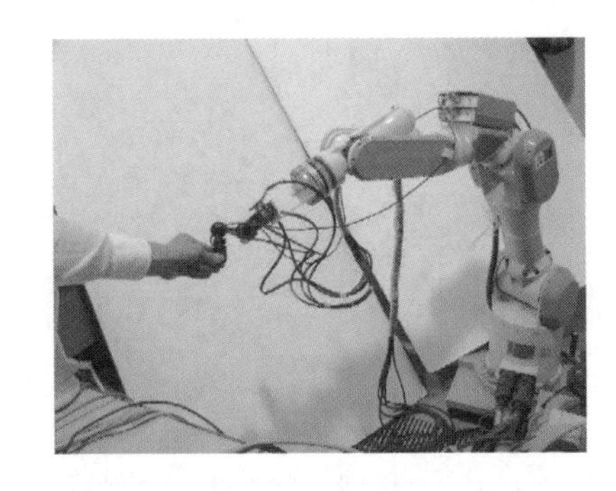
図 3.101　人間のような柔らかさを実現するインピーダンス制御

1980 年代には，ロボットの力制御技術のデモンストレーションとして，豆腐と鋼球を同一ロボットが制御系の調整なしで持つことができるか，ということがトピックスになった．人間であれば，対象物の剛性が変化したとしても容易に掴むことが出来るであろう．これは，人間には元来，力制御機能が備わっているからである．サーボ技術でも，これに対応したトルク制御機能を実現する試みがなされてきた．トルク制御機能はロボットの動力学の方程式との対応も良く，興味が持たれて発展してきた．

また，多自由度のマニピュレータでは，実際に作業をさせる時には位置制御と力制御を組み合わせた機能が必要になるが，このハイブリッド制御(hybrid control)機能もロボット分野の特徴的な技術として発展してきた．また，人間がロボットを触った時に人間のような柔らかさを実現するインピーダンス制御技術（図 3.101）も活発に研究が進められてきた．この技術によって，これまで非常に固いイメージであった機械装置を柔軟なイメージにすること

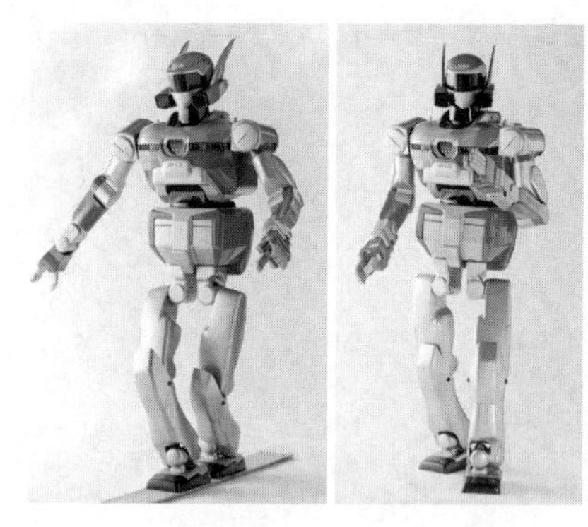

図 3.102　人間型ロボット HRP-2 プロメテ
（提供　(独)産業技術総合研究所，川田工業㈱）

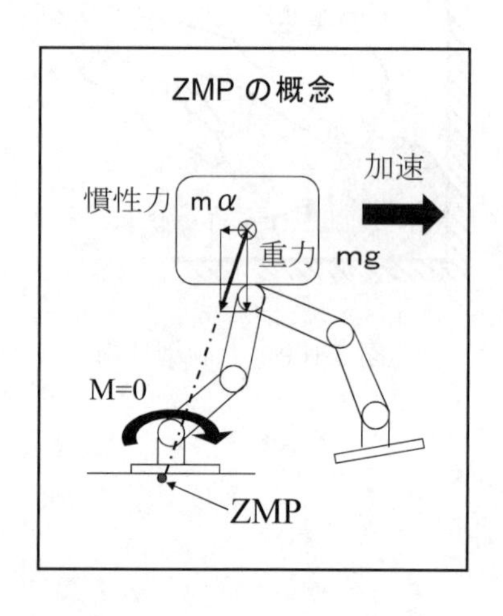

図 3.103　生物型不整地走行ロボット技術

ができ，人間の空間に入っても違和感のないロボットが出現した．

ここまでは，ロボット分野の中でも手に関連するマニピュレータの分野について説明してきたが，現在人気があるのはヒューマノイド(humanoid)技術（図 3.102）である．この技術により，マニピュレータの手の部分を胴体および足の部分まで拡張して合成した人間型ロボット（ヒューマノイドロボット）が誕生した．このロボットの特徴は 2 足歩行である．2 足歩行を実現するには直立安定性の問題が生じるが，これは単なる制御の安定性の問題のみならず，力学的な安定性の問題も付加されることになる．この問題を解決するため，ZMP (zero moment point)という指標が新たに導入された（コラム「ZMP の概念」参照）．2 足歩行は人間にとって当然のごとく容易に実現されているが，ヒューマノイドロボットで実現することは困難を極め，この研究の過程で，いかに人間が素晴らしい制御を行っているかが分かってきた．

ロボット分野には，マニピュレータおよびヒューマノイド分野以外にも，移動ロボットの技術がある．この技術は車輪型移動技術と不整地走行技術に大別される．車輪型のロボットでは完全自動操縦を目的とした研究が進められており，未来の電気自動車の基本コンセプトを与えるものとなりそうである．また，不整地走行については，レスキューロボット等でその技術の展開が図られている．図 3.103 に不整地走行技術の一例を示すが，この中で，いろいろと興味ある機構が開発されてきた．

3･4･5　機械工学における情報技術 (information technology in mechanical engineering)

機械工学，特にロボット分野に関連する情報技術として重要なものに，画像処理(image processing)技術およびロボットインテリジェンス技術がある．本項では，これらの技術について説明する．

画像処理技術では，画像計測および画像認識が重要となる．画像計測技術は，広い意味ではセンサ技術の一つであるが，人間にとって視覚情報はセンサ情報のかなりの部分を占めていることから，ロボット分野においても重要な技術として研究が進められてきた．その応用先は，マニピュレータの画像計測，ヒューマノイドの視覚，移動ロボットの視覚等であり，それぞれのキー技術として研究が進められてきた．画像計測では，例えばステレオ視等を用いて対象物の三次元位置を正確に計測する技術が開発されてきたが，画像ピクセル（画素）が多いため，その処理には非常に多くの時間を要していた．この技術を実際のリアルタイム制御に用いると，ディジタル制御で説明したように制御のサンプリング時間が長くなり，制御系の安定性が維持できなくなる問題があった．このため画像処理時間の短縮が重要な課題であったが，近年，高速な画像処理技術が実現され，ロボットフィンガーを用いて対象物を高速で操ることが可能となってきた．

また，人間は環境認識の殆どを視覚情報に頼っているが，この機能を工学的に実現しようとするのが画像認識技術である．この技術は人間の知性とも関連しているが，機械の知性を扱うマシンインテリジェンスの観点からも精力的に研究が進められており，今後の発展が期待されている．これ以外にも，ヒューマノイド技術に関連して，音声認識技術が精力的に研究されている．

情報と制御が融合した分野としてマシンインテリジェンスがある.これは,人間の知性をロボットに埋め込みたいという願望を実現するための技術である.ここでは,マシンインテリジェンスの分野について,制御理論の観点から議論を進める.

ロボットシステムが環境変化に対応するために自分のシステムパラメータを調整して安定な性能を維持することを「適応(adaptation)」という.制御理論では,適応制御(adaptive control)という線形システム(linear system)を対象とした非常に美しい理論が構築されている.また,非線形(nonlinear)であるロボットシステムへの適用も精力的に研究が進められている.「適応」とは,制御プロセスの中でリアルタイムに制御性能を向上させようとするものであるが,一方,数多くの試行を重ねるうちに,次第に制御性能を向上させる「学習(learning)」というアイデアもだされてきた.これは,非線形システムの学習の収束性をベースにした数学的なアルゴリズムを基礎にしたものや,更には,図 3.104 に示す生物の脳を模擬したニューラルネットワーク(neural network)といったモデルがあり,興味が持たれて研究が進められた.ニューラルネットワークは,非線形制御に効果を発揮するだけでなく,小脳の働きの視点から制御系を構成する例等も示された.また,同じ時期に,ファジイ制御(fuzzy control)というコンセプトも提案された.このコンセプトは,人間が有する定性的な知識をメンバーシップ関数という概念を用いて定量的な数値に変換し,実際の制御に用いようとするものである.この技術は,設計者が経験を通して得てきた知識を具体的な制御系にインプリメントするのに非常に有効であり,一時はかなり興味が持たれて研究が進められた.

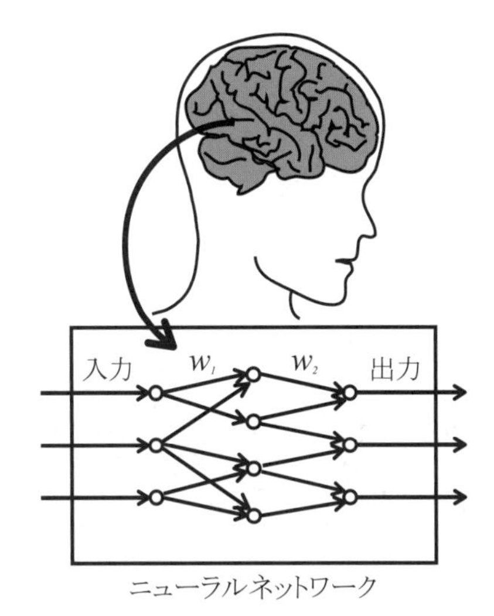

図 3.104　ニューラルネットワーク技術

ファジイ制御
人間が有する定性的な制御知識を,定量的な知識に変換することで,具体的な制御系へ応用しようとして発展した制御技術である.

また,学習については,より上位レベルの学習についても興味が持たれた.例えば,遺伝子の機能を模擬した遺伝的アルゴリズム(genetic algorithm),遺伝的プログラミング(genetic programming)も開発され,ロボットがタスク（仕事）をする時に,どのように学習すれば最適なタスクができるかを明らかにしている.また,ロボットの行動獲得においては,これらの手法の他に強化学習(reinforcement learning)が活発に研究されてきた.図 3.105 に強化学習を用いた大車輪ロボットの例を示す.これらの学習手法の背景にあるのは,数学分野の最適化(optimization)問題（3･6･6 項参照）である.これは,設計者が与える評価関数を最大化するように学習を実現するものである.このため,設計者が与える方向には学習を進めるが,SF 映画に出てくるようにロボットが自律的に学習を行なうことはできなかった.この問題については,2･3･7 項の「ロボットが誘う科学の限界」を参照されたい.

強化学習
ロボットが行動を行う毎に報酬を貰い,報酬を最大にする行動を自律的に獲得するアルゴリズムである.

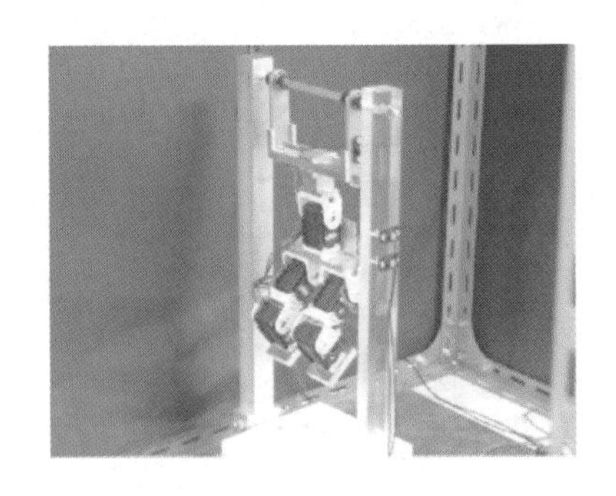
図 3.105　大車輪ロボット

3･4･6　人間機能を拡大する制御・情報技術 (control and information technologies increasing human being's ability)

以上説明したように,ロボット技術は産業用から社会に進出し,現在では人間の生活空間へ入ってくるペットロボット等にも応用されている.また,万博等でデモンストレーションされているように,人間機能の本質に近づくためのヒューマノイド技術,災害時のレスキューロボット,医療ロボット等も活発に研究がなされている．

人間の能力拡大の観点からは，日本発の技術として，ロボット技術を活かしたパワースーツに興味が持たれており，活発に研究が進められている．この技術は，筋電位を計測することで筋肉の動きを察知し，その動きを補助するようにパワースーツを制御しようとするものである．そのため，人間が発生することのできる筋力を大幅に超えた力を発揮することができ，老人介護および障害者の機能拡大に大きな力を発揮するものと思われる．また，筋力が落ちた老人にも，パワースーツを適用することで筋力補助が可能となり，自力での生活も可能になり，生活空間も大幅に拡大することが期待される．

また，最近は脳インタフェースの研究も活発であり，脳からの直接の信号で筋力の制御も可能となるので，障害を持った人達に対しても非常に有効なシステムが構築できる可能性がある．このように，ロボット技術は，今後は人間の機能を向上させる大きな働きをなすことが期待されている．

3･4･7　情報と制御の融合と今後の発展 (fusion between information and control and its evolution)

情報と制御に密接に関係するロボット分野では，人間が有している機能をいかに機械システムで実現するかを目指した研究が精力的に進められてきた．その反面，人間の機能を工学的に実現するのがいかに大変かも証明してきた．これらの技術の背景にあるメカトロニクス(mechatronics)という学問分野は，単なるメカとエレクトロニクスの融合のように思われるが，その融合技術によって大きなブレークスルーが生じた．例えば，環境からセンシング情報を取得し，その情報を基にコンピュータでアルゴリズム処理して最適な制御情報を作り出し，制御装置を介して環境にアクションを行うといったシステムが構築されるようになった．こうした機械，電子，情報の三位一体のシステムは「メカトロシステム」とも呼ばれており，情報と制御の融合の非常に良い先例となった．

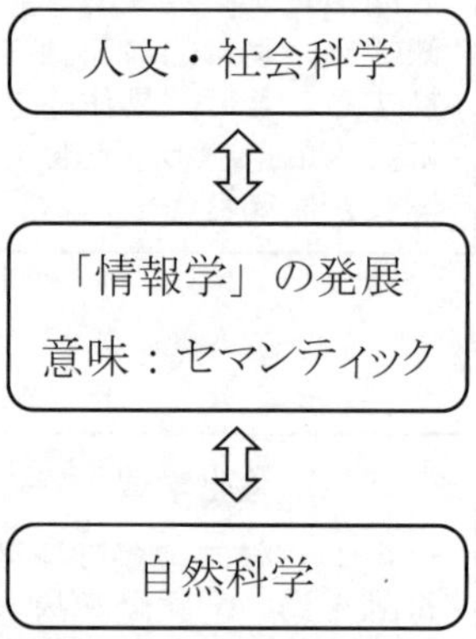

人文・社会科学

「情報学」の発展
意味：セマンティック

自然科学

図 3.106　「情報学」の発展

しかし，人間および生物の機能を人工システムとして構築するためには，まだ大きな壁がある．これは，自然科学と人文社会科学との間に横たわる壁といっても良い．自然科学で扱う情報は，情報理論にも示されるように定量的な情報に限られが，我々が情報をイメージする場合は，その意味についても考えている．つまり，人間は情報の意味（セマンティック）を扱うことで，より高度な情報処理を行なっている．情報学が発展すると，図 3.106 に示すように，将来的には両者の間にたちはだかる壁を取り除ける可能性もある．この議論は，2･3･7 項の「ロボットが誘う科学の限界」で扱った自然科学の限界に密接に関連してくる．すなわち，自然科学が扱う客観性は万人が納得できる定量的な議論に閉じ込められるが，上記の壁の問題では定性的な意味論が見え隠れするので，自然科学の限界に遭遇することになるであろう．
ここに示したのは簡単な議論であるが，ロボット工学等で人間の知性の領域に踏み込むと，必然的にこの問題に辿りつくのかもしれない．このように，ロボットという非常に身近な問題が，自然科学の限界にまでいざなってくれることは非常に興味深い．今後の若い人達が，この壁を乗り越えて知性の新天地を開拓することを望んでいる．

3・5　バイオエンジニアリング (bioengineering)

3・5・1　バイオエンジニアリングと機械工学 (bioengineering and mechanical engineering)

バイオエンジニアリング(bioengineering)とは，生物が営む生命現象の複雑かつ精緻なメカニズムを解明し，それを医療・創薬の発展や，福祉活動，食料・環境問題の解決等に役立てる学問分野である．この分野は，医学，農学，薬学，理学，工学といった非常に広範な学問分野と関連しており（図 3.107），20 世紀半ばから飛躍的に発展してきた．中でも，生物の構造や運動を力学的に探究し，その結果を応用する分野はバイオメカニクス(biomechanics)と呼ばれており，機械工学とも密接に関連している．

生体は，さまざまな材料からなる集合体で構成されており，内外から繰り返し与えられる力学的な刺激にさらされながらその構造を保ち，活動している．また，体内には血液や呼吸をはじめとする流れがあり，熱や物質を移動させながらバランスを保つことによって生命の営みを維持している．このように，生体は内的にも外的にも力学的環境下に置かれており，力学的法則の支配を受けている．この事実を考えると，力学を基礎とした機械工学の知識や経験が，生体の力学的なメカニズムの解明にも有効であることが理解できよう．また逆に，生体の有する最適化された形状や機構・機能，あるいは力学的環境に適応するメカニズムを理解することによって，それを将来の新しい機械の設計に応用することも期待されている（図 3.108）．

本節では，バイオエンジニアリングの中でも機械工学と密接に関連した事項を中心に，その力学的基礎および実社会への応用について紹介する．

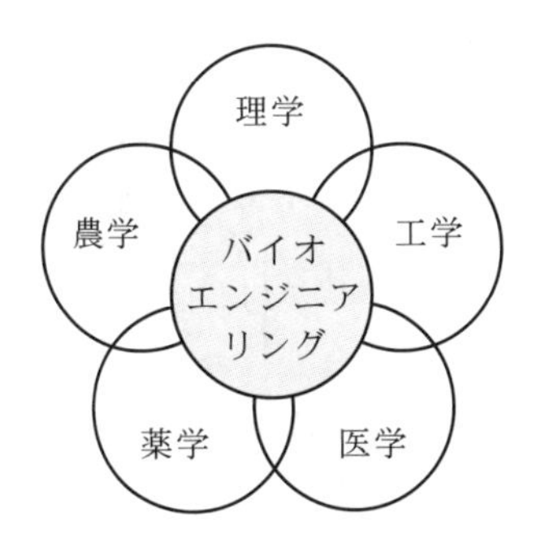

図 3.107　バイオエンジニアリングの位置付け

図 3.108　筋電義手によるボーイング（提供　兵庫県立福祉のまちづくり研究所）

モータ付きの義手で弓を把持し，ヴァイオリンを演奏する子供たち．筋肉の発生するかすかな電流をセンサで検知して右手の指を操作している

3・5・2　骨のバイオメカニクスとその応用 (bone biomechanics and its application)

a. 骨の力学特性 (mechanical properties of bone)

バイオメカニクスでは，様々な負荷条件において生体や生体組織の挙動を予測することが必要であり，そのためには生体組織の力学特性を把握し，その数学モデル(mathematical model)を確立することが重要である．この場合，生体組織を工業材料とみなし，材料力学（mechanics of material, 3・1 節）の知識を活用するのが実践的な方法である．しかし，生体組織は工業材料とは異なる特徴を有する．ほとんどの生体組織は非均質であり，方向によって性質が異なる異方性(anisotropy)材料である．また，その機械特性には個人差があり，年齢と共に変化し，さらには自分自身を修復することができる．こうした特性が，力学的な取り扱いを複雑にしている．

代表的な生体組織のひとつに骨(bone)がある．骨は，人間の体の基本的な構成要素であり，骨格の基礎を形成して内臓を保護し，関節等運動結合部を構成している．また，そこに付着した腱や筋の働きによって体の動きを可能にしている（図 3.109）．

骨（長骨）の断面を図 3.110 に示す．骨の表層は皮質骨あるいは緻密骨と呼ばれる密な骨でできているが，内部には海綿骨と呼ばれる領域が存在し，

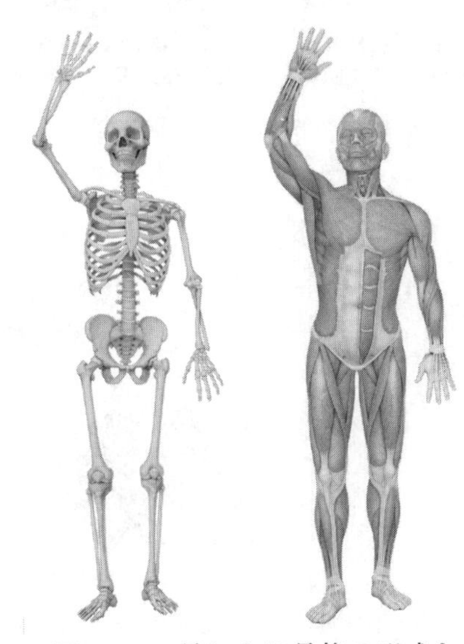

図 3.109　骨による骨格の形成と負担を支える筋（提供　㈱医学書院）

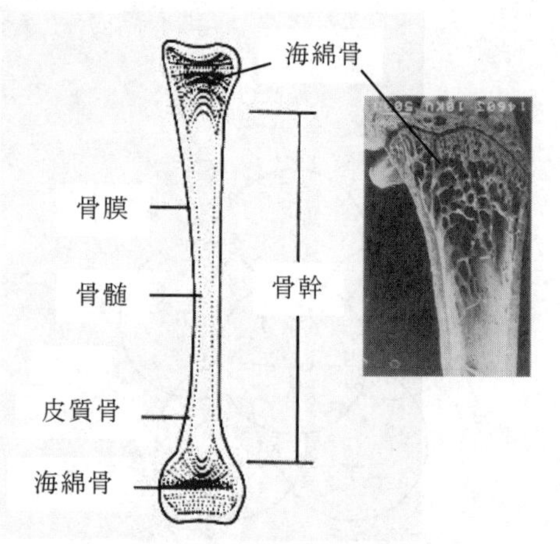

図 3.110　皮質骨と海綿骨からなる骨の断面図
(写真は文献(28)から引用)

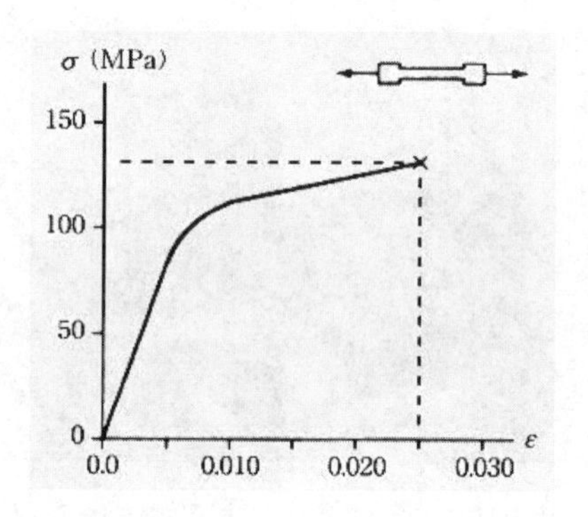

図 3.111　人間皮質骨の応力－ひずみ線図

ひずみ速度 dε/dt=0.05/s で縦（長軸）方向に引張りを受けた場合

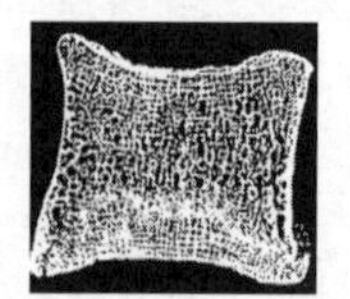
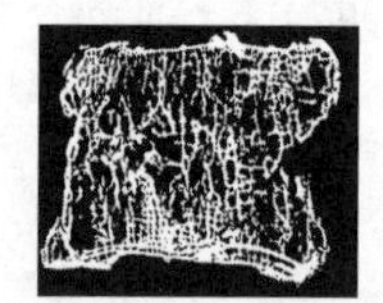

(a) 骨粗鬆症脊椎における海綿骨の変化
（提供　新潟大学）

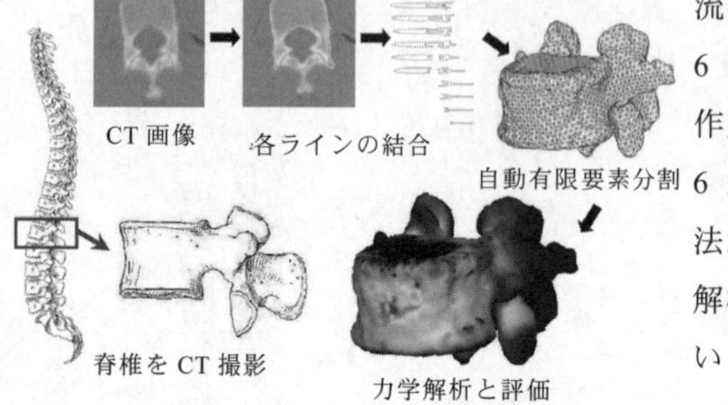

(b) X 線 CT 画像データに基づいて骨粗鬆症患者の症状を反映した力学解析を行う手法の流れ（提供　金沢大学）

図 3.112　骨粗鬆症治療への応用

骨梁と呼ばれる細い小柱が集合して網目状の構造を形成している．この骨梁構造はハニカム構造(honeycomb)を連想させる．こうした骨の軽量化と構造強度の両立（最小材料で最大強度）が実現されたのは，骨組織が力学的環境に適応するように再構築（3･5･7 項参照）されてきた結果と考えられている．

人間の皮質骨の強度(strength)を引張試験で調べた結果を図 3.111 に示す(応力-ひずみ曲線（stress-strain curve，3･1･4 項参照)．この曲線には 3 つの特徴的な領域がある．初期の弾性(elastic)領域では σ－ε 曲線はほぼ直線であり，その傾きである骨のヤング率(Young's modulus)（剛性）はおよそ 17GPa（杉の 2 倍，檜の 1.5 倍程度）である．その後，材料の降伏(yield)が生じて非線形弾塑性材料の挙動を示すようになり，応力がさらに大きくなると，骨は外力に対抗しきれなくなってき裂が発生し，ついには破断してしまう．

骨は様々な材料特性をもつ物質から成るため，非均一な材料であり，荷重の方向によって機械的特性が違う異方性材料である．例えば，骨は引張(tension)よりも圧縮に対して強い特性を示すが，せん断に対しては非常に弱いため，曲げ(bending)によって骨折が起こりやすくなる．

なお，小さな荷重であっても繰り返し加えられると疲労骨折を起こす．通常の工業材料であれば応力の大きさと繰返し回数が疲労(fatigue)破壊の主たる要因となるが（3･1･4 項 d「高サイクル疲労」参照)，骨は自己修復能力を持っているため，応力の繰返しによる損傷より自己修復の方が速ければ，疲労破壊は生じない．

b. 骨粗鬆症治療への応用とバイオメカニクス (biomechanics of osteoporosis)

骨密度が加齢とともに減少する典型的な例が骨粗鬆症である．日本での患者は，軽度な症例も含めると 1 千万人を越えると言われている．骨粗鬆症患者の脊椎では，骨密度が低下，すなわち骨が脆弱化することによって，胸椎から腰椎にかけて圧迫骨折が生じやすくなる．その結果，寝たきりになることも少なくない．

骨粗鬆症の症状は患者によって異なるため，最適な治療や予防を施すには，患者ごとに骨折の危険性を評価する診断法が待ち望まれている．これには，各患者の症状を反映した力学解析が必要となるが，最近では，医用画像を基にコンピュータ上で力学解析を行うことが可能となりつつある．この解析の流れを図 3.112 (b)に示す．患者の脊椎を X 線 CT(computer tomography)装置（2･6 節参照）で撮影し，その画像から骨の構造を読み取って骨の解析モデルを作成し，それを基に計算力学(computational mechanics)シミュレーション（3･6 節参照）を行って骨折の危険性を評価しようとするものである．この診断法が実現すれば，各患者の皮質骨の厚さや海綿骨の密度分布を反映した力学解析が可能となり，骨粗鬆症の診断や治療に大きく役立つことが期待されている．

3･5･3　身体運動と筋骨格系
(body mechanics and musculoskeletal system)

身体各部の運動に携わる組織，器官を総称して筋骨格系(musculoskeletal system)または運動器系という．通常は，運動や荷重を支える骨格と，随意運動（意識的な運動）を行う骨格筋のことをさす．ここでは筋骨格系の形態および運動特性について示す．

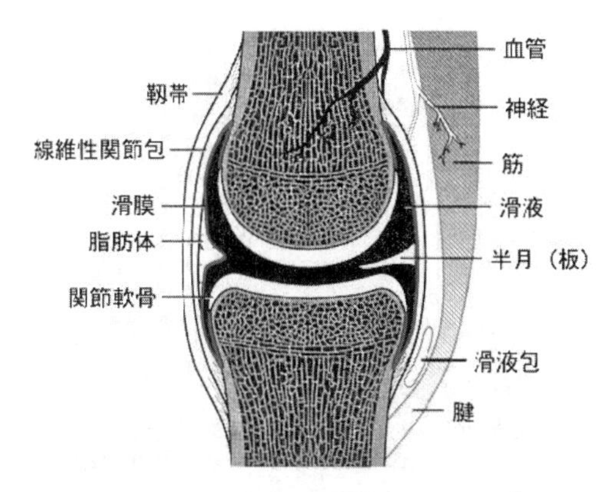

図 3.113　可動結合関節の主な要素
（文献(36) p.33 から引用）

a. リンク系としての筋骨格と関節
(musculoskeletal system and joints)

身体には大小 200 余りの骨と 400 あまりの骨格筋があり，それらは互いに結合され, 一定の関係を保って安定して動くことができるようになっている．骨の結合部は広い意味ではすべて関節(joint)と呼ばれており，頭蓋のようにお互いの相対運動を許さない不動結合関節，脊柱に見られるわずかな相対運動を可能にする半関節，また肩関節や膝関節などのように大きな運動性を持つ可動結合関節に分類される．中でも，機構的に最も重要なのが可動結合関節（図 3.113）である．可動結合関節では，2 本の骨がわずかな隙間を保ったまま関節包で結合されており，その内部は滑液で満たされている．この構造が関節の衝撃緩和，潤滑に重要な役割を果たしている．また関節面は関節軟骨で覆われており, かなり大きな接触圧力にも耐えられるようになっている．また，関節の形状や靭帯などの軟部組織によって過度の動きが制限され，関節の安定した動きを可能にしている．

身体運動の多くは，骨に付着した筋の収縮によって引き起こされる．これを機械の運動としてみると，関節という蝶番で連結された骨が，てこを利用して回転運動していると捉えることができる．この運動形態は，支点・力点・作用点の位置関係によって 3 種類に分類することができるが（図 3.114)，筋骨格系では，多くの筋が上腕二頭筋（力こぶを作る筋肉）のように第 3 のてこ（図 3.114 (c)）となっている．この場合，筋の付着位置は関節（支点）の近傍に存在するのに対し，外力は関節の末端に作用する．そのため，手のひらのおもりを支えるには, その 10 倍程度の上腕二頭筋の収縮力が必要となる．このような構造は一見不合理に見えるが，四肢の末梢に大きな移動距離や速度を与えるためには必要不可欠な構造である．

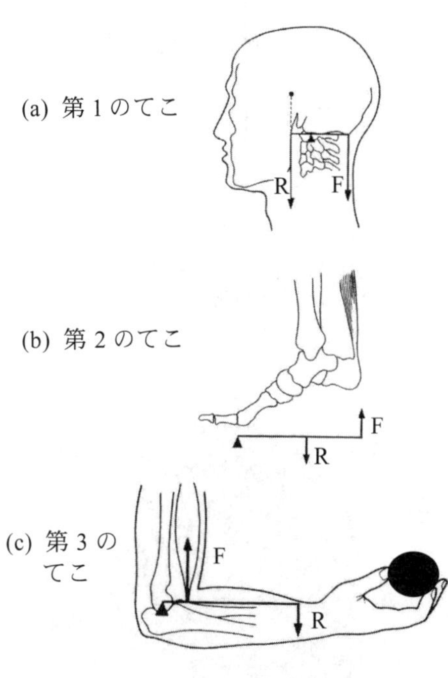

図 3.114　関節とてこ
（▲：支点，F：筋力，R：外力）
（文献(31) p.39 から引用）

b. 力の発生装置としての筋
(muscle as a force generating system)

力が釣り合うと姿勢は安定し, 力に不均衡が生じると運動がもたらされる．すなわち，筋(muscle)に外力(external force)と釣り合う力を発生させると身体は安定した姿勢を保ち，筋の力を変化させることによって，我々は身体の複雑な運動のバランスを制御している．

骨格筋は，神経細胞(neuron)の興奮（パルス状の電気信号）によって収縮する．これは，次のようなメカニズムによっている．興奮が神経細胞の末端に到達すると，化学的な情報伝達を介して興奮が骨格筋を構成する筋細胞（図 3.115）に伝達される．筋細胞は，アクチンとミオシンと呼ばれるタンパク質の繊維構造を含んでおり，興奮収縮連関とよばれる一連の過程によってアク

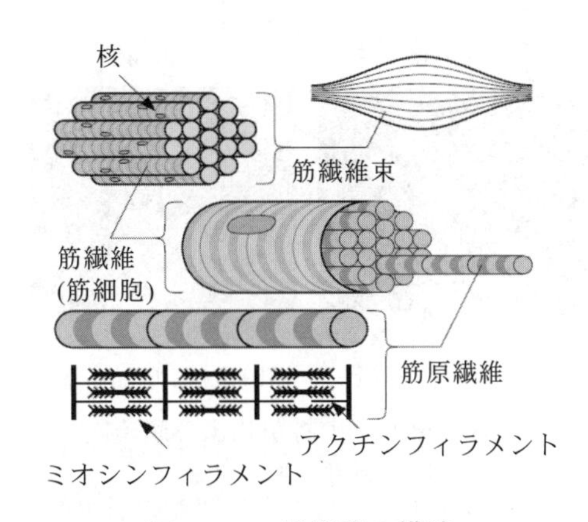

図 3.115　骨格筋の構造

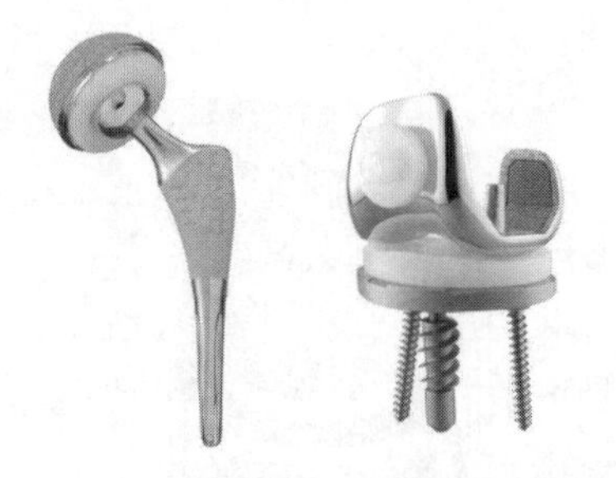

(a) 人工股関節　(b) 人工膝関節

図 3.116　人工関節
（提供　(a) 日本ストライカー㈱
　　　　(b) ナカシマメディカル㈱）

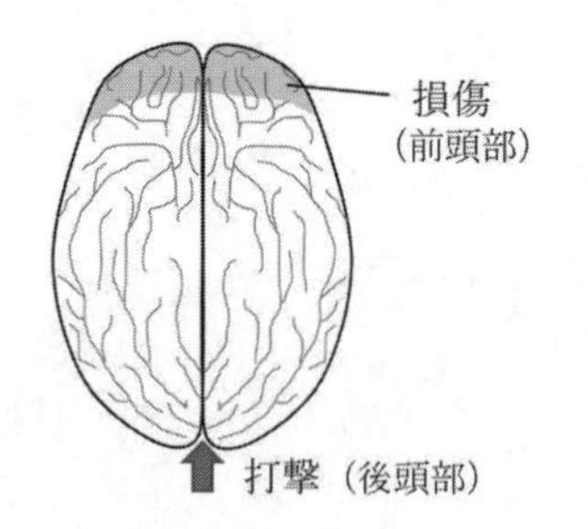

図 3.117　脳挫傷の損傷イメージ
（対側損傷）

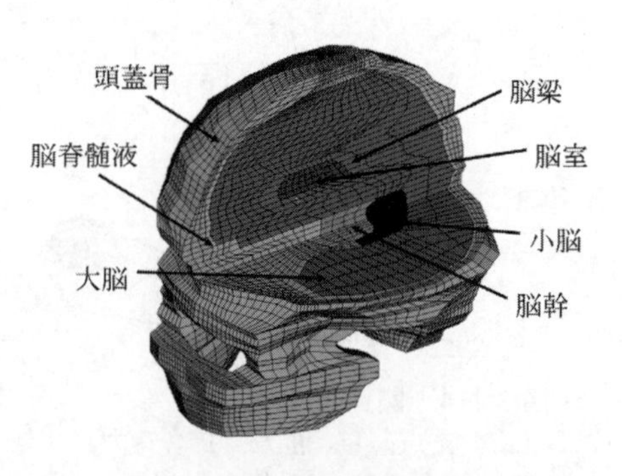

図 3.118　頭部有限要素モデル

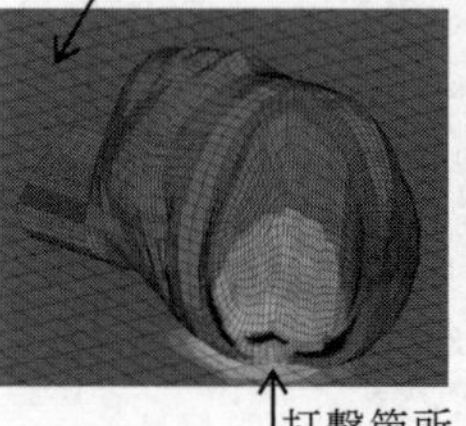

(a) 打撃 0.2ms 後　(b) 打撃 0.4ms 後

図 3.119　後頭部の打撃による頭蓋内の圧力分布
打撃 0.4ms 後に，打撃と反対側の前頭部で応力が集中している

チンとミオシンの相対位置が変化し，筋収縮(muscle contraction)が起こる．

筋収縮では，アデノシン 3 リン酸(ATP)が加水分解する時に発生するエネルギーが利用されており，ATP の化学エネルギーがアクチンとミオシンの相対運動（力学的エネルギー）に直接変換されている．2･1 節で紹介した熱機関では，化石燃料の化学エネルギーを一旦熱エネルギーに変換してから力学的エネルギーに変換しているが，これと比較すると，筋収縮を引き起こすタンパク質繊維は，運動効率の良い分子機械(molecular machine)と考えることもできる．

c. 人工関節 (artificial joint)

傷んだ関節を取り除き，人工関節(artificial joint)（図 3.116）に取り換えることで関節の動きを取り戻す手術が行われている．この人工関節置換手術は，主に，痛みやすい股関節や膝関節に対して行われている．人工関節の長所は，痛みが取れる，動かせるようになる，体を支えることができるようになるなどである．一方，最大の短所は接合部の摩耗(wear)である．人間の関節は，滑らかな関節軟骨や滑液の存在により，きわめて摩擦(friction)の少ない潤滑(lubrication)状態にあるが，人工関節では摩擦抵抗が 100 倍程度大きいので，長い年月のうちに擦り減ってしまう．他にも，骨との接合部にゆるみがおこる可能性がある，細菌感染に弱い，ある一定の角度以上曲げたりすると脱臼するなどの短所が存在する．現状では，人工関節の耐久性は 15～20 年程度と言われている．

3･5･4　衝撃と頭部外傷 (impact and head injury)

頭部に衝撃(impact)を受けると，衝撃の方向，大きさおよび部位により頭部外傷を引き起こすことがある．この発生原因は交通事故，スポーツ事故，頭部への直接の打撲，転倒および転落など様々であるが，衝撃と頭部外傷の因果関係にはまだ不明な点が多く，死因となった損傷(damage)の原因や打撃物体の特定には困難を極めることが多い．また，“回避できたと予測される外傷死”は約 50%存在するという報告もある．よって，どのような衝撃でどのような頭部外傷が引き起こされるかが明らかになれば，頭部外傷の予防及び迅速な救助活動に役立つことが期待される．

おもな頭部外傷の一つに脳挫傷がある．これは，衝撃によって脳内や表面に損傷や出血が生じるものである．この時，衝撃の受け方によって衝撃を受けた側の脳が局所的に損傷を受ける場合，衝撃とは反対側の脳表面が損傷を受ける場合，あるいはその両者を生じる場合がある．この発生メカニズムは古くから研究されており，急激な応力変動が頭蓋骨を通って伝わり，これが衝撃の反対側での損傷を引き起こすと言われている．最近では計算力学(computational mechanics)シミュレーション（3･6 節参照）の発展により，頭蓋内の圧力および応力等の力学解析を行って頭部外傷の発生メカニズムを解明することも可能になりつつある．

図 3.117 は，転倒によりアスファルト路面で後頭部を打撃して死亡した人の脳の損傷イメージである．解剖所見では，打撃と反対側の前頭葉下面に脳の損傷が存在していた．この事故をシミュレーションするため，頭部を図

3.118 のようにモデル化して力学解析した例を紹介する．有限要素法(finite element method)解析で得られた頭蓋内部の圧力分布を図 3.119 に示すが，これにより，後頭部を打撃した際に前頭葉に応力の集中が起こり，前頭部において脳挫傷が起こりやすいことを予測することができる．

3･5･5　血液の流れと呼吸 (blood flow and breath)

a. 血液循環と血管 (blood circulation and blood vessels)

血液循環(blood circulation)の目的は，身体中の組織に酸素と栄養物質を供給して炭酸ガスと老廃物を回収することであり，その流路が血管(blood vessel)である．血管は，一般の工業用流路と比較すると複雑で柔らかく，血液の流れと密接な関係を持っている．血液(blood)は有形成分（そのほとんどが赤血球）と血しょうから成り，直径 7～8μm の両凹円盤状の赤血球が血しょう中に浮遊している状態である（図 3.120）．

赤血球は細胞核を持たないので，容易に変形することができる．例えば，血流のせん断速度（流れと直交方向の速度勾配）が大きくなると，赤血球はラグビーボール様の形状に変形し（図 3.121），せん断応力（shear stress，3･2 節 式(3.12)）によって脂質からなる細胞膜が内部の細胞質のまわりをキャタピラーのように回転することが知られている．これはタンクトレッド運動と呼ばれており，微小血管や毛細血管内での特有の運動挙動として知られている．この変形によって血液の粘性抵抗が低下するため，直径数十 μm 程度の細い血管であっても比較的多くの血流を得ることができる．なお，赤血球がラグビーボール状に変形する際に細胞膜が伸び縮みを繰り返し，膜中の欠陥等を起点に疲労破壊(fatigue fracture)が生じる可能性が指摘されている．これが，赤血球が 120 日程度の短寿命である原因の一つと考えられている．その一方で，脊髄において新たな赤血球が絶えず生成されているため，体内の赤血球は，自由自在に変形できる弾力性のある状態に保たれている．

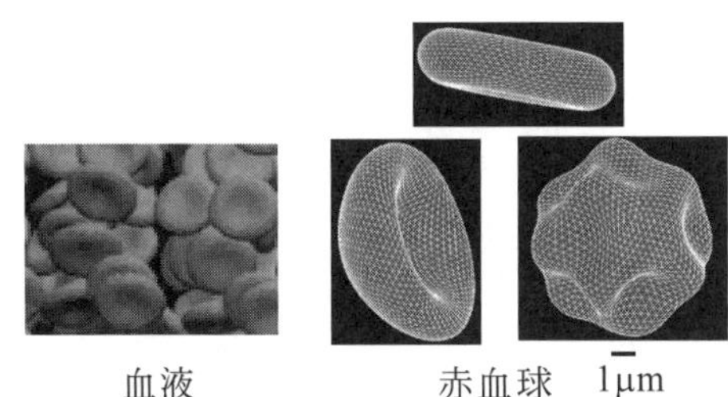

図 3.120　血液と赤血球（提供　大阪大学）
赤血球は，流速や血管の太さに応じて自在に形を変えることができる

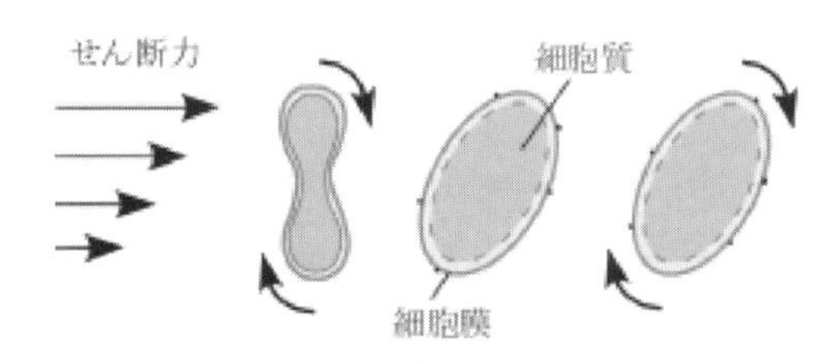

図 3.121　赤血球のタンクトレッド運動

b. 心臓と動脈の血液流れ (blood flow in the heart and the artery)

心臓(heart)は血液を全身に送り出すポンプ(pump)の役割を担い，安静時には毎分約 70 回の収縮と弛緩を繰返している．1 回の拍出量がおよそ 70cm^3 であるから，1 分間に約 5000cm^3 の血液を循環させている．図 3.122 に心臓と血液循環の模式図を，図 3.123 には，心臓の 1 拍動周期における大動脈と左心室の圧力および血流量の変化を示している．血液は心臓の左心室（図 3.122 の LV）から大動脈へ拍出されるが，左心室が収縮して圧力が大動脈よりも高くなった時に，血液が大動脈へ送り出される．動脈は力学的には弾性体(elastic body)として振る舞うため，動脈での血液流れは流体力学と弾性力学によってほぼ記述できる．もし血管が鋼管のように剛性(stiffness)が高ければ流速は一様であるが，実際には弾性体であるため，圧力変化によって血管断面積が変化し，この変形が波として動脈系を伝播する．この波は脈波(pulse wave)と呼ばれており，古くから健康状態の判断に利用され，身近に感じられるものである．脈波の速度は血管壁が厚いほど，また血管が硬いほど速くなるため，最近では動脈硬化の定量的指標として医療診断装置に活用されている．

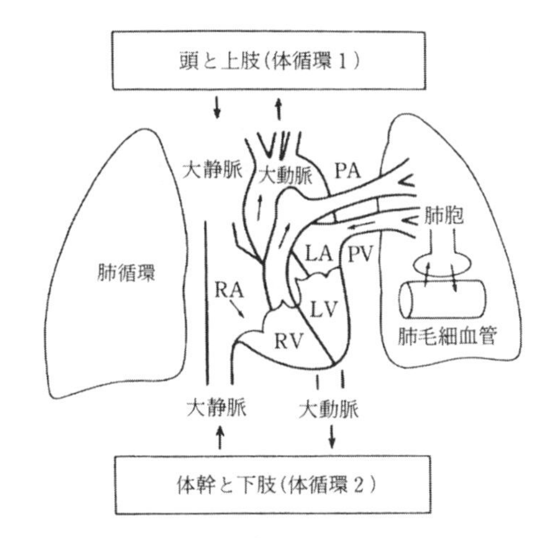

LA：左心房，LV：左心室，RA：右心房
RV：右心室，PA：肺動脈，PV：肺静脈
図 3.122　心臓と血液循環の模式図
（文献(28)から引用）

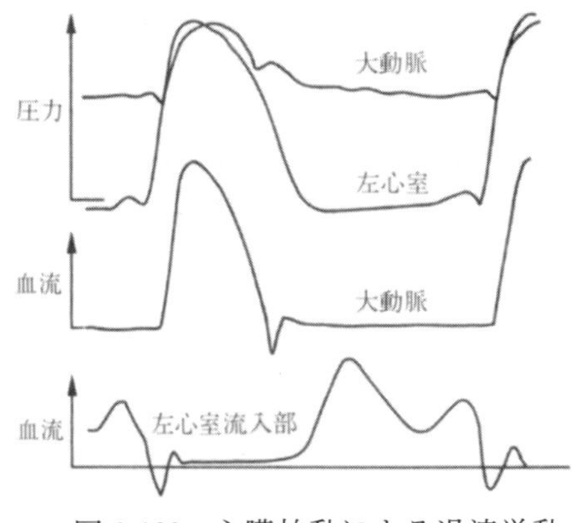

図 3.123　心臓拍動による過渡挙動
（文献(30)から引用）

また，血液の流れと動脈血管との間には力学的な相互作用が発生し，これが動脈硬化や動脈瘤の発症・進行に深く関与していることが知られている．特に動脈硬化は，動脈の湾曲部や分岐の入口といった血流の乱れる箇所で局所的に多く生じていることから，動脈内面に働く壁面せん断応力の著しい変動が血管の内皮細胞（3･5･7 項参照）などへ力学的な刺激を与え，これが病変発生と密接な関係にあることがわかってきた．このように，血管の病変は血流とのかかわり合いの中で生じるので，臨床医学や生物学の知識のみならず，流体力学(fluid mechanics)や材料力学(mechanics of material)などの機械工学分野の知識が必要とされている．

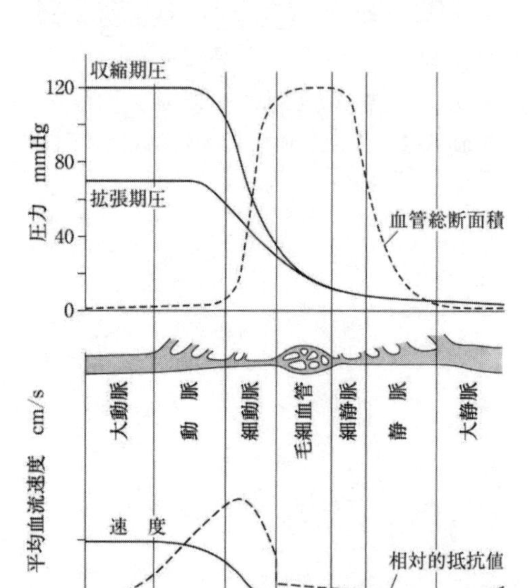

図 3.124　血管の分岐による血流のパラメータ
（文献(38)から引用）

c. 毛細管内の血液流れ (blood flow in the capillary)

大動脈は分岐をくり返して細動脈となり，さらに分岐して毛細血管(capillary)へと至る（図 3.124）．分岐する毎に血管断面積の和は大きくなり，毛細血管では総断面積が大動脈の 500 倍にもなる．そのため，大動脈において毎秒 50cm 程度で流れていた血液は，毛細血管では毎秒 1mm 程度の非常にゆったりした流れとなる．

毛細血管の直径は，細いものでは 5μm 程度であるため，直径 7～8μm の赤血球は血管の径に合わせて潰れた形に変形し，管壁をしごくように流れる．赤血球のこの性質は，毛細管内でのガス拡散・交換に都合が良い．

d. 気道内のガス輸送 (gas transport in the airway)

呼吸の主目的はガス交換(gas exchange)であり，そのプロセスは二つに分けられる．まず，鼻や口から気道(airway)を通って肺胞に至る間で行われるガス輸送プロセスと，肺胞の膜を透過して血液との間で行われるガス交換プロセスである．肺胞におけるガス交換は 3.5.6 項「生体における熱と物質移動」で触れ，ここでは気道におけるガス輸送について述べる．

気道内では，ガスは流れによって直接輸送されると共に，流れ軸方向の撹拌(longitudinal mixing)によっても輸送される．もし撹拌がないとすれば，1 回の喚気量のうちで肺胞に届かずに気道内に留まるガスはガス交換に関与できないため，大半はそのまま排出されてしまうことになる．したがって，通常の呼吸ではこの軸方向撹拌が有効な役割を果たしている．撹拌の実体は分子拡散（molecular diffusion，濃度差に基づく拡散，3･5･6 項 式(3.27)参照）であるが，気道内に急峻な半径方向速度分布がある場合には，通常の分子拡散よりも圧倒的に大きな輸送速度が得られる．つまり，気道中心軸上の流速が大きければ，半径方向に濃度勾配が形成され，速度の速い部分のガス分子と速度の遅い気道内壁部分のガス分子とが分子交換され，その結果として流れ軸方向のガス輸送が促進される（図 3.125）．これは近代流体力学を創ったテーラー(Taylor)が見つけた現象で，古くからテーラー拡散として知られる現象である．通常の呼吸では，口から第 3 分岐までの比較的半径の大きな気道では流れによる輸送が支配的であるが，その下流の第 8 分岐までにおいてテーラー拡散が効果的となることが知られている．

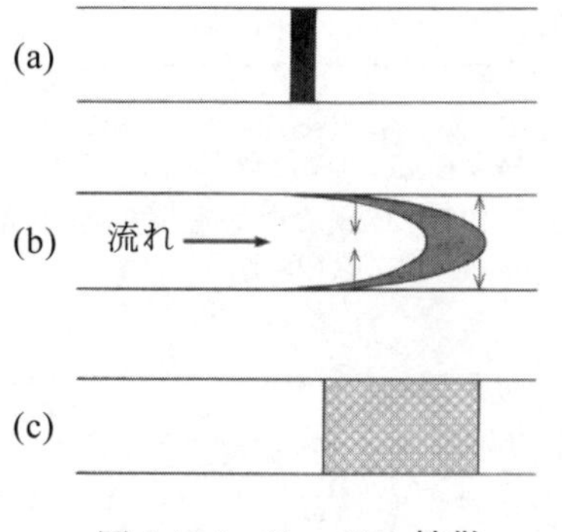

図 3.125　テーラー拡散
（文献(39)から引用）

3·5·6　生体における熱と物質伝達 (heat and mass transfer in biological system)

a. 体温調節 (thermoregulation)

恒温動物は，は虫類等の変温動物と異なり，外界の温度・湿度・風速などの変化にかかわらず体温(body temperature)を一定に維持している．人間の場合，深部の体温は概ね 37±1℃の範囲であり，この体温を維持することで，酵素の作用をはじめとした生体内の化学反応(chemical reaction)速度をほぼ一定に保っている．体温を維持することは，生命活動を行う上で非常に重要であり，そのための温度制御には血液の流れが用いられている．

生命活動の源となるエネルギーは，食物に含まれる糖・蛋白質・脂肪などの栄養分から代謝(metabolism)によって生み出されるが，機械的仕事や電気的・化学的エネルギーに使用されるほかに，多くは熱(heat)に変換される．特に，骨格筋による産熱が最も多く，激しい運動時には安静時の約 10 倍以上の熱を発生する．一方，激しい運動をして産熱が増えた時には発汗が起こり，気化熱(heat of vaporization)を放散して効果的に放熱を増大させている．また，気温が高くなると体表面からの放熱が減るが，この場合も発汗によって放熱を促進している．

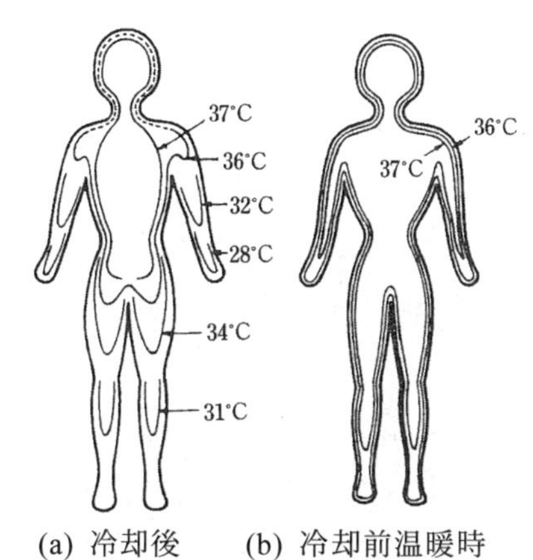

図 3.126　身体冷却時の体内温度分布（Aschoff and Weber, Nat. Wiss., 45 (1958), 477）

気温が低下すると，手足の末端部の温度が低下して過度な放熱が抑制されるものの，体内温度は 37℃に保たれている（図 3.126）．この体内温度分布の保持には，血流が大きな役割を果たしている．その様子は，エンジンを冷却するラジエータシステム（図 3.127）と同じ機構で説明できる．つまり，皮膚組織がラジエータ(radiator)に相当し，血液がエンジンの冷却液として体内の熱輸送(heat transport)を制御している．

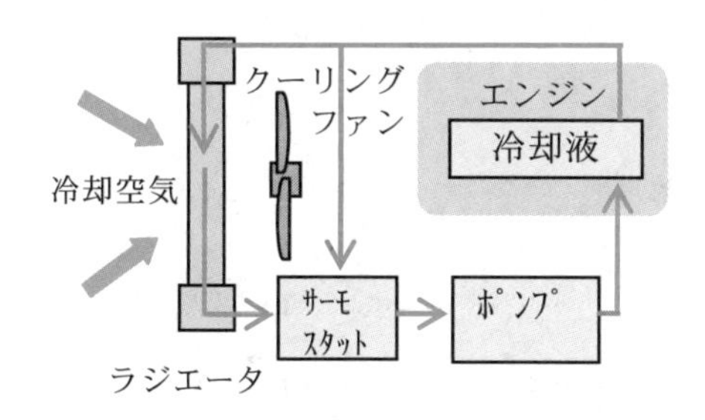

図 3.127　ラジエータと冷却水によるエンジンの冷却

例えば，上腕における血液の流れ（図 3.128）の場合，深部の温かい血液が流れる動脈は，深部静脈と対になって対向流式の熱交換器(heat exchanger)を構成している．すなわち，指先などで冷却された血液が低温のまま身体中心部に戻らないように，動脈流によって加温される．また，表面層にも表在静脈があり，外界との熱交換(heat exchange)を行う．この 2 種類の静脈を流れる血液の流量配分を制御することで，外界への放熱量の調整が行われる．エンジンの冷却システムでは，サーモスタットによってバイパス流路への流量の制御が行われるが，生体では，自律神経による血管(blood vessel)の膨張・収縮によって行われる．さらに，末端部での熱輸送には毛細血管(capillary)が大きな役割を演じるが，毛細血管への熱流を抑制する場合には，動脈から毛細血管を経ないで直接静脈につながる動静脈吻合（ふんごう）と呼ばれる血管配置があり，これによって末梢血流が調節され，体温調節(thermoregulation)が行われる．厳寒の地で鶴が一本足で立つことや，灼熱のアフリカで巨体の像が大きな耳を動かしながら歩く状況は，血液による体温調節機能を正しく活用するものである．

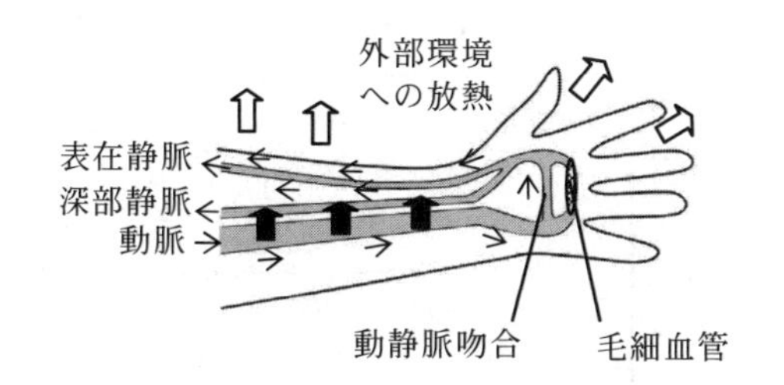

図 3.128　血流による上腕での熱輸送

b. 肺におけるガス交換 (gas exchange in the lung)

肺(lung)は，横隔膜の運動により受動的に膨張・収縮し，外界から酸素を摂取し，体内から炭酸ガスを排出している．気道は一本の気管から気管支へと分岐し，その先端には球形の肺胞がある．肺胞の周りは毛細血管(capillary)がメロンの網目のよう取り囲んでおり，毛細血管と肺胞の膜を介して酸素と二酸化炭素のガス交換(gas exchange)が行われる（図 3.129）．

まず，気管支内を輸送されてきた酸素は肺胞の内表面に到達し，肺胞上皮細胞と組織間膜，そして毛細血管内皮細胞を通過して赤血球内のヘモグロビンと結合する．一方，血液中の血しょうによって輸送されてきた二酸化炭素は，酸素とは逆方向に肺胞内に進む．このガス交換のメカニズムは，それぞれの気体成分の濃度差に基づく拡散(diffusion)現象であり，次式で表されるフィックの拡散法則(Fick's law)が基本となる．

$$m = -D\frac{\partial C}{\partial x} \tag{3.27}$$

ここで，m は単位断面積・単位時間あたりの物質輸送量 (mass flux)，C は濃度(concentration)，D は拡散係数(diffusion coefficient)である．熱伝導(heat conduction)を記述するフーリエの法則（Fourier's law，3･2 節 式(3.20)）と同じ形となっており，拡散による物質輸送(mass transport)は濃度勾配によって決まることがわかる．つまり，酸素は濃度の高い肺胞内から濃度の低い毛細血管へ輸送され，逆に二酸化炭素は濃度の高い毛細血管から濃度の低い肺胞へ輸送されて，酸素と二酸化炭素のガス交換が行われる．

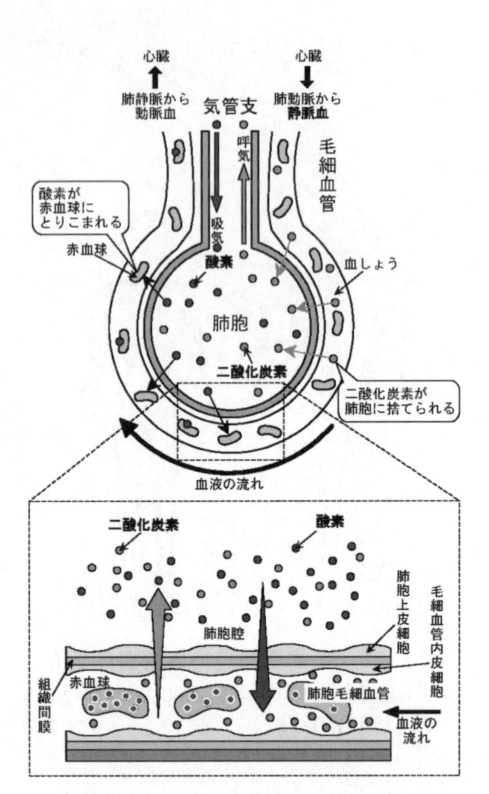

図 3.129　肺胞における物質伝達

c. 加熱・冷却技術の応用
(application of heating and cooling technology)

体温調節は温度が正常な範囲内にあるように行われるが，逆に高温あるいは低温にして治療を行う技術がある．例えば，がんの治療に用いられるハイパーサーミア（温熱療法: hyperthermia）は，細胞の致死率が 42.5℃以上で急激に上昇することを利用して，42～43℃で 30～60 分間加温する治療法である．また，低体温とすることによって代謝率を下げ，手術中に血液循環量が低下しても脳や重要な臓器に酸素不足による障害が生じないようにする低体温法も活用されている．さらには，患部を局部的に凍結壊死させる凍結手術(cryosurgery)も行われており，外科的切除に比べて低侵襲であるという特長がある．これらの加熱(heating)や冷却(cooling)を行う技術には，加熱であれば制御性の良いマイクロ波やラジオ波が用いられ，冷却の場合には低温水やブライン，液体窒素などが利用される．

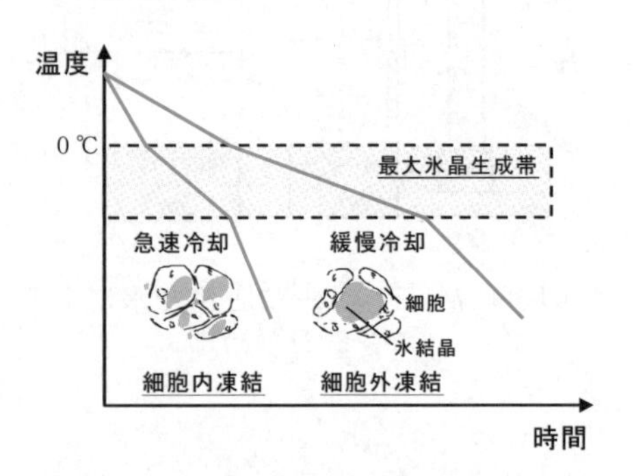

図 3.130　冷却速度による細胞の凍結形態の変化

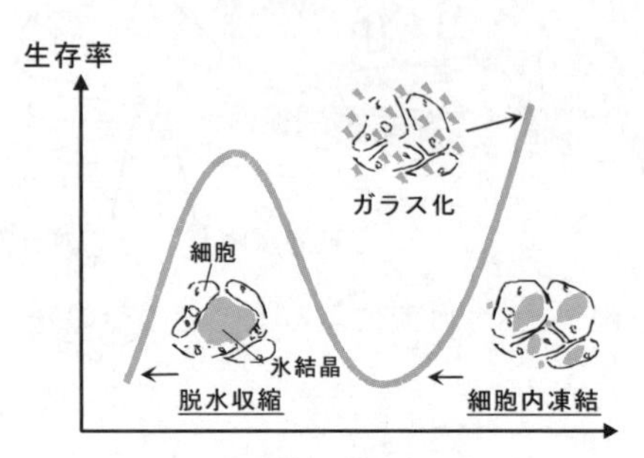

図 3.131　冷却速度と生存率

低温技術は，不妊治療や食品の冷凍保存にも活用されている．いわゆる凍結保存(cryopreservation)であり，生体の大部分の割合を占める水を液体状態から固体状態に変えて，その活性を下げて長期保存を行うものである．氷点以下に冷却することが必要になるが，その冷却速度によって生体の生存率(survival rate)や食品としての品質は大きく左右される（図 3.130 および 131）．冷却速度が遅い場合には，まず細胞外に氷晶(ice crystals)が形成されるが，溶けている溶質を排出しながら氷が成長するため，細胞外の溶質濃度が高くなり，細胞内外の浸透圧(osmotic pressure)差によって細胞内から水分が流出し，細胞は収縮する．また，0℃から–5℃あるいは–8℃程度の温度範囲は最大氷晶生成帯と呼ばれ，氷晶が大きく成長する温度帯がある．冷却速度が遅い場合には，この温度帯を時間をかけて通過することになるため，細胞外の氷晶は大きくなり，細胞を圧迫する．脱水による細胞内溶質濃度の上昇に加え，外部氷晶による機械的ストレスも受けるため，細胞は損傷して生存率は低くなる．一方，冷却速度が早くなると細胞内部にも氷晶が形成されるようになるが，この細胞内凍結も細胞にとってはダメージとなり，生存率も低いままである．精子や卵子などは形状が小さいため，–196℃の液体窒素に浸漬すれば非常に早く冷却することができ，水を非晶質状態（アモルファス: amorphous）で固化することができる．ガラス化とも呼ばれるが，生存率は高くなり，実用化されている．しかしながら，ある程度の大きさをもつ生体組織は冷却に時間がかかり，ガラス化のための冷却速度を与えることは難しい．そこで，図 3.131 の生存率に見られるように，細胞の脱水収縮が生じる遅い冷却速度と細胞内凍結が生じる冷却速度の間にある生存率が高くなる冷却速度を用いることが考えられている．すなわち，細胞の脱水と細胞内凍結を程よく調整して生存率を上げることが行われている．

3･5･7　細胞のバイオメカニクス (biomechanics of cells)

適度な運動を持続すると強靭な肉体が形成され，逆に，怠けていると肉体が劣化することを我々は経験的に知っている．そのような力学的環境に適応する生体メカニズムの源は細胞(cell)（図 3.132）にある．細胞は，成長過程において遺伝情報(genetic information)に基づいて全身を発育，形成するだけでなく，生体に作用する力学的刺激を感知するセンサの機能と，感知した信号に応じて生体を再構築（リモデリング）する機能を有し，我々の体を外界に対し機能的に適応させる重要な役割を果たしている．さらには，機能的適応(functional adaptation)のみならず，細胞への力学的刺激が遺伝子発現（遺伝子(gene)の情報に基づいてタンパク質が合成されること）に影響を及ぼすことも明らかになっている．このような背景から，近年，細胞を生体力学(biomechanics)的な観点から理解することの重要性が認識されるようになってきた．

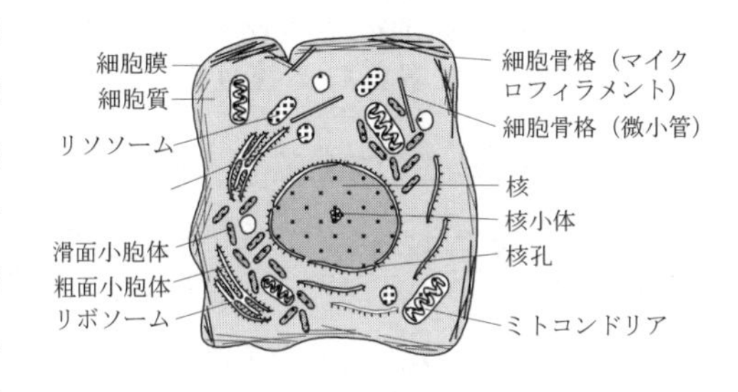

図 3.132　動物細胞の構造

これまで述べてきたように，血液は生命活動を維持する重要な役割を果たしているが，その流路である血管(blood vessel)の内面には，図 3.133 のように血管内皮細胞が配列している．通常，動脈では血管壁に数 Pa のせん断応力（shear stress，3･2 節 式(3.12)）が作用しているが，実験的に，血管壁のせん断応力が高まるような流れをつくると，内皮細胞が流れの方向に配向することが確認されている．さらに，せん断応力の作用を受けた内皮細胞は，血管壁を構成する血管中膜内の平滑筋細胞を弛緩させる物質を放出し，これにより血管内径が増大する．逆に，血流によるせん断応力が低下すると，内皮細胞は平滑筋細胞を収縮させる物質を放出して血管が収縮する．すなわち，血管は内皮細胞という力覚センサ(force sensor)を用いて自らの形態を変化させることで，内壁のせん断応力を一定に保つような精妙な制御(control)を実現している．

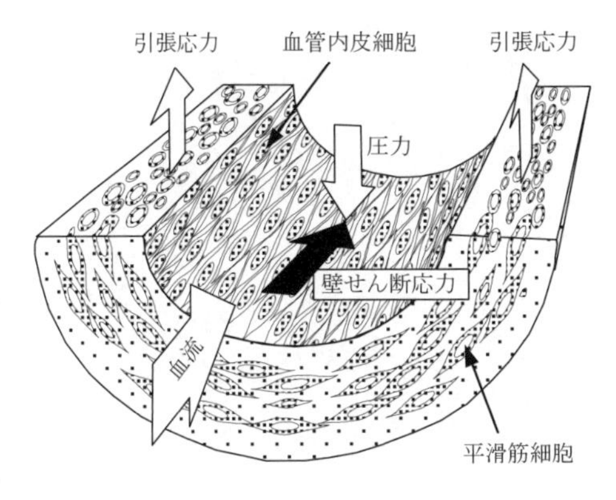

図 3.133　血管に作用する応力と圧力

また，生体の骨格を形成している骨(bone)は，一定の形状を保ちながら，いたるところで絶えず骨吸収（古い骨の破壊，カルシウム源として分解吸収される）と骨形成（新しい骨の形成）によって再構築（リモデリング:

remodeling）されている．骨折しても固定しておけば自然に治癒するのはそのためである．骨の再構築は，骨内に無数に存在する多細胞からなる機能単位(BMU: basic multicellular unit)（図 3.134）によって行われている．

皮質骨内の BMU は，長さ 400μm, 幅 200μm 程度の大きさで，一日に数 10μm のスピードで骨内部を軸方向に少しだけ回旋しながら行き来している．その過程で，先端の破骨細胞が骨に孔をあけ（骨吸収），後方の骨芽細胞が新生骨である類骨を形成（骨形成）すると考えられている．この BMU が通過した痕跡が皮質骨断面に観察される骨単位(osteon)である（図 3.134）．日常生活で骨に適度な応力(stress)やひずみ(strain)が生じると，骨細胞が刺激され，BMU が活性化されて骨吸収・形成が進行すると考えられている．すなわち，骨は周囲の力学的環境に適応して自ら再構築している．運動選手が骨太なのは，このメカニズムで説明できる．逆に，骨に加わる応力やひずみが小さいと，BMU の活性度が低下して骨量が減少する負の再構築が起こる．人工関節(artificial joint)周囲の骨や寝たきり状態の患者の骨がぜい弱になるのはこのためである．我々の骨が，途方もなく大きな負荷で骨折しない限り，人生の長きにわたって機能し続けるのは，このような細胞を中心とした優れた仕組みによっている．

このように，生体の細胞は常に再構築を繰り返しながら周囲の環境に適応していく能力を持っている．もし，細胞の機能が深く理解され，それを何らかの形で具現するような技術革新がなされれば，周囲の力学的環境や化学的環境などに適応していける，これまでにない夢のような機械が実現できるかもしれない．

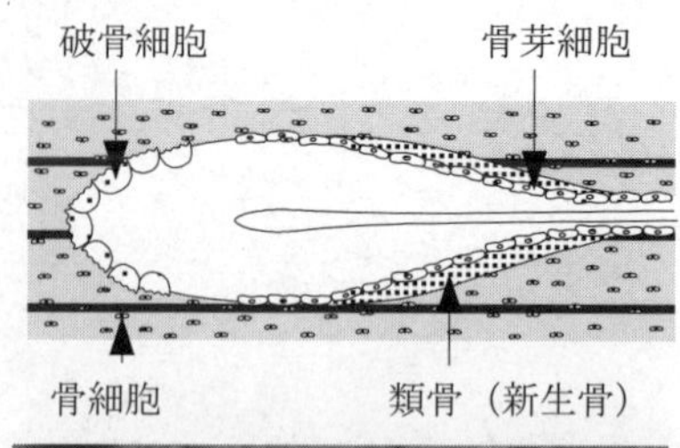

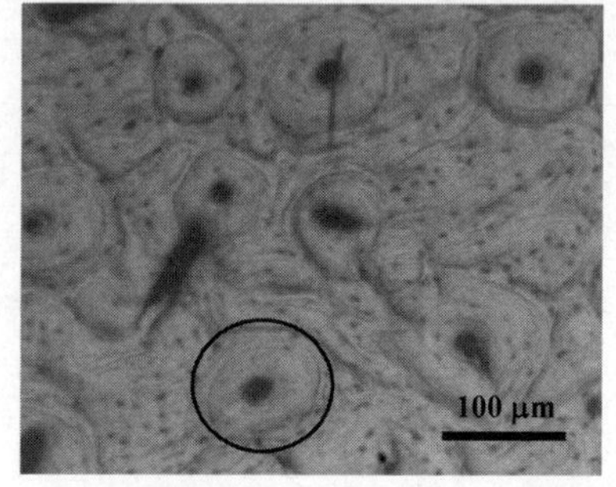

図 3.134　骨再構築における多細胞からなる機能単位(BMU)の模式図と牛大腿骨皮質骨断面に観察される複数の骨単位(osteon)
（一つの骨単位を○で囲んでいる）

BMU は上図では左に，下図では紙面に垂直方向に進む

3・6 計算力学 (computational mechanics)

3・6・1 計算力学とは (What is computational mechanics?)

これまで紹介してきた固体(solid)，流体(fluid)，熱(heat)などの力学・物理挙動を扱う学問分野は，従来，それぞれの現象を記述する法則の導出とその解析的解法(analytical method)の研究開発，およびそれらの知識の活用に主眼が置かれ，別々の学問分野として発展してきた．しかし，解析的に解ける問題はかなり限定されており，一般的な形状に対して問題を解くことは不可能であった．

このような状況の中で，コンピュータの登場とともに，差分法(FDM: finite difference method)や有限要素法(FEM: finite element method)などの数値解析手法(numerical method)が提案された．その結果，これまで解析的に解けなかった問題も近似的に解けるようになった．しかも，形状や境界条件（解析対象の境界に作用する条件）によらず，いろいろな問題を解くことができる．数値解析手法が有するこのような汎用的な特徴ゆえに，材料力学，流体力学といった縦割りの学問分野の枠を越えて，「計算(computation)」によって力学現象を研究する計算力学(computational mechanics)と名付けられた横断的な分野が 1980 年代から形成されてきた（図 3.135）．

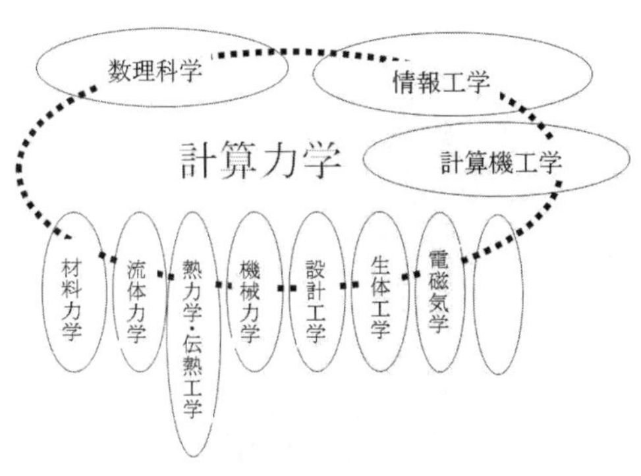

図 3.135 計算力学の分野横断のイメージ

1・3 節「機械の設計」でも述べたように，ものづくりにおいては，これから新しい製品（機械）を設計しようとする時に，試作品を作り，様々なテストを繰り返しながら最終製品を作り上げていくプロセスが基本となる．よりよい製品を作り上げていくためには，多くの試作品製作とテストの繰り返しが必要となるが，最近の計算技術の急速な発展を受けて，これから設計しようとする製品をコンピュータ上に仮想的に構築し，コンピュータ上で変形や振動，熱伝導，流動などの力学挙動を精密に評価できるようになってきた．こうして製品開発の効率化を図り，性能向上や品質向上を目指す取り組みはディジタルエンジニアリング(digital engineering)と呼ばれており，計算力学はその中核を担う基盤技術となっている．計算力学は，工学の現場では，モデリングを担う CAD (computer-aided design)や製造を担う CAM (computer-aided manufacturing)と対比されて，CAE (computer aided engineering)ともよばれている．

3・6・2 計算力学の活用例 (example of applications of computational mechanics)

ここで，私たちに馴染みが深く，現代社会を代表する人工物である自動車の開発プロセスを例として，計算力学の役割をみてみよう．

自動車を開発するにあたっては，運転性能，居住性，スタイリング，燃費，安全性，環境への配慮が総合的に考慮される．まず自動車の基本機能は，人やモノなどの重量物を安全に運ぶことにあるので，自動車の車体にはそれなりの固さが必要である．一方，燃費の節減という経済性や環境配慮の観点からは自動車自体の重量は軽いほうがよい．また，万が一の衝突事故を考えてみよう．装甲車のように堅牢に作られていると，衝突の際に自動車自体の変形や損傷は軽微に済むものの，衝突時のエネルギーが搭乗者に直接振りかかることとなり，搭乗者は重傷以上の傷害を負うかもしれない．一方，柔らか過ぎれば衝突時に車も人もぐちゃぐちゃに破損してしまう．結局，自動車の前部や後部が適度に変形し，衝撃時のエネルギーを効果的に吸収し（クッションの役割を果たし），しかし，搭乗者の空間はしっかりと保護されるように自動車の構造を設計しておくことが要求されるのである．これは「卵を衝撃から守って壊さないように運ぶ時にはどういう箱に入れるとよいか」ということを考えてみるとよくわかるだろう．

(a) 前面衝突試験

(b) 計算力学シミュレーション

図 3.136　衝突安全性能試験
（提供　トヨタ自動車㈱）

図 3.136 に，衝突安全(crash safety)性能試験（2･2 節参照）のうちの前面衝突試験の様子と，それに対応する計算力学解析結果を示す．これは車を時速 60km で走らせてアルミハニカムのバリヤに衝突させた試験の結果である．これをみると，前部のみが壊れており，乗車スペースの変形は最小限に抑えられ，生存空間がしっかりと確保されていることがわかる．これは偶然の産物ではない．衝突時にも安全な自動車を実現するために，車体の骨格を成す骨組みは薄い板を貼り合わせた構造となっていて，その配置やバランスを適切に保つことによって，上記の衝突変形性能を実現しているのである．最近では，さらに図 3.137 に示すような人間（搭乗者）の計算力学モデルを自動車モデルに実装し，衝撃力が加わる際の人間の挙動や応力分布をより精密に解析することも行われている．また，こうした安全性関連の設計項目に加えて，環境の視点からリサイクルしやすい車体構造を考慮することも必要になっている．その際には，材料のリサイクルのし易さ（分解容易性）と強度の両立などが達成すべき課題となり，ますます高度な設計が要求されるようになっている．設計の考え方については 1･3 節「機械の設計」や 3･6･7 項「設計と最適化」も参照してほしい．

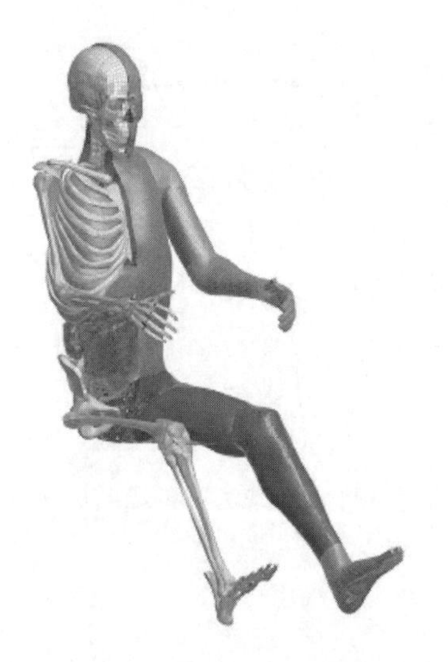

図 3.137　人体の有限要素モデル THUMS
（提供　トヨタ自動車㈱）

ここで，計算力学解析の役割を改めて考えてみよう．一台の高価な試作車では 1 回の衝突試験しか行うことができないので，要求される衝突特性を有する車体構造を見つけ出すには，少しずつ設計を変更した試作車をたくさん作り，それらを用いて衝突試験を繰り返し行うことが必要となる．しかし，衝突試験を繰り返し行うには，多額の費用と時間がかかる．また，多くの試作車を壊すことは，環境の観点からも望ましくない．これに対して，計算力学手法を用いて衝突試験をコンピュータ内部で仮想的に再現することができると，遥かに少ない費用でより多くのケースについて衝突試験を行なうことができ，安全性を高めることも可能となる．しかも，廃棄物の発生は零である．

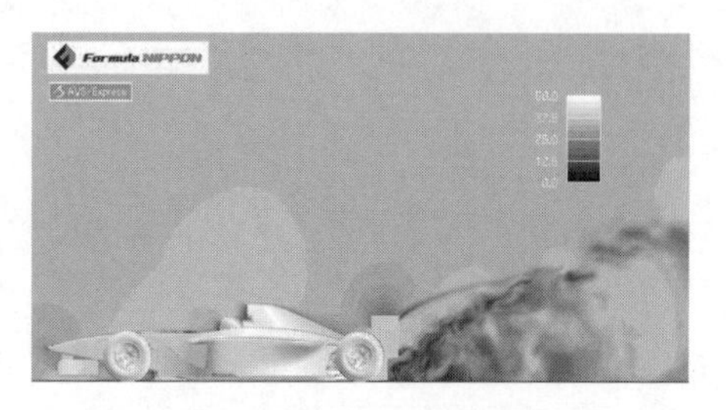

図 3.138　大規模乱流解析によるフォーミュラーカー周りの非定常速度分布
（出典　SAE 2007, Trans. J. Passenger Cars, Mechanical Systems Sec.6）

ここでは，自動車車体設計の一例を示したに過ぎないが，図 3.138 に示すような走行時の空力特性(aerodynamics)（空気抵抗や走行安定性）や，他にも安全性，経済性の向上や環境配慮など，様々な項目を評価し予測するために計算力学は活用されており，ものづくり分野における必須の技術となっている．

3･6･3　計算力学の代表的な手法 (major methods for computational mechanics)

力学・物理現象を理論的に扱う方法は，次の 3 つのアプローチに大別される．

a. ミクロなアプローチ (microscopic approach)

第 1 のアプローチは，物質を構成している基本粒子，すなわち，原子・分子の運動に着目して現象を記述する微視的（ミクロ: microscopic）なアプローチである．あらゆる物質は原子・分子から構成されており，その膨大な粒子の集合体（超多粒子）の相互作用を伴う運動によって物質の挙動は支配されている．図 3.139 にそのイメージを示す．このアプローチでは，まず任意の 2 つの粒子間に働く相互作用則を導き出す．代表的な相互作用の源は，引力やクーロン(Coulomb)力に基づくものである．それらの相互作用則は，時間的な変化に関する常微分方程式（粒子の位置座標に関する 2 階の時間微分項を含む常微分方程式）で表される．その方程式を時間を進行させながら順次解いていくことによって，粒子の集団の運動が時間的に変化していく様子を解析することができる．

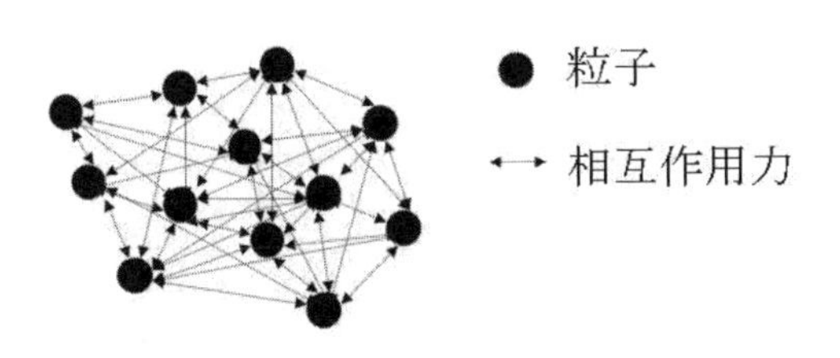

図 3.139　粒子のイメージ図

b. マクロなアプローチ (macroscopic approach)

第 2 のアプローチは巨視的（マクロ: macroscopic）なアプローチであり，工学的観点から最もよく用いられる．通常私たちは，固体，液体，気体を原子や分子あるいは結晶の集合体として意識することはほとんどない．むしろ空間上に連続的に広がる物体として巨視的（マクロ）に理解するほうが自然である．このアプローチでは，変位，応力，速度，温度などの変数 U が場所 (x, y, z) と時間 t の関数 $U(x, y, z, t)$ として定義され，その挙動が偏微分方程式の形で記述される．これに所定の境界条件(boundary condition)（たとえば物体表面に加わる力など）と初期条件（たとえば力が加わりはじめる前のはじめの変形状態）が与えられれば，その物体の挙動を一意に記述することができる．偏微分方程式をコンピュータで近似的に解く方法としては，差分法，有限要素法，境界要素法が代表的であるが，最近は，格子やメッシュを用いない粒子法とよばれる方法も注目を集めている．

差分法(finite difference method: FDM)では，解析空間を有限な寸法の直交格子(orthogonal grid)に分割し，格子点で定義される変数を用いて，式中に現われる微分演算を直接差分近似する．図 3.140(a)に，任意形状の 2 次元空間を差分格子で分割した例を示す．

有限要素法(finite element method: FEM)や境界要素法(boundary element method: BEM)では，偏微分方程式と等価な積分方程式を導出し，図 3.140(b)，図 3.140(c)に示すように解析領域内あるいは領域境界面を小さな多面体あるいは多角形（その一つ一つを要素(element)とよび，全体をメッシュ(mesh)とよぶ）に分割し，その頂点（節点(node)とよぶ）で定義される変数を用いて積分方程式を近似的に評価する．

粒子法(particle method)の場合には，方程式の導出方法に様々な方法があるものの，いずれも図 3.140(d)に示すように，点群の情報のみで対象物をモデル化する．

差分法，有限要素法，境界要素法，粒子法のいずれの方法にも共通するのは，すべての格子点ないし節点で定義された多数の近似物理量を未知変数とする大規模な連立一次方程式(simultaneous linear algebraic equations)を構築する点であり，この連立一次方程式を代数的に解くことになる．数元程度の小さな連立一次方程式であれば，たとえば掃出し法(Gauss-Jordan method)などに基づき手で解くことができる．しかし，実際の問題では，数千元，数万元，さらに最先端のシミュレーションでは数億元の大規模連立一次方程式の求解が必要であり，それを効率的に解くための様々な数学的工夫が必要となる．

各手法には，それぞれに次のような特徴がある．差分法は座標系に沿う方向に分割するため，任意の形状では境界条件(boundary condition)の扱いが難しくなる．このため，座標変換(coordinate transformation)によって直交格子を境界形状に適合させるなどの工夫が必要となる．有限要素法と境界要素法は任意の形状とそこに付与される境界条件の取り扱いが容易である．さらに，有限要素法は非線形(nonlinear)問題や時間依存型(time dependent)問題の取り扱いにも優れる．粒子法は，差分格子やメッシュを使う方法に比べて入力モデル作成がとても容易であり，流体が飛び散るとか固体が粉々に砕けるなどの現象の解析を容易に行えるという特徴がある．一方，差分格子やメッシュを用いる方法と比べて，計算精度を保証するために，定式化上の様々な工夫が必要となる．

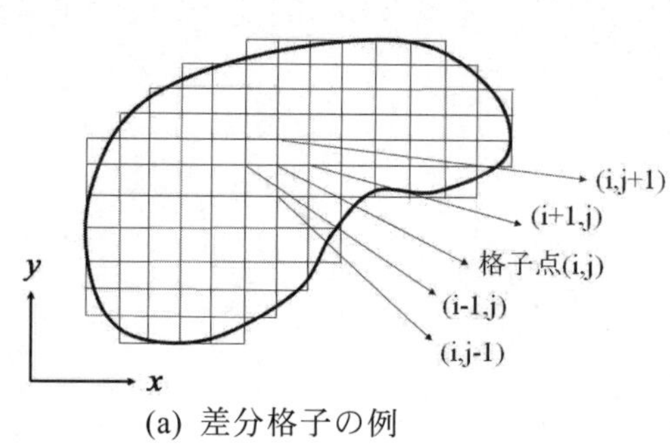

(a) 差分格子の例

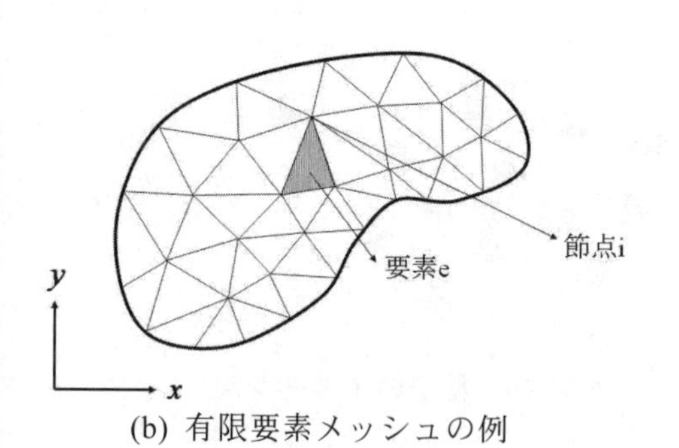

(b) 有限要素メッシュの例

c. メゾスコピックなアプローチ（mesoscopic approach）

以上述べてきたミクロなアプローチとマクロなアプローチの中間に位置し，原子・分子のレベルまでは立ち戻らないものの，たとえば結晶構造のような中間構造に着目したモデル化に基づく方法はメゾスコピックなアプローチとよばれる．メゾスコピックなアプローチには，着目する視点によって様々な手法が存在し，土砂やコンクリート構造物の崩壊現象の解析に適した個別要素法(discrete element method)や，多成分流れの解析に適したセルオートマトン法(cellar automata)などの解法がある．

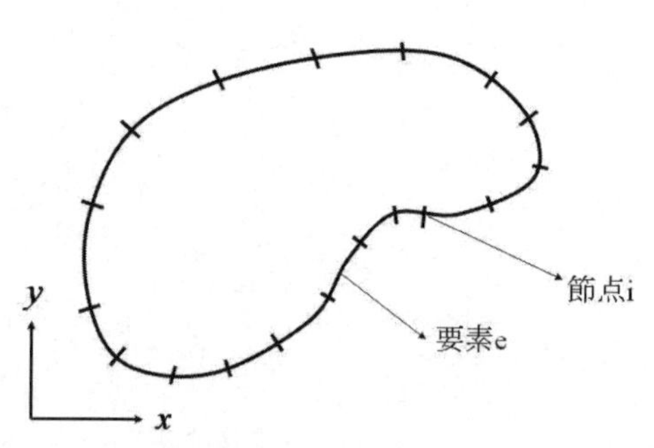

(c) 境界要素メッシュの例

それぞれのアプローチで扱える時間・空間の解析規模には計算機能力に起因する強い制限があることから，異なる時間・空間スケールの現象を同時に扱うことを目指して，これらの3つのアプローチを複数同時に取り込むアプローチも盛んに研究されるようになってきた．これをマルチスケール(multi-scale)・アプローチとよんでいる．

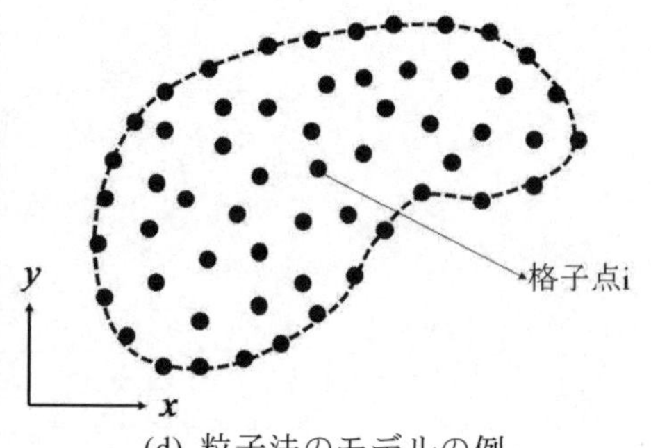

(d) 粒子法のモデルの例

図 3.140　解析空間の分割方法

3·6·4　連成現象と連成解析 (coupled phenomena and coupled analysis)

次に，複数の力学現象が相互関連する連成解析(coupled analysis)について説明しよう．連成という用語は，一般の国語辞書には見当たらない専門用語である．連成現象(coupled phenomena)，連成問題(coupled problems)あるいは連成力学(coupled mechanics)とは，2種類以上の異なる力学現象が相互関連する複合現象のことを意味する．連成問題はしばしば相関問題(interaction problems)ともよばれる．連成現象には様々なバリエーションがあり，n 種類の個別現象が連成する現象を考えると，原理的には，2つが連成する組み合わせは $n(n-1)/2!$ 通り，3つが連成する組み合わせは $n(n-1)(n-2)/3!$ 通り・・・というように，多種類の連成現象が存在し得る．現実には，その中からいくつかの組み合わせの現象が顕在化する．さらに，条件によっては連成現象が顕著に現われたり現れなかったりする．このため，連成現象の発生は見落としやすく，その結果重大な事故に至る場合も多い．代表的な連成現象の例として，次のようなものが挙げられる．

(a) 流体－構造連成
(b) 熱－流体－構造連成
(c) 電磁－構造連成
(d) 電磁－流体－構造連成
(e) 音響－構造連成
(f) 地盤－構造連成
(g) 制御－構造連成
(h) 電磁－音響－制御－構造連成

このうち, ものづくりのプロセスにおいてしばしば問題となる流体-構造連成現象を取り上げ，その特徴を解説しよう．

a. 流体-構造連成現象 (fluid-structure interaction)

流体-構造連成(fluid-structure interaction: FSI)というのは，流体中において構造体が動的（非定常）に変形する際に現われる現象である．風にそよぐ木の枝は，典型的な流体-構造連成現象である．この連成現象の起点は，何らかの力が構造物に加わって変形を始める場合もあれば，流体の及ぼす力（流体力)が構造体の変形や振動を誘起する場合もある. どちらの場合であっても，途中の状況を分析してみると，構造体には流体（流れ）から力（圧力）が作用し，その結果変形や運動（振動）が生じる．一方，構造体が動的に変形することによって，流体の流れ場（流路）が変化し，また，構造側から流体に力（圧力）が伝えられる．つまり，構造体と流体との間に相互作用が生じている（図 3.141）．

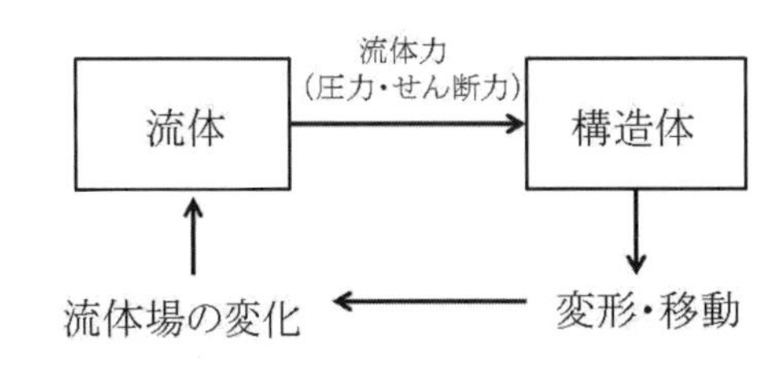

図 3.141 流体-構造連成現象の模式図

b. 流体-構造連成現象に起因する事故事例 (examples of accidents caused due to fluid-structure interaction phenomena)

「風にそよぐ木の枝」は風流である．しかし，工学の分野では，流体-構造連成現象に関わる事故が過去に数多く発生している．1940 年に米国ワシントン州で起こったタコマ(Tacoma)橋の落下事故や，1995 年に福井県で起こった高速増殖実験炉もんじゅのナトリウム冷却材漏洩事故はその典型例である．タコマ橋の場合，風速 19m/s の風が吹いた折に橋の周りに渦（カルマン渦: Karman vortex）が生じ，その渦から橋に加えられる周期的な力と橋のねじれ振動が共振(resonance)を起こし，振幅が増大してケーブルが破断され，図 3.142 に示すように橋が落下した．この橋では，風力を静荷重(dead weight)として考慮した設計がなされており，計算上は風速 60m/s の強風にまで耐えられるはずであった．図 3.143 に流力振動のメカニズムを模式的に示す．この事故をきっかけとして，風の動的メカニズムを考慮に入れた橋の設計が行われるようになった．

図 3.142 タコマ橋の落下事故の様子

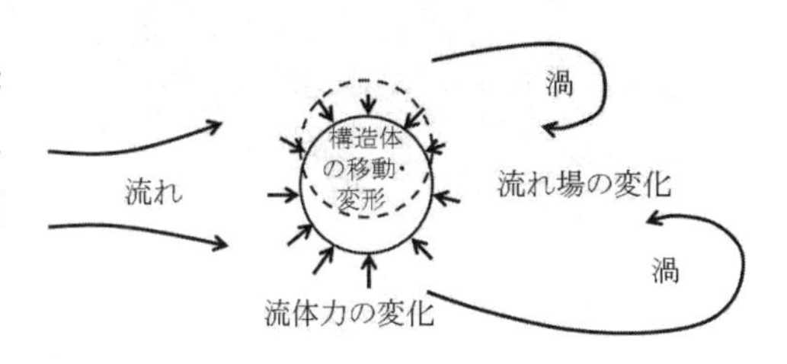

図 3.143 カルマン渦による流体構造連成振動のメカニズム

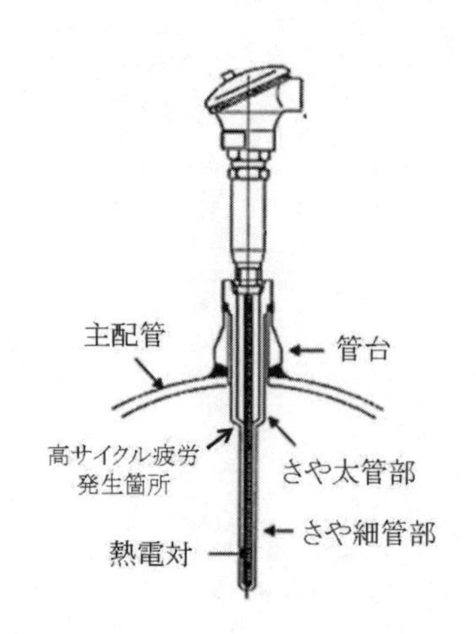

図 3.144　もんじゅの配管内部に設置された温度計（熱電対）

もんじゅのナトリウム漏洩事故では，図 3.144 に示すように，冷却用液体ナトリウムの温度計測用のさや管が，配管内に 185mm も突き出した形で設置されていた．ナトリウムの流れによって形成された周期的な対称渦によってさや管が抗力方向（流れ方向）に振動し，管の細管付根段付き部の高サイクル疲労(high cycle fatigue)（3･1･4 項 d「材料強度学」参照）によってき裂が発生・進展して，その破断部からナトリウムが漏洩した．このように，流れ場に細くて剛性の比較的低い構造物が置かれると，構造物周りに生じた渦によって周期的な力が加わり，構造体の振動をよび起こすことは広く認識されていた．しかし，さや管周りに発生する対称渦とさや管の抗力方向の振動現象の共振の可能性が見過ごされてしまったことが，この事故の重要な要因の1つとなっている．

この他，航空機の翼が流体-構造連成現象によってばたばたと変形するフラッタリング(fluttering)とよばれる振動現象（図 3.145）や，ビル風による高層ビルの揺れも同種の現象である．これらの現象では，共振条件と一致すると構造物が大振幅で振動する恐れがあるため，流体-構造連成振動の発生の可能性が懸念される場合には，そうした共振条件を避けるように構造物を設計することが必須である．ところが，現実にはしばしば見逃されやすい．

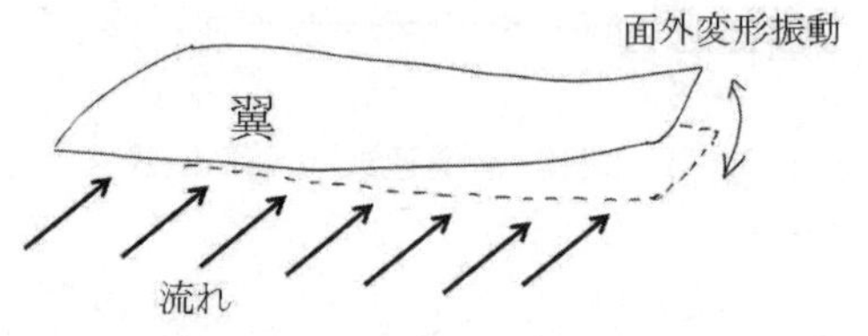

図 3.145　翼のフラッタリングのイメージ

c. 流体-構造連成現象の発生の抑制策 (preventive approaches for FSI phenomena)

流体中に設置される構造物を設計する際に，流体-構造連成現象を抑制するには，構造物の剛性(stiffness)を高めることがもっとも直接的な対策である．しかし，現実には，省資源や省エネの観点から軽量化が追及され，また熱応力(thermal stress)の軽減を図るために，薄型の構造形状を採用することも多い．剛性が低下すると，流体-構造連成現象が顕在化しやすくなる．また，最近の機器は形状が複雑になってきており，細部の構造が有する固有振動数(natural frequency)まで正確に把握することはなかなか難しい．このように，様々な設計要求が交差する現実の設計の中では，適切に流体-構造連成現象の抑制策をとるのは容易なことではない．そこで，計算力学によって連成現象をシミュレーションし，その抑制策を検討することが有効な手段となる．

d. 連成解析の事例 (an example of coupled analysis)

ここで，図 3.146 に示すような多段の大型給水ポンプにおいて生じる流体起因の振動・騒音現象の解析事例を示そう．この現象は，典型的な流体-構造連成現象の一つである．

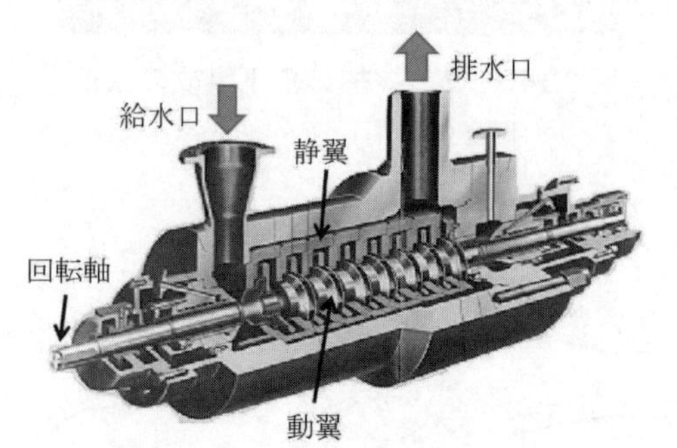

図 3.146　大型の多段給水ポンプ

給水ポンプの基本的な動作メカニズムは次のようになっている．給水ポンプには，内部に複数の翼対が多段についている．各段の翼対は，回転軸側についている動翼（扇風機の羽のような回転する翼）とそれを取り囲むように構造側に固定されている静翼から構成されている．動翼，静翼については 2･1･4 項「タービンエンジン」も参照されたい．動翼が高速で回転することにより，左上の給水口からポンプ内に水を高速に吸い込み，左側の翼対から右側の翼対に水を順次送り込むことによって圧力を高め，最後に右上の排水口から高圧水を排出する．

このような動作メカニズムを持ったポンプでは，高速回転する動翼と固定された静翼に囲まれた複雑な形の流路内を高圧の水流が高速に流れるため，非常に乱れた流れとなる．特に，動翼の先端と静翼の先端には狭い隙間しかないため，そこを起点として圧力の振動が発生する．図 3.147 に，有限要素法による流体解析によって得られた流体部表面の瞬間的な圧力場を示す．動翼と静翼に挟まれた部分では大きな圧力振動が発生し，これが静翼表面をはじめとするポンプ構造体の内表面に加わり，ポンプ全体を加振することになる．これが流体力による振動・騒音発生のメカニズムである．

次に，流体解析で得られた圧力振動を入力荷重とし，有限要素法でポンプ構造体の振動解析を行った結果を図 3.148 に示す．この図は，構造体表面のある 1 点における振動変位(vibration displacement)と周波数(frequency)の関係を示している．圧力振動は，動翼の回転数と翼枚数の積で表わされる基本周波数（横軸の 1 と対応）とその整数倍の周波数において強くなるが，このうち 2 次と 5 次の周波数で振動変位が大きくなっていることがわかる．これは，構造体の固有周期と合致する振動のみが強調されるためである．したがって，実際には，2 次と 5 次の周波数に対応した振動や騒音が発生することになる．この結果は実測結果とも良好な一致を示した．

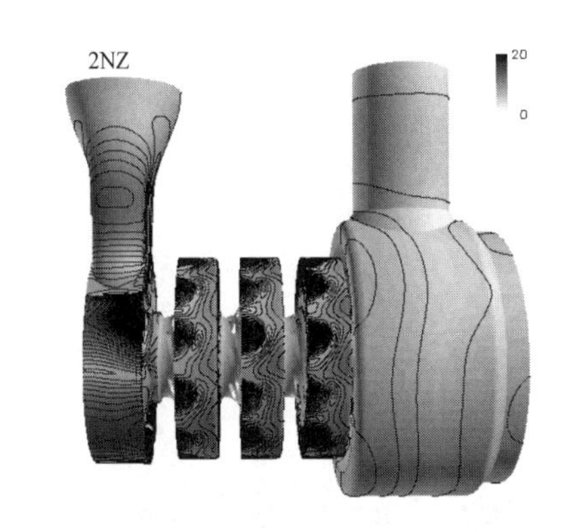

図 3.147　流体-構造接触部の瞬間的圧力分布

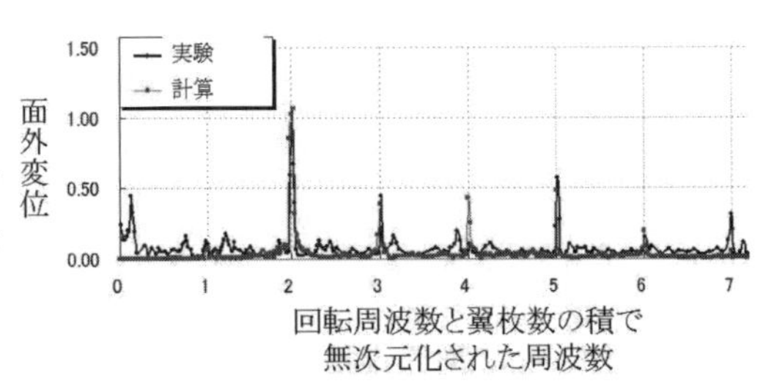

図 3.148　構造体表面のある 1 点における振動変位の周波数スペクトル（計算値と実測値）

このように，流体起因の振動を定量的に予測できるようになると，低振動化・低騒音化を図るためにはポンプをどのように設計すればよいかの指針が得られるようになる．

この例にみられるように，流体-構造連成現象は，構造物や機器を設計するという立場からは発生を回避すべき現象である．一方，自然界に目を転じてみると，昆虫や鳥のはばたき飛行のように，流体-構造連成現象を積極的に利用する事例は実に多い．生物は羽ばたき飛行により，固定翼や回転翼による飛行と比べて省エネルギーで，垂直離着陸や空中静止，急旋回などの運動性能のよい飛行を実現している．そのような生物独特の飛行メカニズムの詳細を解明することにより，たとえばマイクロ人工飛翔体のような新しい人工物を積極的に構築しようという試みもある．また，心臓や血管などによって血流を全身にくまなく効率的に循環させる生体システムも，流体-構造連成現象を積極的に活用するシステムとなっている．これらの現象は，実験を行って現象を解明することが困難な場合も多いので，計算力学によるアプローチが大きな役割を果たすことが期待される．

3・6・5　スーパーコンピュータと大規模シミュレーション (supercomputers and large scale simulation)

計算力学を用いて得られる解の信頼性は，力学モデルの信頼性と数値解析手法の精度の両方に依存する．このうち，数値解析の精度は数値モデルの時空間分解能（空間メッシュの細かさと時間刻みの細かさ）に直結しており，精度を上げるにはメッシュと時間刻みを細かくする必要がある．そうすると連立一次方程式の次元が大きくなり，また時間刻みごとの繰り返し回数が多くなるため，多くの演算量やデータ出力が必要となり，より高速で大きな記憶容量を有するコンピュータが必要となる．

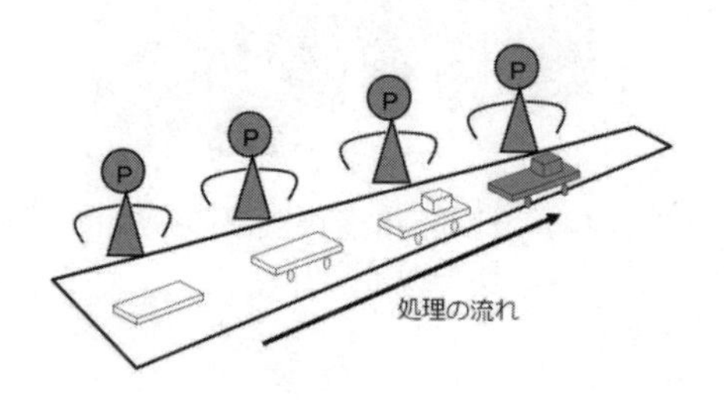

(a) パイプライン処理のイメージ

(b) 並列処理のイメージ

図 3.149　ベクトル処理と並列処理

a. ベクトル処理と並列処理 (vector processing and parallel processing)

1940 年代にコンピュータが誕生してからこれまでの間，コンピュータの性能向上は，1 プロセッサの性能向上に負うところが大きかった．しかし，1 プロセッサの処理速度の向上がこれまで主流であったシリコン系半導体素子技術の限界に近づくにつれ，高速コンピュータの性能向上はベクトル処理(vector processing)や並列処理(parallel processing)等のプロセッサの多重化によって達成されてきている．ベクトル処理のイメージは，図 3.149(a)に示すような工場におけるベルトコンベアーによる流れ作業を思い浮かべるとよく，パイプライン処理(pipeline processing)ともよばれる．一方，並列処理は，図 3.149(b)に示すように多数の仕事を複数のプロセッサが分担して同時並列に実行する方式である．このような多数のプロセッサによる処理へとコンピュータの機構（アーキテクチャ: architecture）が変更されるにともない，計算力学アルゴリズムも，多重プロセッサの効率的な利用という観点から再構築が進められている．また，高速計算アルゴリズムを実装したソフトウエアの開発も盛んに行われている．

b. 大規模シミュレーションと安全係数 (large scale simulation vs safety factor)

次に，大規模シミュレーション(large scale simulation)の意義を工学の観点から考えてみよう．地球温暖化に関連してしばしば話題となる気候変動のような地球規模現象を解析するためには，たとえば 1 億節点を超える大規模モデルを用いた解析が必要であるというのは自明であろう．これは，自然現象が有する時空間スケールの広がりと複雑性ゆえに，精度の観点から時空間分解能への要求（すなわち解析規模）に事実上制限がないことに由来する．自然現象の解明を基本命題とする理学(science)の世界では，徹底的に精度（真実）を追求すると，必然的に必要な計算規模は無限に増大する．

一方，ものづくりにかかわる工学(engineering)の世界ではどうであろうか．工学の世界でも理学同様の力学・物理現象（固体の変形や気体・液体の流れなど）を対象としており，解くべき方程式系については共通項も多い．ところが，工学においては，多くの場合に「与えられた条件や制約のもとで最大の効果を生むような解を得ること」が基本命題となる．別の言葉で言えば，「バランス点を探る」ことである．計算に関して言えば，その精度や速度の向上は，あくまでものづくりにおけるコストー便益のバランスの中で決まってくる．そのため，計算力学研究の最前線では数千万～数億節点の大規模メッシュを用いた解析が可能となりつつあるが，ものづくりの現場では，計算力学が最も積極的に利用されている自動車分野においても，数万～数十万節点程度のメッシュを用いた衝突解析や振動解析が多用されているのが現状である．

それでは，なぜこのような小規模なモデルで，複雑な形状をした実際の機器が設計できたのであろうか．それは，小規模なモデルであっても実機の挙動が適切に表現できるような簡略化，すなわち，注目部位の切り出しや細部の省略，等価物性値への置換，対称性の導入などの工夫が行われてきたためである．これが従来のものづくりにおける解析技術の要点であった．さらに，形状や物性値，荷重などに含まれる本質的な不確実性や，実験誤差，解析誤差などはすべて安全係数(safety factor)として包括的に考慮されてきた（安全係数については3･1･4項「機械材料の安全を保証する材料力学」を参照のこと）．しかし，安全係数を大きくとれば確実で安全な設計が可能であるものの，製造コストは増大する．しかも，実験誤差や解析誤差に起因する不確実性やあいまいさの原因を放置したままで，やみくもに安全係数を大きくすることは，真の安全レベルの向上にはつながらない．特に，近年は解析対象の形状や構造が大変複雑になり，また部品点数も増大しているため，適切な簡略化モデルを構築することが困難である場合も多い．

このような場合には，むしろ最先端の計算力学を活用して実機をまるごとモデル化し，計算の精度や信頼性を十分に高めた大規模シミュレーションを行うことが有効となる．そして，シミュレーション実験を繰り返し行うことによって実験誤差や解析誤差に起因する不確実性を大幅に低減することが可能となり，同じコストで真の安全レベルをはるかに高めることができるのである．

3･6･6　設計と最適化 (design and design optimization)

1･3節「機械の設計」でも述べたように，計算力学は「ディジタルエンジニアリング(digital engineering)」の重要な構成要素として設計に大きなインパクトを与えている．さらに，計算力学により一つ一つの設計対象の評価が簡単にできるようになったため，設計バリエーションを増やして最適な解を見つける，コンピュータによる最適化(optimization)が行われるようになってきている．

最適化とは，何らかの評価基準に照らして最も適した解を見つけることである．工学設計(engineering design)であれば，コスト，重量，抗力などが評価基準となる．例えば，設計で変更できる部材の材質や大きさを設計変数(design variables)とし，それによって決まる全体の重量を評価基準とすれば，ある荷重のもとで重量が最小となる設計変数の組み合わせを見つけることができる．こうして得られた最適な解は，設計解を決めるための重要な情報となる．

図3.150　三菱リージョナルジェットMRJ
（提供　三菱航空機㈱）

航空機の設計では，翼形状を設計変数とし，空気力学(aerodynamics)に基づく揚力や抵抗などの空力性能を評価基準として最適化（空力最適化）を行うと，風洞(wind tunnel)試験による解析数を必要最小限に抑えることができる．本格的な風洞試験となれば，チームで数ヶ月単位の期間にわたって，模型の設計製作から風洞試験，データ整理に取り組むことになる．一方，計算力学の専門家が一人いれば，パソコンでも設計案の検討が可能である．図3.150に示した三菱リージョナルジェット主翼の設計では，必要な強度を保ち，フラッタリング(fluttering)を起こさないことを制約条件にして，部材の厚みを変えることで構造重量を最小化しつつ，燃料消費(fuel consumption)が最小となるように翼形状の空力最適化が行われている．こうした航空機の設計に限らず，さまざまな工学設計の分野で最適設計(optimal design)が実用化されつつある．

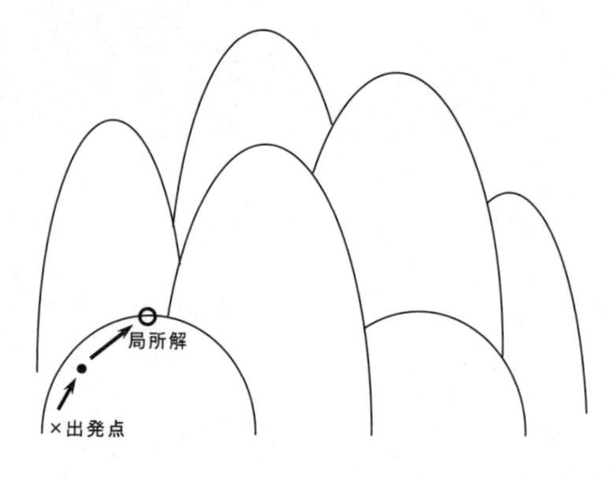

図 3.151　勾配法

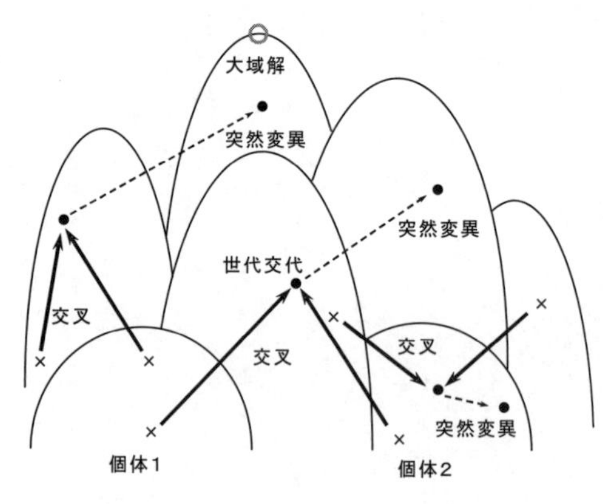

図 3.152　遺伝的アルゴリズム

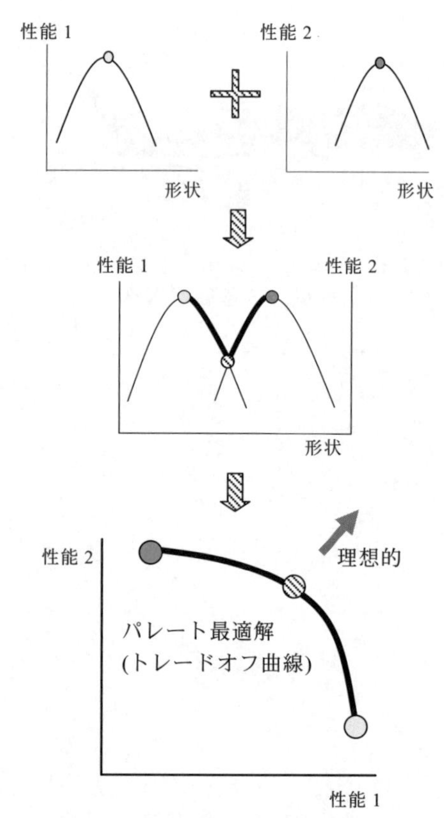

図 3.153　2目的関数（評価基準）間のトレードオフ関係

a. 勾配法と遺伝的アルゴリズム (gradient-based methods and genetic algorithms)

最適化問題とは，評価基準として与えられた関数の極値を求める問題である．関数の変数が1つで，しかも2次関数や3次関数といった簡単な多項式ならば，高校の微積分の知識で極値を求めることができる．しかし，工学設計の最適化は非常に複雑な問題である．構造や流体力学的な性能はしばしば非線形(nonlinear)な関数であり，複雑な形状を表すために変数は多くなり，しかも変化に対して非常に敏感である．関数の複雑さは，局所的な最適解の多さにも現れる．たとえて言うならば，本州に下関から上陸して一つ一つ山登りをして，最も高い山である富士山を見つけられるかという問題である．ここで最適化の戦略は大きく二つに分けられる．富士山を見つけるのは大変だけれど，とりあえず身近に高い山があれば十分な場合と，あくまで富士山（あるいはできるだけ高い山）を見つけたい場合である．前者の場合，最適化の初期値をこれまでの経験から十分に最適解の近くにとれるならば，図 3.151 に示した勾配法(gradient-based method)などを用いて効率的に最適解を見つけることができる．勾配法とは，初期値を出発点として，その点で勾配が上昇する方向に山登りを繰り返し行うことで山の頂上を探す方法である．しかし，違う山頂を目指すには，そのたびに出発点を変える必要がある．一方，後者の場合は，確実に大域的な最適解を見つける方法はないので，確率的な方法や図 3.152 に示す遺伝的アルゴリズム(genetic algorithm)のような進化計算に頼ることになる．遺伝的アルゴリズムでは，個体の集団が遺伝子の交差と突然変異により，世代交代を繰り返しながら多くの山を探索することができる．

b. 多目的最適化 (multi-objective optimization)

航空機の主翼設計問題は，空力から見ると抗力最小化を求める単目的最適化(single-objective optimization)問題である．しかし，実際には三菱リージョナルジェット主翼の設計のように，空力（抗力最小化），構造（翼重量最小化），強度（折れない，フラッタリングを起こさないなど）等を同時に考慮する必要がある．つまり，より実用的な設計を実行するには，複合最適化により多分野にまたがる多目的最適化(multi-objective optimization)問題を考える必要がある．一つの設計目標を改良することで他の設計目標も改良されるならば話は簡単であるが，一方を改良すると他方が改悪されるような相反する目標を含む場合，多目的最適化問題を考えて各目標に対する妥協解を得る必要がある．

相反する目標を含む場合，多目的最適化問題の解は単一の点としての解ではなく，「パレート最適解(pareto optimum solutions)」とよばれる集合になる．パレート最適解とは，ある目的関数の値を改善するためには少なくとも1つの他の目的関数値を改悪せざるを得ないような最適解のことである．図 3.153 にそのイメージを示す．図中で，性能1か性能2のどちらかを最大化したいという単目的最適化であれば，そのグラフの最大点を与える形状を見つけることができればよい．しかし性能1と性能2を同時に最適化したい場合，それぞれの最適性能を与える形状が異なるとすると，性能1と性能2がどちらも「ほどほど」となる組み合わせがたくさん存在することになる．性能1を良くすると，性能 2 が悪くなるような関係のことをトレードオフ(trade-off)とよぶ．このようにトレードオフがある場合，具体的な設計形状は全体設計の観点から考える必要がある．たとえば，性能 3，性能 4 と，ほかにも考慮すべき性能がある場合，あるいは作りやすさ，コストを考える場合など，実際のものづくりでは様々な要素を考慮する必要がある場合が多く，一般に「最適解」＝「全体設計案」とはならない．しかし，多目的最適化におけるトレードオフを見ながら設計形状を選ぶことは，全体設計を考える上で大きなヒントとなる．

多目的最適化問題を解くには，このパレート解を効率的に求める必要がある．前述の進化計算は大域的最適化法として知られているが，特に多目的最適化の分野では，進化計算はパレート最適解を効率的に求めるユニークな方法として注目されている．

なお，最適化アルゴリズムは一般に極値を求めるものであり，それが本当に大域的な最適性を示しているかを検証するのは必ずしも容易ではない．しかし，前節までで述べてきた「4 力学」をはじめとする基礎的な物理現象が十分に理解できていれば，単目的最適化の結果の妥当性を物理的に判断することは比較的容易である．また，単目的最適点は，図 3.153 のトレードオフ曲線の端点となっているので，これを手がかりにトレードオフ情報の妥当性を議論することもできる．また，得られた結果が既存の設計と比較して，何が改良されたのかを突き止めることも重要である．最適化結果を鵜呑みにするのではなく，なぜそれが「最適」なのかを理解することによって，設計に役立つ正確な情報や知識が得られるのである．

第3章の文献

3・1の文献

(1) 日本機械学会編，JSMEテキストシリーズ 材料力学，(2007)，日本機械学会.
(2) 日本機械学会編，機械工学便覧 基礎編 α3 材料力学，(2005)，日本機械学会.
(3) 日本機械学会編, JSMEテキストシリーズ 振動学, (2005), 日本機械学会.
(4) 日本機械学会編，機械工学便覧 基礎編 α2 機械力学，(2004)，日本機械学会.

3・2の文献

(5) 日本機械学会編，JSMEテキストシリーズ 流体力学，(2005)，日本機械学会.
(6) 日本機械学会編, JSMEテキストシリーズ 熱力学, (2002), 日本機械学会.
(7) 日本機械学会編, JSMEテキストシリー 伝熱工学, (2005), 日本機械学会.
(8) 日本機械学会編，機械工学便覧 基礎編 α4 流体工学，(2006)，日本機械学会.
(9) 日本機械学会編，機械工学便覧 基礎編 α5 熱工学，(2006)，日本機械学会.
(10) 日本機械学会編，機械工学便覧 応用システム編 γ3 熱機器，(2005)，日本機械学会.
(11) 日本機械学会編，伝熱工学資料 改訂第5版，(2009)，日本機械学会.

3・3の文献

(12) 日本機械学会編，JSMEテキストシリーズ 機械材料学，(2008)，日本機械学会.
(13) 日本機械学会編，JSMEテキストシリーズ 伝熱工学，(2005)，日本機械学会.
(14) 日本機械学会編，JSMEテキストシリーズ 加工学I（除去加工），(2008)，日本機械学会.
(15) 日本機械学会編, 機械工学便覧 デザイン編 β3 加工学・加工機器, (2006), 日本機械学会.
(16) 日本機械学会編, 機械工学便覧 デザイン編 β7 生産システム工学, (2005), 日本機械学会.
(17) 前田龍太郎・ほか，MEMSのはなし，(2005)，日刊工業出版社.
(18) 産業技術総合研究所 ナノテクノロジー知識研究会，ナノテクノロジー・ハンドブック，(2003)，日経BP.
(19) 秋山三郎編，プラスチックの相溶化剤と開発技術—分類・評価・リサイクル（普及版），(1999)，シーエムシー.

3・4の文献

(20) 日本機械学会編，JSMEテキストシリーズ 制御工学，(2002)，日本機械学会.
(21) 高橋安人，システムと制御（上）（下），(1978)，岩波書店.
(22) John J. Craig 著，三浦宏文・下山勲訳，ロボティクス，(1991)，共立出版.
(23) 吉川恒夫，ロボット制御基礎理論，(1988)，コロナ社.
(24) Miomir Vukobratovic 著，加藤一郎・山下忠訳，歩行ロボットと人工の足，(1975)，日刊工業新聞社.
(25) David Marr 著，乾敏郎・安藤広志訳，ビジョン，(1987)，産業図書.
(26) 有本卓，ロボットの力学と制御，(1990)，朝倉書店.
(27) Norbert Wiener 著，池原止戈夫・ほか3名訳，サイバネティクス，(1962)，岩波書店.

3・5の文献

(28) 日本機械学会，生体機械工学，(1999)，日本機械学会.
(29) 日本機械学会編，機械工学便覧 デザイン編 β8 生体工学，(2007)，日本機械学会.
(30) 日本機械学会編，バイオメカニクスシリーズ 生体力学，(1991)，オーム社.
(31) 中村隆一・ほか2名，基礎運動学 第6版，(2003)，医歯薬出版.
(32) バイオエンジニアリング出版委員会編，バイオエンジニアリング，(1992)，培風館.
(33) 池田研二・島津秀昭，生体物性/医用機械工学，(2000)，秀潤社.
(34) 嘉数侑昇，横井浩史監訳，バイオメカニクス，(2001)，NTS 出版.
(35) 水野幸治，一杉正仁共訳，交通外傷バイオメカニクス，(2003)，自動車技術会.
(36) D. A. Neumann 原著，嶋田智明・有馬慶美監訳，カラー版 筋骨格系のキネシオロジー 第2版，(2012)，医歯薬出版/エルゼビア・ジャパン.
(37) 小川武希・ほか2名，わが国における頭部外傷に関する臨床研究の現状，The Japanese Journal of Rehabilitation Medicine，41-11，(2004)，740-747.
(38) W. F. Ganong，星猛・ほか6名訳，医科生理学展望 原書18版，(1998)，p.159，丸善.
(39) 山田幸生・ほか3名，からだと熱と流れの科学，(1998)，オーム社.
(40) 横山真太郎，生体内熱移動現象，(1993)，北海道大学図書刊行会.
(41) 村上輝夫編，生体工学概論，(2006)，コロナ社.
(42) 林紘三郎・ほか2名，生体細胞・組織のリモデリングのバイオメカニクス，(2003)，日本エム・イー学会編.

3・6の文献

(43) 矢川元基・吉村忍，有限要素法（計算力学と CAE シリーズ 1），(1991)，培風館.
(44) 久田俊明・野口裕久，非線形有限要素法の基礎と応用，(1993)，丸善.
(45) 日本機械学会編，計算力学ハンドブック，(1998)，丸善.
(46) 矢川元基・吉村忍，計算固体力学（シリーズ現代工学入門），(2005)，岩波書店.

(47) 越塚誠一，粒子法，(2005)，丸善.
(48) 矢川元基編, 構造工学ハンドブック（第 4 章 連成の力学）, (2004), 丸善.
(49) 棟朝雅晴，遺伝的アルゴリズム－その理論と先端的手法，(2008)，森北出版.
(50) 松岡由幸・宮田悟志，最適デザインの概念，(2008)，共立出版.
(51) 中山弘隆･ほか 3 名, 多目的最適化と工学設計―しなやかシステム, (2008), 現代図書.

第4章
社会の発展を支える技術者
Engineers who support society development

本章では，大学などで機械工学の基礎知識や専門知識を身に付けた技術者が，社会に出てから必要となる能力，素養，および資格について述べる．また，機械工学を修得した卒業生の進路についての展望を示す．

4・1　技術者と社会のかかわり (relationship between engineers and society)

工学技術者が社会の発展とどのように関連しているかを考えてみよう．1995年に施行された“科学技術基本法”によると，科学技術者は「科学技術の水準の向上を図り，もって，我が国における経済社会の発展と国民の福祉向上に寄与する」という任務を持っている．このことを機械系の技術者に当てはめると，機械や機械システムなどの計画立案，設計解析，実験評価，試作製造，運転監視，保守点検から最後は廃棄に至るまでのすべての過程で社会に重大な責務を負っているといえよう．

機械やシステムは，社会に送り出されると利便性を提供するが，社会は技術者にさらなる利便性を要求することになる．このように社会と技術者は相互に作用し合い，図4.1のような循環関係を形成してきた．かつては“ものづくり”は利用者の個別の要求に応えることから始まったが，品質の安定化やコスト低減の要請から次第に大量生産による効率向上が重視されるようになった．その結果，文明社会は急速に発展したが，その一方でエネルギーの大量消費が進み，技術者は公害問題や地球温暖化問題のような広い領域にわたる課題にも直面せざるを得なくなった．また，機械製品が世の中に大量に出回ったことで，機器の誤操作や故障，あるいは自然災害による重大な損傷事故などが発生して人類に危害を加える現象も増えてきた．

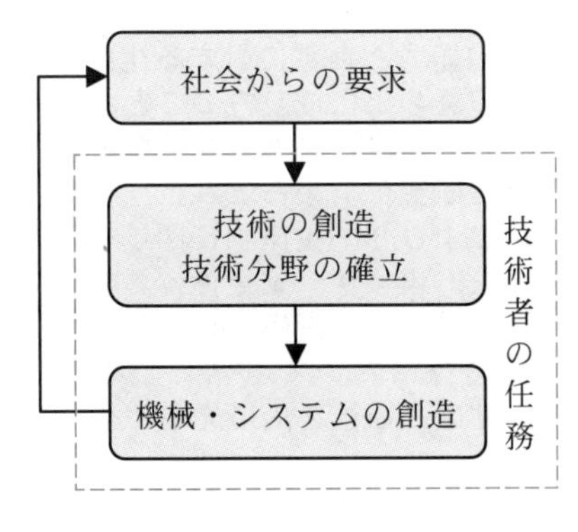

図4.1　社会と技術者の循環関係

科学技術は年々急速に発展し続けており，一人の人間が社会生活に必要なすべての技術領域に精通することは不可能となっている．そのため，先端技術の開発は専門家に頼らざるを得ず，社会は各技術の専門家を信用して指し示された方向に追従せざるを得なくなっている．個々の専門家が高い倫理観を持ち，社会の利益を優先して責任を全うしているなら技術社会は健全に維持されるが，専門家がその責任を果たさず自己の利益を優先させると，社会そのものが崩壊してしまう危険性を持っている．

このような背景から，専門家としての技術者には，社会に利便性を提供する技術や製品・システムを社会に送り出すだけでなく，安全性や自然環境との共生，さらには人類の福祉や幸福への寄与をも考慮しつつ，将来の技術の発展方向を指し示すことが望まれる．つまり，技術者は人類の将来に重要な責任を持つ“知的専門職(profession)”であることを自覚する必要があり，技術開発やものづくりに携わるだけでなく，高い倫理観と責任意識を持つことが求められている．

4・2　技術者に期待される能力 (ability expected to engineers)

第3章までに述べてきたように，大学などの機械工学系の学科では機械工学の基礎科目から専門科目まで幅広く学び，さらには設計製図，実習，実験といった実体験を通した科目を習得する．ここで得た知識は機械技術者として機械を創造していく上での基礎であり，必要不可欠なものである．

ただし，4.1 節に述べたように，人類の安全，健康，福祉への貢献をも考えると，技術者を目指す学生は，これらの基礎に加え，社会的な倫理観と責任意識を養うことも必要になる．

このような素養を育成するため，技術者倫理(engineering ethics)の習得の必要性が高まっている．技術者である以前に社会生活を送る上で必要不可欠な良識やモラルを身につけることが前提となるが，特に，技術者の行為がどのような形で社会に影響を及ぼすかを十分に認識することが重要になる．しかし，企業など組織の中で仕事をする際には，社会の利益と組織の利益が相反すると考えられる場合もあり，判断の難しい問題が生じることもある．

日本技術士会や日本機械学会など工学系の学協会では，技術者の倫理についての規定などが制定されており，技術者が問題や課題に遭遇した際にどのような対応をすれば良いかの指針を示している．ただし，これらは個別の問題に直接適用できるわけではないので，最終的には技術者自身の判断で問題・課題に対応することが求められる．この能力を養成するには，技術者倫理に関する多くの事例について学び，それらの対処方法について自ら考える訓練をしていくことが重要である．そして，実際に社会に出て，技術者倫理に基づいた仕事をできるようになって初めて，真の意味で“知的専門職(profession)”としての技術者になることができるのである．本書の付録において，技術者倫理に関連した事故や問題，およびそれらへの対応の事例について紹介する．

そのような技術者として，具体的にどのような能力・素養が必要となるのだろうか．以下では，実例によって説明する．

日本機械学会倫理規定
（2007年12月評議員会改訂承認）

（前文）
本会会員は，真理の探究と技術の革新に挑戦し，新しい価値を創造することによって，文明と文化の発展および人類の安全，健康，福祉に貢献することを使命とする．また，科学技術が地球環境と人類社会に重大な影響を与えることを認識し，技術専門職として職務を遂行するにあたって，自らの良心と良識に従う自律ある行動が，科学技術の発展と人類の福祉にとって不可欠であることを自覚し，社会からの信頼と尊敬を得るために，以下に定める倫理綱領を順守することを誓う．

（綱領）
1．技術者としての社会的責任
会員は，技術者としての専門職が，技術的能力と良識に対する社会の信頼と負託の上に成り立つことを認識し，社会が真に必要とする技術の実用化と研究に努めると共に，製品，技術および知的生産物に関して，その品質，信頼性，安全性，および環境保全に対する責任を有する．また，職務遂行においては常に公衆の安全，健康，福祉を最優先させる．

以下，綱領第2項～第12項に続く．

①　専門内容をわかりやすく説明する能力

現代社会では，機械工学に限らず，あらゆる専門分野において，専門家だけにしか理解できない問題や用語が多くなってきた．そのため，専門内容をわかりやすく説明し，一般の人にも理解してもらうことが必要になる場面が多くなってきた．例えば，医者が患者に治療内容を説明してから手術などを行うインフォームド・コンセント(informed consent)がその好例である．

機械工学を修得し，その専門知識を有する技術者も，これからは専門知識や技術内容を使用者や周囲の人にわかりやすく説明することが重要になる．

例えば，大型の回転機械を何らかの事故で停止しなくてはならない時，急激な停止は危険であり，時間をかけて自然停止させる“フリーラン停止”が必要になることなど，専門家でなくてはわからないことも多い．公衆の安全のためには，こうした専門的事象も使用者に理解してもらえるようにわかりやすく説明する必要がある．

社会の安全を脅かすような事故が起きてしまった時には，その影響を最小限に抑えるため，事実を隠さず迅速に公表することが重要である．そして技術者は，その専門知識を活用して個々の状況を分析し，安全や環境保全を考慮しながら事故の対策を示すことが要請される．最終的にどんな対策を採用するかは専門家以外の経営者などが判断する場合も多いため，その長所と短所を専門以外の人にもわかりやすく説明することは，社会の安全を確保する上で極めて重要になる．

② 組織人として必要な能力

自然科学と異なり，技術，特に機械技術は個人ではなくグループないし組織によって開発され発展することが多い．特に，大規模で先端的な技術であれば，共通の目的の下に様々な形態の組織群の協力や役割の分担によって開発が進められる．

組織に加わった若い技術者は，若さの特権を活用して大いに学び，積極的に個性を発揮して行動することが必要である．同時に，異なった性格や考え方の人の集まりであり，また上下関係の階層などからなる組織について，なるべく早くその特性を把握し，組織の一員として組織内のメンバーとの調和をはかる努力も忘れてはならない．

組織の中で責任のある立場になると，具体的な問題に対してどのように対処すれば良いか自ら判断する能力が要請されることになる．その時に備えて，自分は何をやりたいのか，そして何が正しいのかを考え，周囲の理解が得られる良識ある判断ができる能力を養っておく必要がある．また，組織内で自由に意見が言える風通しの良いコミュニケーションを心がけることも重要である．

③ 技術の動向を予測する能力

図 4.2 は，日本における鉄道を除く乗用車両の種類と生産台数の推移を示したものである．約 100 年間でどのような車種が発展し，衰退していったかがわかる．今後，どのように推移するかの予測は難しいが，おそらくは自動車メーカー各社はすでに予測を開始しており，次世代の車種の設計構想を進めているはずである．

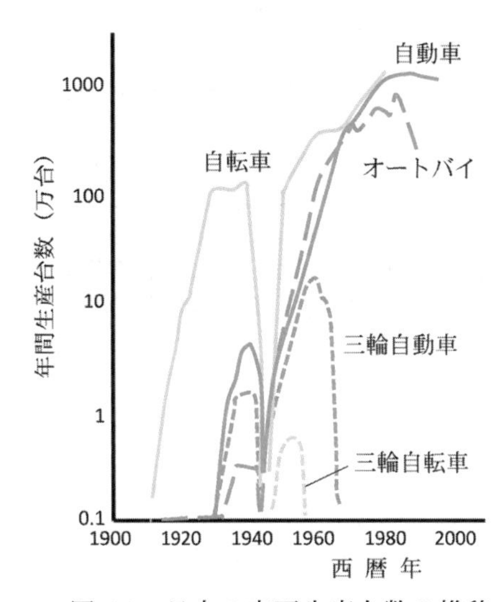

図 4.2　日本の車両生産台数の推移

技術者および技術者集団は，世界の政治・経済の動向，日本の将来予測，同業他社の戦略などを予測しながら，新しい技術開発のロードマップを描いていく必要がある．その際に，人類の安全・健康・福祉や，環境保全も考慮しながら，将来の技術の動向を予測していくことが大切である．

そのためには，技術者は学術の新しい発見・発明に的確かつ機敏に挑戦していく必要がある．専門分野に限らず，常に新しい科学技術についての情報に注意を払い，その上で将来の技術動向を予測する能力を養成することは，技術者にとって今後ますます重要になるであろう.

4・3　技術と資格 (technology and qualification)

一般に，われわれの生活環境の中にある機械や装置は，備え付けのマニュアル通りに操作すれば誰でも容易に作動させることができるように作られている．しかし，操作方法を間違えると故障したり，ときには危険を伴う事故につながることもある．このため機械や装置には，事前に危険を知らせる警報装置や，特殊な機械であれば操作者の適否をチェックする装置も備えられている．

しかし，危険を伴い，かつ高度な知識や技能を要する場合には，運転者がそれに耐えうる知識・技能を保有していることを認定する資格試験制度が必要となる．その最も一般的な例が自動車の運転免許制度である．その他にも，専門的な技術資格としてクレーン，ボイラーなどの運転操作，高圧ガス施設の取扱いなど，多くの分野に技術資格制度がある．

社会の側から見れば，危険を伴う作業や管理を専門知識と操作技能を有する技術資格取得者にゆだねることにより，安全性が保たれることになる．

技術士試験

技術士登録のためには，第一次および第二次試験に合格する必要がある．

第一次試験（筆記試験）では，科学技術全般にわたる基礎科目，専門科目，技術士としての適性を問う科目などが課される．第一次試験に合格すると技術士補登録の資格が得られる．なお，指定された大学その他の教育機関における課程（JABEE 認定課程）を修了すると，第一次試験が免除される．

第二次試験は，第一次試験の合格（JABEE 認定課程修了）および実務経験により受験することができる．試験では，筆記試験として専門知識と応用能力を問う科目や，技術全般にわたる論理的考察力と課題解決能力を問う科目が課され，さらに，自身の技術的体験論文に基づいた口頭試験が行われる．

4·3·1　技術者の資格 (qualification for engineers)

技術者の専門的な資質や能力を資格によって保障しようとする動きは，世界的にも高まっている．資格を持っていない技術者が特定の専門業務につくことを認めない措置や，国際的に認定された資格を有する技術者が直接的に設計や製造に関わった製品でなければ輸出や販売を認めないなどの措置も導入され始めている．

日本においては，国内的には技術士(professional engineer)という資格称号がある．これは，「技術士法」という法律に基づいて実施される国家試験に合格し，登録した人にのみ与えられる称号である．この称号により，当該の専門技術分野に関する高度な応用能力を備えていることが認定されることになる．現在，21 の専門部門があり，機械工学が深く関連している分野としては，機械部門，船舶・海洋部門，航空・宇宙部門，原子力部門などがある．

欧米では，技術者の資格認定制度は古くから確立していて，アメリカの PE (professional engineer)，イギリスの CEng (chartered engineer)が有名である．近年では，各国の技術資格の水準を合わせて国際的に互換性を持たせようとする気運も高まってきており，1989 年にはワシントン・アコード（Washington Accord，技術者教育の実質的な同等性を相互承認するための国際協定）が締結された．

ワシントン・アコード

この協定は，各加盟団体によって認定された技術者教育プログラムの修了者が，他の加盟団体においても，その国・地域のプログラム修了者と同様に専門的な技術業を行う教育要件を満たしていることを相互に認め合うことを目的としたものである．2005 年 6 月には，日本技術者教育認定機構(JABEE)の正式加盟が認められた．

4·3·2　日本技術者教育認定機構 (JABEE: Japan Accreditation Board for Engineering Education)

国際的な資格設立への動向を踏まえ，日本の工学技術の教育水準を高め，国際的な互換性を有する技術者資格制度が始まっている．1999 年 11 月に設立された日本技術者教育認定機構（Japan Accreditation Board for Engineering

Education: JABEE）の活動である．JABEE は，工学系の大学，学部，学科などの教育カリキュラムが，当該専門分野の技術者育成の見地から適切な教育水準と内容を満たしているか否かを審査・認定する組織である．

技術士になるには第一次および第二次試験が課されるが，JABEE の認定を受けた大学その他の教育機関における課程（JABEE 認定課程）を修了すると第一次試験が免除される．認定を得た大学，学部などを卒業して社会に出た人は，相応の社会的評価に耐えられることが期待される．

4･3･3　学会の資格認定 (qualification authorization by societies)

学会においても専門的な技術資格を認定する制度を創ろうという動きがある．日本機械学会では，計算力学技術者（CAE 技術者）の資格認定や機械状態監視診断技術者の資格認証を行っている．

4・4　工学系学生の社会への進出 (course of the engineering students)

それでは，大学などで機械工学の基礎科目や専門科目を修得した卒業生には，どのような進路が待っているのだろうか．ここでは，工学系，とりわけ機械工学の卒業生の進路とその特徴について述べる．なお，本書の内容は，工業高等専門学校の学生も対象としているが，ここではその進路がほぼ大学の学部卒業生と同様であるとして特に区別していない．

4･4･1　工学系卒業生の進路と特徴 (course and its characteristics of the graduate of engineering)

大学の工学部や工学系の学部を卒業した卒業生には，大きく分けて二つの進路が待っている．一つは，企業や自治体などの機関に直接就職する道であり，もう一つは，大学院に進学して専門学識をさらに高める道である．

最近の調査によると，我が国では工学系卒業生の約 3 人に 1 人が大学院に進学している．その中でも，国立大学や公立大学の進学率は半数程度以上と高く，特に，大規模な国立大学などでは 80%から 90%と非常に高くなっている．高度な専門知識を身に付けた大学院の博士前期課程あるいは修士課程修了生は，企業の研究所や研究開発部門など専門的な職種に就く場合も多い．一方，学部卒業生と同様に，大学院で修めた自身の専門には必ずしもこだわらない場合も多くある．また，博士後期課程あるいは博士課程を修了した場合には，大学あるいは企業の研究所等の研究者への道に進むことが多い．

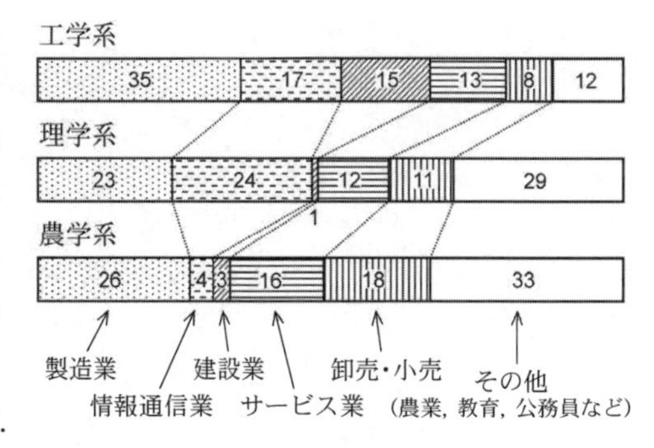

図 4.3　工学部，理学部，農学部卒業生の就職状況例（数値は%）

図 4.3 には，工学系卒業生の就職状況を，理学系，農学系と比較して示す．これを見ると，工学系では 35%が製造業に進んでおり，他の 2 学系より多くなっている．さらに，情報通信業の 17%と建設業の 15%を合わせると，就職者の 7 割がこの 3 分野で占められている．“技術立国”日本の“ものづくり”を担う 3 業種が，工学系の卒業生によって支えられている現実が明白に現われている．

4·4·2　機械工学系卒業生の進路と特徴
(course and its characteristics of the graduate of mechanical engineering)

次に，機械工学に関連した学科を卒業した学生の進路について述べる．およそ大学の工学部，工学系の大学の中で機械工学系の学科や専攻を設置していない大学は少ない．歴史的にも明治時代初期に大学の工学部が創設された時から機械工学は工学の基幹分野とされており，その状況は現在でも変わらない．したがって，4·4·1 項で述べた工学系の卒業生の進路には機械工学系の卒業生の動向がかなり反映されていると考えられ，大学院への進学率などおおまかな特徴は，工学全体の動向と大きくは変わらない．

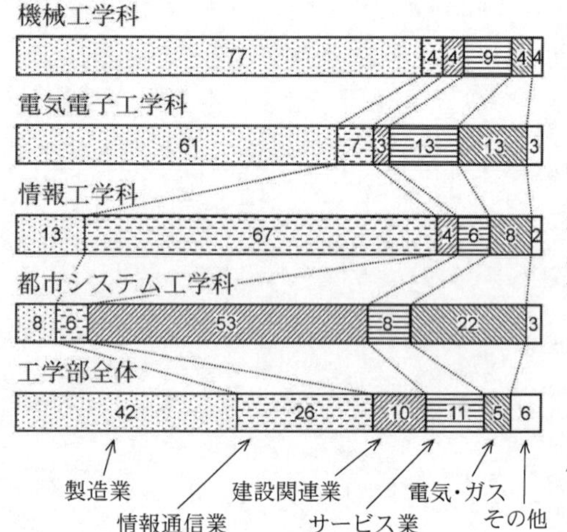

図 4.4　A 大学工学部卒業生（学科別）の就職状況例（数値は%）

しかし，学科別に調べてみると，工学系のなかで機械系の進路にはいくつかの特徴が見られる．図 4.4 は，地方国立大学（A 大学）の工学部卒業生の産業別就職状況の例である．機械工学科の卒業生の就職先は，他の学科と比べると製造業への就職が圧倒的に多い．この大学の例では，就職者の約 8 割が製造業に就いている．電気電子工学科などの卒業生にも製造業志向が見られるが，機械工学科ほど顕著ではない．情報・通信系の学科が情報通信産業，建築・土木・都市工学など建設系の学科が建設業への志向が顕著である状況とは大きな違いがあることがわかる．

日本の長期的な産業政策の中で“ものづくり産業”の重要性が掲げられているため，機械系の製造業志向は当然ともいえるが，卒業生の進路はその時代の経済動向に大きく影響されるので，いつの時代でも常に製造業重視になるとは限らない．機械工学は他の工学分野とも密接に関連しており，多くの産業分野では機械工学系の基礎知識が必要とされているからである．また，各大学，特に地方の大学の卒業生にとってはその地方特有の産業分野がある場合，その分野への就職志向が強くなることも多い．

機械工学系の卒業生の就職動向をもう少し詳しく分析してみる．製造業分野の志向が強いことを上で指摘したが，この“製造業”にはどのような企業があり，それぞれへの就職動向はどうなのかを述べる．一般の新聞紙上に載っている“金融（株式）情報”や文部科学省などが用いている分類にならうと，機械系に関連する主な製造業は次の 7 分野である．

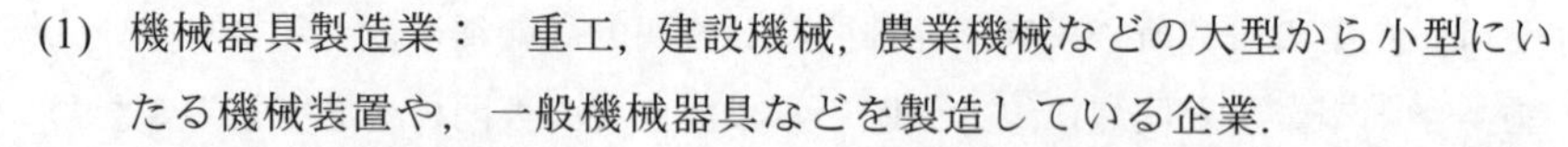

(1) 機械器具製造業：　重工，建設機械，農業機械などの大型から小型にいたる機械装置や，一般機械器具などを製造している企業．

(2) 輸送機械器具製造業：　主として，オートバイを含む自動車，航空機，船舶などの輸送機械やそれらの部品を製造する企業．鉄道，交通物流関連企業も含む．

(3) 電気・通信機械器具製造業：　発電設備から家庭用電化設備にいたる電気機器・通信機器の製造産業．これらを支える部品や材料の製造業も含まれる．

(4) 精密機械器具製造業：　カメラ，時計などの精密機器，印刷用機械・器具，医療機器，計測機器などの製造企業．

(5) 鉄鋼・金属製造業：　製鉄業，鋼管・鋼板などの製鋼業，金属・軽金属加工業．電線，シャッターなどの製造業も含む．

(6) 電子部品，デバイス製造業：　コンピュータ，情報機器やそれらの部品，デバイスの製造業．いわゆる“ハイテク企業”の多くが含まれる．

(7) 化学工業・石油製造業：　ガス，薬品，化粧品，塗料などの化学材料の製造，ゴム製品，ガラス製品，セメントなど石油製品の製造業．医薬品製造業も含む．繊維産業や製紙産業も含む．

この7分野以外にも，建設産業，水産物・食品産業などの製造産業分野もあるが，上記の分野に比べると機械工学系卒業生の進路選択が少ないので，ここでは省略している．

図4.5に，機械工学科の卒業生がどのような割合で上記の7分野に就職したかの実例を円グラフで示している．ここでB大学は，首都圏にある国立の大規模総合大学の機械工学科であり，C大学は，四国にある国立大学の機械工学科である．B大学，C大学ともに上記1と2の機械器具製造業と輸送機械器具製造業への就職割合が高く，特に約4割近い就職先が自動車関連企業であるC大学では，この2分野への就職が全体の半数を超えている．この傾向は多かれ少なかれ私立大学を含む多くの大学にも見られる．ただし，この2分野以外の就職分布にはかなりの違いが見られる．B大学では精密機械工業系の就職が12%あるのに対して，C大学では2%にすぎない．首都圏には近県を含め精密工学系のさまざまな企業があるのに対し，地方にはそれほど多くはないなどの状況が反映していると考えられる．また，C大学では約1割の卒業生が化学・石油工業系の企業に就職しているが，これは四国には大規模なコンビナート関連の企業体があるためと考えられ，このような地域特性も就職先に大きく影響を与えている．この2大学には現れていないが，大手の電気系企業を抱えている地域の大学では機械工学科の学生もかなり電気・電子工業系の企業に就職しており，この分野への就職が全体の1割を超える大学もある．

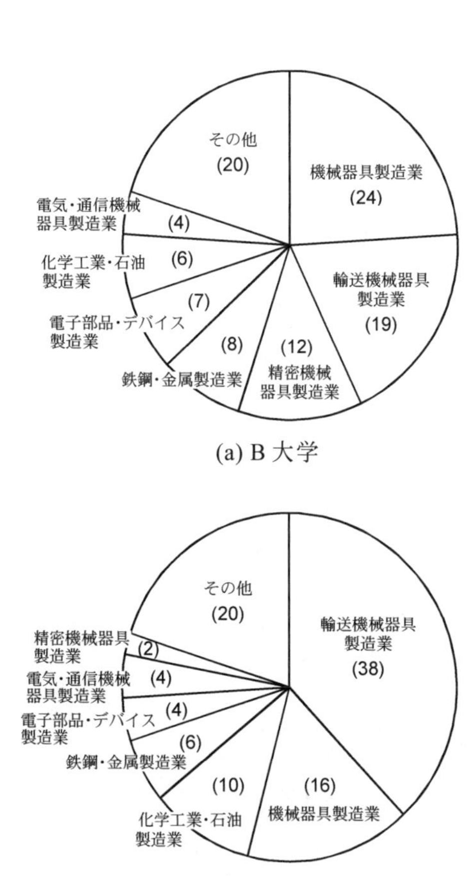

図4.5　機械工学科卒業生の就職状況例（数値は%）

図4.6には，比較のため，機械工学科と同様に製造業への就職率が高く，共通分野も多い電気電子工学科の就職動向を示す．これはC大学の例であるが，電気・通信機械器具産業への就職が他を圧倒していることが分かる．これに精密工業，電子部品工業系を合わせると全体の約8割がこれら3分野に就職していることになる．両学科の傾向を比較すると，共に製造業への就職率が高いが，機械工学科の卒業生の就職分野は比較的多様であり，機械系や輸送機械系以外への進出も多いのに対して，電気・電子工学科の卒業生の就職は比較的限定されていると言える．企業の就職担当者から“機械工学科の卒業生はツブシが効く”といわれることがあるが，上記の傾向はこれを裏打ちしているのかもしれない．

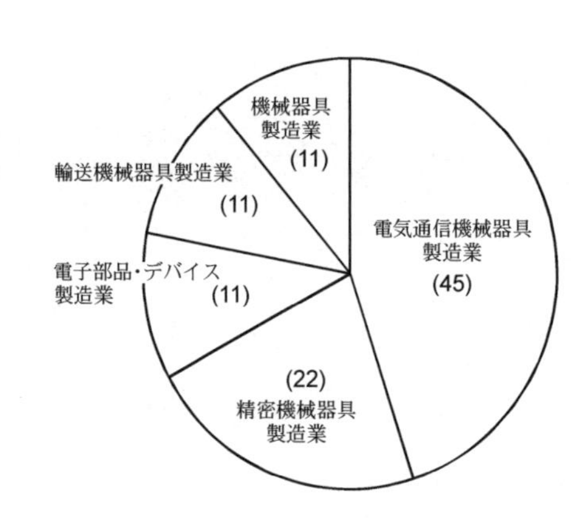

図4.6　C大学電気電子工学科卒業生の就職状況例（数値は%）

4・4・3　企業就職以外の進路
(course other than employment to companies)

製造業を中心とした企業以外にも，例えば以下のような進路がある．

(1) 国家公務員，地方公務員への道

国や都道府県，市町村など地方自治体の多くが機械系の技術者を必要としており，毎年公募がなされている．国の場合，各省庁によって役割が違うが，比較的機械系の就職が多いのは経済産業省，国土交通省，厚生労働省，文部科学省，防衛省などであろう．たとえば，経済産業省では電力などのエネルギー行政，国土交通省では航空や自動車などの運輸行政，厚生労働省では労働安全行政，文部科学省では宇宙開発や防災行政，防衛省では各種の防衛技術行政に機械技術者は欠かせない．

また，市町村など地方自治体でもその規模によって職種や役割は多彩であるが，機械技術は必須の任務を背負っており，どんな自治体にも機械工学を専門とした技術職員がいる．近年，重要性の高まっている廃棄物処理などの環境行政，地震防災，騒音対策なども，機械系技術者の参画が要請されている．

これらの行政機関への就職は，それぞれに実施される公務員試験に合格することが前提となるので，大学在学中に相当な準備学習をする必要がある．

(2) 研究者への道

機械工学系にかかわらず，研究者への道を志向する学生は大変に多い．研究者といっても，卒業した大学を含めて大学などの教員となって研究者になる道，国・自治体や各種法人の研究機関に就職する道，企業の研究所，研究センターなどに勤務する道などに分かれる．一般的には，研究者を志向する学生は大学院進学が前提となることが多い．特に，大学の研究者を希望する場合には博士課程または博士後期課程の修了が前提となることがほとんどであるので，希望者は学部在学時から基礎学力を向上して博士の学位を取得すること，専攻分野の学識の修得にも努め独自性のある研究成果をあげることが必要となる．自治体や企業の研究者の場合も，最近は大学の研究者と相応の実績が要請されることが多いので，独自の専門分野に精通しておく必要がある．これらの研究職への就職は，「公募」による選抜で決定される場合が多い．

第4章の文献

(1) 村上陽一郎，科学者とは何か，(1994)，新潮選書．
(2) 日本機械学会編，関東支部 2011 年度セミナー 技術者倫理 －技術者のための行動の設計学－ 教材，(2011)，日本機械学会

付　録

技術の実践 (practice as an engineer)

4.2 節「技術者に期待される能力」の中で技術者倫理(engineering ethics)について触れたが，ここではその理解を深めるため，技術者として社会で仕事を実践する上で遭遇する恐れのある事故の事例を紹介する．これらの事例を通して，専門家である技術者はどのような行動をとるべきか考えてほしい．

A･1　設計仕様変更による事故例 (accident case to a change in the design specification)

ビルの出入り口では人の通行が多いため，扉の開閉頻度が高くなって冷暖房の効率が低下しやすい．そのため，空気の流通が常に制限される大型の回転ドア（図 A.1）が 1990 年頃に国内に登場し，急速に普及した．

ところが，2004 年に大型自動回転ドアに 6 歳の男児が引き込まれ，挟まれたままドアが動き続けた結果，死亡するという事故が発生した．

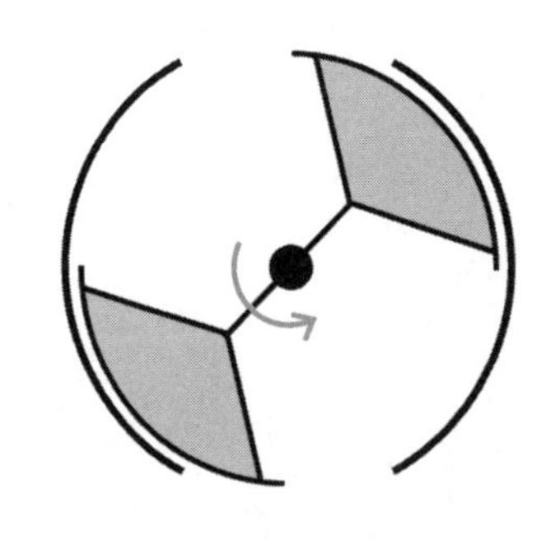

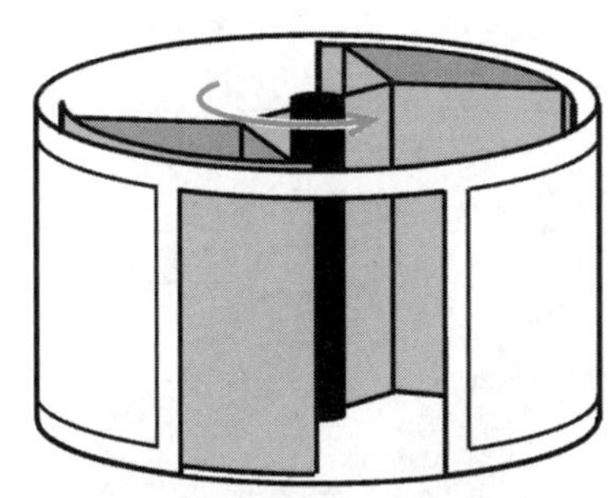

図 A.1　大型回転自動ドアの例

① 設計仕様の変更と事故の発生

回転ドアはヨーロッパで発達したが，これが日本に導入されると，見映えとともに高層ビルなどで発生する内外の圧力差の維持に重点が置かれたため堅固さが要求され，また，通行量を確保するために大型化が要求された．（高層ビルでは，冬季にはビルそのものが煙突のようになり，建物内外の温度差で大きな圧力差が発生する場合がある）

こうした要求に応えるために設計仕様が変更され，ヨーロッパでは回転部（アルミ製フレーム）の重量が 1 トン以下であったものが，日本の高層ビルでは回転部（ステンレス製フレーム）が 2.7 トンになるものがあった．質量が増加すると慣性力が大きくなって衝突した時の危険性が増すと共に，急停止が困難になり，センサの非常停止信号からドア停止までの制動距離が長くなる．しかし、要求への対応に注意が向けられると，こうした悪影響は見過ごされやすくなる．

ドアの回転速度や非常停止センサの作動条件を決めるのは開発・設計者であるが，実際には現場の状況に合わせて調整されることが多い．事故の起きた回転ドアでは人の通行が多かったため，回転速度は標準の 2.8 回転/分から最高速度の 3.2 回転/分に設定されていた (角速度が 1.14 倍になるとエネルギーは約 1.3 倍になる)．また，非常停止センサには誤動作を防ぐための不感領域が設けられていたが，標準では地上 15cm から 80cm の範囲で設定されていたものが，頻繁に誤動作が起きるため，設備使用者側の判断で地上 15cm から 120cm の範囲に変更されていた．その結果，男児が地上 100cm の位置で頭を挟まれて事故が発生した．

② 軽微な事故と重大な事故

新技術や新製品が導入された当初や設計仕様を変更した時には事故が発生

しやすい．実際にこの回転ドアでは，運用開始から死亡事故に至るまでの 1 年弱の間に，回転体と壁の隙間への引込まれや衝突などの軽微な事故が実に 10 件以上も起きていた．しかし，抜本的な対策が取られずにいたため，このような重大事故を引き起こすことになった（図 A.2 参照）．

たとえ軽微な事故であっても，公衆の安全や健康を脅かす可能性がある場合には，技術者は事故の原因を十分に調査し，分析することが重要である．そして，設計や仕様変更に問題がなかったか，あるいは運用方法に問題がなかったかを十分に検討し，事故の再発を防ぐ必要がある．

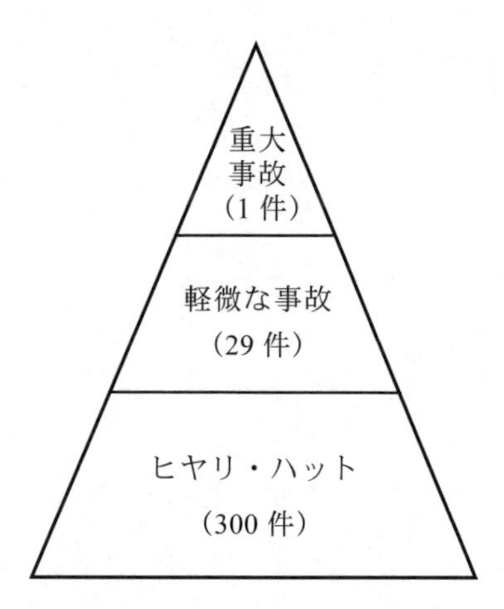

図 A.2　ハインリッヒの法則

1 つの重大事故の背後には 29 の軽微な事故があり，その背景には 300 の異常が存在するという経験則．

A･2　設計責任とリコール (design responsibility and recall)

モノが使用者の要求に応じて必要量が作られてきた時代から，需要を見越して大量生産される時代へと移った．大量に生産された製品はどこでどのように使用されているかを製造者は十分に把握できないので，製品に欠陥が見つかった場合には，危険がそれ以上に拡大しないように，法令の規定に基づくか，あるいは製造者・販売者の判断で無償修理・交換・返金などの措置を行う必要がある．これがリコール(recall)である．

① 自動車のハブ破損事故

1992 年に，冷凍車が走行中にハブ（車軸と軸受けを支える鋳物部品）が破損し，左前輪が脱落する事故が起きた．その後も A 社のハブは破損が続き，1999 年には高速道路においてバスの右前輪が脱落する事故が起きた．その際，旧運輸省へは製品不良ではなく，整備不良と報告された．さらに，2002 年には大型トレーラの左前輪が脱落し，母子に衝突して死亡事故となった．その翌月，A 社は国土交通省に対し，ハブ破損の原因は磨耗であると報告し，摩耗の許容値を独自の実験により示した．しかし，この死亡事故をきっかけに他者による詳細な調査が進み，2004 年には一転して製造者責任を認めてリコールを行った．

② 技術者の対応

事故が起きたハブには，図 A.3 のようにブレーキドラムとホイールが取り付けられていた．1992 年の事故では，ハブはブレーキドラムの当たり面の切欠からホイールとの当たり面の切欠にわたって円環状に破断していた．その後，ハブの強度の改良が行われたが，鋳物の肉厚は増やしたものの根本的な対策にはなっておらず，破損事故は逆に増加した．

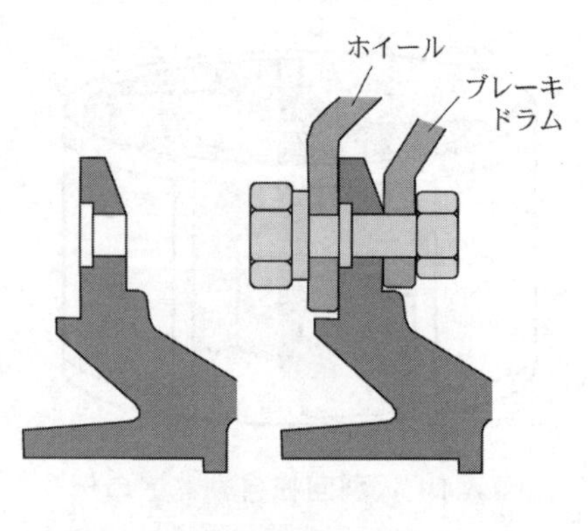

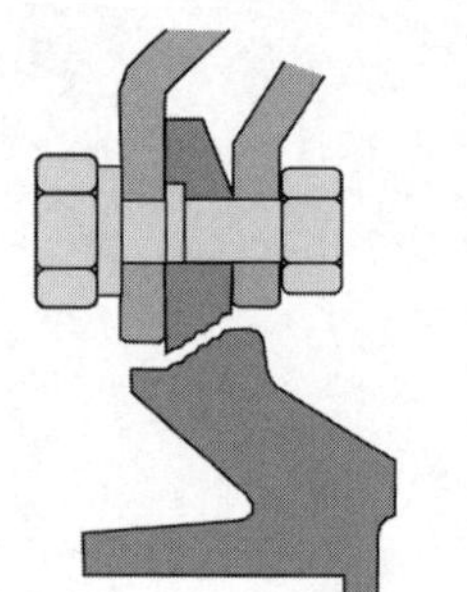

図 A.3　自動車のハブ破損イメージ

技術者は，このハブには設計上の欠陥があり，リコールの対象であることを認識していたと思われるが，リコールは行わないという会社の方針により早急な対策を優先し，根本的な対策が打てずにいた．また，折れたハブにはホイールとの当たり面が磨耗している場合が多かったので，一時避難的に磨耗が原因とし，0.8mm 削ったハブを製作・試験して磨耗による寿命を決めて国土交通省に報告した．

一般に，会社では複雑で大規模な仕事を組織として進めていくため，技術者には組織の判断に従った行動が要請されることが多い．しかし，殊に公衆の安全，健康，福祉に関わる技術に関しては，技術者は専門家としての自覚を持って，自律した行動をとることが望まれる．

Subject Index

R

S

T

U

V

W

Y

索　　引

た

な

は

ま

や

ら

JSME テキストシリーズ一覧

1　機械工学総論
2-1　機械工学のための数学
2-2　演習　機械工学のための数学
3-1　機械工学のための力学
3-2　演習　機械工学のための力学
4-1　熱力学
4-2　演習　熱力学
5-1　流体力学
5-2　演習　流体力学
6-1　振動学
6-2　演習　振動学
7-1　材料力学
7-2　演習　材料力学
8　機構学
9-1　伝熱工学
9-2　演習　伝熱工学
10　加工学Ⅰ（除去加工）
11　加工学Ⅱ（塑性加工）
12　機械材料学
13-1　制御工学
13-2　演習　制御工学
14　機械要素設計

〔各巻〕A4判

JSME テキストシリーズ
機械工学総論

JSME Textbook Series
Introduction to
Mechanical Engineering

2012年10月30日　初　版　発　行
2022年9月2日　初版第4刷発行
2023年7月18日　第2版第1刷発行

著作兼発行者　一般社団法人　日本機械学会
（代表理事会長　伊藤　宏幸）

印刷者　柳　瀬　充　孝
昭和情報プロセス株式会社
東京都港区三田 5-14-3

発行所　東京都新宿区新小川町4番1号
KDX 飯田橋スクエア2階
郵便振替口座　00130-1-19018番
電話 (03) 4335-7610　FAX (03) 4335-7618　https://www.jsme.or.jp
一般社団法人　日本機械学会

発売所　東京都千代田区神田神保町2-17
神田神保町ビル
電話 (03) 3512-3256　FAX (03) 3512-3270
丸善出版株式会社

ISBN 978-4-88898-343-3　C 3353

本書の内容でお気づきの点は　textseries@jsme.or.jp　へお知らせください。出版後に判明した誤植等は http://shop.jsme.or.jp/html/page5.html　に掲載いたします。

日本機械学会について

自動車・航空機などの輸送機械，家電製品などの電気・電子機器，発電設備などに見られる大型機器など，様々な機械が我々の生活を支えており，非常に多くの技術者・研究者が活躍している．日本機械学会は，こうした機械に関わる技術者・研究者のコミュニティであり，研究成果を発表して会員相互の知識を向上する場であると共に，技術の成果を社会に還元するための学術専門家集団を形成している．

右頁に，日本機械学会を構成する21の部門の概要を示す．この部門構成をみると，機械工学・技術がいかに広範な分野を対象としているかがわかる．これらの分野は，いずれも機械工学の基礎科目を基盤としており，多くの場合，本シリーズで学ぶ科目と対応している．

一方，機械技術は日々進化しており，人々の要請に応じて，常に新たな技術が生み出されている．日本機械学会では，こうした機械技術に関する最新の情報を共有するために，毎月「日本機械学会誌」を発行している．また，日本機械学会の各支部には学生会組織があり，そこで企画された講演会や交流会などに積極的に参加することができる．さらに，年次大会や支部・部門ごとの講演会など，企業や大学の最新の研究成果に触れる機会も多くある．

また，日本機械学会では，七夕の中暦にあたる8月7日を「機械の日」，8月1～7日を「機械週間」と定めて，各地で展示会や講演会などの各種事業を企画開催している．歴史に残る機械技術関連の装置や設備を「機械遺産」として認定し，文化的遺産を次世代に伝える活動も行っている（右に機械遺産の一例を示す）．

これから機械工学を学んでいく学生の皆さんには，日本機械学会のメンバーとなって機械工学に関する幅広い知識を身につけ，将来，機械工学・技術に関連した分野で大いに活躍されることを期待する．

日本機械学会ロゴマーク

(a) 旧金毘羅大芝居（金丸座）の回り舞台と旋回機構
（提供　琴平町教育委員会）

（日本機械学会「機械遺産」第39号）

(b) 豊田式汽力織機
（提供　トヨタテクノミュージアム産業技術記念館）

（日本機械学会「機械遺産」第47号）

機械遺産の例